최상위 수학S를 위한 특별 학습 서비스

개념+문제 동영상
최상위S 개념+문제 및 MATH MASTER 전 문항

상위권 학습 자료
상위권 단원평가+경시 기출문제(디딤돌 홈페이지 www.didimdol.co.kr)

최상위 수학 S 3-1

펴낸날 [초판 1쇄] 2024년 9월 12일 [초판 3쇄] 2025년 9월 1일
펴낸이 이기열
펴낸곳 (주)디딤돌 교육
주소 (03972) 서울특별시 마포구 월드컵북로 122 청원선와이즈타워
대표전화 02-3142-9000
구입문의 02-322-8451
내용문의 02-323-9166
팩시밀리 02-338-3231
홈페이지 www.didimdol.co.kr
등록번호 제10-718호
구입한 후에는 철회되지 않으며 잘못 인쇄된 책은 바꾸어 드립니다.
이 책에 실린 모든 삽화 및 편집 형태에 대한 저작권은
(주)디딤돌 교육에 있으므로 무단으로 복사 복제할 수 없습니다.
상표등록번호 제40-1576339호
최상위는 특허청으로부터 인정받은 (주)디딤돌 교육의 고유한 상표이므로
무단으로 사용할 수 없습니다.

표

5^주	월 일	월 일	월 일	월 일	월 일
	4. 곱셈				
	92~95 쪽 ☐	96~99 쪽 ☐	100~103 쪽 ☐	104~107 쪽 ☐	108~109 쪽 ☐

6^주	월 일	월 일	월 일	월 일	월 일
	4. 곱셈	**5. 길이와 시간**			
	110~112 쪽 ☐	114~116 쪽 ☐	117~121 쪽 ☐	122~125 쪽 ☐	126~129 쪽 ☐

7^주	월 일	월 일	월 일	월 일	월 일
	5. 길이와 시간			**6. 분수와 소수**	
	130~133 쪽 ☐	134~135 쪽 ☐	136~139 쪽 ☐	142~145 쪽 ☐	146~149 쪽 ☐

8^주	월 일	월 일	월 일	월 일	월 일
	6. 분수와 소수				
	150~153 쪽 ☐	154~157 쪽 ☐	158~161 쪽 ☐	162~163 쪽 ☐	164~167 쪽 ☐

등, 하교 때 자신이 한 공부를 다시 기억하며 상기해 봐요.

모르는 부분에 대한 질문을 잘 해요.

수학 문제를 푼 다음 틀린 문제는 반드시 오답 노트를 만들어요.

자신만의 노트 필기법이 있어요.

최상위 수학S 3·1 학습 스케줄표

부담되지 않는 학습량으로 공부 습관을 기를 수 있도록 설계하였습니다.
학기 중 교과서와 함께 공부하고 싶다면 12주 완성 과정을 이용하세요.

공부한 날짜를 쓰고 하루 분량 학습을 마친 후, 부모님께 확인 check ☑를 받으세요.

1주

월	일	월	일	월	일	월	일	월	일
1. 덧셈과 뺄셈									
8~11쪽		12~15쪽		16~17쪽		18~19쪽		20~21쪽	
☐		☐		☐		☐		☐	

2주

월	일	월	일	월	일	월	일	월	일
1. 덧셈과 뺄셈									
22~23쪽		24~25쪽		26~27쪽		28~29쪽		30~33쪽	
☐		☐		☐		☐		☐	

3주

월	일	월	일	월	일	월	일	월	일
2. 평면도형									
36~39쪽		40~43쪽		44~45쪽		46~47쪽		48~49쪽	
☐		☐		☐		☐		☐	

4주

월	일	월	일	월	일	월	일	월	일
2. 평면도형								**3. 나눗셈**	
50~51쪽		52~53쪽		54~55쪽		56~59쪽		62~65쪽	
☐		☐		☐		☐		☐	

5주

월	일	월	일	월	일	월	일	월	일
3. 나눗셈									
66~67쪽		68~71쪽		72~73쪽		74~75쪽		76~77쪽	
☐		☐		☐		☐		☐	

6주

월	일	월	일	월	일	월	일	월	일
3. 나눗셈								**4. 곱셈**	
78~79쪽		80~81쪽		82~83쪽		84~86쪽		88~91쪽	
☐		☐		☐		☐		☐	

ㅎ

7주	월 일	월 일	월 일	월 일	월 일
	4. 곱셈				
	92~93쪽 ☐	94~97쪽 ☐	98~99쪽 ☐	100~101쪽 ☐	102~103쪽 ☐

8주	월 일	월 일	월 일	월 일	월 일
	4. 곱셈				**5. 길이와 시간**
	104~105쪽 ☐	106~107쪽 ☐	108~109쪽 ☐	110~112쪽 ☐	114~116쪽 ☐

9주	월 일	월 일	월 일	월 일	월 일
	5. 길이와 시간				
	117~119쪽 ☐	120~123쪽 ☐	124~125쪽 ☐	126~127쪽 ☐	128~129쪽 ☐

10주	월 일	월 일	월 일	월 일	월 일
	5. 길이와 시간				**6. 분수와 소수**
	130~131쪽 ☐	132~133쪽 ☐	134~135쪽 ☐	136~139쪽 ☐	142~145쪽 ☐

11주	월 일	월 일	월 일	월 일	월 일
	6. 분수와 소수				
	146~147쪽 ☐	148~151쪽 ☐	152~153쪽 ☐	154~155쪽 ☐	156~157쪽 ☐

12주	월 일	월 일	월 일	월 일	월 일
	6. 분수와 소수				
	158~159쪽 ☐	160~161쪽 ☐	162~163쪽 ☐	164~165쪽 ☐	166~167쪽 ☐

최상위 수학S 3·1 학습 스케줄표

짧은 기간에 집중력 있게 한 학기 과정을 학습할 수 있도록 설계하였습니다.
방학 때 미리 공부하고 싶다면 8주 완성 과정을 이용하세요.

공부한 날짜를 쓰고 하루 분량 학습을 마친 후, 부모님께 확인 check ☑를 받으세요.

1주

월 일	월 일	월 일	월 일	월 일
1. 덧셈과 뺄셈				
8~11 쪽	12~15 쪽	16~19 쪽	20~23 쪽	24~27 쪽
☐	☐	☐	☐	☐

2주

월 일	월 일	월 일	월 일	월 일
1. 덧셈과 뺄셈		**2. 평면도형**		
28~29 쪽	30~33 쪽	36~39 쪽	40~43 쪽	44~47 쪽
☐	☐	☐	☐	☐

3주

월 일	월 일	월 일	월 일	월 일
2. 평면도형			**3. 나눗셈**	
48~51 쪽	52~55 쪽	56~59 쪽	62~65 쪽	66~69 쪽
☐	☐	☐	☐	☐

4주

월 일	월 일	월 일	월 일	월 일
3. 나눗셈				**4. 곱셈**
70~73 쪽	74~77 쪽	78~83 쪽	84~86 쪽	88~91 쪽
☐	☐	☐	☐	☐

공부를 잘 하는 학생들의 좋은 습관 8가지

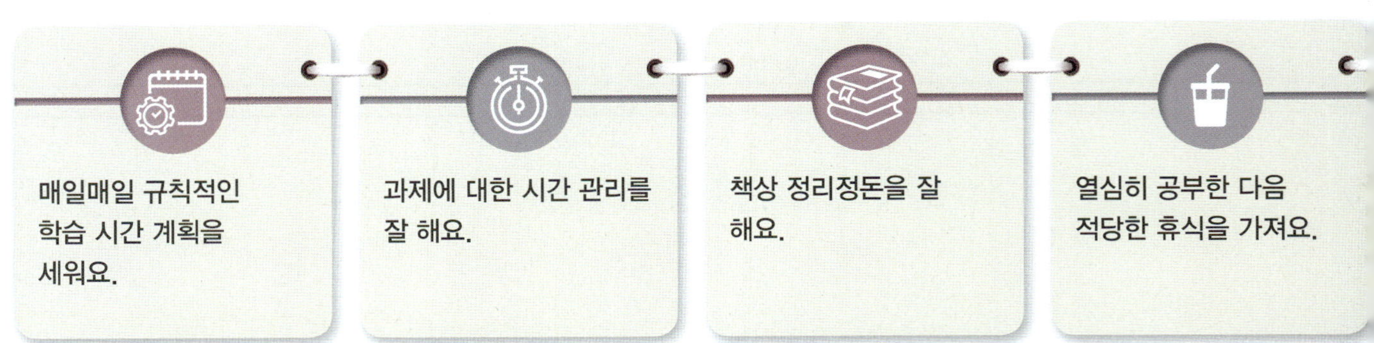

최상위 수학 S

초등 3·1

디딤돌

상위권의 힘, 느낌!

처음 자전거를 배울 때, 설명만 듣고 탈 수는 없습니다.
하지만, 직접 자전거를 타고 넘어져 가며
방법을 몸으로 느끼고 나면
나는 이제 '자전거를 탈 수 있는 사람'이 됩니다.
그리고 평생 자전거를 탈 수 있습니다.

수학을 배우는 것도 꼭 이와 같습니다.
자세한 설명, 반복학습 모두 필요하지만
가장 중요한 것은 "느꼈는가"입니다.
느껴야 이해할 수 있고,
이해해야 평생 '수학을 할 수 있는 사람'이 됩니다.

> 최상위 수학 S는
> 수학에 대한 느낌과 이해를 통해
> 중고등까지 상위권이 될 수 있는 힘을 길러줍니다.

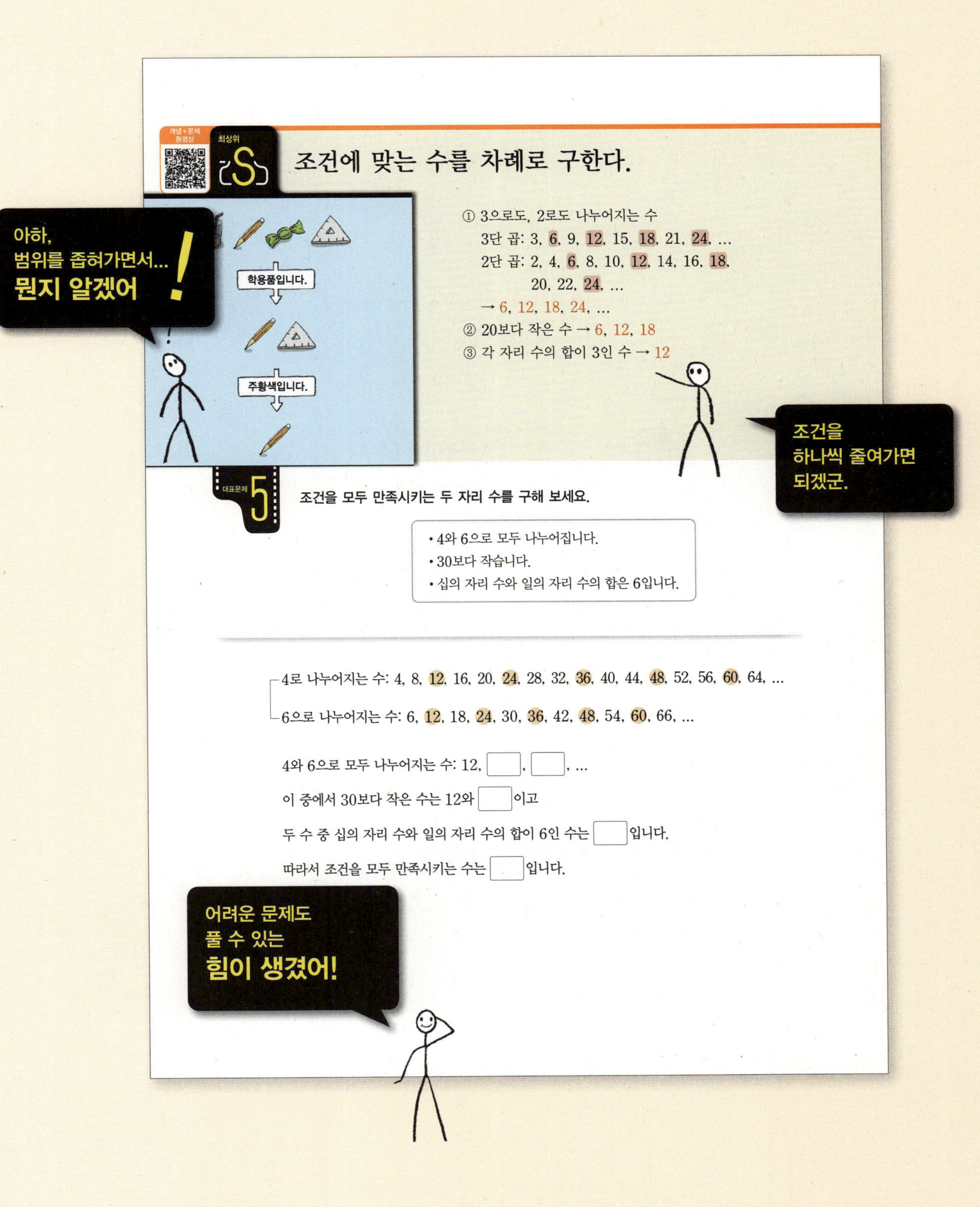

조건을 모두 만족시키는 두 자리 수를 구해 보세요.

> • 4와 6으로 모두 나누어집니다.
> • 30보다 작습니다.
> • 십의 자리 수와 일의 자리 수의 합은 6입니다.

4로 나누어지는 수: 4, 8, 12, 16, 20, 24, 28, 32, 36, 40, 44, 48, 52, 56, 60, 64, ...

6으로 나누어지는 수: 6, 12, 18, 24, 30, 36, 42, 48, 54, 60, 66, ...

4와 6으로 모두 나누어지는 수: 12, ☐, ☐, ...

이 중에서 30보다 작은 수는 12와 ☐이고

두 수 중 십의 자리 수와 일의 자리 수의 합이 6인 수는 ☐입니다.

따라서 조건을 모두 만족시키는 수는 ☐입니다.

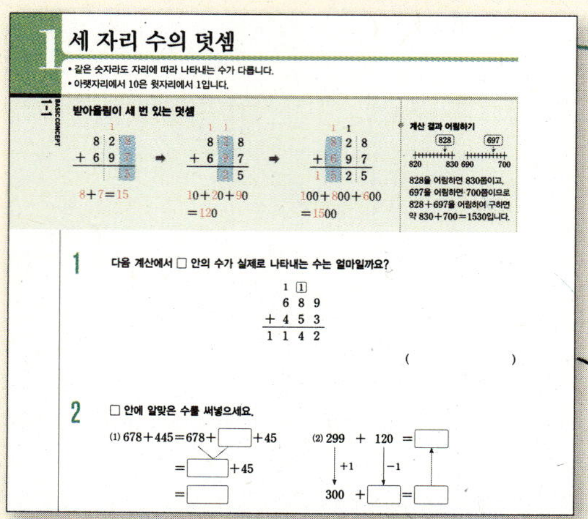

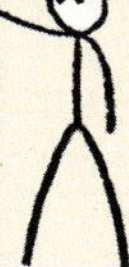

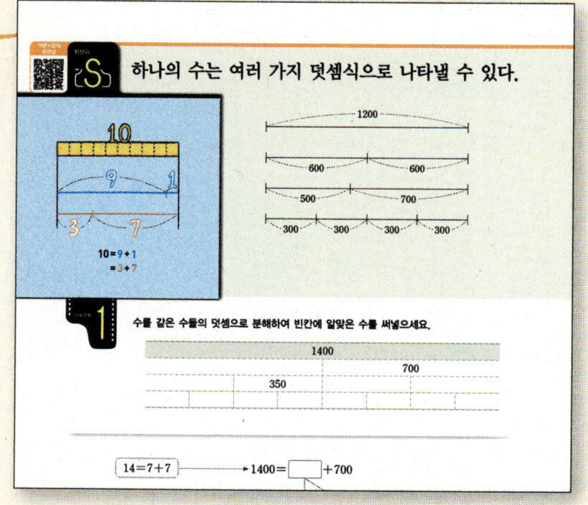

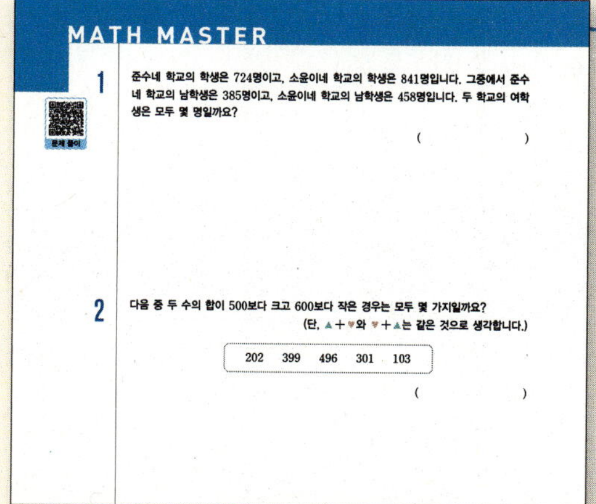

이해해야
어떤 문제라도
풀 수 있습니다.

C O N T E N T S

1

덧셈과 뺄셈

1 세 자리 수의 덧셈

- 같은 숫자라도 자리에 따라 나타내는 수가 다릅니다.
- 아랫자리에서 10은 윗자리에서 1입니다.

받아올림이 세 번 있는 덧셈

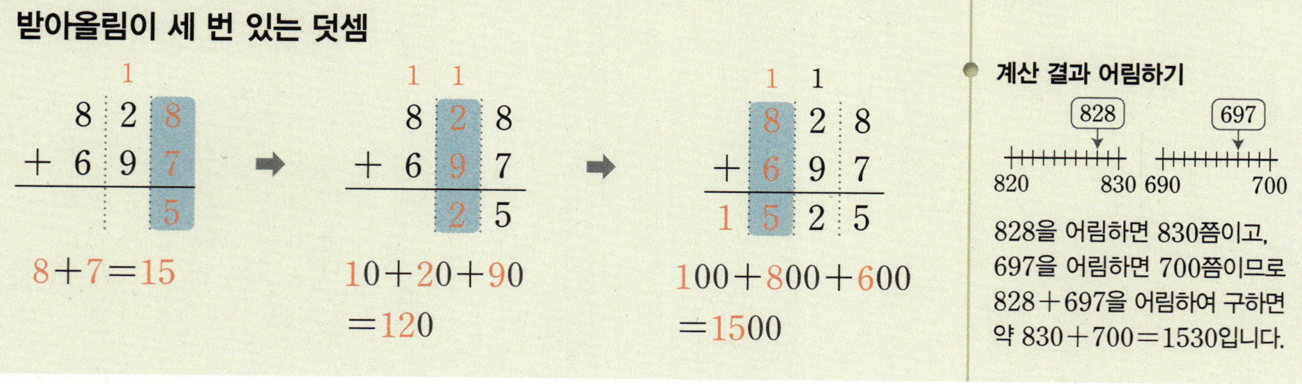

1 다음 계산에서 □ 안의 수가 실제로 나타내는 수는 얼마일까요?

$$\begin{array}{r} 1\ \boxed{1} \\ 6\ 8\ 9 \\ +\ 4\ 5\ 3 \\ \hline 1\ 1\ 4\ 2 \end{array}$$

(   )

2 □ 안에 알맞은 수를 써넣으세요.

(1) $678+445=678+\boxed{}+45$

$=\boxed{}+45$

$=\boxed{}$

(2) $299\ +\ 120\ =\boxed{}$

$+1\qquad -1$

$300\ +\ \boxed{}=\boxed{}$

3 계산 결과가 더 큰 것에 ○표 하세요.

$574+468$	$397+632$

(   )   (   )

4 진우네 집에서 도서관까지의 거리는 389 m입니다. 진우가 집에서 도서관까지 갔다 온 거리는 몇 m일까요?

(   )

두 수의 합이 가장 큰 덧셈식, 가장 작은 덧셈식 만들기

| 126 | 809 | 732 | 340 | 592 |

$$809>732>592>340>126$$

합이 가장 큰 덧셈식 ➡ (가장 큰 수)＋(둘째로 큰 수)＝809＋732＝1541
또는 732＋809＝1541

합이 가장 작은 덧셈식 ➡ (가장 작은 수)＋(둘째로 작은 수)＝126＋340＝466
또는 340＋126＝466

5 두 수를 골라 합이 가장 큰 덧셈식과 가장 작은 덧셈식을 각각 만들어 보세요.

| 689 | 578 | 967 | 875 |

합이 가장 큰 덧셈식 ☐＋☐＝☐

합이 가장 작은 덧셈식 ☐＋☐＝☐

6 수 카드를 각각 한 번씩만 사용하여 서로 다른 두 개의 세 자리 수를 만들어 두 수의 합을 구하려고 합니다. 두 수의 합이 가장 작을 때, 그 합은 얼마일까요?

(   )

중등연계

덧셈의 교환법칙

덧셈에서는 두 수를 바꾸어 더해도 결과가 같습니다.

785＋649＝1434
649＋785＝1434
➡ 785＋649＝649＋785 ➡ $a+b=b+a$

7 ☐ 안에 알맞은 수나 기호를 써넣으세요.

$$392+287=\boxed{}+392$$

$$106+404+516=106+\boxed{}+404$$

$$(가)+(나)=\boxed{}+(가)$$

2 세 자리 수의 뺄셈

- 같은 숫자라도 자리에 따라 나타내는 수가 다릅니다.
- 윗자리에서 1은 아랫자리에서 10입니다.

받아내림이 두 번 있는 뺄셈

$$\begin{array}{r} {\scriptstyle 3\ 9\ 10} \\ 4\,0\,7 \\ -\ 2\,7\,9 \\ \hline 8 \end{array}$$
$17-9=8$

$$\begin{array}{r} {\scriptstyle 3\ 9\ 10} \\ 4\,0\,7 \\ -\ 2\,7\,9 \\ \hline 2\,8 \end{array}$$
$90-70=20$

$$\begin{array}{r} {\scriptstyle 3\ 9\ 10} \\ 4\,0\,7 \\ -\ 2\,7\,9 \\ \hline 1\,2\,8 \end{array}$$
$300-200=100$

계산 결과 어림하기

407 → 400 410   279 → 270 280

407을 어림하면 410쯤이고,
279를 어림하면 280쯤이므로
407−279를 어림하여 구하면
약 410−280＝130입니다.

---

1 ㉠의 길이는 몇 cm일까요?

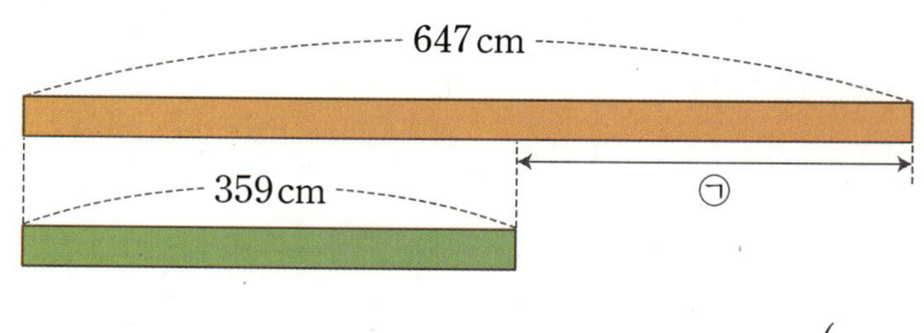

(   )

2 ☐ 안에 알맞은 수를 써넣으세요.

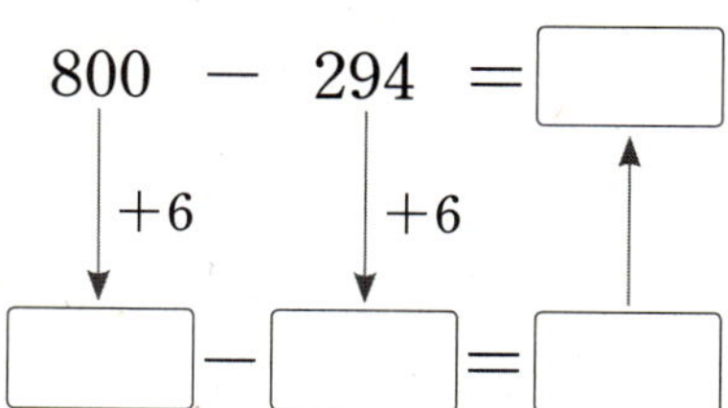

3 빈칸에 알맞은 수를 써넣으세요.

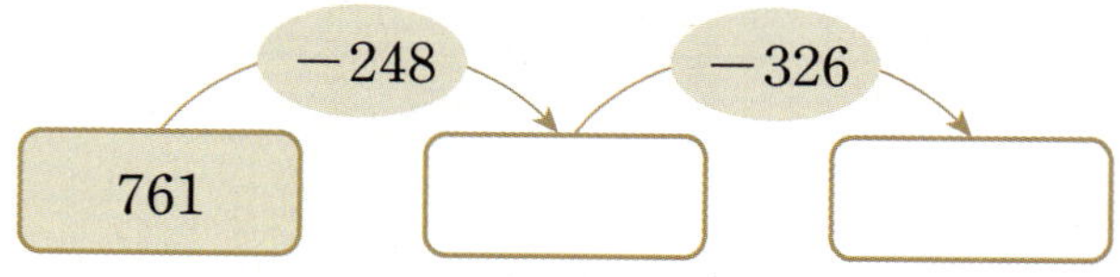

4 빵 가게에서 400개의 식빵을 만들었습니다. 이 중에서 259개를 팔았다면 남은 식빵은 몇 개일까요?

(   )

BASIC CONCEPT
2-2

덧셈과 뺄셈의 관계

덧셈과 뺄셈을 전체와 부분으로 생각하면 세 수로 4개의 식을 만들 수 있습니다.

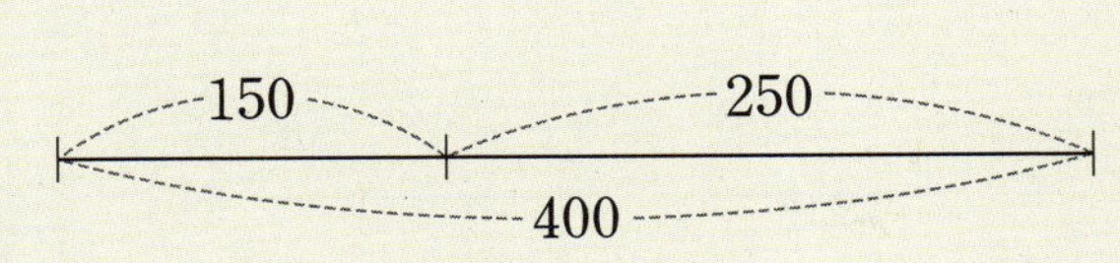

$$150+250=400 \qquad 400-250=150$$
$$250+150=400 \qquad 400-150=250$$

5 □ 안에 알맞은 수를 써넣으세요.

$$\boxed{}+658=1322$$

6 어떤 수에서 263을 빼야 할 것을 잘못하여 더하였더니 811이 되었습니다. 어떤 수는 얼마일 까요?

( )

BASIC CONCEPT
2-3

5-1 연계

덧셈과 뺄셈의 혼합 계산

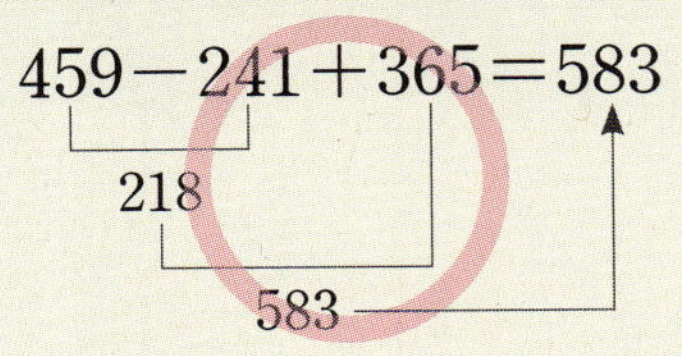

$$459-241+365=583$$

덧셈과 뺄셈이 섞여 있는 식은 앞에서부터 두 수씩 차례로 계산합니다.
(단, 덧셈만 있을 때에는 순서를 바꾸어 계산해도 됩니다.)

7 ○ 안에 ＋, － 중 알맞은 기호를 써넣으세요.

$$524 \bigcirc 219-68=675$$

8 □ 안에 알맞은 수를 써넣으세요.

$$\boxed{}+253+367=1000$$

하나의 수는 여러 가지 덧셈식으로 나타낼 수 있다.

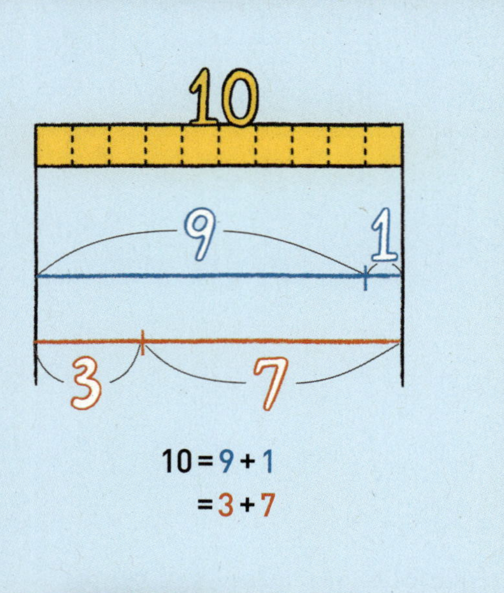

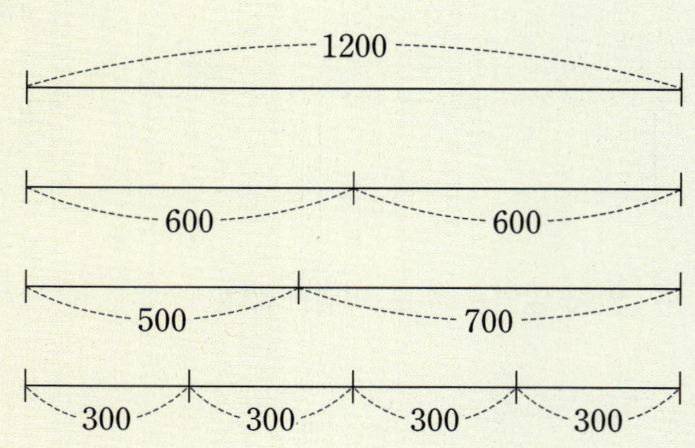

수를 같은 수들의 덧셈으로 분해하여 빈칸에 알맞은 수를 써넣으세요.

1400				
			700	
	350			

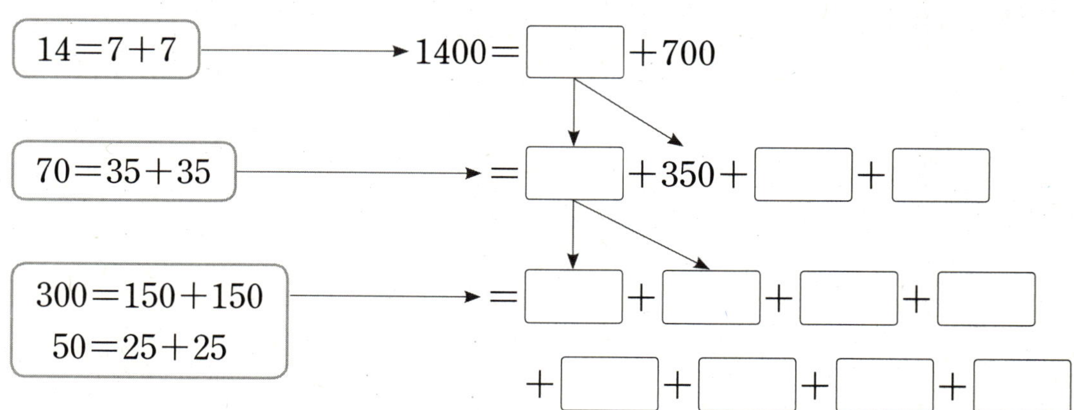

1-1

수를 같은 수들의 덧셈으로 분해하여 빈칸에 알맞은 수를 써넣으세요.

1000							
500					250		

1-2

수를 같은 수들의 덧셈으로 분해하여 빈칸에 알맞은 수를 써넣으세요.

1800						
450						

1-3

계산에 받아올림이 있도록 두 수를 정하여 ☐ 안에 써넣으세요.

(1) $800 = \boxed{} + \boxed{}$ (2) $650 = \boxed{} + \boxed{}$

└─●답은 여러 가지가 될 수 있습니다.●─┘

1-4

㉠ > ㉡ > ㉢일 때, 세 수를 정하여 ☐ 안에 써넣으세요.

$$300 = \boxed{} + \boxed{} + \boxed{}$$ ●답은 여러 가지가 될 수 있습니다.
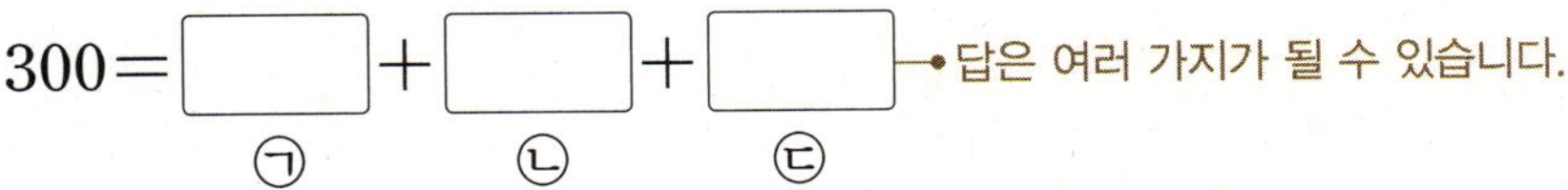

    ㉠   ㉡   ㉢

모르는 수가 하나만 있는 식으로 만든다.

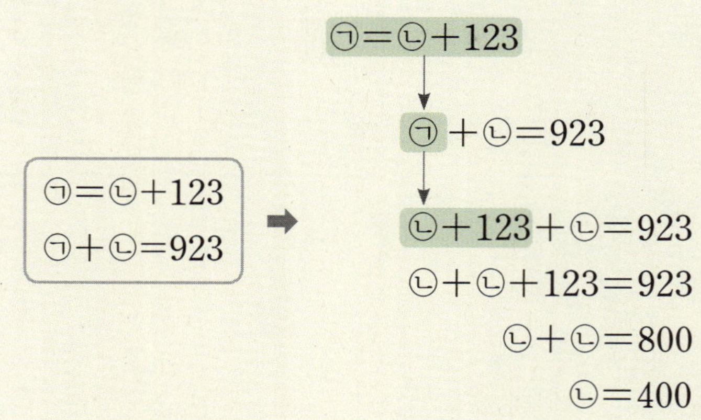

$$\bigcirc = \bigcirc + 123$$
$$\downarrow$$
$$\bigcirc + \bigcirc = 923$$
$$\downarrow$$
$$\bigcirc + 123 + \bigcirc = 923$$
$$\bigcirc + \bigcirc + 123 = 923$$
$$\bigcirc + \bigcirc = 800$$
$$\bigcirc = 400$$

$$\begin{cases} \bigcirc = \bigcirc + 123 \\ \bigcirc + \bigcirc = 923 \end{cases}$$

대표문제 2

㉯는 ㉮보다 197만큼 더 큰 수입니다. ㉮와 ㉯의 합이 801일 때 ㉮와 ㉯를 각각 구해 보세요.

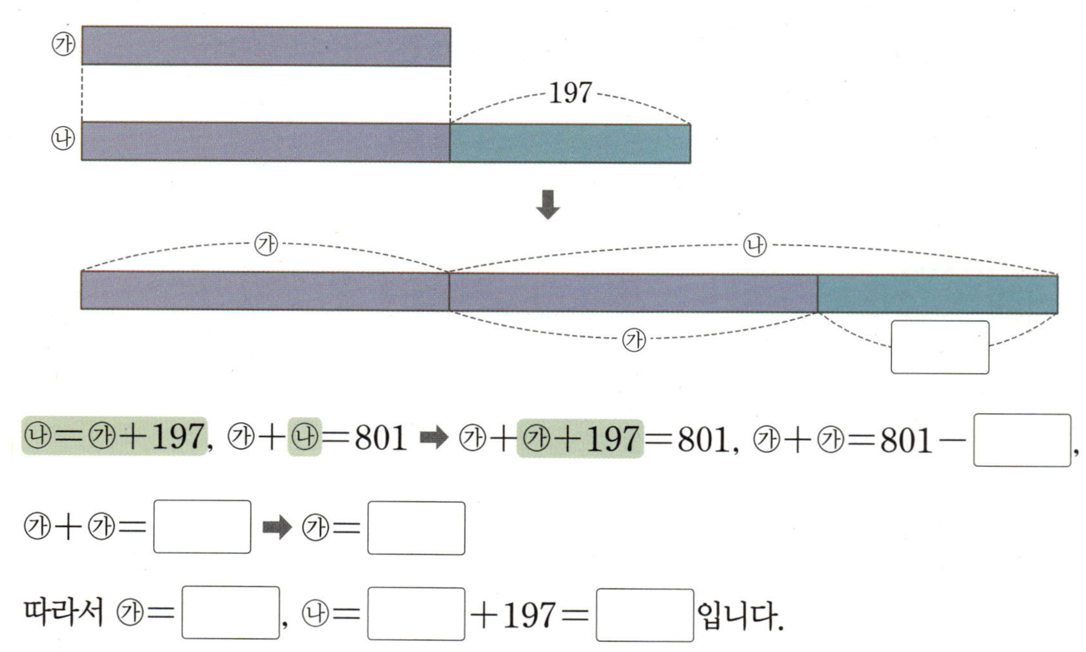

㉯＝㉮＋197, ㉮＋㉯＝801 ➡ ㉮＋㉮＋197＝801, ㉮＋㉮＝801－□,

㉮＋㉮＝□ ➡ ㉮＝□

따라서 ㉮＝□, ㉯＝□＋197＝□입니다.

2-1 ㉮는 ㉯보다 100만큼 더 큰 수입니다. ㉮와 ㉯의 합이 500일 때 ㉮와 ㉯를 각각 구해 보세요.

㉮ (　　　　　　　　　　), ㉯ (　　　　　　　　　　)

2-2 ㉮는 ㉯보다 246만큼 더 작은 수입니다. ㉮와 ㉯의 합이 556일 때 ㉮와 ㉯를 각각 구해 보세요.

㉮ (　　　　　　　　　　), ㉯ (　　　　　　　　　　)

서술형 2-3 어느 마을의 인구는 581명이고, 남자가 여자보다 183명 더 많습니다. 이 마을의 남자와 여자는 각각 몇 명인지 풀이 과정을 쓰고 답을 구해 보세요.

풀이 ____

____

____

답 남자: ____________ , 여자: ____________

2-4 예린, 준서, 현빈 세 사람이 모은 우표는 모두 915장입니다. 준서는 예린이보다 145장을 더 모았고, 현빈이는 준서의 2배만큼을 모았습니다. 현빈이가 모은 우표는 몇 장일까요?

(　　　　　　　　　　)

10개가 되면 앞으로 한 자리 나아간다.

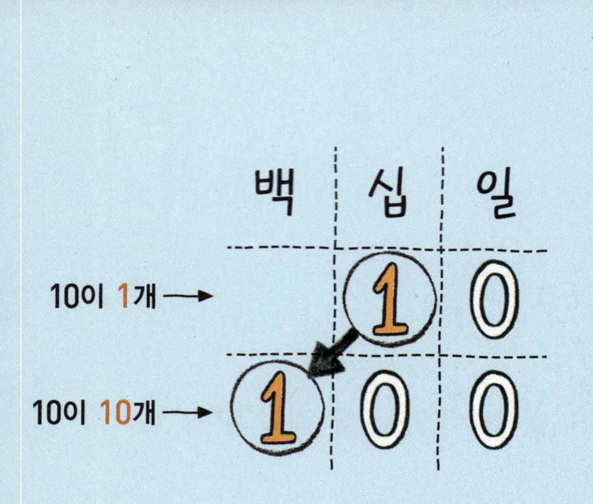

100이 3개, 10이 15개, 1이 6개인 수보다 176만큼 더 작은 수

100이 3개: 300
10이 15개: 150
1이   6개: 6

$456-176=280$

대표문제 3 100이 6개, 10이 13개, 1이 24개인 세 자리 수가 있습니다. 이 수보다 264만큼 더 작은 수는 10이 몇 개인 수일까요?

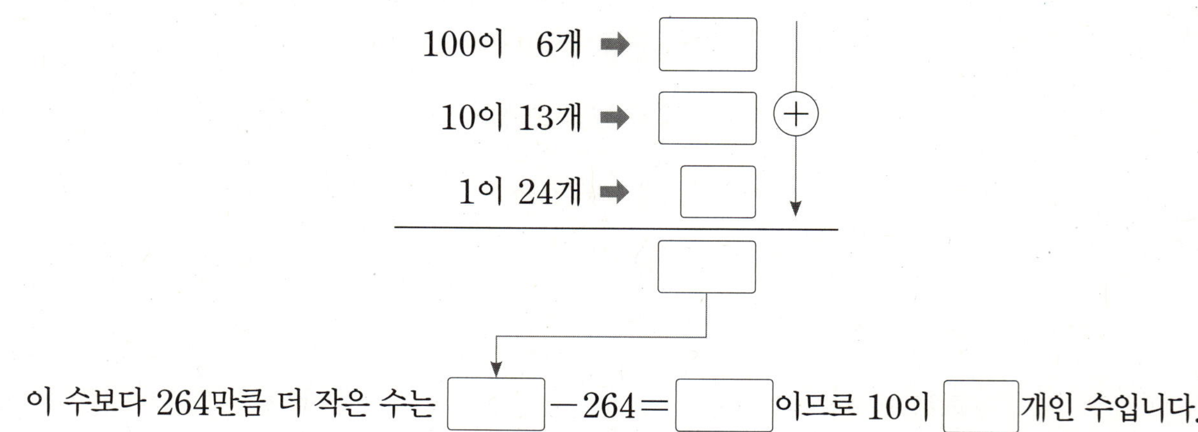

이 수보다 264만큼 더 작은 수는 ☐ $-264=$ ☐ 이므로 10이 ☐ 개인 수입니다.

3-1 100이 5개, 10이 20개, 1이 10개인 세 자리 수가 있습니다. 이 수보다 110만큼 더 작은
수는 10이 몇 개인 수일까요?

(   )

3-2 다음 수보다 277만큼 더 큰 수는 10이 몇 개인 수일까요?

> 100이 7개, 10이 17개, 1이 23개인 수

(   )

3-3 ㉠과 ㉡의 차는 10이 몇 개인 수일까요?

> ㉠ 276보다 150만큼 더 작은 수
> ㉡ 276보다 150만큼 더 큰 수

(   )

3-4 다음은 100이 5개, 10이 13개, 1이 39개인 수보다 199만큼 더 작은 수를 나타낸 것입니다.
☐ 안에 알맞은 수를 써넣으세요.

100이 3개, 10이 ☐개인 수

겹치는 만큼 줄어든다.

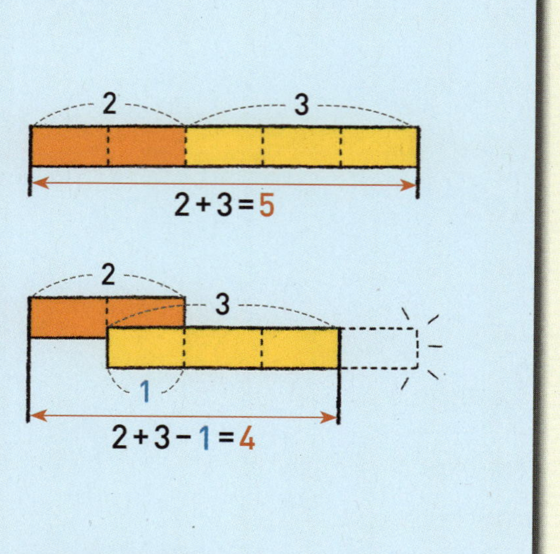

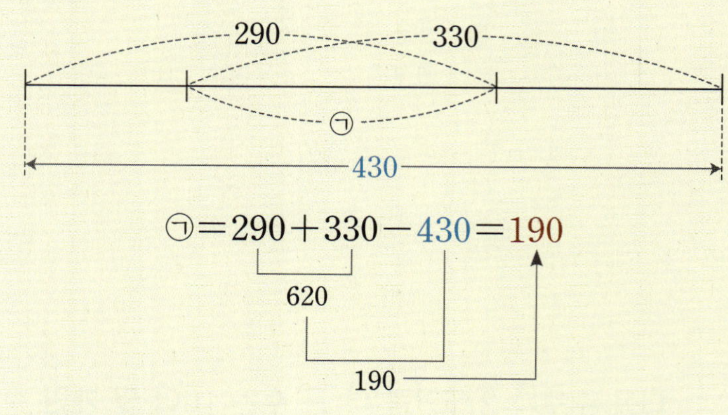

대표문제 4

㉠에서 ㉣까지의 길이는 몇 cm일까요?

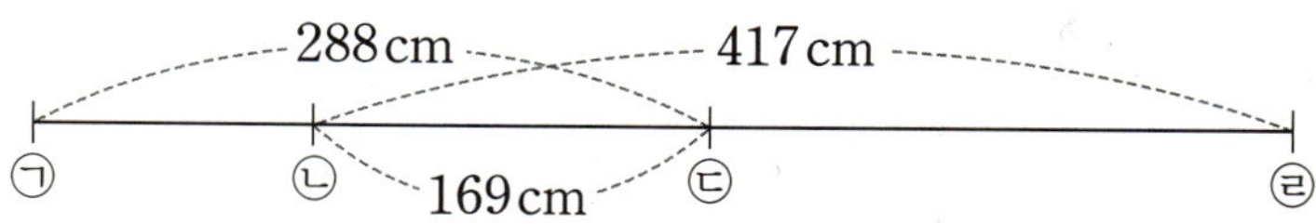

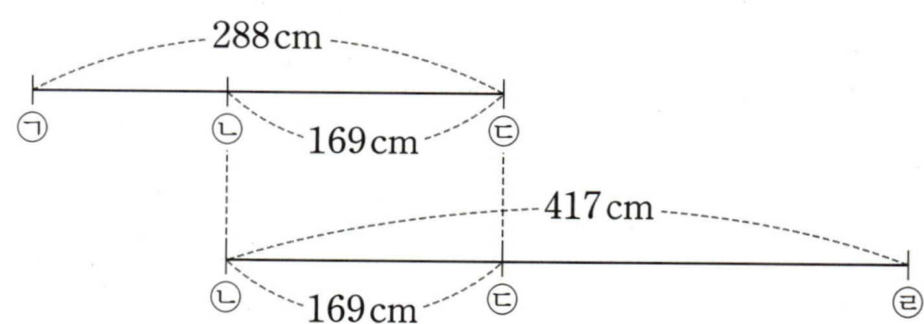

(㉠~㉣의 길이)=(㉠~㉢의 길이)+(㉡~㉣의 길이)−(㉡~㉢의 길이)

$$= \boxed{} + \boxed{} - \boxed{}$$

$$= \boxed{} - \boxed{}$$

$$= \boxed{} \ \text{(cm)}$$

4-1

㉠에서 ㉣까지의 길이는 몇 cm일까요?

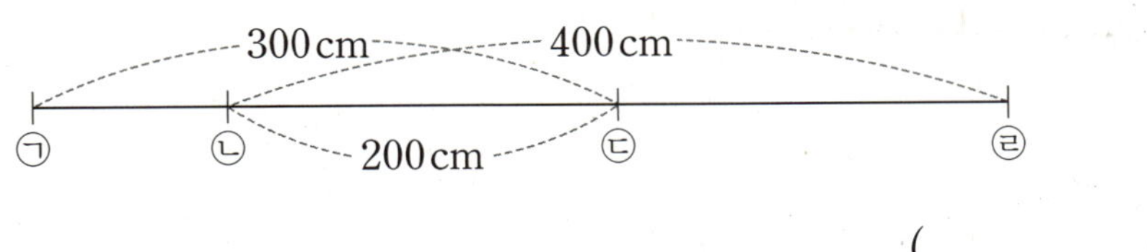

(   )

4-2

길이가 437 cm인 색 테이프 2장을 그림과 같이 1 m 75 cm만큼 겹치게 이어 붙였습니다. 이어 붙인 색 테이프 전체의 길이는 몇 cm일까요?

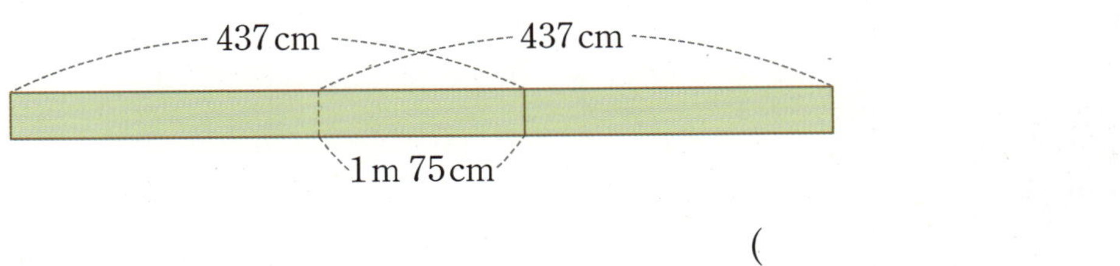

(   )

4-3

㉠에서 ㉣까지의 거리가 589 m일 때 ㉡에서 ㉢까지의 거리는 몇 m일까요?

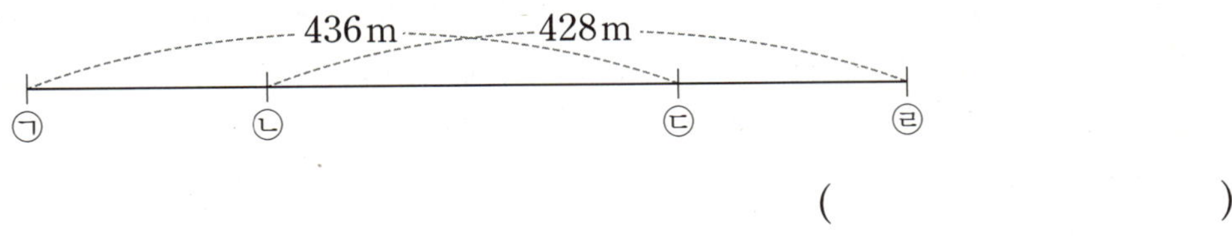

(   )

4-4

㉡에서 ㉣까지의 거리가 508 m일 때 ㉠에서 ㉡까지의 거리는 몇 m일까요?

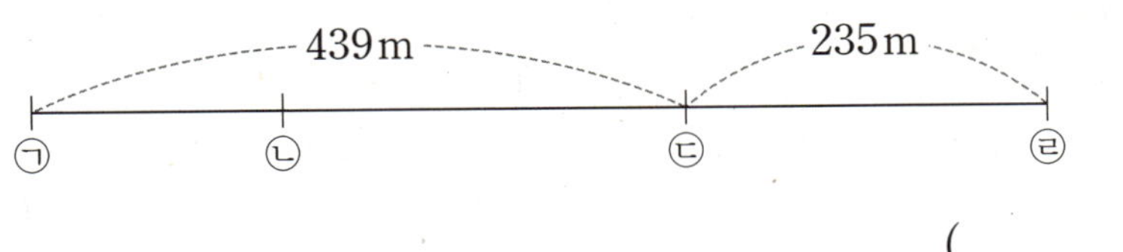

(   )

높은 자리일수록 나타내는 수가 크다.

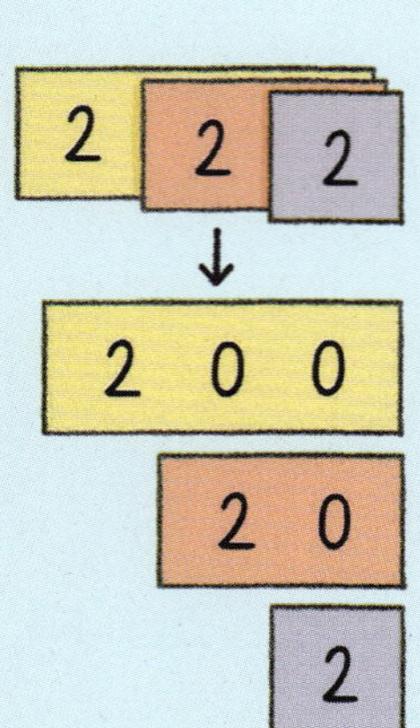

수 카드를 각각 한 번씩만 사용하여 두 개의 세 자리 수를
만들어 두 수의 <u>차가 가장 크게 되는 뺄셈식 만들기</u>
(가장 큰 수)-(가장 작은 수)

5 3 7

	백	십	일
가장 큰 수	7	5	3	──• 높은 자리부터 큰 수를 놓기
가장 작은 수	3	5	7	──• 높은 자리부터 작은 수를 놓기

➡ (차가 가장 큰 뺄셈식)=(가장 큰 수)-(가장 작은 수)
　　　　　　　　　 $=753-357=396$

대표문제 5

민주와 진서가 각각 주어진 수 카드를 한 번씩만 사용하여 세 자리 수를 만들고 두 수의
차를 구하려고 합니다. 두 수의 차가 가장 클 때 그 차는 얼마일까요?

민주  5　1　4　　　진서  3　0　8 

두 수의 차가 가장 크게 되려면 가장 큰 수에서 가장 작은 수를 빼야 합니다.

민주가 만들 수 있는 ┌ 가장 큰 세 자리 수: ☐
　　　　　　　　　　 └ 가장 작은 세 자리 수: ☐

진서가 만들 수 있는 ┌ 가장 큰 세 자리 수: ☐
　　　　　　　　　　 └ 가장 작은 세 자리 수: ☐

➡ 두 수의 차가 가장 클 때: ☐ - ☐ = ☐
　　　　　　　　　　　　　 가장 큰 수　가장 작은 수

5-1 수 카드를 한 번씩만 사용하여 250과의 차가 가장 크게 되는 세 자리 수를 만들어 보세요.

2 9 0

(   )

5-2 정혁이와 윤주가 각각 주어진 수 카드를 한 번씩만 사용하여 세 자리 수를 만들고 두 수의 차를 구하려고 합니다. 두 수의 차가 가장 클 때 그 차는 얼마일까요?

정혁 3 6 2   윤주 9 4 5

(   )

5-3 동하와 선영이가 각각 주어진 수 카드를 한 번씩만 사용하여 세 자리 수를 만들고 두 수의 합을 구하려고 합니다. 두 수의 합이 가장 작을 때 그 합은 얼마일까요?

동하 7 1 9   선영 8 5 0

(   )

5-4 0부터 9까지의 수를 한 번씩만 사용하여 두 개의 세 자리 수를 만들려고 합니다. 만든 두 수의 차가 가장 작을 때 두 수를 각각 구해 보세요.

(   )

더하는 수의 크기만큼 합의 크기도 달라진다.

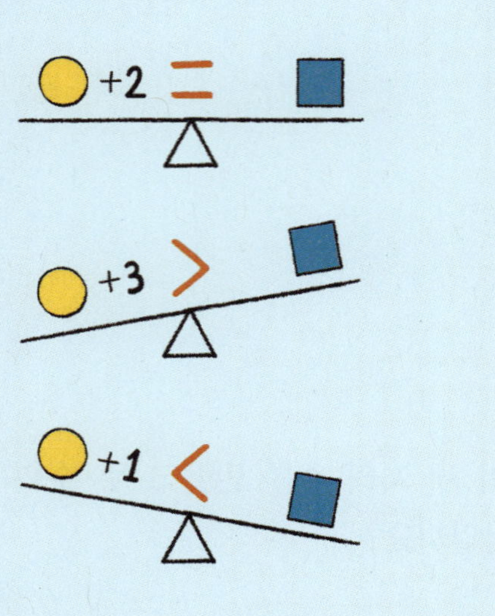

□ 안에 들어갈 수 있는 수 중에서 가장 큰 수 구하기

$$367 + \square < 941$$

$$367 + \square = 941 \ \Rightarrow \ \square = 941 - 367 = 574$$

$$367 + \square < 941 \ \Rightarrow \ \square = 573, 572, 571, \ldots$$

└─● 가장 큰 수

대표문제 6

□ 안에 들어갈 수 있는 수 중에서 가장 큰 수를 구해 보세요.

$$368 + \square < 764$$

$368 + \square < 764$ 에서 $<$ 를 $=$ 로 생각하면

$368 + \square = 764$, $\square = 764 - 368$, $\square = \boxed{}$ 입니다.

$368 + \square$ 가 764보다 작아야 하므로 □ 안에는 $\boxed{}$ 보다 작은 수가 들어가야 합니다.

➡ □ 안에 들어갈 수 있는 수는 $\boxed{}$, $\boxed{}$, $\boxed{}$, … 입니다.

따라서 □ 안에 들어갈 수 있는 수 중에서 가장 큰 수는 $\boxed{}$ 입니다.

6-1 □ 안에 알맞은 수를 써넣으세요.

$$550 + \boxed{} = 800$$

$$550 + \boxed{} < 800$$

└ 답은 여러 가지가 될 수 있습니다.

6-2 □ 안에 들어갈 수 있는 수 중에서 가장 작은 수를 구해 보세요.

$$292 + \square > 671$$

(   )

서술형 **6-3** 🍂에 들어갈 수 있는 수 중에서 가장 큰 수는 얼마인지 풀이 과정을 쓰고 답을 구해 보세요.

$$188 + 🍂 < 932 - 356$$

풀이 ....

....

....

답 ....

6-4 □ 안에 들어갈 수 있는 수 중에서 가장 작은 수를 구해 보세요.

$$376 < 128 + \square < 821$$

(   )

연속되는 자연수는 1씩 커진다.

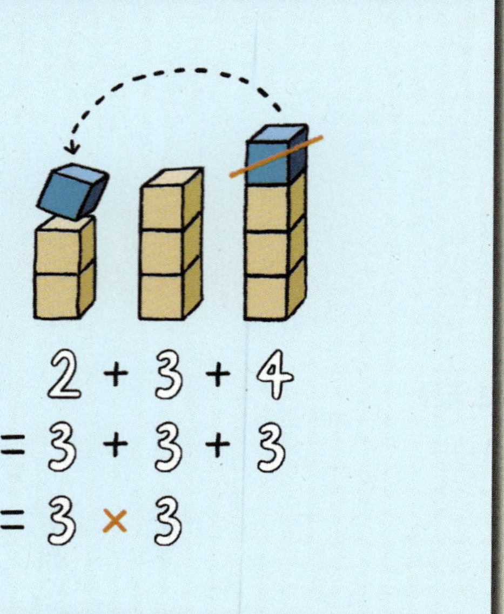

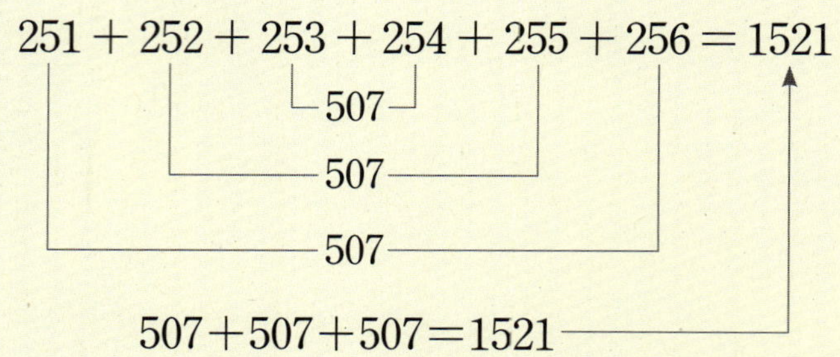

대표문제 7

101부터 110까지의 수를 모두 더한 값을 구해 보세요.

연속하는 수가 적힌 종이의 한가운데를 접었을 때, 만나는 수들의 합은 모두 같습니다.

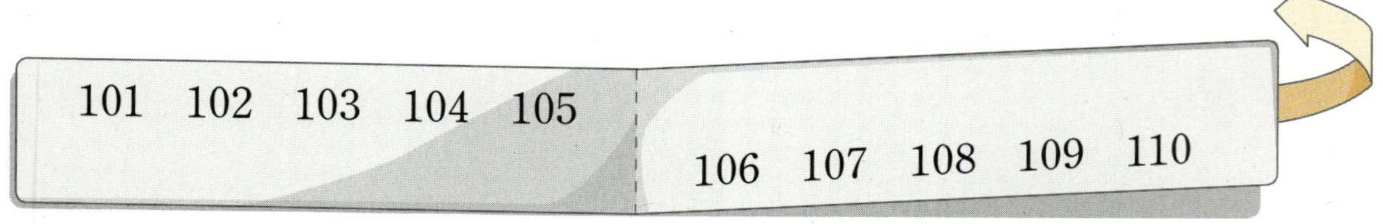

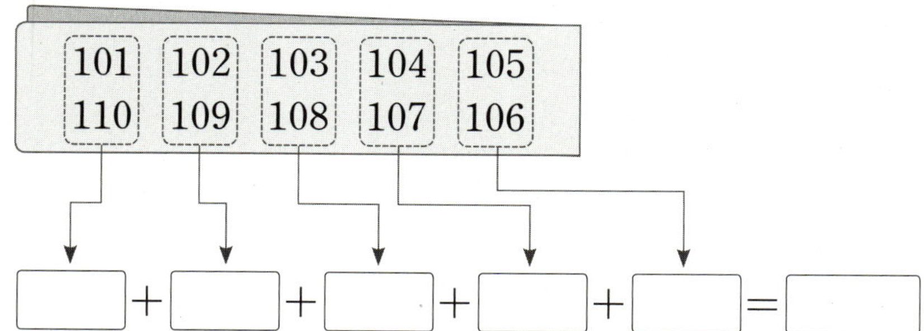

$$\boxed{} + \boxed{} + \boxed{} + \boxed{} + \boxed{} = \boxed{}$$

7-1 200부터 205까지의 수를 모두 더한 값을 구해 보세요.

$$200 \quad 201 \quad 202 \quad 203 \quad 204 \quad 205$$

(   )

7-2 120부터 140까지의 짝수를 모두 더한 값을 구해 보세요.

(   )

서술형 **7-3** 연속하는 세 수의 합이 903일 때 연속하는 세 수 중에서 가장 큰 수를 구하려고 합니다. 풀이 과정을 쓰고 답을 구해 보세요.

풀이

답

7-4 연속하는 세 짝수의 합이 1020일 때 연속하는 세 짝수 중에서 가장 작은 수는 얼마일까요?

(   )

최상위

두 수의 차가 작을수록 가깝다.

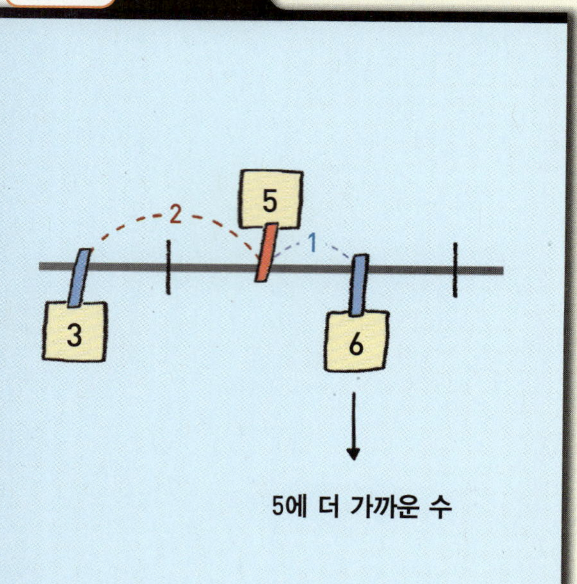

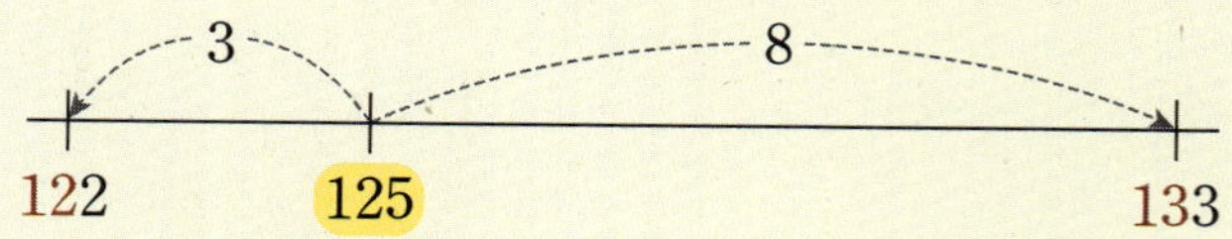

십의 자리 수와 일의 자리 수가 같은 세 자리 수

$475+$ ●■■ 가 600에 가장 가까울 때

$475+㉠=600$ 이라 하면 $㉠=125$

3 8

122 125 133

십의 자리 수와 일의 자리 수가 같은 수 중에서

125에 가장 가까운 수는 122입니다.

$475+122=597$

대표문제 8

□ 안의 수는 백의 자리 수와 일의 자리 수가 같은 세 자리 수입니다. 두 수의 합이 800에 가장 가까운 수가 되도록 □ 안에 알맞은 수를 구해 보세요.

$$342+□$$

$342+□=800$에서 $□=800-342$, $□=\boxed{}$ 입니다.

백의 자리 수와 일의 자리 수가 같은 세 자리 수 중에서 $\boxed{}$ 에 가장 가까운 수는

4▲4인 세 자리 수 중에서 답을 찾습니다.

$\boxed{}$ 입니다.

따라서 □ 안에 알맞은 수는 $\boxed{}$ 입니다.

8-1 □ 안의 수는 십의 자리 수와 일의 자리 수가 같은 세 자리 수입니다. 두 수의 합이 700에 가장 가까운 수가 되도록 □ 안에 알맞은 수를 구해 보세요.

$$202+\square$$

(   )

8-2 □ 안의 수는 백의 자리 수와 일의 자리 수가 같은 세 자리 수입니다. 두 수의 합이 999에 가장 가까운 수가 되도록 □ 안에 알맞은 수를 구해 보세요.

$$563+\square$$

(   )

8-3 □ 안의 수는 백의 자리 수와 일의 자리 수가 같은 세 자리 수입니다. 세 수의 합이 800에 가장 가까운 수가 되도록 □ 안에 알맞은 수를 구해 보세요.

$$354+\square+268$$

(   )

8-4 4장의 수 카드 1 , 4 , 6 , 3 중 세 장을 골라 700과의 차가 325에 가장 가깝게 되는 세 자리 수를 만들어 보세요. (단, 수 카드를 한 번씩만 사용합니다.)

(   )

낮은 자리부터 각 자리 수끼리 계산한다.

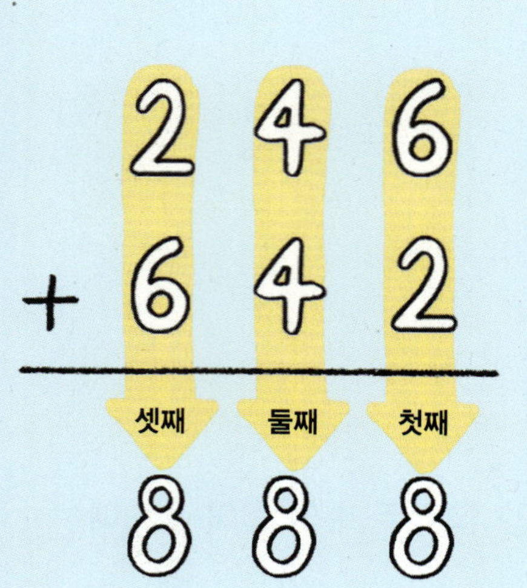

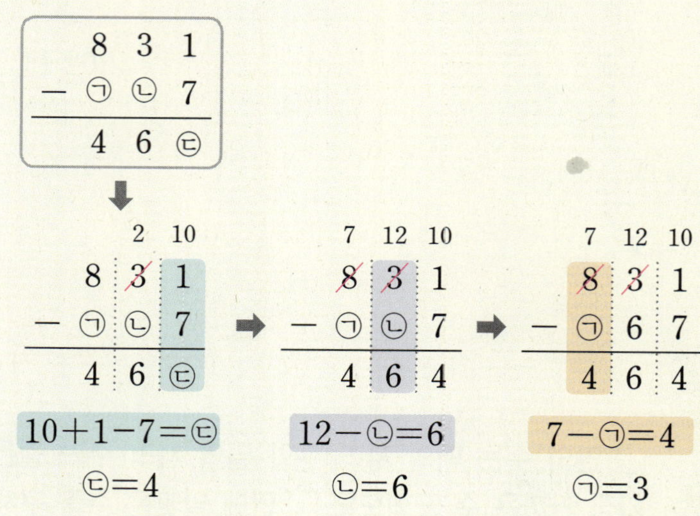

대표문제 9

뺄셈식에서 ㉠, ㉡, ㉢에 알맞은 수를 각각 구해 보세요.

$$\begin{array}{ccc} 7 & ㉠ & 5 \\ - \ 2 & 4 & ㉡ \\ \hline ㉢ & 8 & 6 \end{array}$$

① 일의 자리 계산: $5-㉡=6$이 되는 ㉡은 없으므로 십의 자리에서 받아내림이 있습니다.

십의 자리에서 받아내림한 수
$10+5-㉡=6$, $㉡=\boxed{}$입니다.

② 십의 자리 계산: $㉠-4=8$이 되는 한 자리 수 ㉠은 없으므로 백의 자리에서 받아내림이 있습니다. 또한 일의 자리로 받아내림했으므로

백의 자리에서 받아내림한 수
$10+㉠-1-4=8$, $5+㉠=8$, $㉠=\boxed{}$입니다.
일의 자리로 받아내림한 수

③ 백의 자리 계산: 십의 자리로 받아내림했으므로

$7-1-2=㉢$, $㉢=\boxed{}$입니다.
십의 자리로 받아내림한 수

④ ㉠, ㉡, ㉢에 수를 넣어 계산이 맞는지 확인합니다.

9-1 뺄셈식에서 ㉠, ㉡, ㉢에 알맞은 수를 각각 구해 보세요.

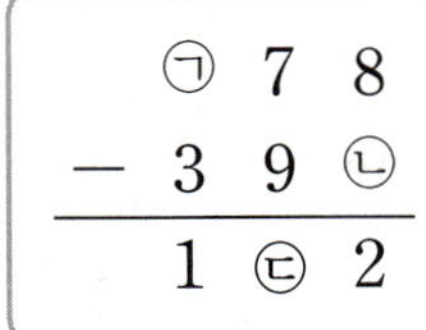

$$\begin{array}{r} ㉠\,7\,8 \\ -\ 3\,9\,㉡ \\ \hline 1\,㉢\,2 \end{array}$$

㉠ (   ), ㉡ (   ), ㉢ (   )

9-2 덧셈식에서 ㉠, ㉡, ㉢에 알맞은 수를 각각 구해 보세요.

$$\begin{array}{r} 8\,㉠\,5 \\ +\ ㉡\,7\,㉢ \\ \hline 1\,1\,4\,3 \end{array}$$

㉠ (   ), ㉡ (   ), ㉢ (   )

9-3 덧셈식에서 같은 기호는 같은 수를 나타냅니다. ㉠과 ㉡에 알맞은 수를 각각 구해 보세요.

$$\begin{array}{r} ㉠\,㉠\,㉡ \\ +\ ㉡\,㉡\,㉡ \\ \hline 1\,0\,0\,0 \end{array}$$

㉠ (   ), ㉡ (   )

9-4 세 자리 수 53㉠과 3㉡7의 합이 ㉢23일 때 ㉠+㉡+㉢의 값은 얼마일까요?

(   )

1 준수네 학교의 학생은 724명이고, 소윤이네 학교의 학생은 841명입니다. 그중에서 준수네 학교의 남학생은 385명이고, 소윤이네 학교의 남학생은 458명입니다. 두 학교의 여학생은 모두 몇 명일까요?

(   )

2 다음 중 두 수의 합이 500보다 크고 600보다 작은 경우는 모두 몇 가지일까요?

(단, ▲＋♥와 ♥＋▲는 같은 것으로 생각합니다.)

| 202 | 399 | 496 | 301 | 103 |

(   )

3 어떤 두 수의 합은 933이고, 차는 285입니다. 두 수 중에서 작은 수를 구해 보세요.

(   )

먼저 생각해 봐요!

㉮＞㉯이고,
㉮와 ㉯의 차가 2일 때,
㉮－㉯는?

서술형 4 어떤 수에 436을 더한 후 188을 빼야 할 것을 잘못하여 어떤 수에서 436을 뺀 후 188을 더했더니 672가 되었습니다. 바르게 계산한 값은 얼마인지 풀이 과정을 쓰고 답을 구해 보세요.

풀이

답

5 수직선 전체의 길이가 738 cm일 때 ㉠과 ㉡의 길이는 각각 몇 cm일까요?

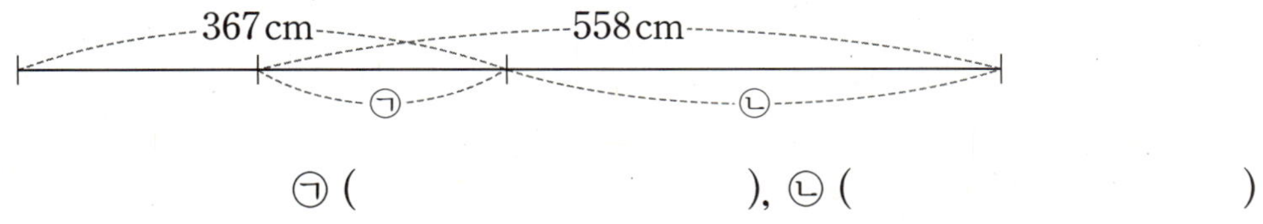

㉠ (   ), ㉡ (   )

6 딱지를 찬우는 627장, 성호는 549장 가지고 있습니다. 두 사람이 가지고 있는 딱지 수가 같아지려면 찬우가 성호에게 딱지를 몇 장 주어야 할까요?

(   )

7 한 원 안에 있는 수들의 합이 모두 900으로 같을 때 ㉠, ㉡, ㉢에 알맞은 수를 각각 구해 보세요.

먼저 생각해 봐요!
한 원 안에 있는 두 수의 합이
200으로 같을 때, ㉠, ㉡은?

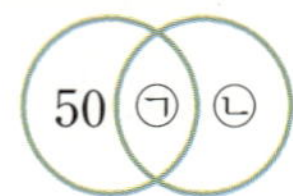

646 ㉠ 339 ㉡ ㉢

㉠ (   ), ㉡ (   ), ㉢ (   )

서술형 8 연속하는 세 홀수의 합이 981일 때 연속하는 세 홀수 중에서 가장 작은 수를 구하려고 합니다. 풀이 과정을 쓰고 답을 구해 보세요.

풀이

답

9 뺄셈식에서 같은 기호는 같은 수를 나타낼 때 ㉠과 ㉡에 알맞은 수를 각각 구해 보세요.

$$\begin{array}{cccc} & ㉠ & ㉡ & ㉠ \\ - & ㉡ & ㉠ & ㉡ \\ \hline & ㉡ & 5 & 5 \end{array}$$

㉠ (   ), ㉡ (   )

서술형 10 기호 ◆를 ㉠◆㉡=㉠-㉡이라고 약속할 때 □ 안에 알맞은 수를 구하려고 합니다. 풀이 과정을 쓰고 답을 구해 보세요.

$$781 ◆ 293 = □ ◆ 594$$

풀이 ....

....

....

답 ....

11 □ 안의 수는 십의 자리 수와 일의 자리 수가 같은 세 자리 수입니다. 세 수의 합이 1000에 가장 가까운 수가 되도록 □ 안에 알맞은 수를 구해 보세요.

$$375 + □ + 249$$

( )

12 똑같은 공책 4권과 똑같은 필통 2개의 무게는 $1280 \, g$이고, 공책 2권과 필통 2개의 무게는 $780 \, g$입니다. 공책 한 권의 무게는 몇 g일까요?

( )

중등 연계
$4x + 2y = 1280$
$2x + 2y = 780$

그림과 같이 종이를 두 번 접은 다음 가위로 자른 후 펼쳤더니 ❹와 같은 모양
이 되었습니다. 어떻게 자른 것인지 ❸의 종이에 자른 선을 그려 보세요.

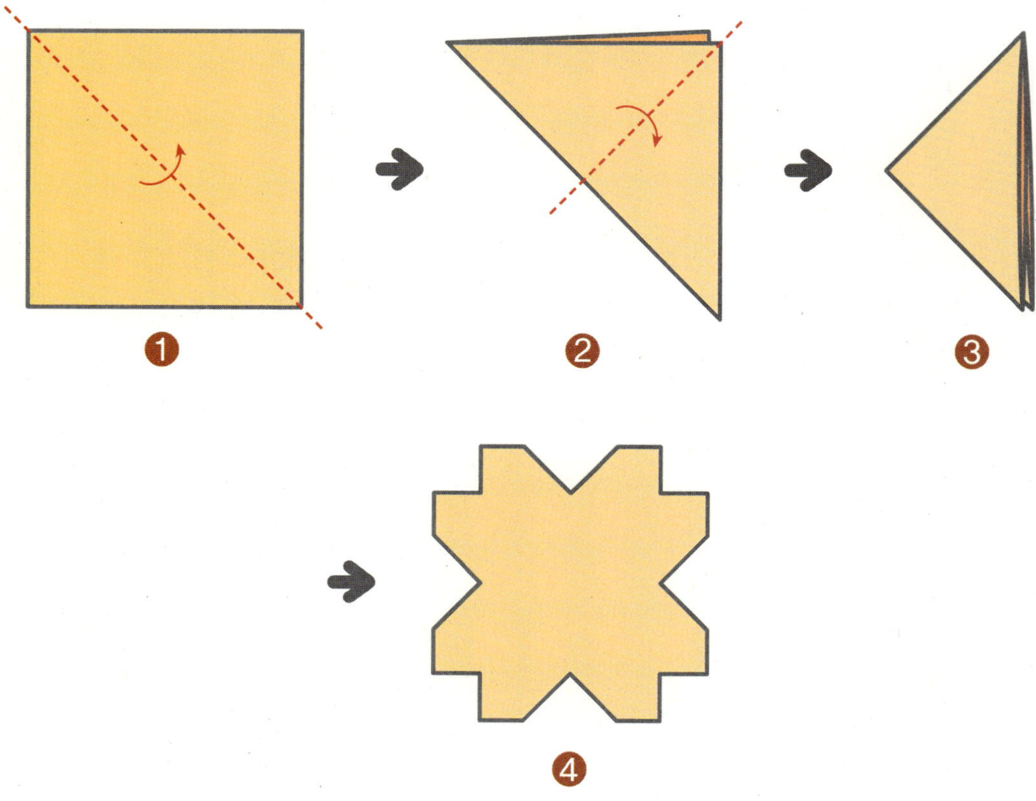

2

평면도형

1 선의 종류, 각과 직각

- 점이 모여 선을 이룹니다.
- 선과 선이 만나는 점에서 각이 생깁니다.

선분, 반직선, 직선

선분	두 점을 곧게 이은 선	선분 ㄱㄴ 또는 선분 ㄴㄱ
반직선	한 점에서 시작하여 한쪽으로 끝없이 늘인 곧은 선	반직선 ㄱㄴ　　반직선 ㄴㄱ 반직선 ㄱㄴ과 반직선 ㄴㄱ은 시작하는 점이 다르므로 같지 않습니다.
직선	선분을 양쪽으로 끝없이 늘인 곧은 선	직선 ㄱㄴ 또는 직선 ㄴㄱ

각: 한 점에서 그은 두 반직선으로 이루어진 도형

변 ㄴㄱ　변　꼭짓점　변 ㄴㄷ

각 ㄱㄴㄷ 또는 각 ㄷㄴㄱ

각　각이 아닌 것

굽은 선으로 이루어진 도형은 각이 아닙니다.

직각: 그림과 같이 종이를 반듯하게 두 번 접었을 때 생기는 각

각 ㄱㄴㄷ은 직각입니다.

---

1 주어진 점을 이용하여 선분 ㄱㄴ, 반직선 ㄷㄹ, 직선 ㅁㅂ을 그어 보세요.

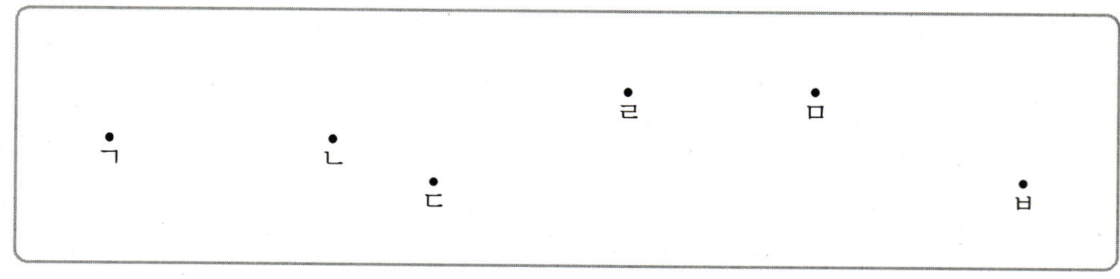

2 도형 안에 직각이 가장 많은 도형을 찾아 기호를 써 보세요.

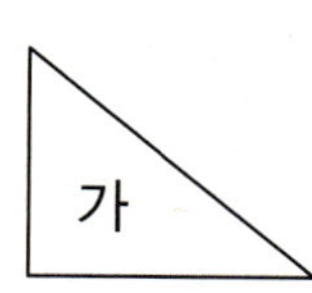

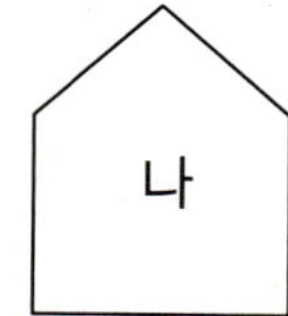

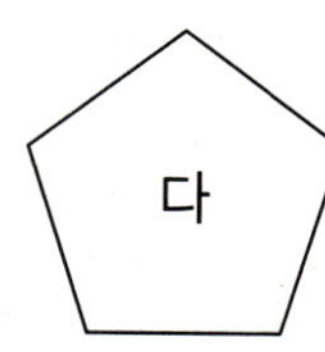

마

(　　　　　　　)

3 다음 도형은 각이 아닙니다. 그 까닭을 써 보세요.

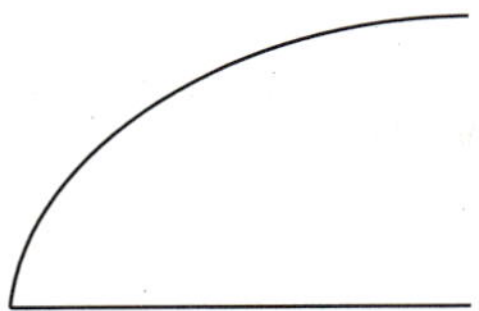

까닭 ⎯⎯⎯⎯⎯⎯⎯⎯⎯⎯⎯⎯⎯⎯⎯⎯⎯⎯⎯⎯⎯⎯⎯⎯⎯⎯⎯⎯⎯⎯⎯⎯

4 다음 도형에서 점 ㄷ을 꼭짓점으로 하는 각을 모두 찾아 써 보세요.

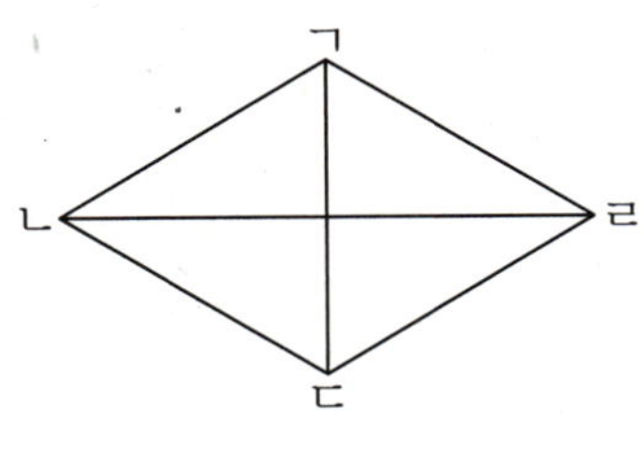

(   )

도형에서 크고 작은 각의 수 구하기

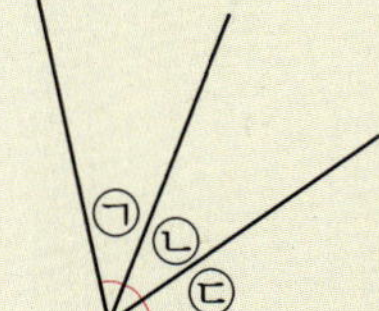

가장 작은 각을 1개, 2개, 3개, ...로 묶어 각의 수를 세어 봅니다.

1개짜리: ㉠, ㉡, ㉢ ➡ 3개

2개짜리: ㉠+㉡, ㉡+㉢ ➡ 2개

3개짜리: ㉠+㉡+㉢ ➡ 1개

따라서 크고 작은 각은 모두 $3+2+1=6$(개)입니다.

5 도형에서 찾을 수 있는 크고 작은 각은 모두 몇 개일까요?

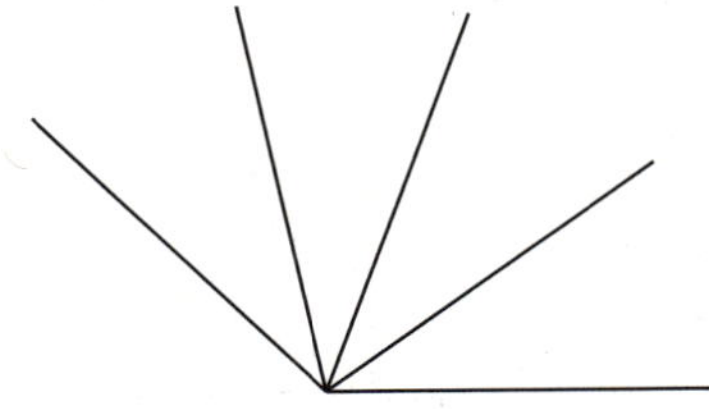

(   )

2 직각삼각형, 직사각형, 정사각형

- 선이 모여 면이 됩니다.
- 선으로 둘러싸인 도형을 평면도형이라고 합니다.

직각삼각형, 직사각형, 정사각형

직각삼각형	한 각이 직각인 삼각형	
직사각형	네 각이 모두 직각인 사각형 직사각형은 마주 보는 두 변의 길이가 같습니다.	└• 변의 길이가 같다는 표시입니다.
정사각형	네 각이 모두 직각이고 네 변의 길이가 모두 같은 사각형	

직사각형과 정사각형의 관계

정사각형은 네 각이 모두 직각이므로 직사각형이라고 할 수 있습니다.
직사각형은 네 변의 길이가 모두 같지 않은 것이 있으므로 정사각형이라고 할 수 없습니다.

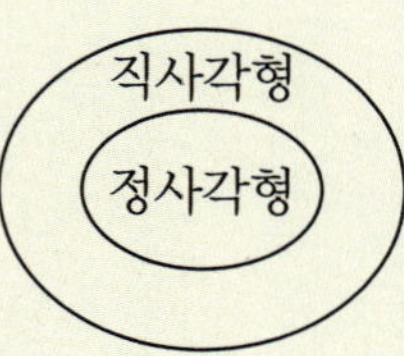

1 직각삼각형을 모두 찾아 기호를 써 보세요.

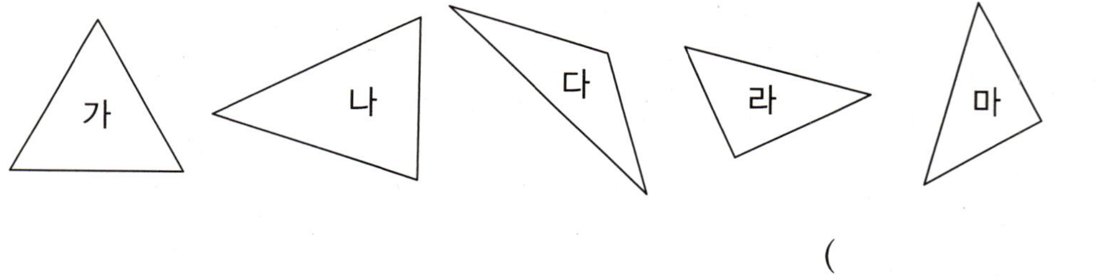

(   )

2 직사각형은 정사각형보다 몇 개 더 많을까요?

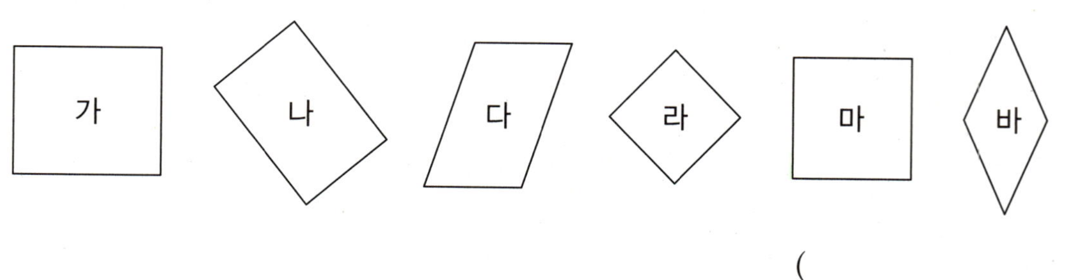

(   )

직사각형과 정사각형의 네 변의 길이의 합

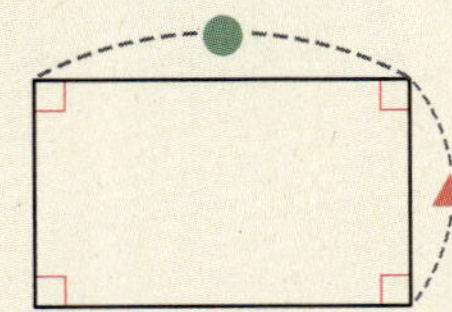

(직사각형의 네 변의 길이의 합)＝●＋▲＋●＋▲＝(●＋▲)×2
　　　　　　　　　　　　　　　　　＝((가로)＋(세로))×2

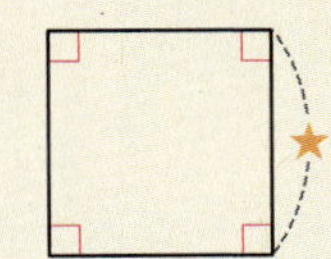

(정사각형의 네 변의 길이의 합)＝★＋★＋★＋★＝★×4
　　　　　　　　　　　　　　　　　＝(한 변)×4

3 직사각형의 네 변의 길이의 합은 40 cm입니다. 직사각형의 가로는 몇 cm일까요?

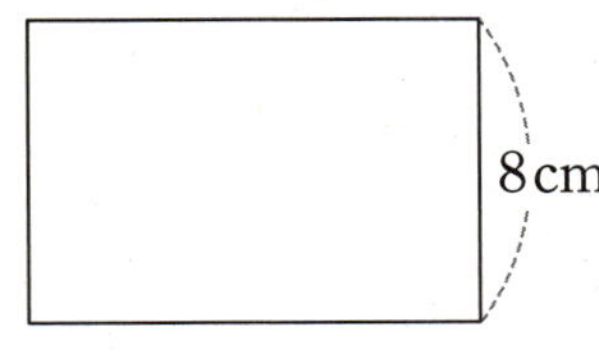

(　　　　　　　　　　)

4 정사각형의 네 변의 길이의 합이 16 cm일 때, 한 변은 몇 cm일까요?

(　　　　　　　　　　)

변들이 직각으로 만나는 도형에서 도형의 둘레 구하기

5-1 연계

도형의 변을 옮겨 직사각형을 만들면 도형의 둘레는 직사각형의 둘레와 같습니다.

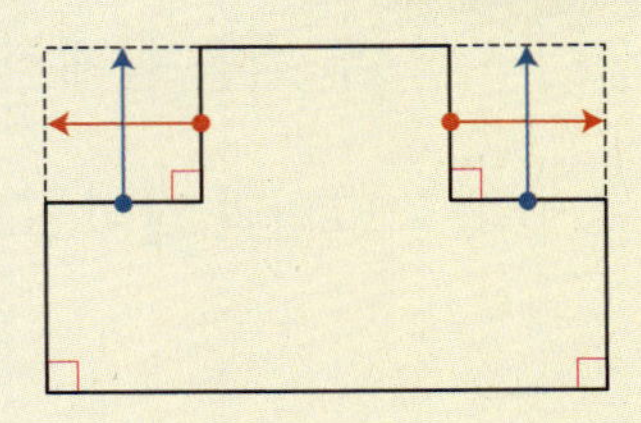

5 다음은 직사각형 2개를 겹치지 않게 이어 붙여서 만든 도형입니다. 이 도형의 둘레는 몇 cm 일까요?

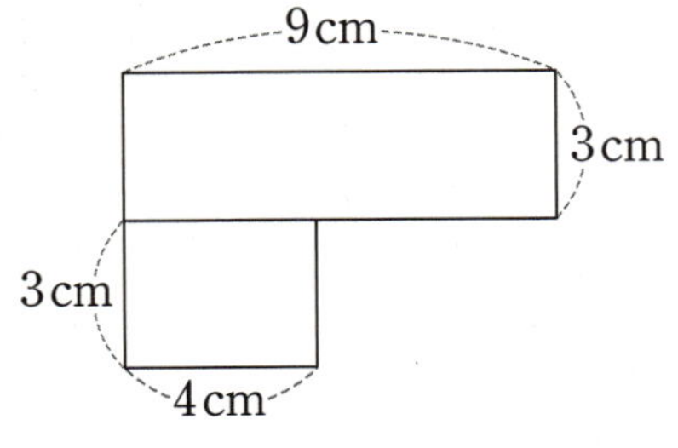

(　　　　　　　　　　)

직선을 자른 한 도막이 선분이다.

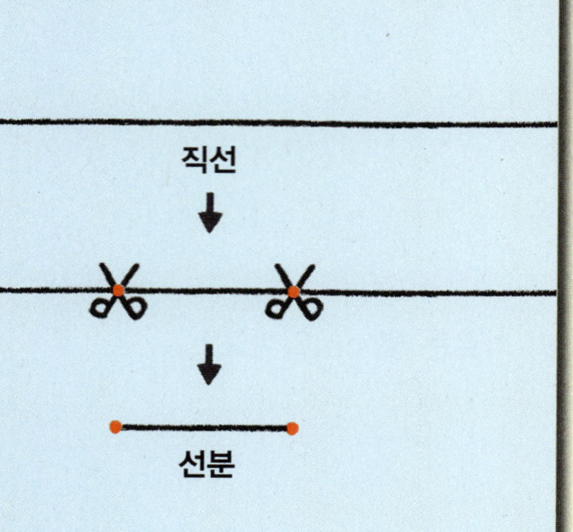

도형에서 두 점을 곧게 이은 선은

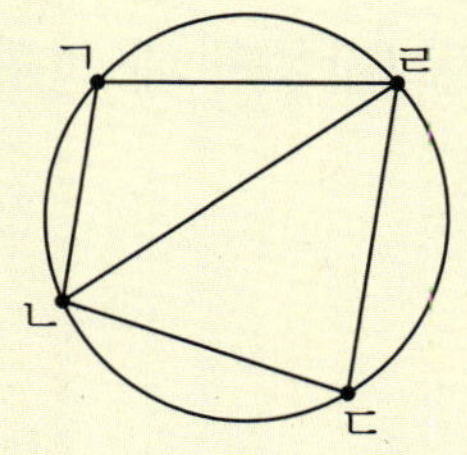

선분 ㄱㄴ, 선분 ㄴㄷ, 선분 ㄷㄹ, 선분 ㄱㄹ, 선분 ㄴㄹ이므로 도형에서 찾을 수 있는 선분은 모두 5개입니다.

대표문제 1

도형에 있는 선분은 모두 몇 개일까요?

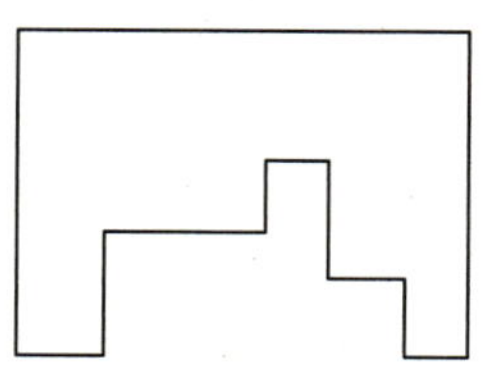

두 점을 곧게 이은 선을 ⬚ 이라 합니다.

그림과 같이 도형에서 선분을 찾아 번호를 쓰며 세어 봅니다.

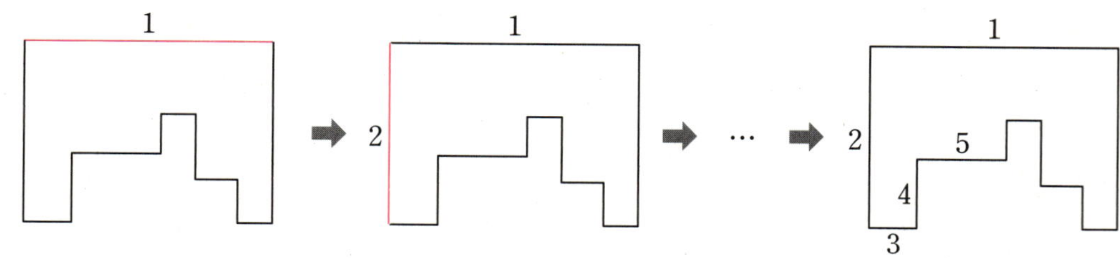

따라서 선분은 모두 ⬚ 개입니다.

1-1 도형에 있는 선분은 모두 몇 개일까요?

(   )

1-2 도형에 있는 선분이 많은 것부터 차례로 기호를 써 보세요.

가 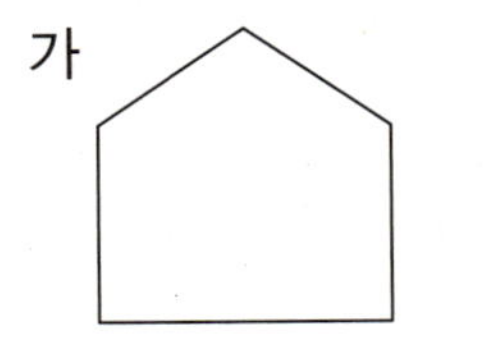   나 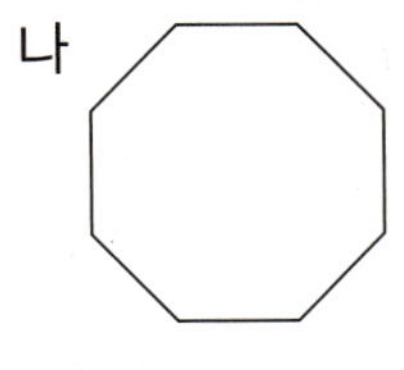   다 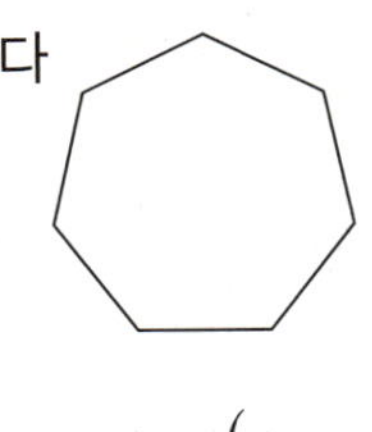

(   )

서술형 1-3 5개의 점 중에서 2개의 점을 이어 그을 수 있는 직선은 모두 몇 개인지 풀이 과정을 쓰고 답을 구해 보세요.

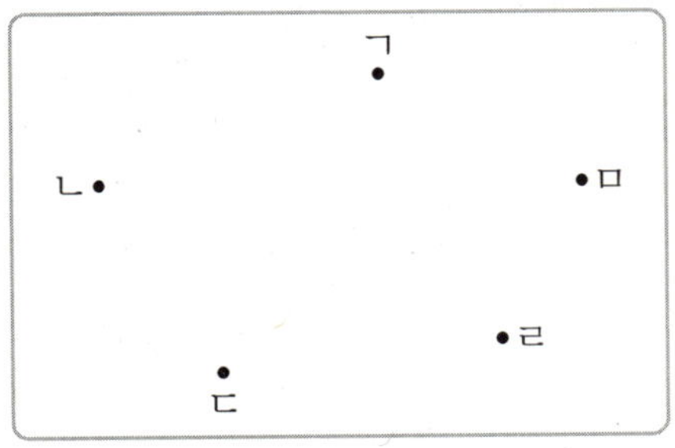

풀이 ....

....

....

....

답 ....

작은 도형들이 모여 큰 도형이 된다.

도형에서 찾을 수 있는 크고 작은 삼각형은

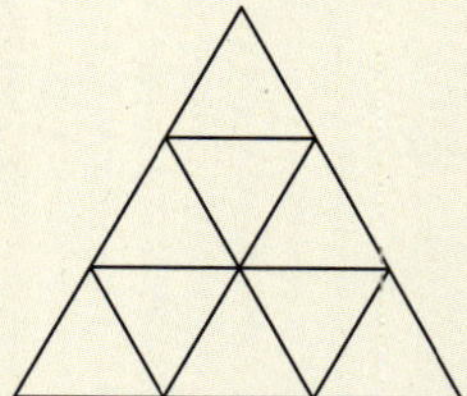

1개로 된 삼각형: 9개

4개로 된 삼각형: 3개 ➡ $9+3+1=13$(개)

9개로 된 삼각형: 1개

대표문제 2

도형에서 찾을 수 있는 크고 작은 정사각형은 모두 몇 개일까요?

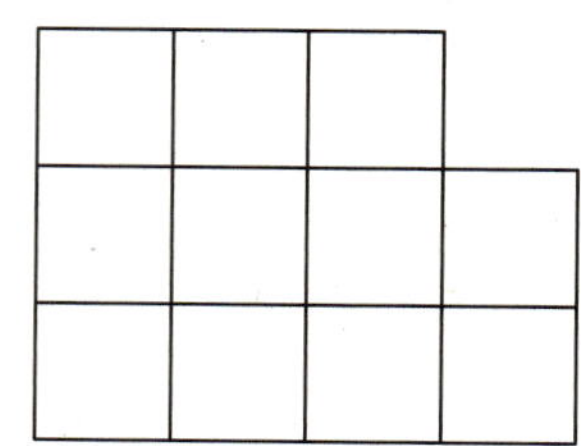

도형에서 찾을 수 있는 크고 작은 정사각형은 각각 가장 작은 정사각형 1개, 4개, 9개로 된 정사각형입니다.

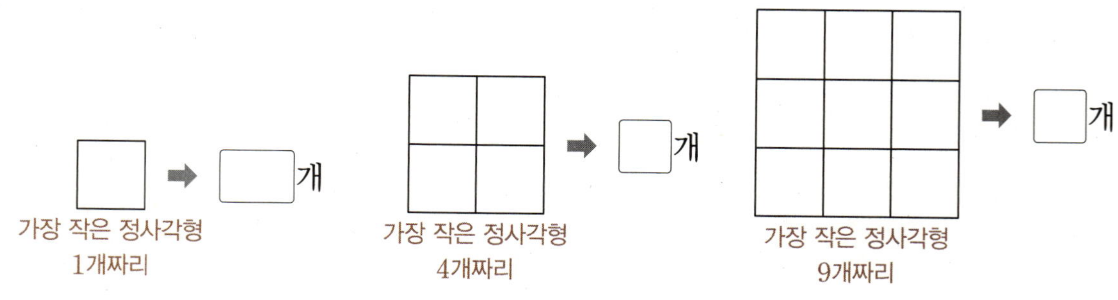

따라서 도형에서 찾을 수 있는 크고 작은 정사각형은 모두 ☐개입니다.

2-1 도형에서 찾을 수 있는 크고 작은 정사각형은 모두 몇 개일까요?

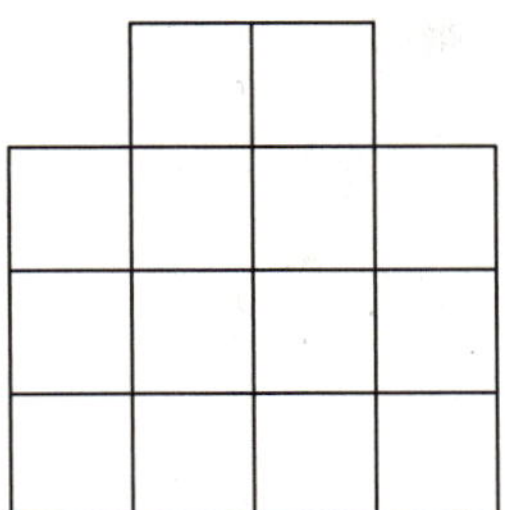

(   )

2-2 도형에서 찾을 수 있는 크고 작은 직각삼각형은 모두 몇 개일까요?

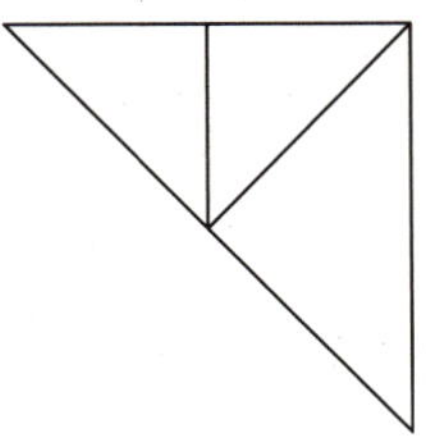

(   )

2-3 도형에서 찾을 수 있는 크고 작은 직각삼각형은 모두 몇 개일까요?

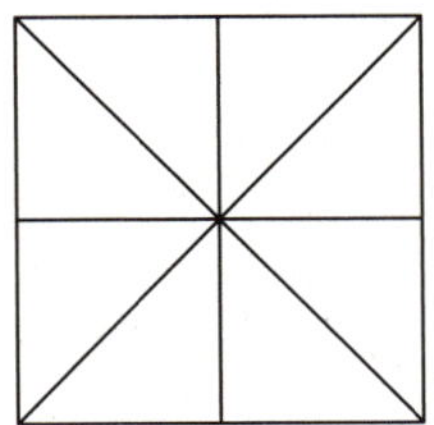

(   )

2-4 도형에서 찾을 수 있는 크고 작은 직각삼각형은 모두 몇 개일까요?

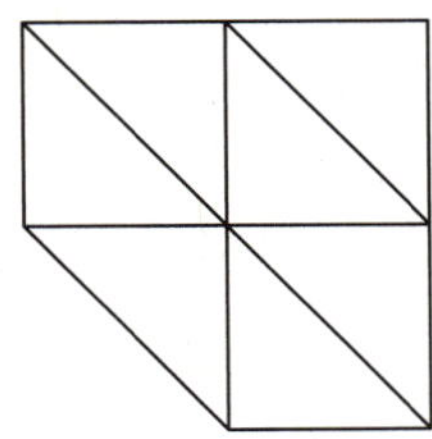

(   )

직사각형(정사각형)에는 길이가 같은 변이 있다.

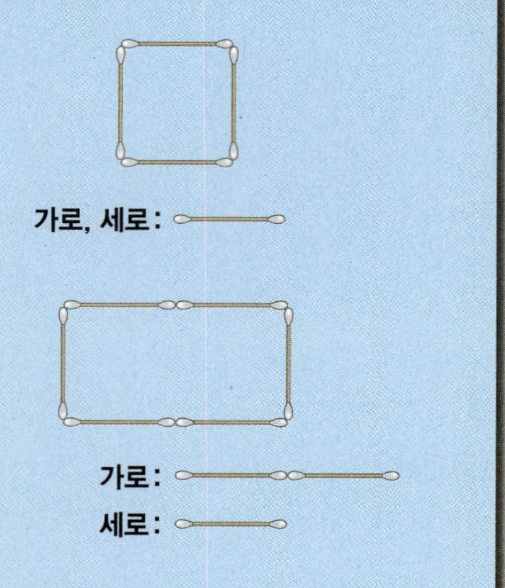

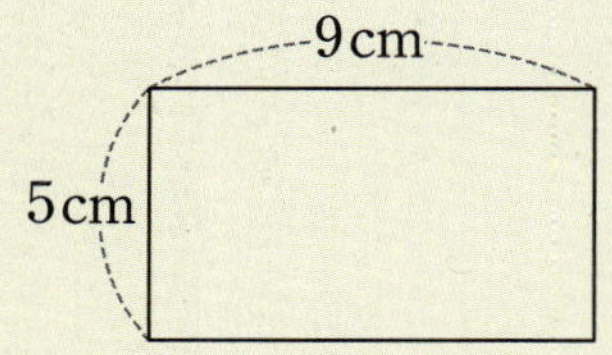

(직사각형의 네 변의 길이의 합)$=9+5+9+5=28\,(cm)$

(정사각형의 네 변의 길이의 합)$=$(한 변)$\times4$이므로

위의 직사각형과 네 변의 길이의 합이 같은 정사각형의 한

변은 $7\times4=28$이므로 $7\,cm$입니다.

대표문제 3

직사각형 ㉮의 네 변의 길이의 합과 정사각형 ㉯의 네 변의 길이의 합이 같습니다. 정사각형 ㉯의 한 변은 몇 cm일까요?

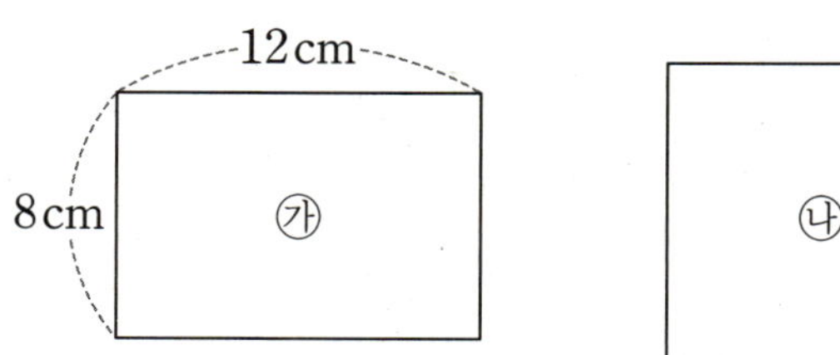

(직사각형 ㉮의 네 변의 길이의 합)$=12+8+\boxed{}+\boxed{}=\boxed{}\,(cm)$

정사각형 ㉯의 한 변을 □ cm라 하면 □$+$□$+$□$+$□$=\boxed{}$, □$=\boxed{}$입니다.

따라서 정사각형 ㉯의 한 변은 $\boxed{}$ cm입니다.

3-1 직사각형 ㉮의 네 변의 길이의 합과 정사각형 ㉯의 네 변의 길이의 합이 같습니다. 정사각형 ㉯의 한 변은 몇 cm일까요?

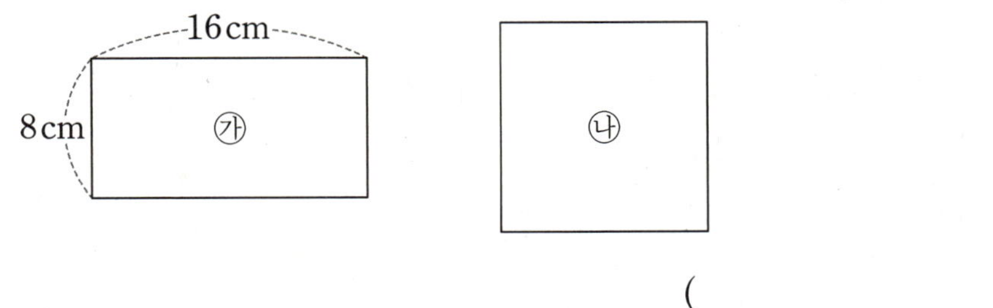

(   )

3-2 정사각형 ㉮의 네 변의 길이의 합과 직사각형 ㉯의 네 변의 길이의 합이 같습니다. 직사각형 ㉯의 세로는 몇 cm일까요?

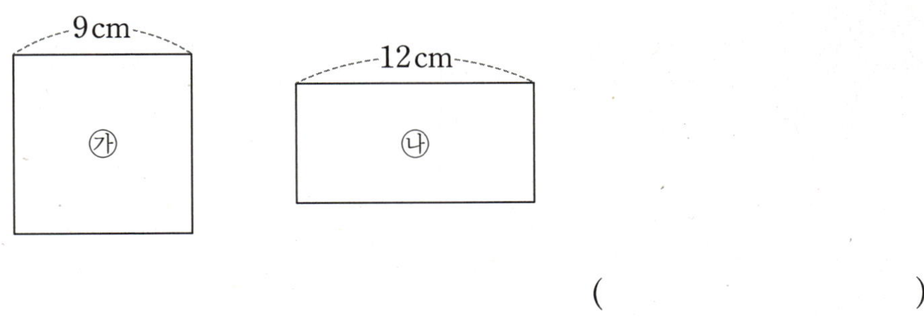

(   )

3-3 철사를 사용하여 오른쪽과 같은 직사각형을 만들었습니다. 이 철사를 펴서 모두 사용하여 정사각형 1개를 만들 때, 이 정사각형의 한 변은 몇 cm일까요?

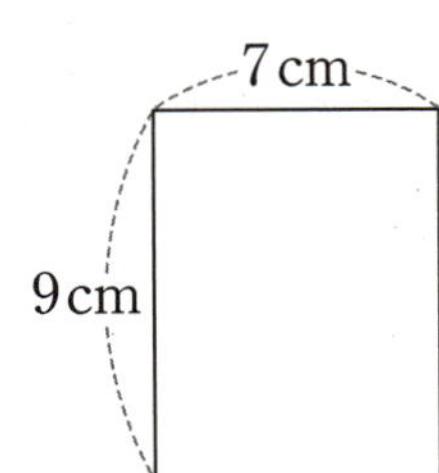

(   )

3-4 오른쪽과 같은 직사각형 모양의 포장지를 잘라 한 변이 7 cm인 정사각형을 만들려고 합니다. 정사각형을 몇 개까지 만들 수 있을까요?

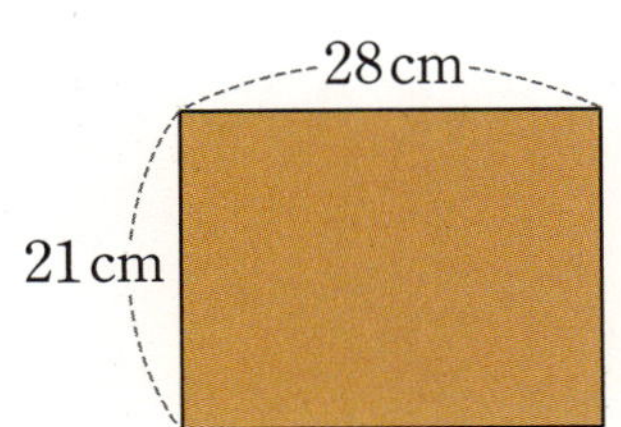

(   )

한 모양을 이어 붙인
도형의 둘레는 그 모양의 변으로 알 수 있다.

왼쪽 직사각형을 겹치지 않게 이어 붙여 오른쪽과 같은
도형을 만들면

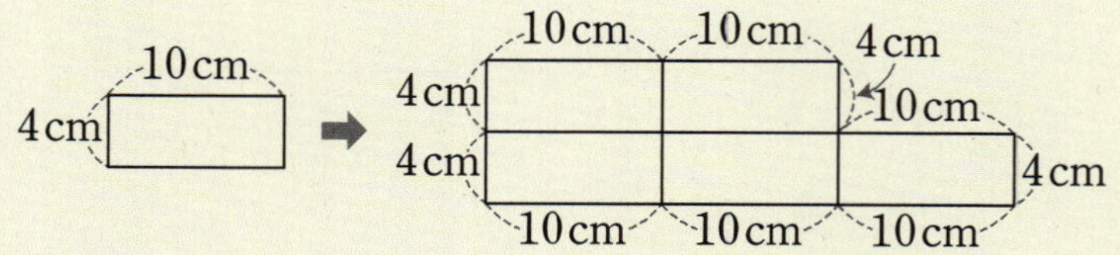

오른쪽 도형은 10 cm와 4 cm인 변들로 둘러싸여 있습니다.

대표문제 4 가로가 9 cm, 세로가 6 cm인 직사각형 4개로 다음과 같은 도형을 만들었습니다. 이 도형의 둘레는 몇 cm일까요?

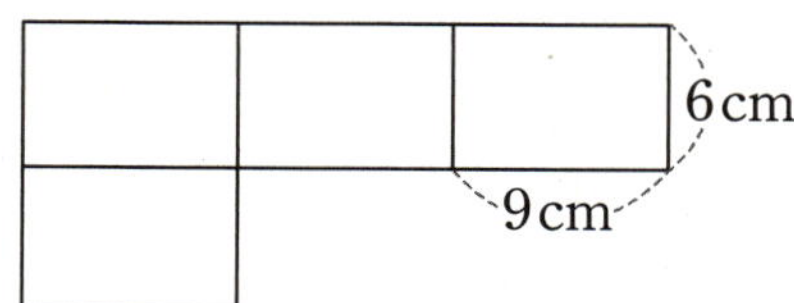

도형은 길이가 9 cm인 변 ☐개, 6 cm인 변 ☐개로 둘러싸여 있습니다.

┌ 길이가 9 cm인 변의 길이의 합: 9 × ☐ ＝ ☐ (cm)

└ 길이가 6 cm인 변의 길이의 합: 6 × ☐ ＝ ☐ (cm)

➡ (도형의 둘레)＝ ☐ ＋ ☐ ＝ ☐ (cm)

4-1 가로가 $6\,\text{cm}$, 세로가 $3\,\text{cm}$인 직사각형 3개로 다음과 같은 도형을 만들었습니다. 이 도형의 둘레는 몇 cm일까요?

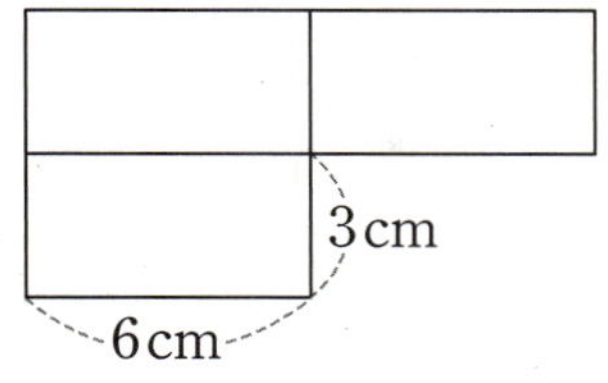

(   )

서술형 4-2 한 변이 $6\,\text{cm}$인 정사각형 6개로 다음과 같은 도형을 만들었습니다. 이 도형의 둘레는 몇 cm인지 풀이 과정을 쓰고 답을 구해 보세요.

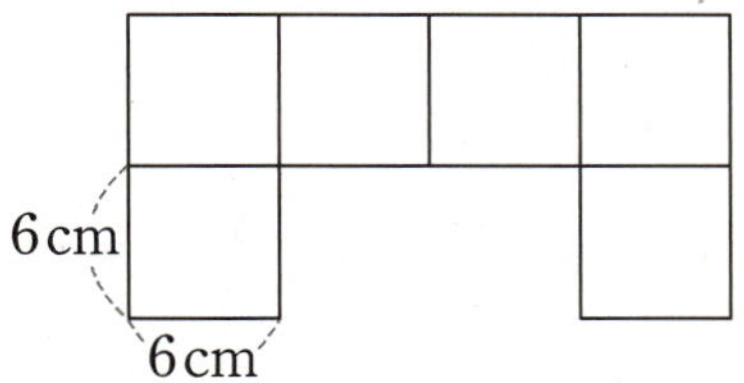

풀이 ....

....

....

답 ....

4-3 직각삼각형의 세 변을 각각 한 변으로 하는 정사각형 3개를 이어 붙여 다음과 같은 도형을 만들었습니다. 직각삼각형의 세 변의 길이의 합이 $12\,\text{cm}$일 때 도형을 둘러싼 굵은 선의 길이는 몇 cm일까요?

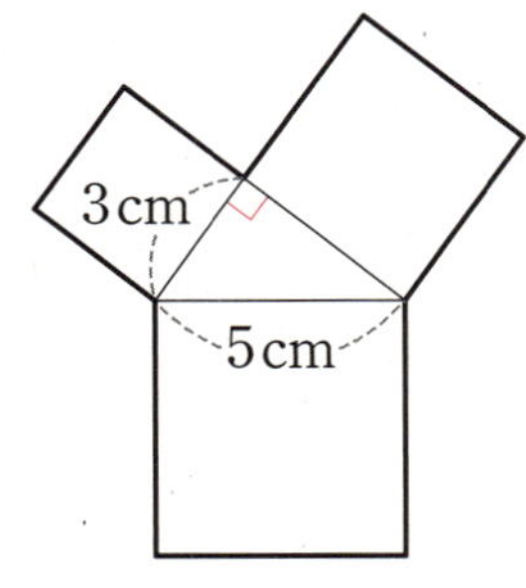

(   )

겹쳐서 생긴 도형의 변은 처음 도형들의 부분이다.

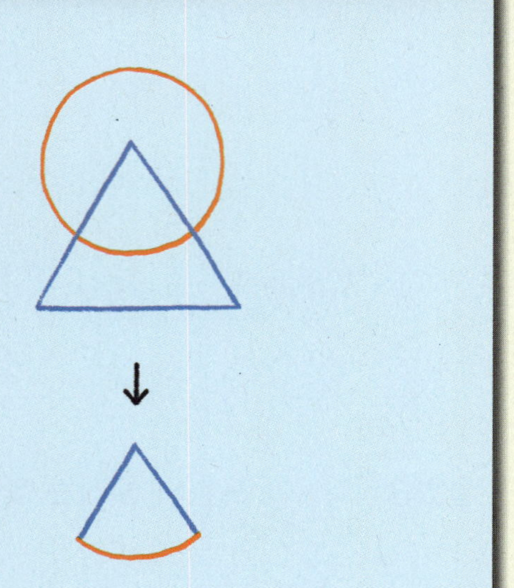

두 직사각형을 다음과 같이 겹치면

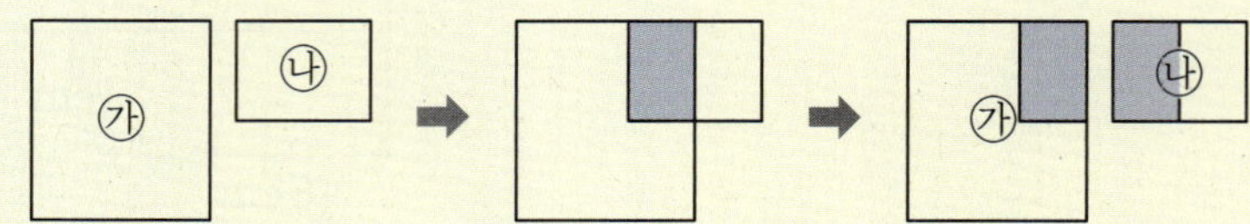

겹쳐진 직사각형의 가로와 세로는 ㉮, ㉯의 변의 일부분입니다.

대표문제 5

직사각형 ㉮와 정사각형 ㉯가 다음과 같이 겹쳐져 있습니다. 직사각형 ㉮의 둘레가 26 cm일 때 정사각형 ㉯의 한 변은 몇 cm일까요? (단, 겹쳐진 모양은 직사각형입니다.)

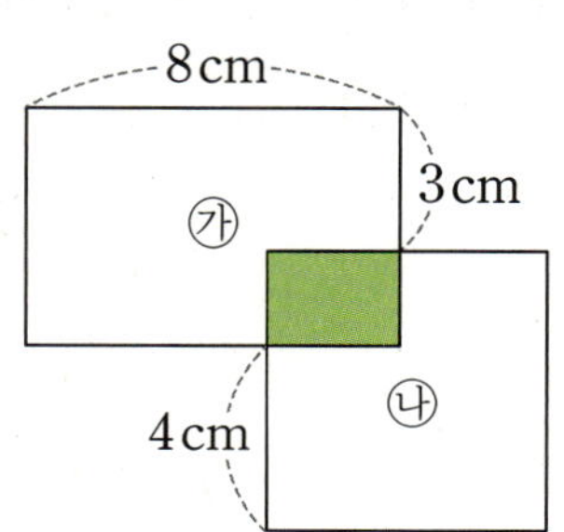

직사각형 ㉮의 세로를 ☐ cm라 하면

$8+☐+8+☐=$ ☐ , $☐+☐=$ ☐ , $☐=$ ☐ 입니다.

(직사각형 ㉮의 세로)$=3+$(겹쳐진 직사각형의 세로)$=$ ☐ cm이므로

(겹쳐진 직사각형의 세로)$=$ ☐ cm입니다.

➡ (정사각형 ㉯의 한 변)$=$(겹쳐진 직사각형의 세로)$+4=$ ☐ $+4=$ ☐ (cm)

5-1 직사각형 ㉮와 정사각형 ㉯가 다음과 같이 겹쳐져 있습니다. 직사각형 ㉮의 둘레가 32 cm일 때 정사각형 ㉯의 한 변은 몇 cm일까요? (단, 겹쳐진 모양은 직사각형입니다.)

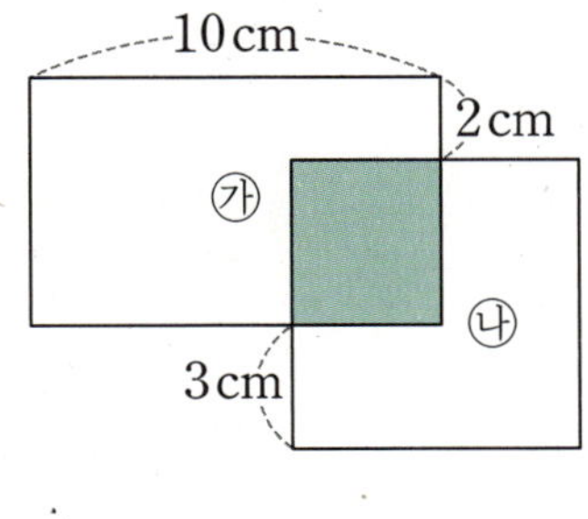

(   )

5-2 직사각형 ㉮의 세로와 정사각형 ㉯의 한 변의 길이가 같고, 직사각형 ㉮의 가로는 세로의 2배입니다. 두 사각형이 겹쳐진 부분에 생긴 삼각형의 세 변의 길이의 합이 12 cm일 때 직사각형 ㉮의 둘레는 몇 cm일까요?

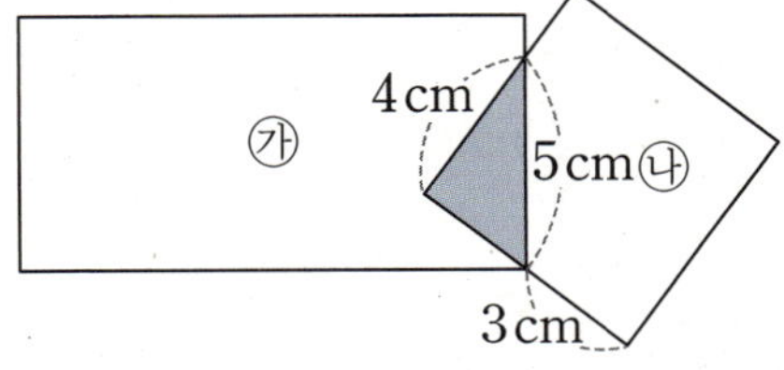

(   )

5-3 직사각형 ㉮와 정사각형 ㉯가 다음과 같이 겹쳐져 있습니다. 직사각형 ㉮의 둘레가 28 cm이고, 정사각형 ㉯의 둘레가 16 cm일 때 직사각형 ㉮의 세로는 몇 cm일까요? (단, 겹쳐진 모양은 직사각형입니다.)

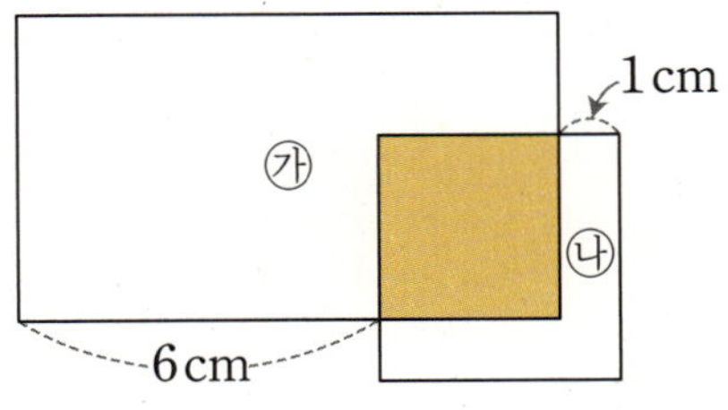

(   )

규칙적으로 늘어나는 양은 식으로 쓸 수 있다.

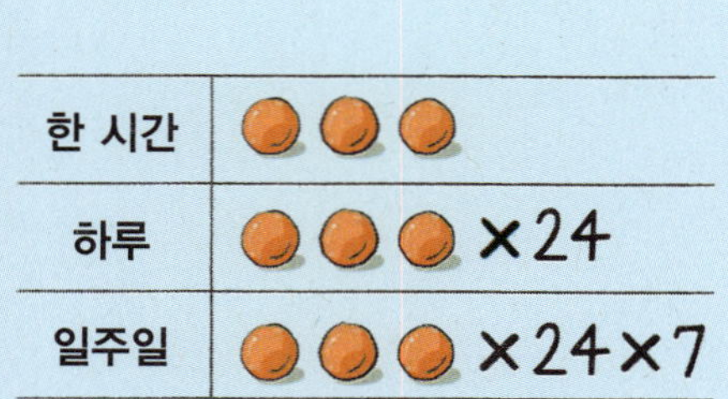

규칙에 따라 정사각형을 이어 붙인 도형의 둘레는

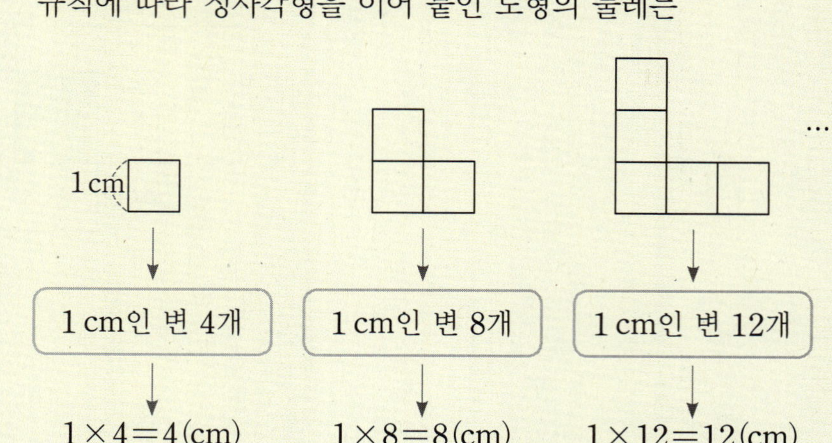

대표문제 6

한 변이 1 cm인 정사각형을 다음과 같은 규칙으로 겹치지 않게 이어 붙일 때 넷째 도형의 둘레는 몇 cm일까요?

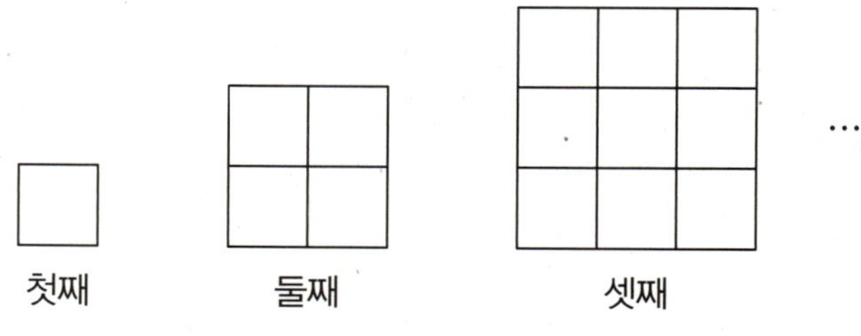

첫째 도형은 한 변이 ☐ cm인 정사각형,

둘째 도형은 한 변이 ☐ cm인 정사각형,

셋째 도형은 한 변이 ☐ cm인 정사각형입니다.

넷째 도형은 한 변이 ☐ cm인 정사각형이므로

넷째 도형의 둘레는 ☐ + ☐ + ☐ + ☐ = ☐ (cm)입니다.

6-1 한 변이 1 cm인 정사각형을 다음과 같은 규칙으로 겹치지 않게 이어 붙일 때 넷째 도형의 둘레는 몇 cm일까요?

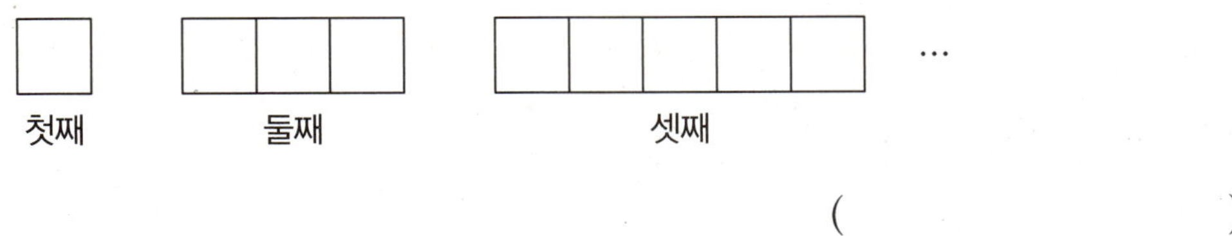

( )

6-2 한 변이 2 cm인 정사각형을 다음과 같은 규칙으로 겹치지 않게 이어 붙일 때 다섯째 도형의 둘레는 몇 cm일까요?

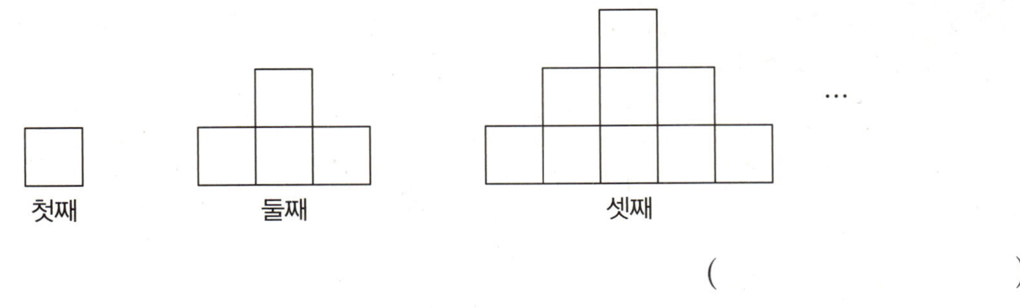

( )

6-3 그림과 같이 한 변이 1 cm씩 커지는 정사각형을 겹치지 않게 이어 붙였습니다. 같은 방법으로 정사각형 6개를 이어 붙인다면 전체 도형의 둘레는 몇 cm일까요?

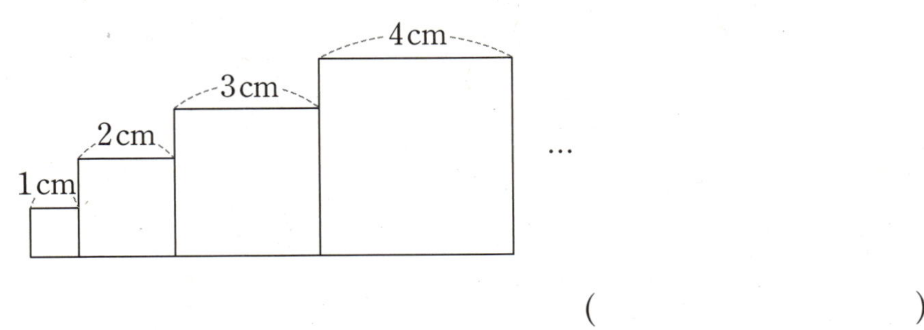

( )

입체를 위, 앞, 옆, 아래에서 보면 평면이다.

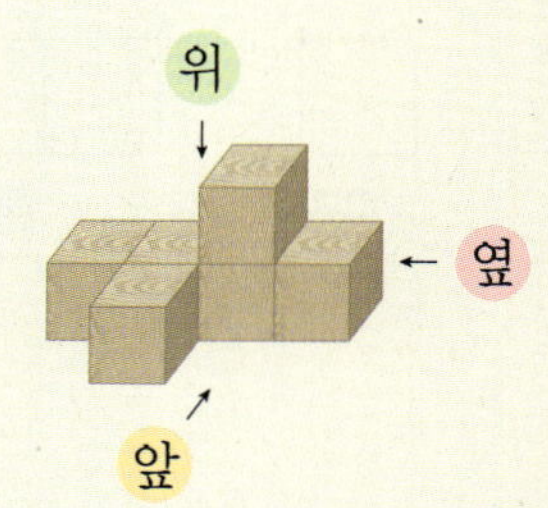

| 위에서 본 모양 | 앞에서 본 모양 | 오른쪽 옆에서 본 모양 |

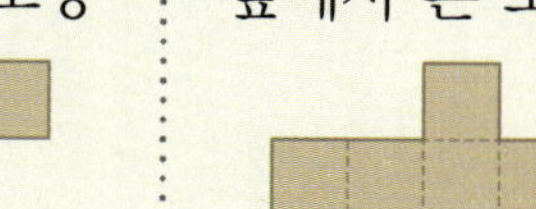
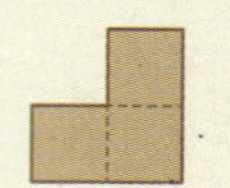

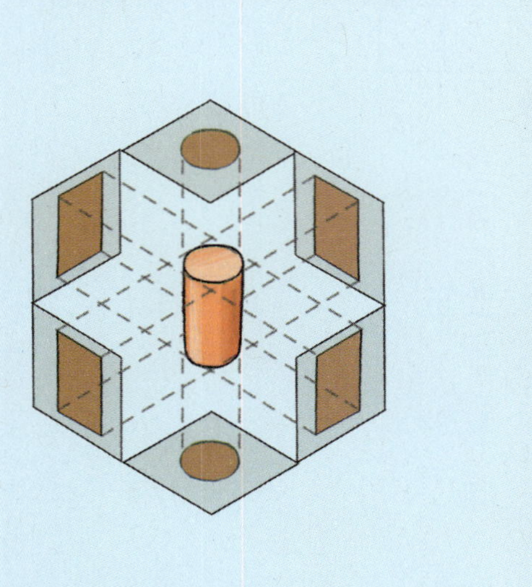

대표문제 7

왼쪽 쌓기나무를 11개 사용하여 오른쪽과 같이 쌓았을 때 바닥에 닿는 부분의 둘레는 몇 cm일까요?

바닥에 닿는 부분은 오른쪽 그림과 같으므로

둘레는 길이가 1 cm인 변 ☐ 개로 둘러싸여 있습니다.

➡ (바닥에 닿는 부분의 둘레)= ☐ cm

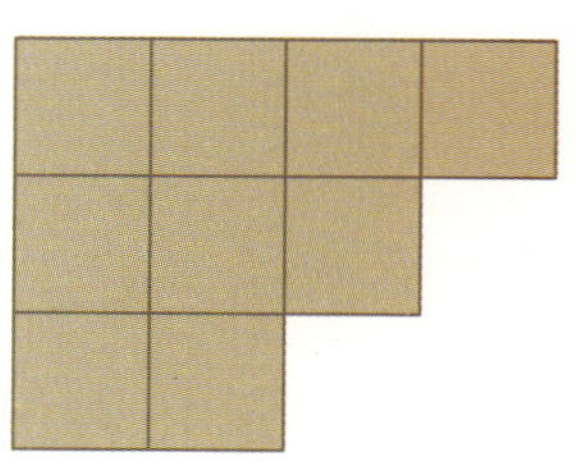

7-1 왼쪽 쌓기나무를 6개 사용하여 오른쪽과 같이 쌓았을 때 바닥에 닿는 부분의 둘레는 몇 cm 일까요?

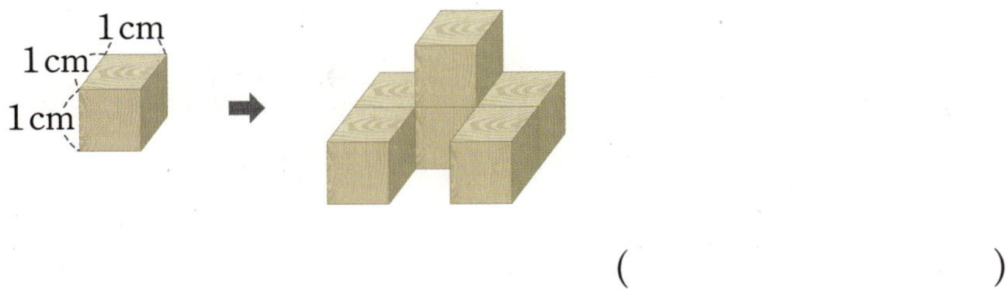

(   )

7-2 왼쪽 쌓기나무를 5개 사용하여 오른쪽과 같이 쌓았을 때 바닥에 닿는 부분의 둘레는 몇 cm 일까요?

(   )

7-3 오른쪽과 같이 색깔과 크기가 다른 블록 4개를 쌓았습니다. 빨간색 블록 2개를 쌓으면 노란색 블록과 크기가 같고, 노란색 블록 2개를 쌓으면 초록색 블록과 크기가 같습니다. 블록을 쌓은 모양을 앞에서 본 모양의 둘레는 몇 cm일까요?

(   )

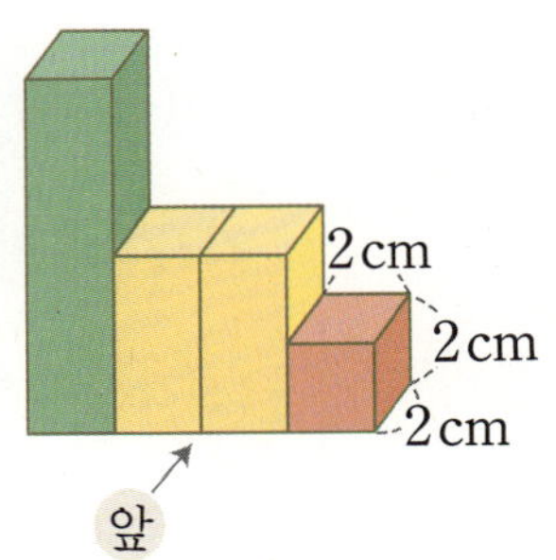

한 모양을 이어 붙인

도형의 둘레는 그 모양의 변으로 알 수 있다.

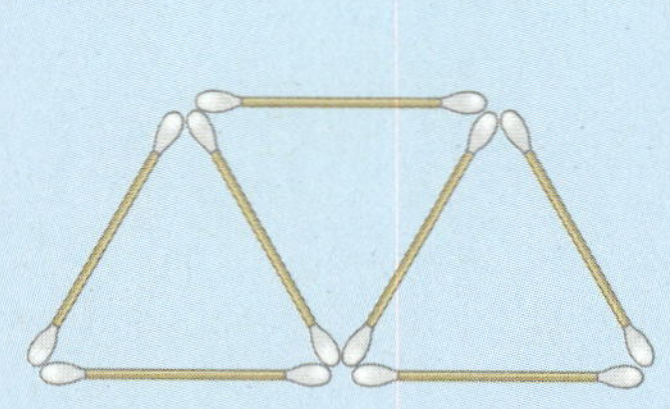

오른쪽 도형을 옆으로 이어 붙인 모양의 둘레는

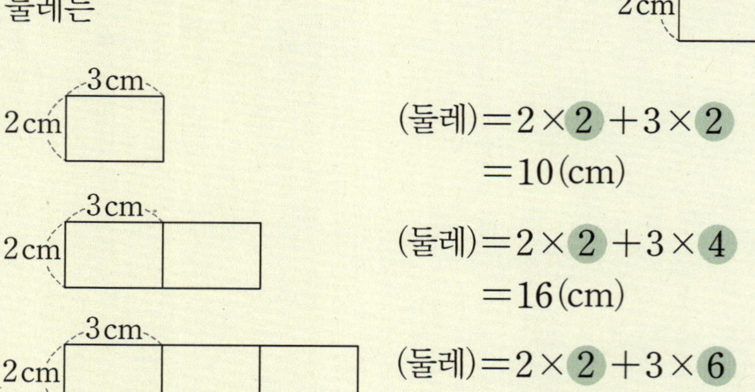

(둘레)$=2\times2+3\times2$
$\qquad=10\,(\text{cm})$

(둘레)$=2\times2+3\times4$
$\qquad=16\,(\text{cm})$

(둘레)$=2\times2+3\times6$
$\qquad=22\,(\text{cm})$

대표문제 8

직각을 이루는 두 변이 각각 3 cm인 직각삼각형이 있습니다. 이 직각삼각형을 옆으로 이어 붙여 둘레가 30 cm인 직사각형을 만들려면 직각삼각형은 몇 개 필요할까요?

① 직각삼각형 4개로 만든 직사각형의 둘레:

$3\times\boxed{}=\boxed{}\,(\text{cm})$

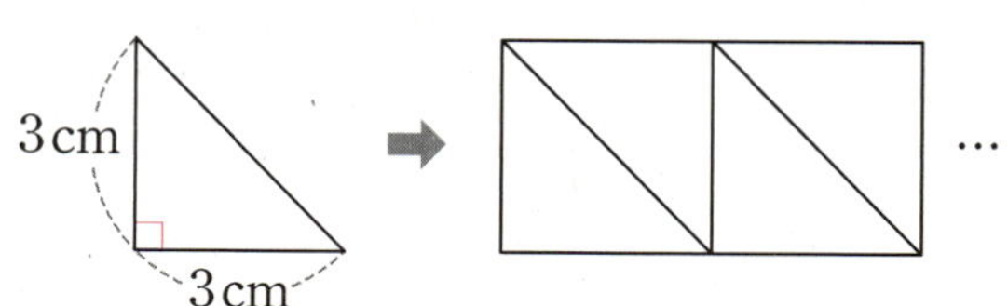

② 직각삼각형 6개로 만든 직사각형의 둘레:

$3\times\boxed{}=\boxed{}\,(\text{cm})$

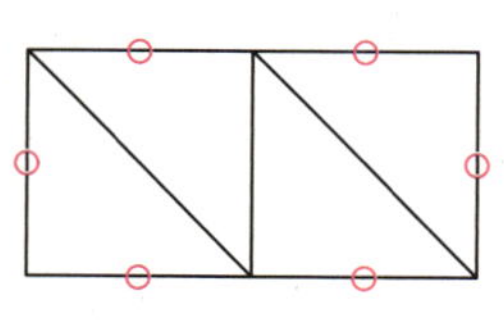

➡ (직사각형의 둘레)$=3\times((\text{직각삼각형의 수})+\boxed{})$

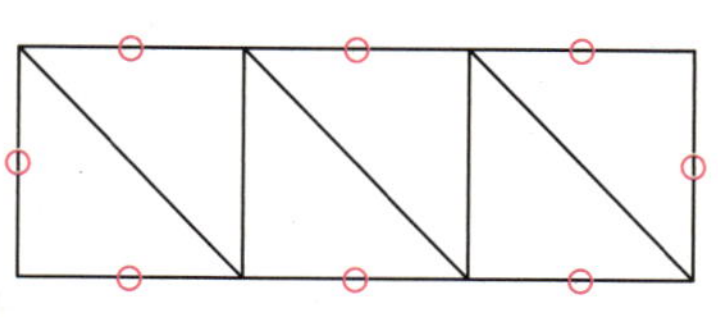

직사각형의 둘레가 30 cm일 때, $3\times((\text{직각삼각형의 수})+\boxed{})=30$에서

(직각삼각형의 수)$+\boxed{}=10$이므로 직각삼각형은 $\boxed{}$개 필요합니다.

8-1

직각을 이루는 두 변이 각각 5 cm인 직각삼각형이 있습니다. 이 직각삼각형을 옆으로 이어 붙여 둘레가 50 cm인 직사각형을 만들려면 직각삼각형은 몇 개 필요할까요?

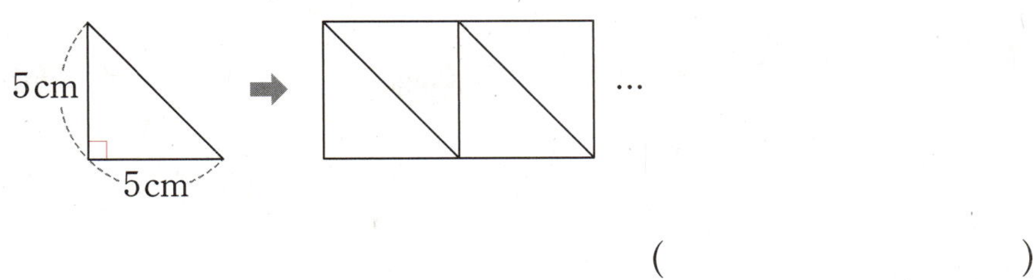

(   )

서술형 8-2

크기가 같은 직각삼각형을 그림과 같은 규칙으로 이어 붙여 도형을 만듭니다. 둘레가 38 cm인 직사각형을 만들려면 직각삼각형은 몇 개 필요한지 풀이 과정을 쓰고 답을 구해 보세요.

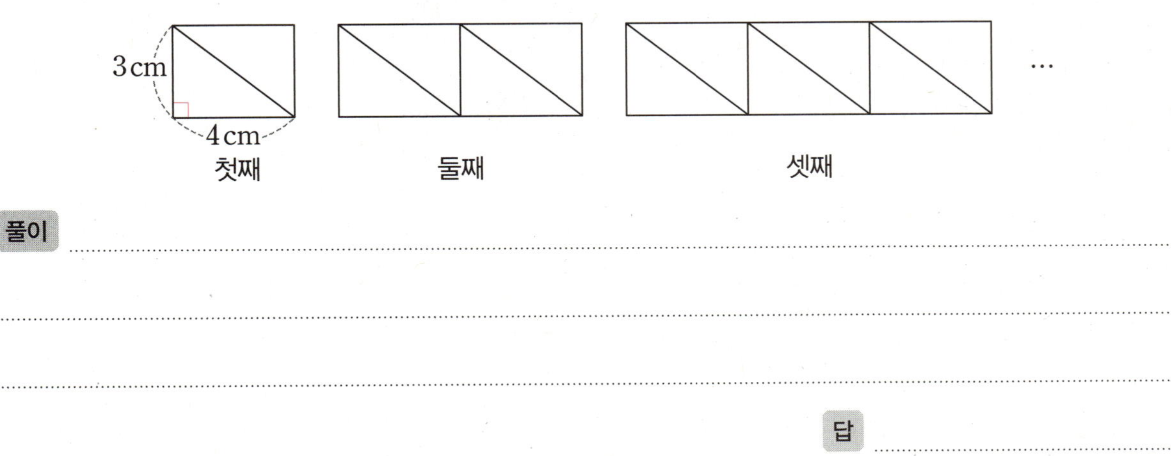

풀이

답

8-3

한 변이 1 cm인 정사각형 모양의 색종이를 그림과 같은 규칙으로 이어 붙여 도형을 만듭니다. 둘레가 32 cm인 도형을 만들려면 색종이는 몇 장 필요할까요?

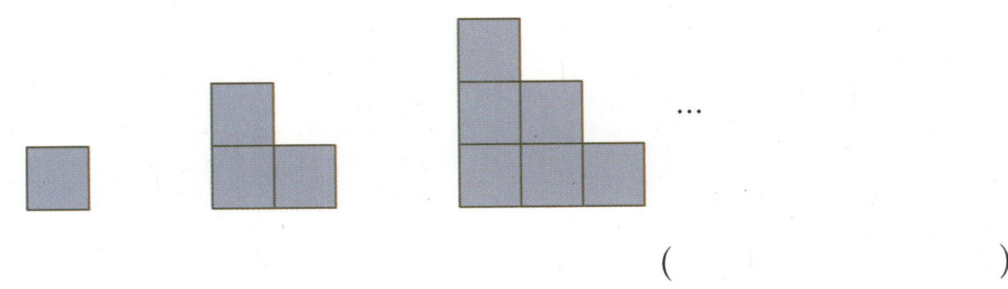

(   )

MATH MASTER

1 4개의 점 중에서 2개의 점을 이어 그을 수 있는 반직선은 모두 몇 개일까요?

(   )

2 도형에서 직각은 모두 몇 개일까요?

(   )

서술형 3 오른쪽 도형은 삼각형과 정사각형을 이어 붙인 것입니다. 삼각형의 세 변의 길이의 합이 43 cm일 때 정사각형의 네 변의 길이의 합은 몇 cm인지 풀이 과정을 쓰고 답을 구해 보세요.

풀이

답

4 한 변이 56 cm인 정사각형 모양의 종이를 잘라 한 변이 7 cm인 정사각형을 만들려고 합니다. 정사각형을 몇 개까지 만들 수 있을까요?

(   )

5 그림과 같이 직사각형 모양의 색 도화지에서 한 변이 3 cm인 정사각형 모양 2개를 잘라 냈습니다. 남은 색 도화지의 둘레는 몇 cm일까요?

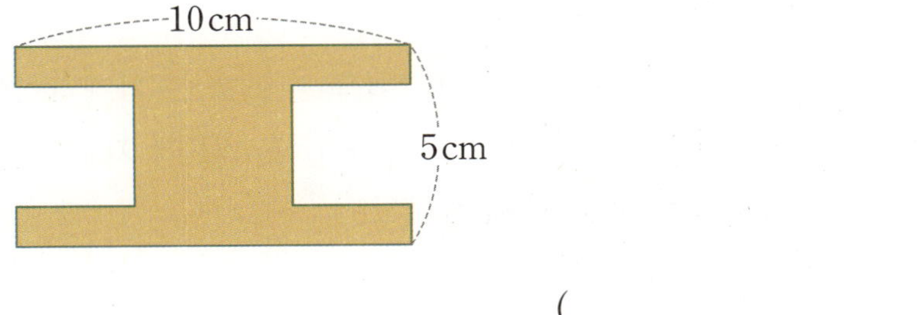

(   )

6 직사각형 ㉮와 ㉯가 겹쳐진 부분에 정사각형 ㉰가 생겼습니다. 직사각형 ㉮의 둘레가 32 cm이고, 직사각형 ㉯의 둘레가 38 cm일 때 직사각형 ㉯의 가로는 몇 cm일까요?

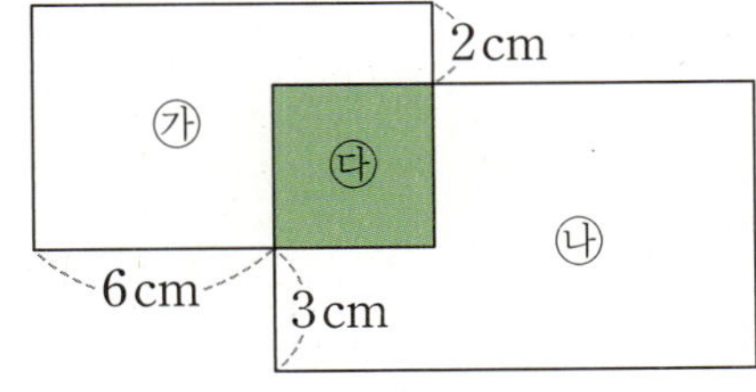

(   )

7 다음과 같이 직사각형 모양의 종이를 접었을 때 만들어진 사각형 ㅁㅂㄷㄹ의 네 변의 길이의 합은 몇 cm일까요?

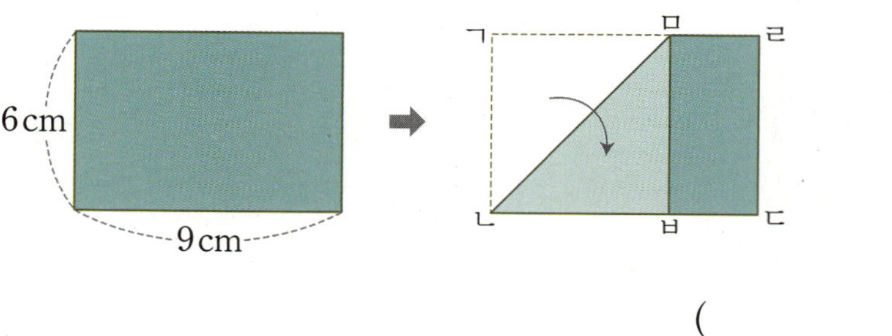

(   )

서술형 **8** 다음과 같이 정사각형을 모양과 크기가 같은 2개의 직사각형으로 잘랐습니다. 잘라진 직사각형 한 개의 둘레가 18 cm일 때 자르기 전 정사각형의 둘레는 몇 cm인지 풀이 과정을 쓰고 답을 구해 보세요.

풀이

답

9 한 변이 18 cm인 정사각형 25개를 겹치지 않게 이어 붙여서 큰 정사각형을 만들었습니다. 이 도형에서 찾을 수 있는 가장 큰 정사각형의 둘레는 몇 cm일까요?

(   )

10 크기가 같은 정사각형 4개를 겹쳐 놓은 것입니다. 이 도형에서 굵은 선의 길이가 200 cm일 때 정사각형의 한 변은 몇 cm일까요?

먼저 생각해 봐요!

한 변이 4 cm인 정사각형 2개를 겹쳐 놓았을 때, 굵은 선의 길이는 몇 cm일까?

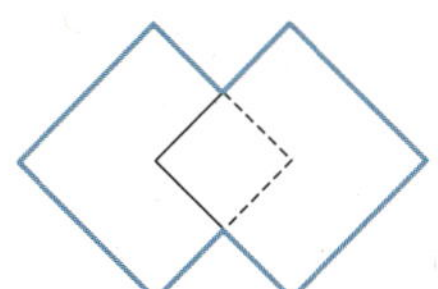

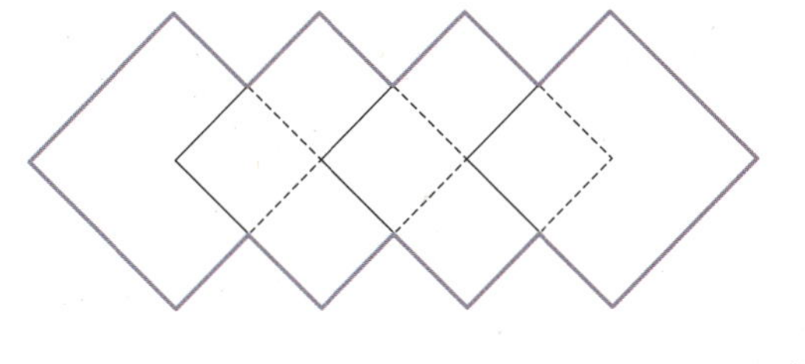

( )

11 다음은 여러 가지 크기의 정사각형을 겹치지 않게 이어 붙인 것입니다. 가장 큰 직사각형의 네 변의 길이의 합은 몇 cm일까요?

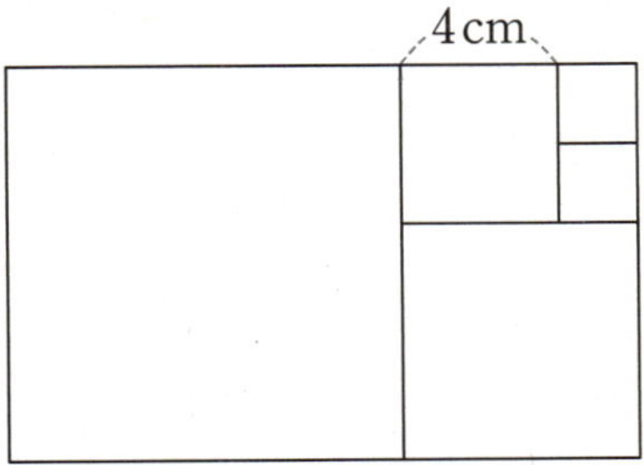

( )

12 철사를 겹치지 않게 사용하여 세로가 가로보다 4 cm 더 긴 직사각형을 만들었습니다. 이 철사를 펴서 모두 사용하여 정사각형 한 개를 만들었더니 한 변이 9 cm가 되었습니다. 처음에 만든 직사각형의 가로와 세로는 각각 몇 cm일까요?

중등 연계

직사각형에서
가로: x, 세로: $x+4$
➡ (둘레)$=(x+x+4)\times 2$

가로 ( ), 세로 ( )

각 칸에 있는 수는 그 칸을 향하고 있는 화살표의 수를 뜻합니다. 빈칸에 알맞은 화살표를 넣어 보세요. (단, 빈칸에는 →, ←, ↑, ↓, ↘, ↖, ↗, ↙의 화살표 중 한 개가 들어갑니다.)

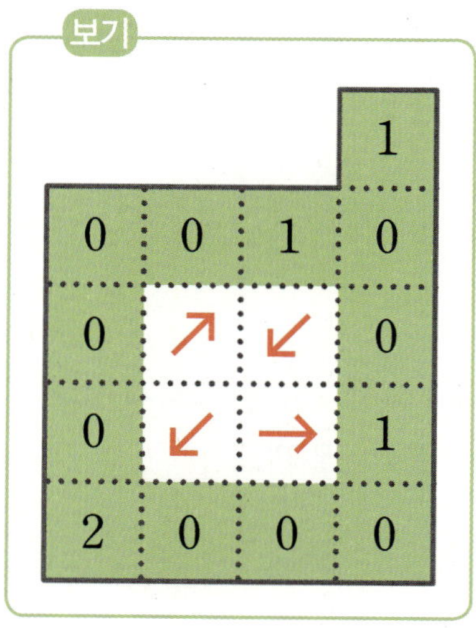

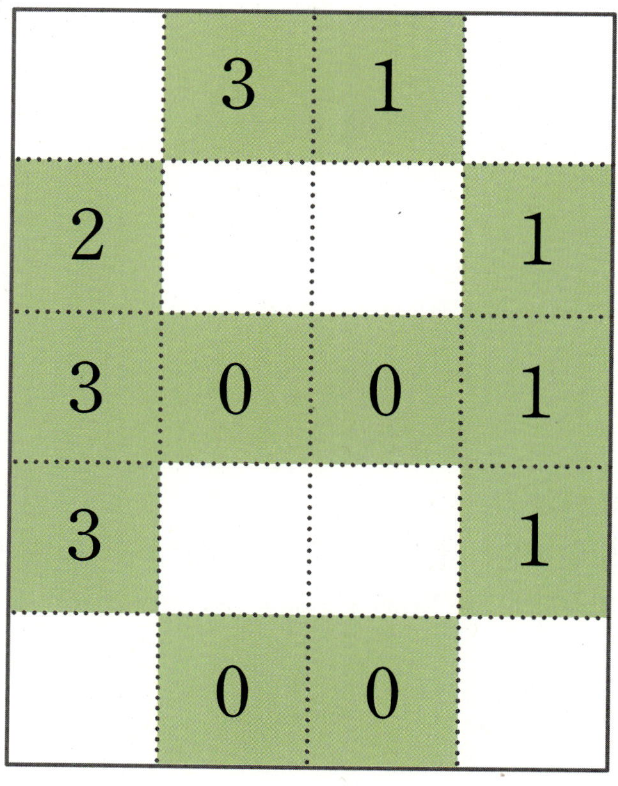

3

나눗셈

1 나눗셈의 이해

- 나눗셈은 뺄셈을 여러 번 한 것과 같습니다.
- 나눗셈의 몫은 같은 수를 0이 될 때까지 뺀 횟수입니다.

똑같이 나누기

① 똑같이 나누어 한 접시에 담게 되는 빵의 수

$$10 \div 2 = 5(개)$$

② 같은 수씩 묶어 담을 때 필요한 봉지의 수

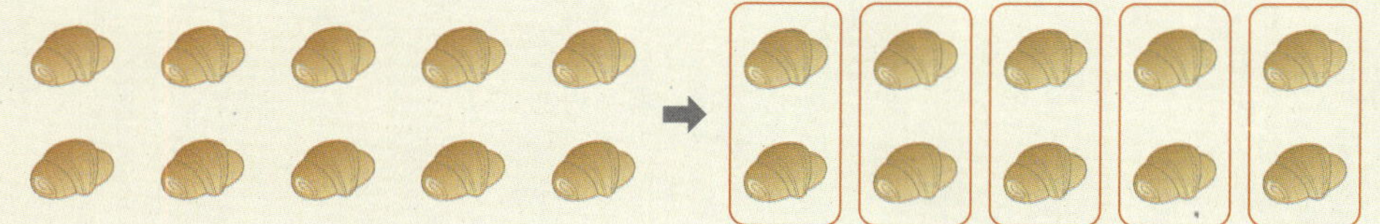

$$10 \div 2 = 5(봉지)$$

나눗셈 알아보기

10을 2로 나누는 것과 같은 계산을 나눗셈이라 하고, $10 \div 2$라고 씁니다.

10을 2로 나누면 5가 됩니다.

➡ 쓰기: $10 \div 2 = 5$
　　읽기: 10 나누기 2는 5와 같습니다.

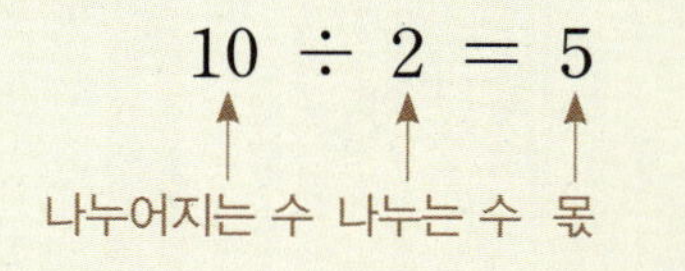

$10 \div 2 = 5$에서 몫 5의 의미

① 10을 똑같이 두 곳으로 나누면 한 곳에 5씩입니다.

② 10에서 2씩 5번 덜어 낼 수 있습니다.

뺄셈식과 나눗셈식의 관계

10에서 2씩 5번 빼면 0이 됩니다.

$$\underset{5번}{10 - 2 - 2 - 2 - 2 - 2} = 0 \;\Rightarrow\; 10 \div \underset{빼는 수}{2} = \underset{뺀 횟수}{5}$$

---

1 그림을 보고 □ 안에 알맞은 수를 써넣으세요.

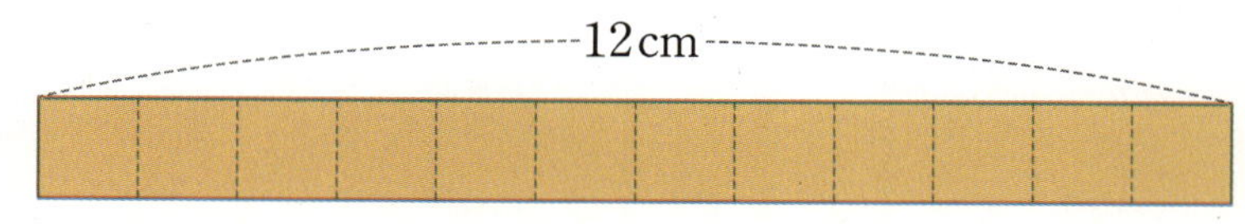

(1) 리본 12 cm를 3도막으로 똑같이 나누면 한 도막의 길이는 □ cm씩입니다.

(2) 리본 12 cm를 3 cm씩 자르면 □ 도막이 됩니다.

2 $21 \div 3 = 7$을 뺄셈식으로 바르게 나타낸 것을 찾아 기호를 써 보세요.

$$\bigcirc\ 21 - 7 - 7 - 7 = 0$$
$$\bigcirc\hspace{-0.9em}\text{ㄴ}\ \ 21 - 3 - 3 - 3 - 3 - 3 - 3 - 3 = 3$$
$$\bigcirc\hspace{-0.9em}\text{ㄷ}\ \ 21 - 3 - 3 - 3 - 3 - 3 - 3 - 3 = 0$$

(   )

3 꽃 54송이를 한 바구니에 9송이씩 나누어 담으려고 합니다. 몇 바구니를 만들 수 있을까요?

나눗셈식 ___________________________   답 ___________________

나눗셈의 성질

$$6 \div 1 = 6$$
$$6 \div 2 = 3$$
$$6 \div 3 = 2$$
$$6 \div 6 = 1$$

나누어지는 수가 같을 때에는 나누는 수가 커질수록 몫이 작아집니다.

$$6 \div 2 = 3$$
$$8 \div 2 = 4$$
$$10 \div 2 = 5$$
$$12 \div 2 = 6$$

나누는 수가 같을 때에는 나누어지는 수가 커질수록 몫이 커집니다.

---

4 나눗셈의 몫이 가장 큰 것은 어느 것일까요? (   )

① $24 \div 4$ ② $24 \div 8$ ③ $24 \div 3$ ④ $24 \div 6$ ⑤ $24 \div 1$

5 배 15개, 귤 24개, 사과 21개를 접시 3개에 종류별로 똑같이 나누어 담았습니다. 한 개의 접시에 담긴 배, 귤, 사과 중 가장 많은 과일은 어느 것일까요?

(   )

2 곱셈과 나눗셈의 관계, 나눗셈의 몫

• 곱셈으로 나눗셈의 몫을 구할 수 있습니다.

곱셈식을 보고 나눗셈식 만들기

$$\blacksquare \times \blacktriangle = \bullet$$

$$\bullet \div \blacksquare = \blacktriangle$$
$$\bullet \div \blacktriangle = \blacksquare$$

예 $3 \times 4 = 12$

$$12 \div 3 = 4$$
$$12 \div 4 = 3$$

나눗셈식을 보고 곱셈식 만들기

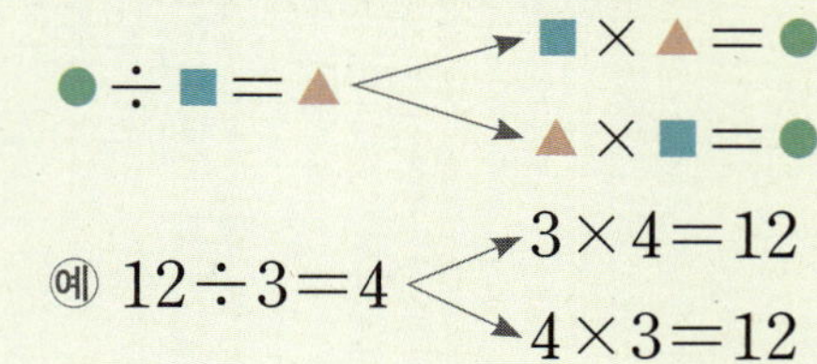

$$\bullet \div \blacksquare = \blacktriangle$$

$$\blacksquare \times \blacktriangle = \bullet$$
$$\blacktriangle \times \blacksquare = \bullet$$

예 $12 \div 3 = 4$

$$3 \times 4 = 12$$
$$4 \times 3 = 12$$

곱셈으로 나눗셈 $42 \div 6$의 몫 구하기

① 6단 곱셈구구를 이용하여 곱이 42가 되는 식을 찾습니다.

➡ $6 \times 7 = 42$

② $6 \times 7 = 42$ ➡ $42 \div 6 = 7$이므로 $42 \div 6$의 몫은 7입니다.

---

1 그림을 보고 곱셈식과 나눗셈식으로 나타내 보세요.

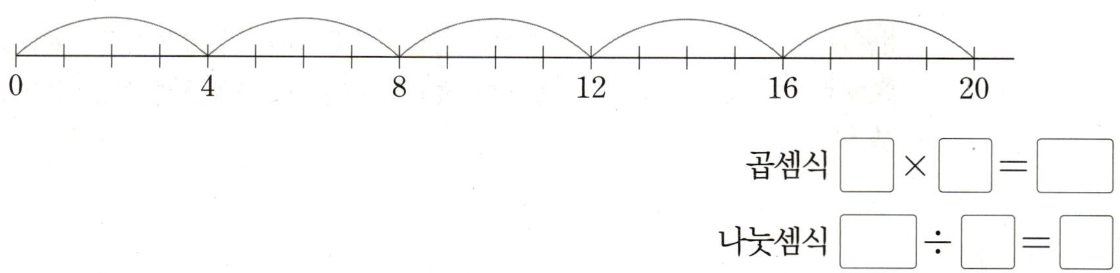

곱셈식 $\boxed{} \times \boxed{} = \boxed{}$

나눗셈식 $\boxed{} \div \boxed{} = \boxed{}$

2 어떤 나눗셈식을 곱셈식으로 고쳤더니 $6 \times 8 = 48$입니다. 나눗셈식을 써 보세요.

( )

3 관계있는 것끼리 이어 보세요.

$24 \div 6 = \boxed{}$ •   • $5 \times 8 = 40$

$40 \div 5 = \boxed{}$ •   • $9 \times 5 = 45$

$45 \div 9 = \boxed{}$ •   • $6 \times 4 = 24$

4 나눗셈의 몫이 나머지 넷과 다른 것은 어느 것일까요? ( )

① $28 \div 4$ ② $56 \div 8$ ③ $21 \div 3$ ④ $35 \div 5$ ⑤ $72 \div 9$

나눗셈식에서 □의 값 구하기

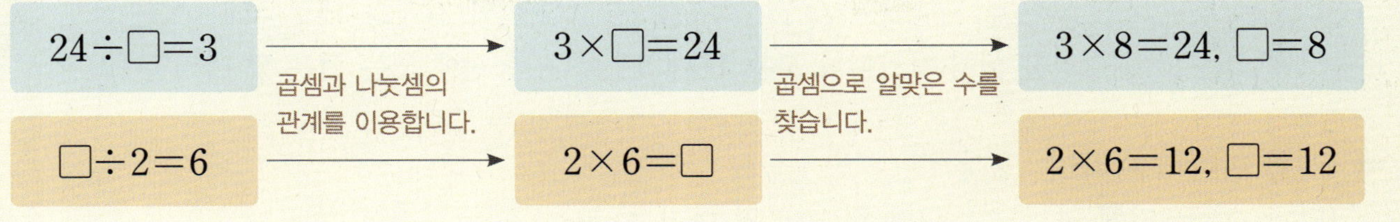

5 □ 안에 알맞은 수를 구해 보세요.

$$36 \div 9 = \square \div 8$$

(   )

6 □ 안에 들어갈 수를 비교하여 큰 수부터 차례로 기호를 써 보세요.

㉠ $30 \div \square = 6$	㉡ $\square \div 4 = 2$
㉢ $81 \div \square = 9$	㉣ $0 \div 6 = \square$

(   )

중등연계

분배법칙: 더하는 두 수를 각각 나누어 더해도 결과는 같습니다.

$$(12+16) \div 4 = 12 \div 4 + 16 \div 4 \ \Rightarrow \ \boxed{(a+b) \div c = a \div c + b \div c}$$

7 □ 안에 알맞은 수를 써넣으세요.

(1)
$$10 \div 5 = \square$$
$$35 \div 5 = \square$$
$$45 \div 5 = \square$$

(2)
$$24 \div 8 = \square$$
$$40 \div 8 = \square$$
$$64 \div 8 = \square$$

나눗셈의 활용

• 나눗셈식을 만들어 문제를 해결합니다.

농장에 있는 닭의 다리를 세어 보았더니 모두 16개였습니다. 농장에 있는 닭은 몇 마리일까요?

➡ 닭 한 마리의 다리 수: 2개

(닭의 수)＝(전체 다리 수)÷(닭 한 마리의 다리 수)

＝16÷2＝8(마리)

1 농장에 있는 소의 다리를 세어 보았더니 모두 24개였습니다. 농장에 있는 소는 몇 마리일까요?

나눗셈식 .... 답 ....

2 세발자전거의 바퀴를 세어 보았더니 모두 15개였습니다. 세발자전거는 몇 대일까요?

나눗셈식 .... 답 ....

3 민지가 일주일 동안 42쪽짜리 책을 모두 읽으려고 합니다. 매일 같은 쪽수씩 읽는다면 하루에 몇 쪽씩 읽어야 할까요?

나눗셈식 .... 답 ....

네 변의 길이의 합이 24 cm인 정사각형의 한 변의 길이 구하기 정사각형은 네 변의 길이가 모두 같습니다.

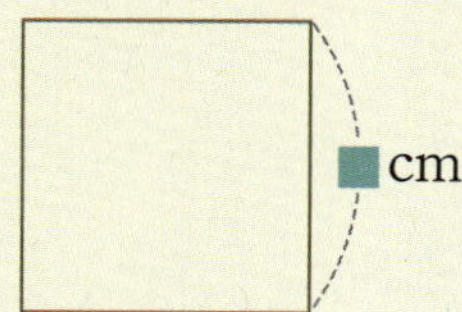

■×4＝24

■＝24÷4＝6(cm)

(한 변)＝(네 변의 길이의 합)÷4

네 변의 길이의 합이 18 cm인 직사각형의 가로와 세로의 합 구하기 직사각형은 마주 보는 두 변의 길이가 서로 같습니다.

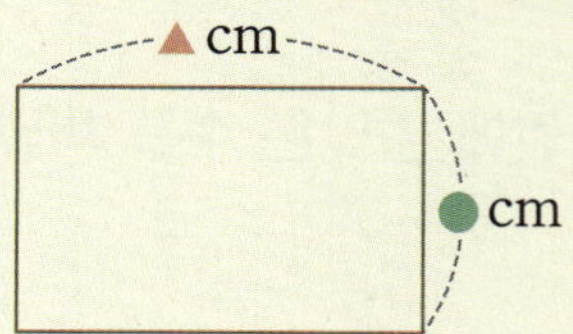

(▲＋●)×2＝18

▲＋●＝18÷2＝9(cm)

(가로)＋(세로)＝(네 변의 길이의 합)÷2

4 네 변의 길이의 합이 20 cm인 정사각형의 한 변은 몇 cm일까요?

(   )

5 가로가 5 cm이고 네 변의 길이의 합이 14 cm인 직사각형이 있습니다. 이 직사각형의 세로는 몇 cm일까요?

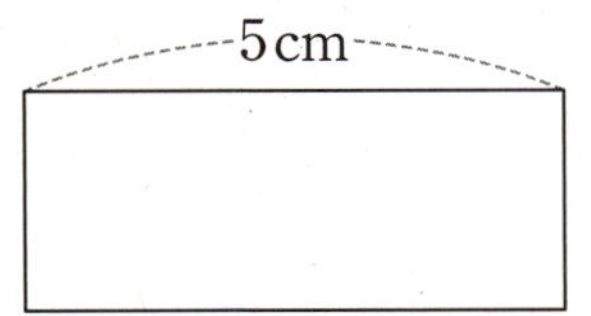

(   )

길이가 12 cm인 리본을 같은 길이로 2번 자를 때 생기는 한 도막의 길이 구하기

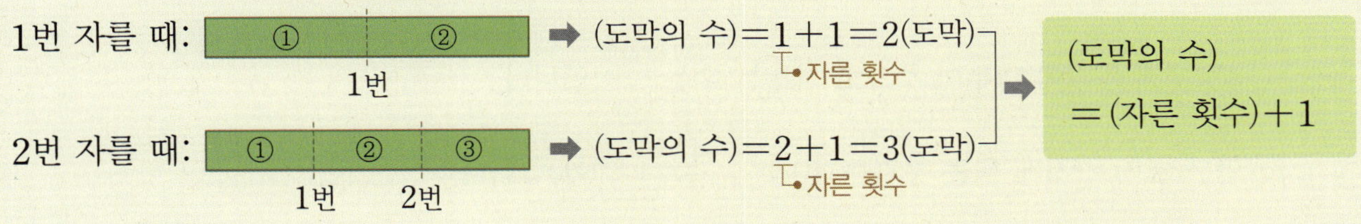

➡ (자른 리본 한 도막의 길이)=(리본 전체의 길이)÷(도막의 수)=12÷3=4(cm)

6 길이가 72 cm인 색 테이프를 같은 길이로 7번 잘랐습니다. 자른 색 테이프 한 도막의 길이는 몇 cm일까요?

(   )

7 길이가 36 cm인 색 테이프를 6 cm씩 자르려고 합니다. 모두 몇 번 잘라야 할까요?

(   )

최상위 S

나누는 수가 같을 때

큰 수를 나눌수록 몫이 크다.

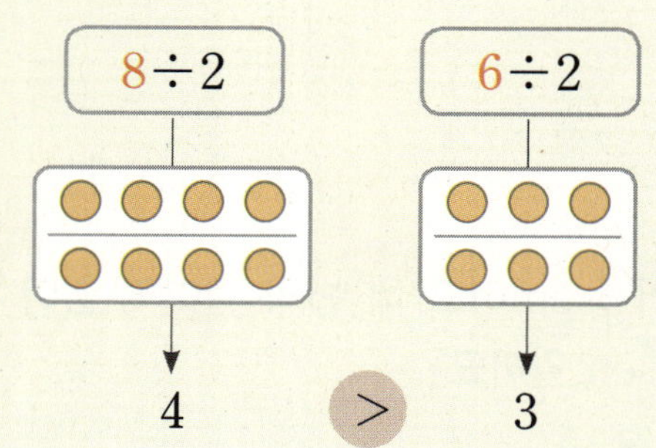

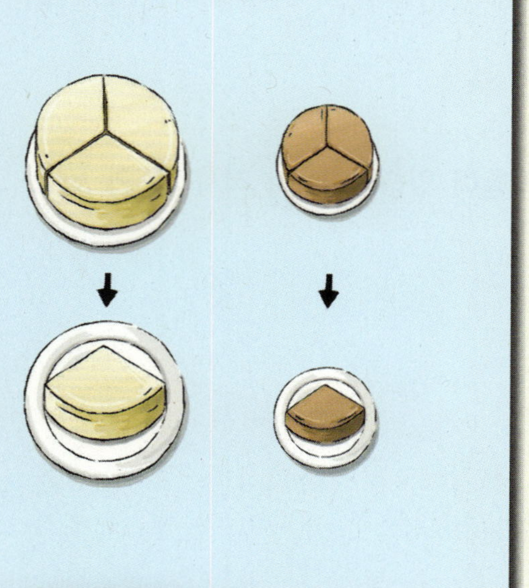

대표문제 1

쿠키 20개와 사탕 28개가 있습니다. 쿠키와 사탕을 4명에게 각각 똑같이 나누어 주려고 합니다. 한 사람이 가지게 되는 사탕은 쿠키보다 몇 개 더 많을까요?

4명에게 똑같이 나누어 주므로 나누는 수는 ☐ 입니다.

한 사람이 가지게 되는 쿠키는 20÷☐=☐(개)입니다.

한 사람이 가지게 되는 사탕은 28÷☐=☐(개)입니다.

따라서 한 사람이 가지게 되는 사탕은 쿠키보다 ☐-☐=☐(개) 더 많습니다.

1-1 자두 24개와 토마토 18개가 있습니다. 자두와 토마토를 각각 3개의 접시에 똑같이 나누어 담으려고 합니다. 한 접시에 담는 자두와 토마토는 각각 몇 개일까요?

자두 (   ), 토마토 (   )

1-2 노란색 종이 35장과 파란색 종이 56장이 있습니다. 이 종이를 각각 7명에게 똑같이 나누어 주려고 합니다. 한 사람이 가지게 되는 파란색 종이는 노란색 종이보다 몇 장 더 많을까요?

(   )

1-3 장미 25송이, 튤립 40송이, 백합 30송이가 있습니다. 이 꽃을 종류별로 똑같이 나누어 꽃다발 5개를 만들려고 합니다. 꽃다발 한 개를 만드는 데 필요한 꽃은 몇 송이일까요?

(   )

1-4 어떤 수를 5로 나눈 몫이 15를 5로 나눈 몫의 2배일 때 어떤 수를 구해 보세요.

(   )

나누어지는 수를 먼저 구한다.

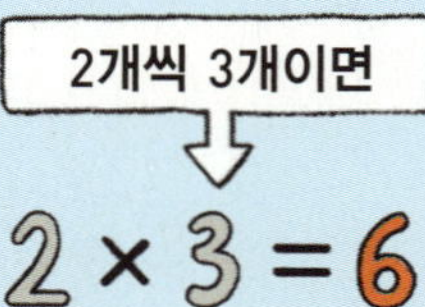

대표문제 2

귤을 한 봉지에 12개씩 담았더니 3봉지가 되었습니다. 이 귤을 6봉지에 똑같이 나누어 담으려면 한 봉지에 몇 개씩 담아야 할까요?

귤을 한 봉지에 12개씩 3봉지에 담았으므로

귤은 모두 $12 + 12 + 12 = \boxed{}$(개)입니다.

귤을 6봉지에 똑같이 나누어 담으려면

한 봉지에 귤을 $\boxed{} \div \boxed{} = \boxed{}$(개)씩 담아야 합니다.

2-1 딸기 맛 사탕 20개와 포도 맛 사탕 4개를 4명에게 똑같이 나누어 주려고 합니다. 사탕을 한 사람에게 몇 개씩 주어야 할까요?

(   )

2-2 과자를 한 접시에 10개씩 담았더니 4접시가 되었습니다. 이 과자를 5접시에 똑같이 나누어 담으려면 한 접시에 몇 개씩 담아야 할까요?

(   )

서술형 **2-3** 한 상자에 5개씩 들어 있는 탁구공 7상자와 낱개로 탁구공 1개가 더 있습니다. 이 탁구공을 1반부터 9반까지의 교실에 똑같이 나누어 주려고 합니다. 한 반에 탁구공을 몇 개씩 주어야 하는지 풀이 과정을 쓰고 답을 구해 보세요.

풀이

답

2-4 한 판에 10개씩 들어 있는 달걀이 6판 있었는데 이 중에서 6개가 깨졌습니다. 깨진 달걀을 뺀 나머지 달걀을 삶아서 바구니 6개에 똑같이 나누어 담으려고 합니다. 바구니 한 개에 삶은 달걀을 몇 개씩 담아야 할까요?

(   )

최상위 S

어떤 수를 나눌 수 있는 수는 곱해서 그 수를 만든다.

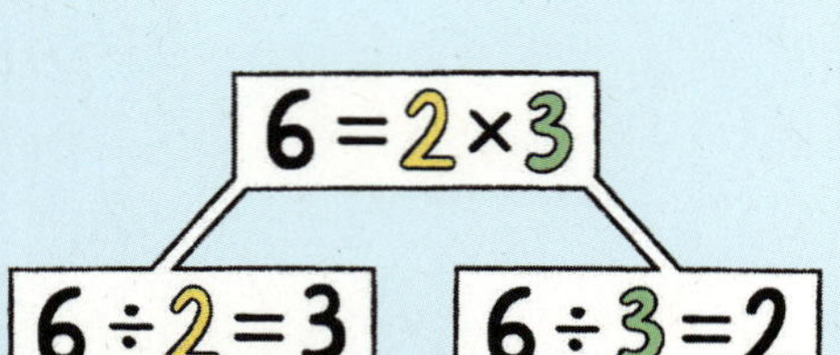

4로도 나눌 수 있고 6으로도 나눌 수 있는 수

4단 곱: 4, 8, 12, 16, 20, 24, 28, 32, 36, ...

6단 곱: 6, 12, 18, 24, 30, 36, 42, 48, 54, ...

12, 24, 36, ...

대표문제 3

다음 중 3으로도 나눌 수 있고 4로도 나눌 수 있는 수를 구해 보세요.

| 18 | 16 | 24 | 21 |

3으로 나눌 수 있는 수는 3단 곱셈구구의 수이므로 ☐, ☐, ☐이고,

4로 나눌 수 있는 수는 4단 곱셈구구의 수이므로 ☐, ☐입니다.

따라서 3으로도 나눌 수 있고 4로도 나눌 수 있는 수는 ☐입니다.

3-1

다음 중 8로 나눌 수 있는 수는 모두 몇 개일까요?

4	32	18	16	23	40

(   )

3-2

다음 중 3으로도 나눌 수 있고 5로도 나눌 수 있는 수를 구해 보세요.

4	6	10	15	25

(   )

3-3

다음 중 6으로도 나눌 수 있고 9로도 나눌 수 있는 수를 모두 구해 보세요.

28	36	17	24	54

(   )

3-4

두 자리 수 2㉠은 4로도 나눌 수 있고 7로도 나눌 수 있다고 합니다. ㉠에 알맞은 수를 구해 보세요.

(   )

나누어지는 수는 나누는 수의 곱이다.

$$4 \div \bullet = \blacksquare \div 2$$

(4를 나눌 수 있는 수)
= (곱해서 4를 만드는 수) = 1, 2, 4

$\bullet = 1 \rightarrow 4 \div 1 = \blacksquare \div 2$, $\blacksquare = 4 \times 2 = 8$
        └ 4

$\bullet = 2 \rightarrow 4 \div 2 = \blacksquare \div 2$, $\blacksquare = 2 \times 2 = 4$
        └ 2

$\bullet = 4 \rightarrow 4 \div 4 = \blacksquare \div 2$, $\blacksquare = 1 \times 2 = 2$
        └ 1

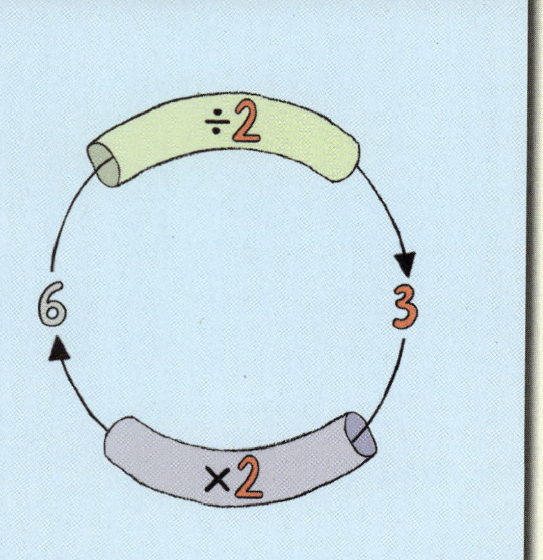

대표문제 4

㉠과 ㉡의 합이 10일 때, ㉠과 ㉡에 알맞은 수를 구해 보세요. (단, ㉠ < ㉡)

$$8 \div ㉠ = ㉡ \div 3$$

㉠은 8을 나눌 수 있는 수이므로 ㉠은 곱이 8이 되는 두 수 중에서 찾습니다.
$1 \times 8 = 8$, $2 \times 4 = 8$, $4 \times 2 = 8$, $8 \times 1 = 8$
➡ ㉠이 될 수 있는 수는 1, 2, 4, 8입니다.

㉠이 1일 때: $8 \div 1 = 8$ ➡ $㉡ \div 3 = 8$ 이므로 $㉡ = 8 \times 3 = \boxed{}$ 입니다.

㉠이 2일 때: $8 \div 2 = 4$ ➡ $㉡ \div 3 = 4$ 이므로 $㉡ = 4 \times 3 = \boxed{}$ 입니다.

㉠이 4일 때: $8 \div 4 = 2$ ➡ $㉡ \div 3 = \boxed{}$ 이므로 $㉡ = 2 \times 3 = \boxed{}$ 입니다.

㉠이 8일 때: $8 \div 8 = 1$ ➡ $㉡ \div 3 = \boxed{}$ 이므로 $㉡ = 1 \times 3 = \boxed{}$ 입니다.

따라서 $㉠ + ㉡ = 10$이 되는 경우는 $㉠ = \boxed{}$, $㉡ = \boxed{}$ 입니다.

4-1 □ 안에 알맞은 수를 구해 보세요.

$$10 \div \square = 8 \div 4$$

(   )

4-2 ㉠과 ㉡에 알맞은 수를 (㉠, ㉡)이라고 쓸 때, (㉠, ㉡)이 될 수 있는 경우를 모두 구해 보세요. (단, ㉡은 한 자리 수입니다.)

$$9 \div ㉠ = ㉡ \div 2$$

(   )

4-3 ㉡이 ㉠보다 1만큼 더 큰 수일 때, ㉠과 ㉡에 알맞은 수를 각각 구해 보세요.

$$10 \div ㉠ = ㉡ \div 3$$

㉠ (   ), ㉡ (   )

4-4 ㉠과 ㉡은 서로 다른 한 자리 수입니다. ㉠과 ㉡에 알맞은 수를 각각 구해 보세요.

(단, ㉠ < ㉡)

$$12 \div ㉠ = ㉡ \div 3$$

㉠ (   ), ㉡ (   )

최상위 S

조건에 맞는 수를 차례로 구한다.

① 3으로도, 2로도 나누어지는 수
3단 곱: 3, 6, 9, 12, 15, 18, 21, 24, …
2단 곱: 2, 4, 6, 8, 10, 12, 14, 16, 18, 20, 22, 24, …
→ 6, 12, 18, 24, …
② 20보다 작은 수 → 6, 12, 18
③ 각 자리 수의 합이 3인 수 → 12

대표문제 5

조건을 모두 만족시키는 두 자리 수를 구해 보세요.

- 4와 6으로 모두 나누어집니다.
- 30보다 작습니다.
- 십의 자리 수와 일의 자리 수의 합은 6입니다.

4로 나누어지는 수: 4, 8, 12, 16, 20, 24, 28, 32, 36, 40, 44, 48, 52, 56, 60, 64, …

6으로 나누어지는 수: 6, 12, 18, 24, 30, 36, 42, 48, 54, 60, 66, …

4와 6으로 모두 나누어지는 수: 12, ☐, ☐, …

이 중에서 30보다 작은 수는 12와 ☐ 이고

두 수 중 십의 자리 수와 일의 자리 수의 합이 6인 수는 ☐ 입니다.

따라서 조건을 모두 만족시키는 수는 ☐ 입니다.

5-1 조건을 모두 만족시키는 수를 구해 보세요.

> • 7로 나누어집니다.
> • 20보다 작은 두 자리 수입니다.

(   )

5-2 조건을 모두 만족시키는 두 자리 수를 구해 보세요.

> • 3과 4로 모두 나누어집니다.
> • 25보다 작습니다.
> • 각 자리 수의 합은 6입니다.

(   )

5-3 조건을 모두 만족시키는 두 자리 수를 구해 보세요.

> • 4와 7로 모두 나누어집니다.
> • 60보다 작습니다.
> • 십의 자리 수가 일의 자리 수보다 1만큼 더 작습니다.

(   )

5-4 조건을 모두 만족시키는 두 자리 수를 구해 보세요.

> • 3, 6, 9로 모두 나누어집니다.
> • 55보다 작습니다.
> • 십의 자리 수를 2배 하면 일의 자리 수가 됩니다.

(   )

나누어지는 수와 몫은 덧셈으로 분해된다.

$$3 \times 6 = 18$$
$$3 \times 4 = 12$$
$$\overline{3 \times 10 = 30}$$

$$18 \div 3 = 6$$
$$12 \div 3 = 4$$
$$\overline{30 \div 3 = 10}$$

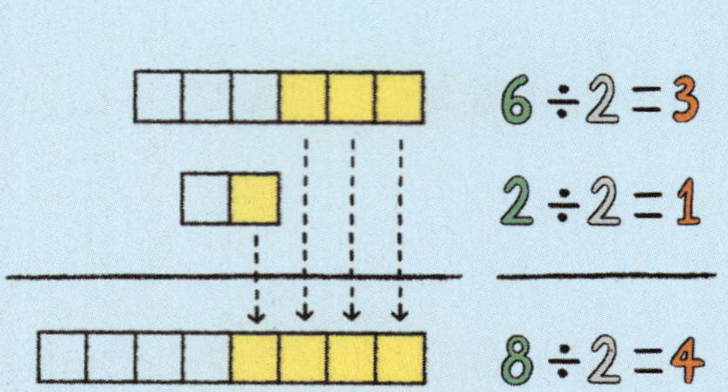

대표문제 6

보기 와 같은 방법을 이용하여 나눗셈을 계산해 보세요.

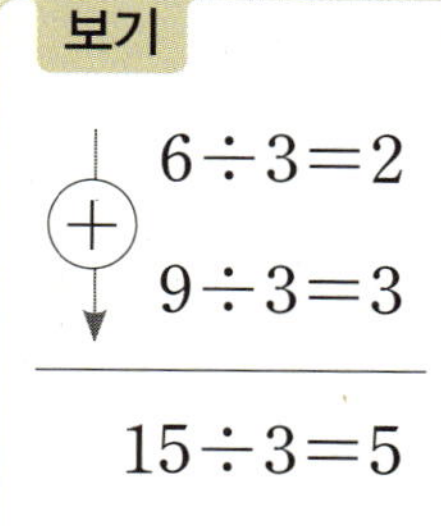

$$12 \div 3 = \square$$
$$\square \div 3 = \square$$
$$\overline{27 \div 3 = \square}$$

① $12 \div 3 = \square$

$27 \div 3 = \square$

$$12 \div 3 = \square$$
$$\blacksquare \div 3 = \blacktriangle$$
$$\overline{27 \div 3 = \square}$$

② $4 + \blacktriangle = 9$이므로

$\blacktriangle = \square$

$$12 \div 3 = \square$$
$$\blacksquare \div 3 = \square$$
$$\overline{27 \div 3 = \square}$$

③ $12 + \blacksquare = 27$이므로

$\blacksquare = \square$

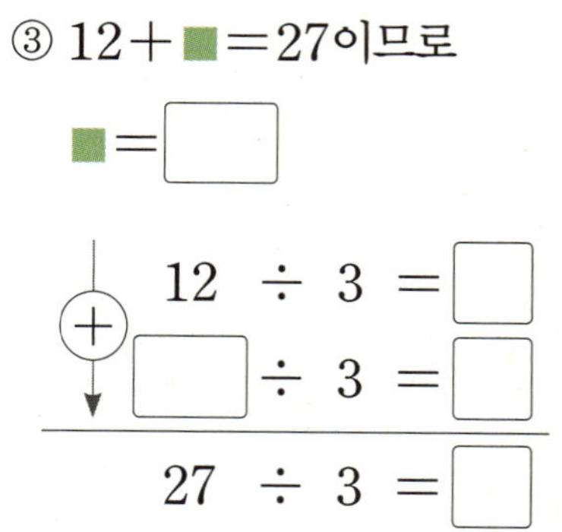

6-1 나눗셈식의 □ 안에 알맞은 수를 써넣으세요.

$$+ \begin{cases} 14 \div 2 = \boxed{} \\ 6 \div 2 = \boxed{} \end{cases}$$
$$20 \div 2 = \boxed{}$$

6-2 나눗셈식의 □ 안에 알맞은 수를 써넣으세요.

$$+ \begin{cases} 20 \div 4 = \boxed{} \\ \boxed{} \div 4 = \boxed{} \end{cases}$$
$$36 \div 4 = \boxed{}$$

6-3 나눗셈식의 □ 안에 알맞은 수를 써넣으세요.

$$+ \begin{cases} \boxed{} \div 8 = \boxed{} \\ 40 \div 8 = \boxed{} \end{cases}$$
$$64 \div 8 = \boxed{}$$

6-4 나눗셈식의 □ 안에 알맞은 수를 써넣으세요.

$$+ \begin{cases} \boxed{} \div 6 = \boxed{} \\ \boxed{} \div 6 = \boxed{} \end{cases}$$
$$30 \div 6 = \boxed{}$$

자른 도형의 수로 처음 도형의 변의 길이를 구한다.

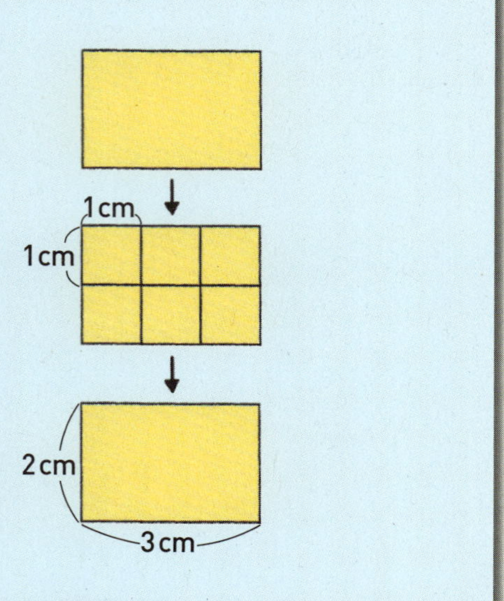

종이를 한 변이 5 cm인 정사각형 모양으로 남김없이 잘랐을 때, 정사각형이 12개이면

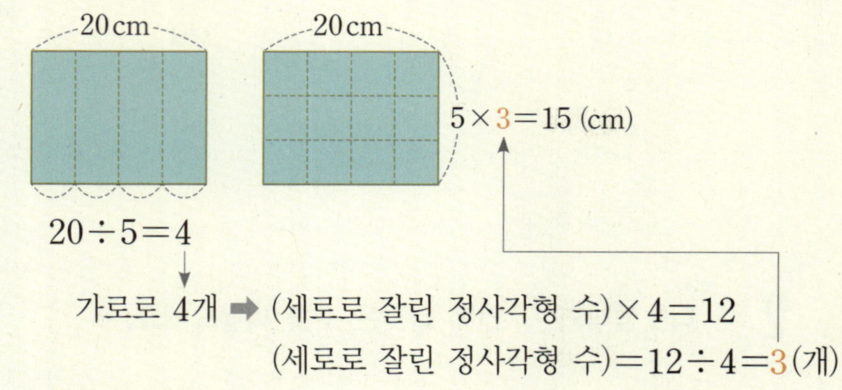

$5 \times 3 = 15$ (cm)

$20 \div 5 = 4$

가로로 4개 ➡ (세로로 잘린 정사각형 수) $\times 4 = 12$

(세로로 잘린 정사각형 수) $= 12 \div 4 = 3$ (개)

대표문제 7

가로가 15 cm인 직사각형 모양의 종이를 한 변이 3 cm인 정사각형 모양으로 남김없이 잘랐더니 모두 10개가 되었습니다. 종이를 자르기 전 직사각형의 둘레는 몇 cm일까요?

└▸ 도형을 둘러싼 테두리 또는 테두리의 길이

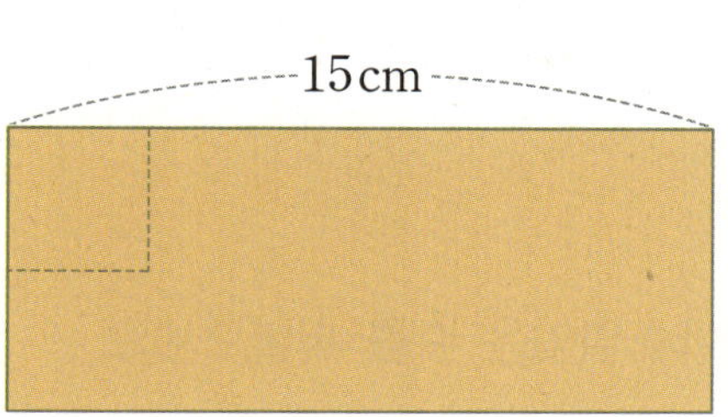

가로에 만들어지는 정사각형은 $15 \div 3 = \boxed{}$ (개)입니다.

만들어진 정사각형이 모두 10개이므로

세로에 만들어지는 정사각형은 $10 \div \boxed{} = \boxed{}$ (개)입니다.

└▸ 가로에 만들어지는 정사각형 수

한 변이 3 cm인 정사각형이 세로에 $\boxed{}$ 개 만들어지므로

직사각형의 세로는 $3 \times \boxed{} = \boxed{}$ (cm)입니다.

따라서 종이를 자르기 전 직사각형의 둘레는 $15 + \boxed{} + 15 + \boxed{} = \boxed{}$ (cm)입니다.

7-1 가로가 18 cm인 직사각형 모양의 종이를 한 변이 2 cm인 정사각형 모양으로 남김없이 잘랐더니 모두 9개가 되었습니다. 종이를 자르기 전 직사각형의 세로는 몇 cm일까요?

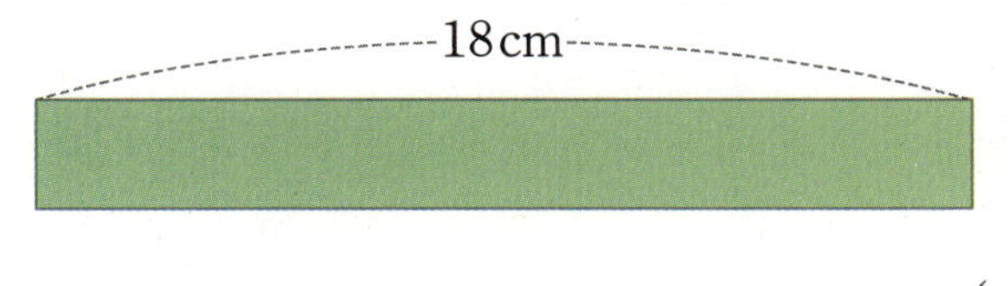

(   )

서술형 **7-2** 세로가 24 cm인 직사각형 모양의 종이를 한 변이 6 cm인 정사각형 모양으로 남김없이 잘랐더니 모두 20개가 되었습니다. 종이를 자르기 전 직사각형의 둘레는 몇 cm인지 풀이 과정을 쓰고 답을 구해 보세요.

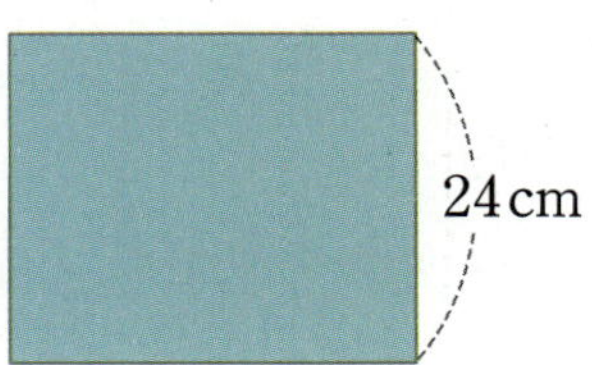

풀이

답

7-3 가로가 25 cm인 직사각형 모양의 종이를 한 변이 4 cm인 정사각형 모양으로 똑같이 잘랐더니 가로로 1 cm가 남고 정사각형은 모두 18개가 되었습니다. 종이를 자르기 전 직사각형의 둘레는 몇 cm일까요?

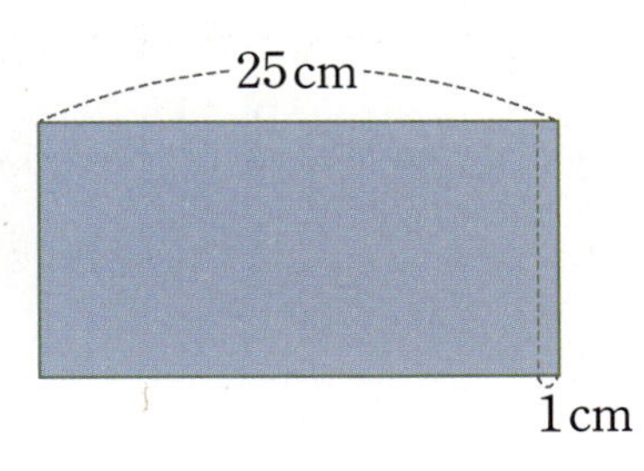

(   )

7-4 오른쪽 그림과 같이 직사각형 모양의 종이를 모양과 크기가 같은 직사각형 28개로 나누었습니다. 나누어진 작은 직사각형 한 개의 둘레가 24 cm일 때 처음 직사각형 모양 종이의 둘레는 몇 cm일까요?

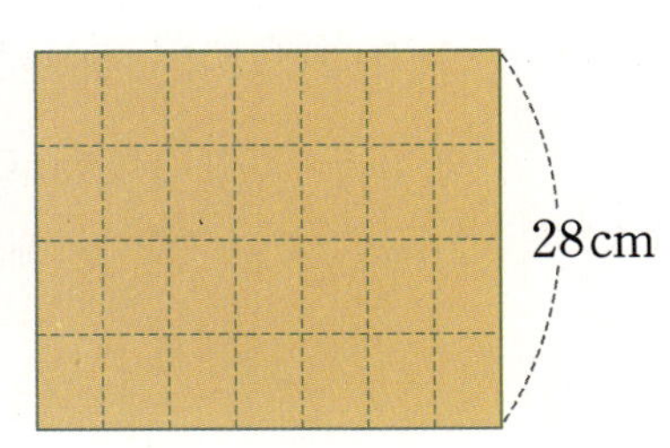

(   )

물건을 2개 놓으면 간격이 1개 생긴다.

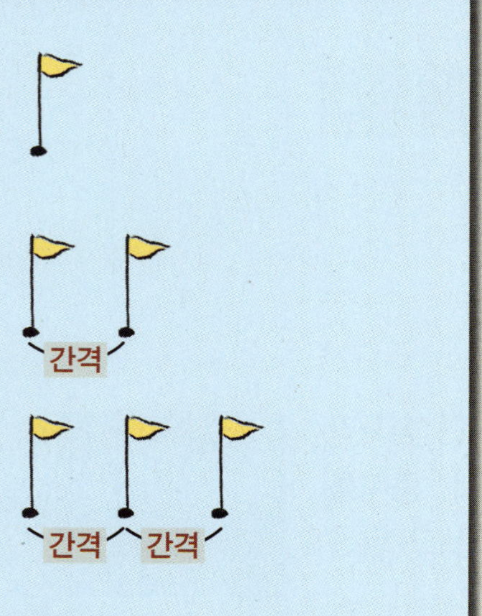

길이가 15 m인 도로의 한쪽에 처음부터 끝까지
3 m 간격으로 나무를 심을 때 필요한 나무의 수

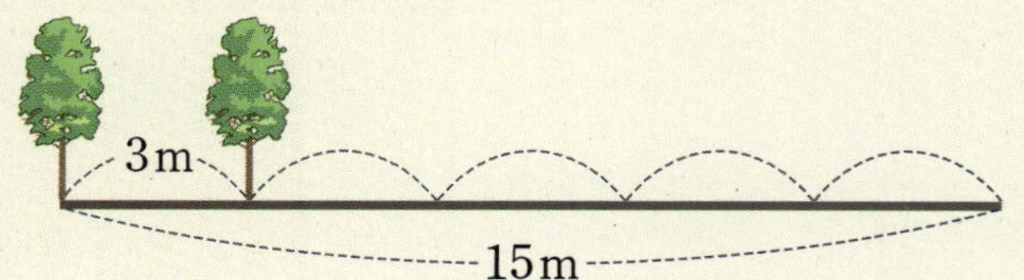

- 나무와 나무 사이의 간격의 수: $15 \div 3 = 5$(군데)
- 도로 한쪽에 필요한 나무의 수: $5 + 1 = 6$(그루)

대표문제 8

길이가 40 m인 도로의 양쪽에 처음부터 끝까지 5 m 간격으로 나무를 심으려고 합니다.
나무는 모두 몇 그루 필요할까요? (단, 나무의 두께는 생각하지 않습니다.)

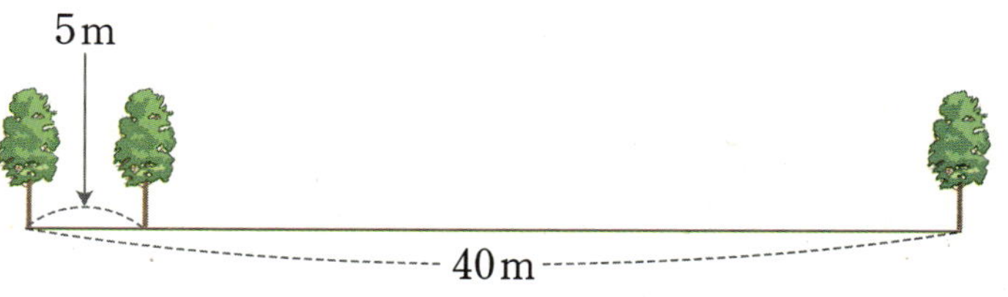

나무와 나무 사이의 간격의 수: $40 \div 5 = \boxed{}$(군데)

(도로 한쪽에 필요한 나무의 수)$=$(간격의 수)$+\boxed{}$

$=\boxed{}+\boxed{}=\boxed{}$(그루)

➡ (도로 양쪽에 필요한 나무의 수)$=\boxed{} \times 2 = \boxed{}$(그루)

8-1 길이가 6 m인 도로의 한쪽에 처음부터 끝까지 2 m 간격으로 나무를 심으려고 합니다. 나무는 모두 몇 그루 필요할까요? (단, 나무의 두께는 생각하지 않습니다.)

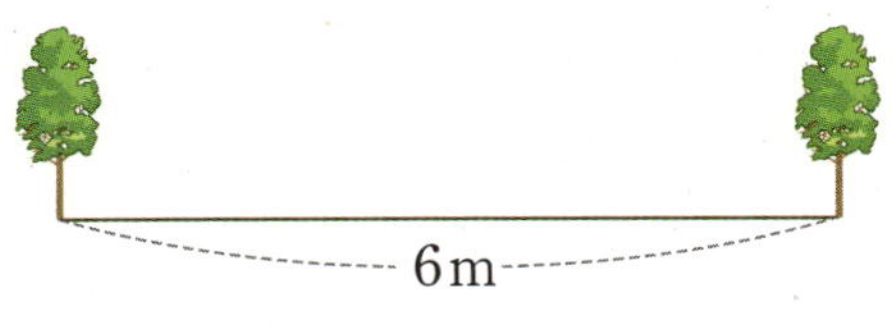

(   )

8-2 길이가 42 m인 도로의 양쪽에 처음부터 끝까지 6 m 간격으로 가로등을 세우려고 합니다. 가로등은 모두 몇 개 필요한지 풀이 과정을 쓰고 답을 구해 보세요. (단, 가로등의 두께는 생각하지 않습니다.)

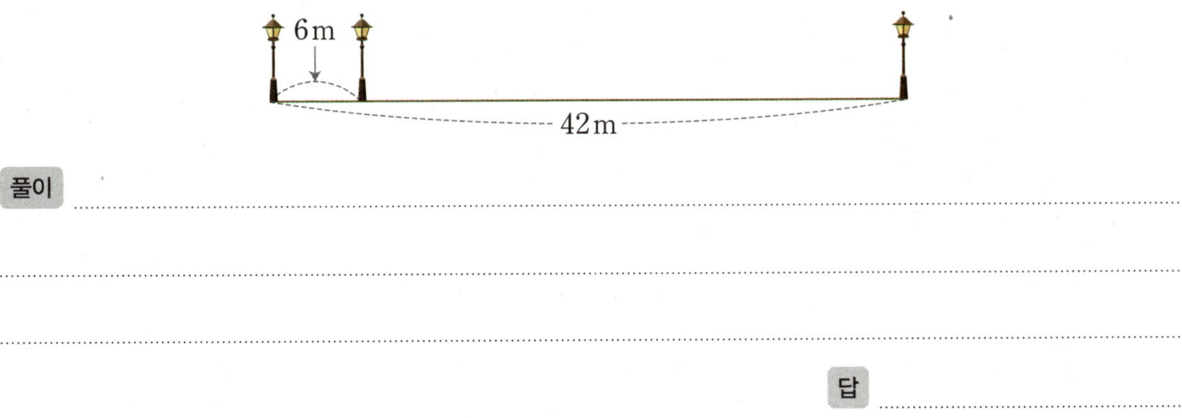

풀이 ....

....

....

답 ....

8-3 길이가 18 m인 도로의 양쪽에 처음부터 끝까지 같은 간격으로 나무를 심었습니다. 도로의 양쪽에 심은 나무가 모두 14그루라면 나무를 몇 m 간격으로 심은 것일까요? (단, 나무의 두께는 생각하지 않습니다.)

(   )

8-4 오른쪽 그림과 같이 세 변이 각각 16 m인 삼각형 모양의 땅의 둘레에 4 m 간격으로 나무를 심으려고 합니다. 세 꼭짓점에도 나무를 심는다면 나무는 모두 몇 그루 필요할까요? (단, 나무의 두께는 생각하지 않습니다.)

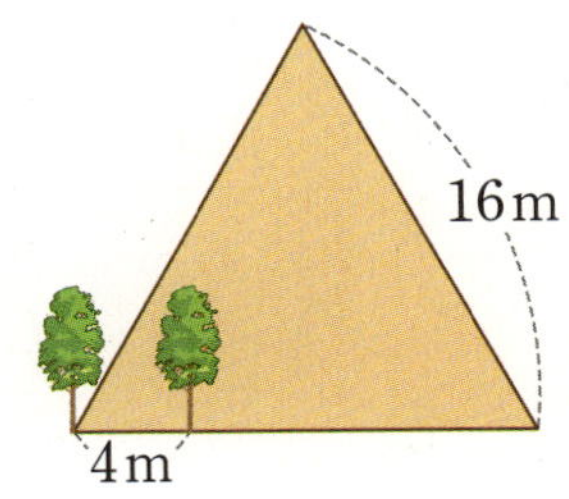

(   )

1 길이가 12 m인 색 테이프를 민지, 하늘, 소연 세 사람이 똑같이 나누어 가졌습니다. 민지는 나누어 가진 색 테이프를 다시 반으로 나누어 그중에서 한 도막을 종이꽃을 만드는 데 사용했습니다. 민지에게 남은 색 테이프는 몇 m일까요?

(   )

서술형 **2** 만두를 한 접시에 10개씩 담으면 5접시가 됩니다. 그중 만두 1개를 먹고 상자에 똑같이 나누어 포장하려고 합니다. 상자 한 개에 만두가 7개씩 들어간다면 상자는 몇 개 필요한지 풀이 과정을 쓰고 답을 구해 보세요.

풀이

답

3 4장의 수 카드 중에서 3장을 골라 한 번씩만 사용하여 몫이 가장 작게 되는 나눗셈식 (두 자리 수)÷(한 자리 수)를 만들었을 때 몫을 구해 보세요.

먼저 생각해 봐요!
수 카드 한 장을 골라 몫이 가장 작게 되는 나눗셈식을 만들면?

6 3 4

24÷□

2 4 6 8

(   )

4 조건을 모두 만족시키는 두 자리 수를 구해 보세요.

> • 3, 4, 6으로 모두 나누어집니다.
> • 60보다 작습니다.
> • 일의 자리 수에서 십의 자리 수를 빼면 4가 됩니다.

(   )

5 ㉠은 한 자리 수, ㉡은 두 자리 수이고 ㉠과 ㉡의 합이 13입니다. ㉠과 ㉡에 알맞은 수를 각각 구해 보세요.

먼저 생각해 봐요!
㉠이 될 수 있는 수는?

> $12 \div ㉠ = ●$

> $6 \div ㉠ = ㉡ \div 5$

㉠ (   ), ㉡ (   )

서술형 **6** 어떤 수를 4로 나눈 몫에서 6을 빼야 할 것을 잘못하여 어떤 수를 6으로 나눈 몫에서 4를 빼었더니 2가 되었습니다. 바르게 계산한 값은 얼마인지 풀이 과정을 쓰고 답을 구해 보세요.

풀이 ....

....

....

답 ....

7 연속하는 세 수의 합을 3으로 나눈 몫이 8일 때 연속하는 세 수 중 가장 작은 수를 구해 보세요.

( )

중등 연계

연속하는 세 수

$\rightarrow x,\ x+1,\ x+2$

8 구슬 27개를 민호, 선아, 연우 세 사람이 나누어 가지려고 합니다. 민호와 선아는 같은 수만큼 가지고, 연우는 민호보다 더 많이 가지려고 할 때, 연우가 가질 수 있는 가장 적은 구슬은 몇 개일까요?

( )

9 길이가 71 cm인 직사각형 모양의 종이테이프를 그림과 같이 겹치도록 접었더니 길이가 57 cm가 되었습니다. ㉠의 길이를 구해 보세요.

( )

10 연필을 ㉮ 모둠 학생들에게 똑같이 나누어 주려고 합니다. 한 학생에게 6자루씩 주면 남는 연필이 없고, 8자루씩 주면 16자루가 모자랍니다. ㉮ 모둠 학생은 몇 명일까요?

( )

4

곱셈

1 (몇십) × (몇), 올림이 없는 (몇십몇) × (몇)

- 같은 수라도 자리에 따라 나타내는 수가 다릅니다.
- 각 자리 수와의 곱을 더한 것이 곱셈의 결과입니다.

(몇십) × (몇)

- 50×3의 계산

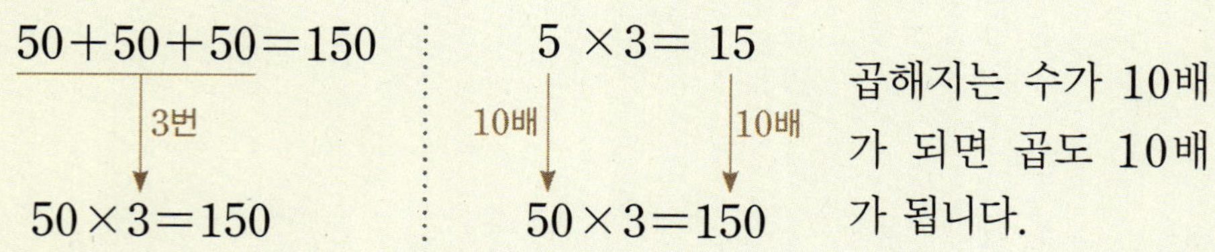

$$50+50+50=150 \qquad\qquad 5 \times 3 = 15$$

3번 → 10배 → 10배

$$50 \times 3 = 150 \qquad\qquad 50 \times 3 = 150$$

곱해지는 수가 10배가 되면 곱도 10배가 됩니다.

올림이 없는 (몇십몇) × (몇)

- 32×2의 계산

$32 = 30 + 2$이므로 30과 2에 각각 2를 곱한 후 더합니다.

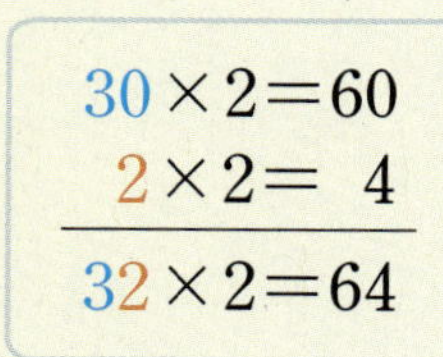

$$30 \times 2 = 60$$
$$2 \times 2 = 4$$
$$32 \times 2 = 64$$

$$
\begin{array}{r}
3\,2 \\
\times \quad 2 \\
\hline
4 \quad \leftarrow 2 \times 2 \\
6\,0 \quad \leftarrow 30 \times 2 \\
\hline
6\,4
\end{array}
\qquad\Rightarrow\qquad
\begin{array}{r}
3\,2 \\
\times \quad 2 \\
\hline
6\,4
\end{array}
$$

곱해지는 수나 곱하는 수가 10배씩 커지면 곱도 10배씩 커집니다.

$$
\begin{array}{rcl}
4 \times 6 &=& 24 \\
\downarrow 10배 \quad & & \downarrow 10배 \\
40 \times 6 &=& 240 \\
\downarrow 10배 \quad & & \downarrow 10배 \\
400 \times 6 &=& 2400 \\
10배 \downarrow \quad & & \downarrow 10배 \\
400 \times 60 &=& 24000
\end{array}
$$

---

1 ☐ 안에 알맞은 수를 써넣으세요.

$$6 \times 5 = \boxed{}$$
$$\downarrow \qquad\qquad \downarrow$$
$$60 \times 5 = \boxed{}$$

2 ☐ 안에 알맞은 수를 써넣으세요.

(1)
$$
\begin{array}{r}
40 \times 2 = \boxed{} \\
1 \times 2 = \boxed{} \\
\hline
41 \times 2 = \boxed{}
\end{array}
$$

(2)
$$
\begin{array}{r}
30 \times 3 = \boxed{} \\
2 \times 3 = \boxed{} \\
\hline
32 \times 3 = \boxed{}
\end{array}
$$

3 ☐ 안에 알맞은 수를 써넣으세요.

$$240 = 30 \times \boxed{}$$
$$240 = 60 \times \boxed{}$$
$$240 = \boxed{} \times 3$$

□가 있는 곱셈식의 활용

곱셈식의 합과 차는 다음과 같이 간단히 나타낼 수 있습니다.

$$□×3+□×2=(□+□+□)+(□+□)=□×5 \quad •\ □×●+□×▲=□×(●+▲)$$
$$3+2$$

$$□×4-□×2=(□+□+□+□)-(□+□)=□×2 \quad •\ □×●-□×▲=□×(●-▲)$$
$$4-2$$

4 어떤 수를 3번 더하면 66이 됩니다. 어떤 수는 얼마일까요?

( )

5 □ 안에 알맞은 수를 써넣으세요.

(1) $10×4+10×3=10×\boxed{}=\boxed{}$ 　　(2) $10×8-10×2=10×\boxed{}=\boxed{}$

6 문구점에서 한 묶음에 20장씩 들어 있는 도화지를 오전에 2묶음 팔고 오후에 5묶음 팔았습니다. 문구점에서 오전과 오후에 판 도화지는 모두 몇 장일까요?

( )

중등연계

곱셈을 거꾸로 생각하여 수를 곱으로 분해하기

$$24=2×12$$
$$=2×2×6$$
$$=2×2×2×3 \longrightarrow \text{1보다 큰 자연수 중에서 가장 작은 자연수의 곱으로 나타냅니다.}$$
$$\longrightarrow \text{1, 2, 3과 같은 수}$$

7 □ 안에 알맞은 수를 써넣으세요.

(1) $130=13×\boxed{}$ 　　　　　　(2) $84=2×\boxed{}$
　　$=13×2×\boxed{}$ 　　　　　　　$=2×2×\boxed{}$
　　　　　　　　　　　　　　　　　　　$=2×2×3×\boxed{}$

2 올림이 있는 (몇십몇) × (몇)

- 각 자리 수와의 곱을 더한 것이 곱셈의 결과입니다.
- 아랫자리에서 10은 바로 윗자리에서 1입니다.

올림이 있는 (몇십몇) × (몇)

십의 자리에서 올림

$$30 \times 4 = 120$$
$$1 \times 4 = \quad 4$$
$$31 \times 4 = 124$$

$$
\begin{array}{r}
3\,1 \\
\times \quad 4 \\
\hline
1\,2\,4
\end{array}
$$

└ 십의 자리의 곱에서 올림한 수

일의 자리에서 올림

$$20 \times 2 = 40$$
$$9 \times 2 = 18$$
$$29 \times 2 = 58$$

$$
\begin{array}{r}
2\,9 \\
\times \quad 2 \\
\hline
5\,8
\end{array}
$$

└ $20 \times 2 + 10 = 50$

십, 일의 자리에서 올림

$$40 \times 3 = 120$$
$$7 \times 3 = \quad 21$$
$$47 \times 3 = 141$$

$$
\begin{array}{r}
4\,7 \\
\times \quad 3 \\
\hline
1\,4\,1
\end{array}
$$

└ $40 \times 3 + 20 = 140$

---

1 □ 안에 알맞은 수를 써넣으세요.

(1) $30 \times 2 = \boxed{}$

$\quad\ 6 \times 2 = \boxed{}$

$\overline{36 \times 2 = \boxed{}}$

(2) $50 \times 6 = \boxed{}$

$\quad\ 8 \times 6 = \boxed{}$

$\overline{58 \times 6 = \boxed{}}$

2 빈칸에 알맞은 수를 써넣으세요.

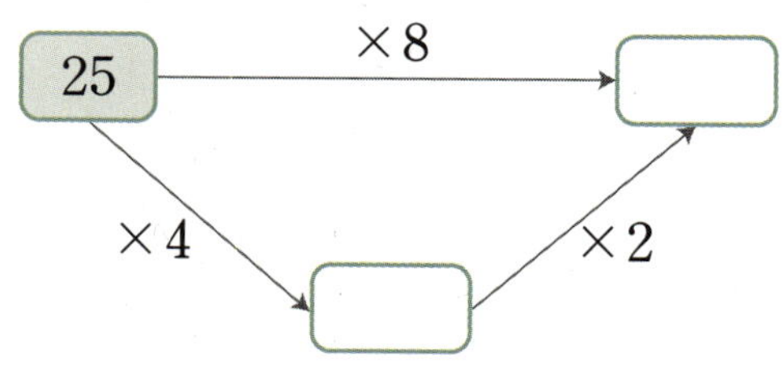

3 곱의 크기를 비교하여 ○ 안에 >, =, < 중 알맞은 것을 써넣으세요.

(1) $34 \times 6 \ \bigcirc\ 23 \times 8$

(2) $14 \times 9 \ \bigcirc\ 42 \times 3$

4 곱이 500보다 큰 것을 모두 찾아 기호를 써 보세요.

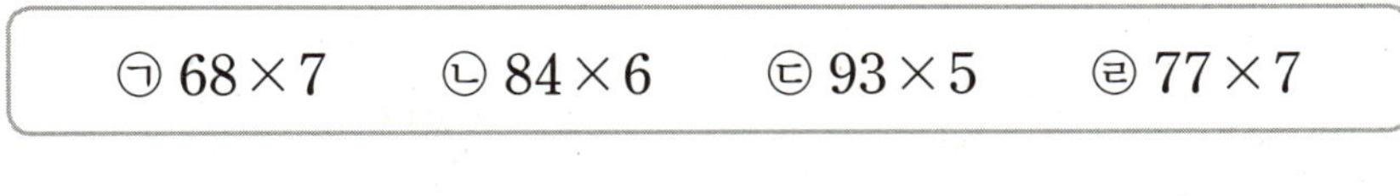

(   )

5 동화책을 하루에 55쪽씩 일주일 동안 읽었습니다. 모두 몇 쪽을 읽었을까요?

식 .... 답 ....

6 □ 안에 들어갈 수 있는 두 자리 수는 모두 몇 개일까요?

(   )

곱이 가장 크게 되거나 가장 작게 되도록 (몇십몇)×(몇)의 곱셈식 만들기

수 카드 **2**, **4**, **5**, **6** 중 3장을 골라 곱셈식을 만들 때

• 곱이 가장 큰 곱셈식

① 곱하는 수에 가장 큰 수 인 6을 놓습니다.

② 나머지 수로 곱해지는 수를 가장 큰 두 자리 수로 만듭니다.

일의 자리, 십의 자리의 곱이 모두 커집니다. •

• 곱이 가장 작은 곱셈식

① 곱하는 수에 가장 작은 수인 2를 놓습니다.

② 나머지 수로 곱해지는 수를 가장 작은 두 자리 수로 만듭니다.

일의 자리, 십의 자리의 곱이 모두 작아집니다. •

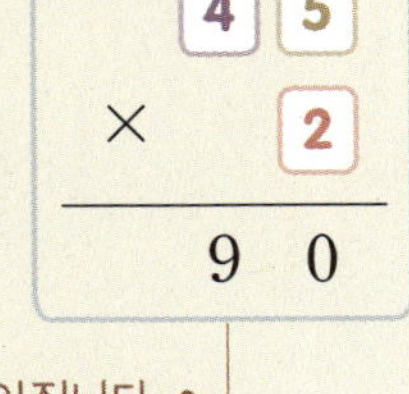

7 수 카드 **3**, **5**, **7** 을 한 번씩만 사용하여 만든 곱셈식입니다. 곱이 가장 큰 곱셈식을 찾아 기호를 써 보세요.

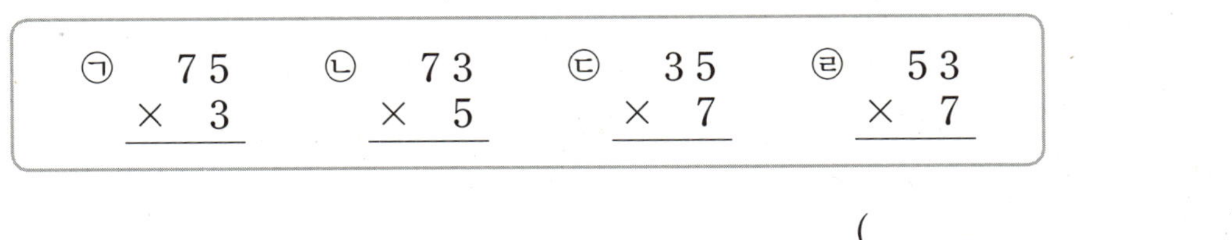

(   )

3 곱셈의 활용

• 일정한 간격으로 나무를 심었을 때 간격의 수를 구하여 문제를 해결합니다.

연못의 둘레나 도로의 길이 구하기

연못의 둘레에 $14\,m$ 간격으로 나무를 5그루 심었을 때 연못의 둘레 구하기

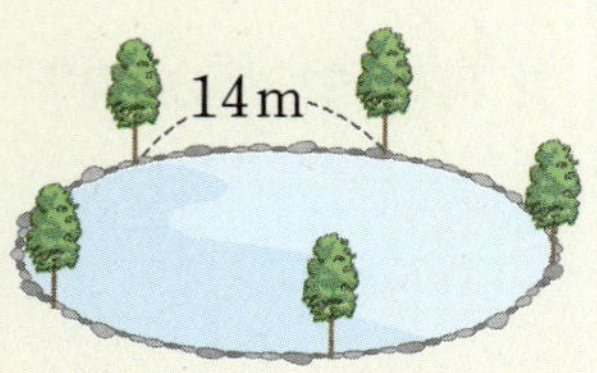

나무 사이의 간격은 5군데이므로

➡ (연못의 둘레)

　＝(나무 사이의 간격)×(간격의 수)

　＝$14 \times 5 = 70\,(m)$

> 원 모양의 둘레에 나무를 심었을 때
> (간격의 수)＝(나무의 수)

도로의 한쪽에 $16\,m$ 간격으로 처음부터 끝까지 나무를 5그루 심었을 때 도로의 길이 구하기

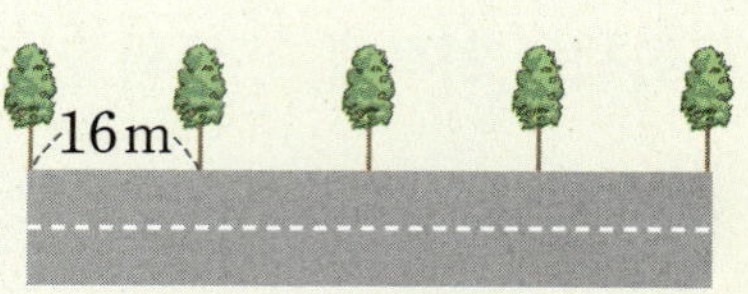

나무 사이의 간격은 $5-1=4$(군데)이므로

➡ (도로의 길이)

　＝(나무 사이의 간격)×(간격의 수)

　＝$16 \times 4 = 64\,(m)$

> 도로의 한쪽에 나무를 심었을 때
> (간격의 수)＝(나무의 수)-1

---

1 그림과 같이 길이가 $29\,cm$인 색 테이프 9장을 겹치지 않게 이어 붙였습니다. 이어 붙인 색 테이프의 전체 길이는 몇 m 몇 cm일까요?

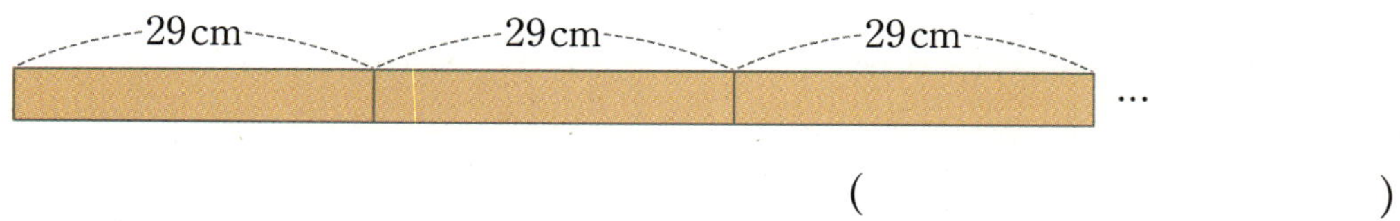

(　　　　　　　　　　　)

2 지혜는 하루에 20분씩 운동을 합니다. 지혜가 일주일 동안 운동을 한 시간은 몇 시간 몇 분일까요?

(　　　　　　　　　　　)

3 원 모양의 공원 둘레에 $7\,m$ 간격으로 가로등을 23개 세웠습니다. 공원의 둘레는 몇 m일까요? (단, 가로등의 두께는 생각하지 않습니다.)

(　　　　　　　　　　　)

4 도로의 양쪽에 $19\,m$ 간격으로 처음부터 끝까지 나무를 14그루 심었습니다. 도로의 길이는 몇 m일까요? (단, 나무의 두께는 생각하지 않습니다.)

(   )

5 그림과 같이 직사각형 모양의 땅 둘레에 $8\,m$ 간격으로 깃발을 24개 꽂았습니다. 땅의 둘레는 몇 m일까요? (단, 깃발의 두께는 생각하지 않습니다.)

(   )

중등연계

곱셈의 계산 법칙

① 교환법칙: 곱하는 순서를 바꾸어도 결과는 같습니다.

$$8\times3=3\times8 \;\Rightarrow\; \boxed{a\times b=b\times a}$$

② 결합법칙: 세 수의 곱셈에서 어느 두 수를 먼저 곱해도 결과는 같습니다.

$$2\times(4\times3)=(2\times4)\times3 \;\Rightarrow\; \boxed{a\times(b\times c)=(a\times b)\times c}$$

③ 분배법칙: 두 수의 합에 어떤 수를 곱한 것은 더한 두 수에 각각 곱하여 더한 것과 같습니다.

$$(20+4)\times2=20\times2+4\times2 \;\Rightarrow\; \boxed{(a+b)\times c=a\times c+b\times c}$$

6 ☐ 안에 알맞은 수를 써넣으세요.

(1) $23\times3=\boxed{}\times23$

(2) $4\times(10\times2)=(4\times\boxed{})\times2$

(3) $(20+10)\times3=\boxed{}\times3+10\times3$

(4) $12\times(3+6)=12\times3+\boxed{}\times6$

곱하는 수를 어림하면 곱의 크기를 대략 알 수 있다.

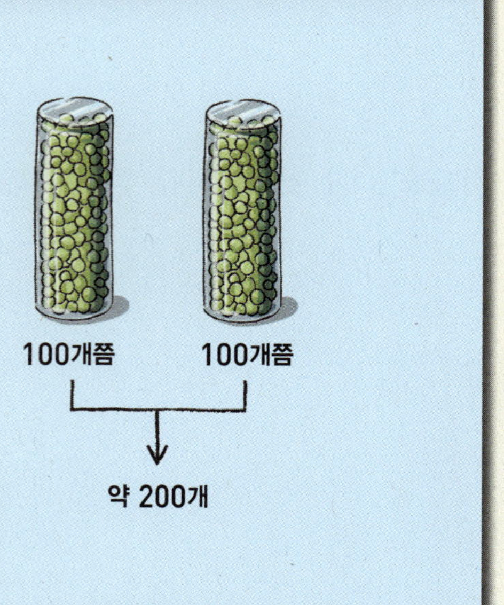

1부터 9까지의 수 중에서 ☐ 안에 들어갈 수 있는 수 모두 구하기

$29 \times ☐ > 208$

30쯤으로 어림하면 $30 \times 7 = 210 > 208$

☐ 안에 7을 넣어 보면 $29 \times 7 = 203 < 208$

따라서 ☐ 안에는 7보다 큰 수인 8, 9가 들어갈 수 있습니다.

대표문제 1

1부터 9까지의 수 중에서 ☐ 안에 들어갈 수 있는 수는 모두 몇 개일까요?

$$19 \times ☐ < 110$$

19를 어림하면 20쯤입니다.

$20 \times 6 = 120$이므로 ☐ 안에 6을 넣어 보면

$19 \times 6 = \boxed{} > 110$이므로 ☐ 안에 6보다 작은 수인 5를 넣어 봅니다.

$19 \times 5 = \boxed{} < 110$이므로 ☐ 안에 들어갈 수 있는 수는 _______________ 입니다.

따라서 ☐ 안에 들어갈 수 있는 수는 모두 ☐ 개입니다.

1-1

1부터 9까지의 수 중에서 □ 안에 들어갈 수 있는 수를 모두 써 보세요.

$$10 \times \square < 50$$

( )

서술형 1-2

1부터 9까지의 수 중에서 □ 안에 들어갈 수 있는 수는 모두 몇 개인지 풀이 과정을 쓰고 답을 구해 보세요.

$$37 \times \square < 145$$

풀이

답

1-3

1부터 9까지의 수 중에서 □ 안에 들어갈 수 있는 가장 작은 수를 구해 보세요.

$$24 \times \square > 170$$

( )

1-4

1부터 9까지의 수 중에서 □ 안에 들어갈 수 있는 수는 모두 몇 개일까요?

$$55 \times \square > 62 \times 6$$

( )

낮은 자리부터 각 자리 수끼리 계산한다.

$$\begin{array}{r} 3\ ㉠ \\ \times\quad 7 \\ \hline 2\ ㉡\ 6 \end{array}$$

① $㉠ \times 7 = \square 6$

7단 곱셈구구의 곱 중 일의 자리 수가 6인 수: 56

➡ $㉠ \times 7 = 56,\ ㉠ = 8$

② $38 \times 7 = 266$

➡ $㉡ = 6$

대표문제 2

곱셈식에서 ㉠과 ㉡에 알맞은 수를 각각 구해 보세요.

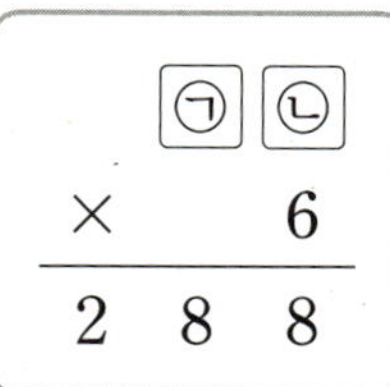

$$\begin{array}{r} ㉠\ ㉡ \\ \times\quad 6 \\ \hline 2\ 8\ 8 \end{array}$$

$㉡ \times 6 = \blacksquare 8$에서 6단 곱셈구구의 곱 중 일의 자리 수가 8인 경우는 $6 \times 3 = \boxed{}$ 또는

$6 \times \boxed{} = \boxed{}$이므로 $㉡ = 3$ 또는 $\boxed{}$이/가 될 수 있습니다.

① $㉡ = 3$일 때

$$\begin{array}{r} \overset{1}{} \\ ㉠\ 3 \\ \times\quad 6 \\ \hline 2\ 8\ 8 \end{array}$$ 에서

$㉠ \times 6 + 1 = 28$이어야 하는데

$㉠ \times 6 = 27$인 ㉠은 없습니다.

↳ 6단 곱셈구구에서 곱의 일의 자리 수가 7이 되는 수는 없습니다.

따라서 $㉠ = \boxed{}$, $㉡ = \boxed{}$입니다.

② $㉡ = \boxed{}$일 때

$$\begin{array}{r} 4 \\ ㉠\ \square \\ \times\quad 6 \\ \hline 2\ 8\ 8 \end{array}$$ 에서

$㉠ \times 6 + 4 = 28$이어야 하므로

$㉠ \times 6 = 24$에서 $㉠ = \boxed{}$입니다.

2-1 곱셈식에서 ㉠에 알맞은 수를 구해 보세요.

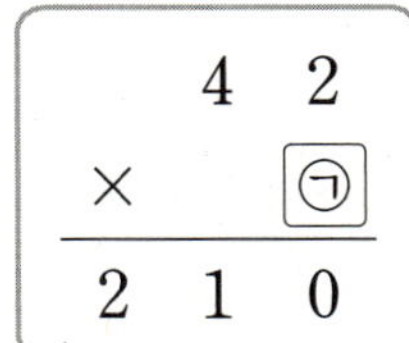

( )

2-2 곱셈식에서 ㉠과 ㉡에 알맞은 수를 각각 구해 보세요.

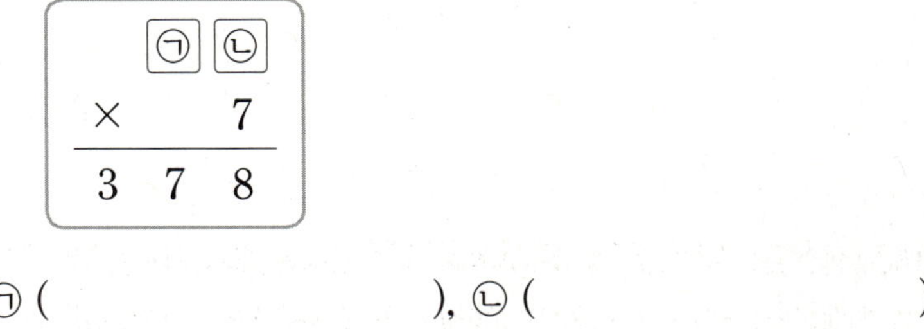

㉠ ( ), ㉡ ( )

2-3 곱셈식에서 ㉠과 ㉡에 알맞은 수를 각각 구해 보세요. (단, 같은 기호에는 같은 수가 들어갑니다.)

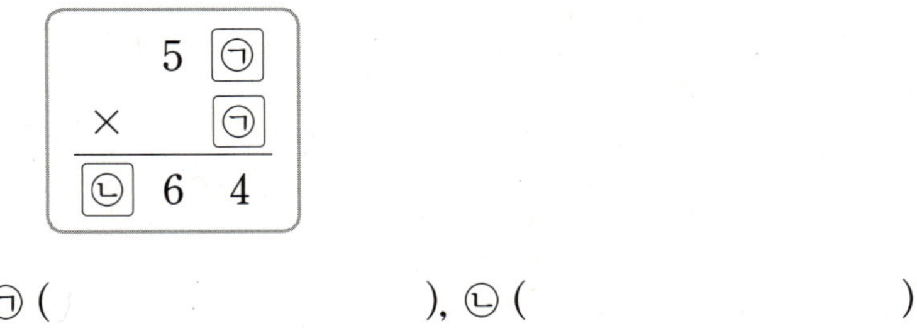

㉠ ( ), ㉡ ( )

2-4 곱셈식에서 ㉠, ㉡, ㉢에 알맞은 수를 각각 구해 보세요.

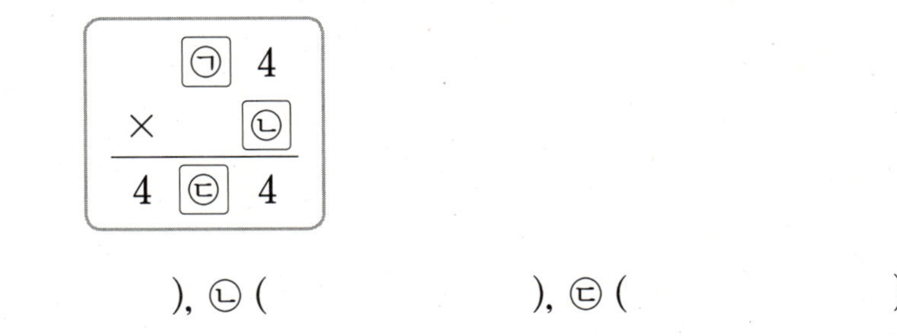

㉠ ( ), ㉡ ( ), ㉢ ( )

최상위
S

계산한 방법과 순서를 거꾸로 하면 처음 수가 된다.

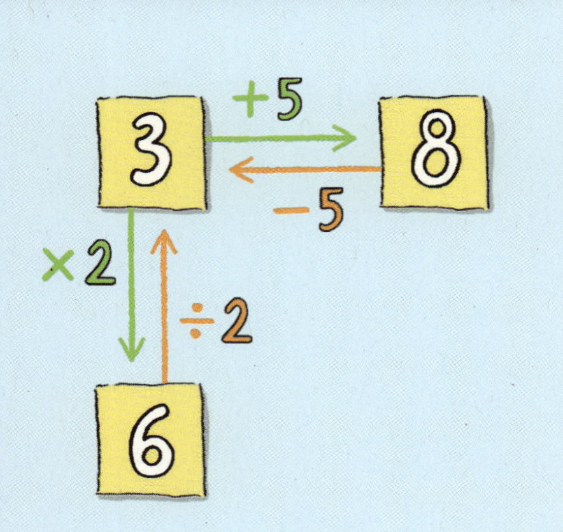

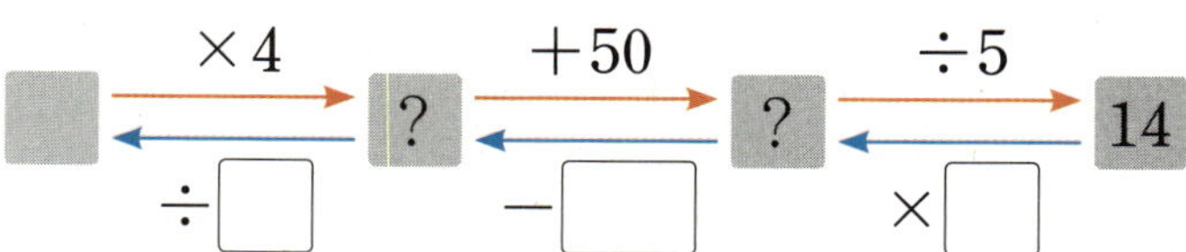

대표문제 **3**

승주는 어떤 수를 생각한 다음 그 수를 4배 하고 50을 더한 후 5로 나누었더니 14가 되었습니다. 승주가 처음에 생각한 수는 무엇일까요?

거꾸로 생각하여 계산하면

① 5로 나누기 전: $14 \times \boxed{} = \boxed{}$

② 50을 더하기 전: $70 - \boxed{} = \boxed{}$

③ 4배 하기 전: $20 \div \boxed{} = \boxed{}$

따라서 승주가 처음에 생각한 수는 $\boxed{}$ 입니다.

3-1 연주는 어떤 수를 생각한 다음 그 수에 2를 곱하고 4를 뺐더니 14가 되었습니다. 연주가 처음에 생각한 수는 무엇일까요?

(   )

3-2 현아는 어떤 수를 생각한 다음 그 수에 3을 곱하고 2를 더한 후 9를 곱했더니 72가 되었습니다. 현아가 처음에 생각한 수는 무엇일까요?

(   )

3-3 지민이는 어떤 수를 생각한 다음 그 수를 5배 하였습니다. 그리고 4를 뺀 후 7로 나누었더니 3이 되었습니다. 지민이가 처음에 생각한 수는 무엇일까요?

(   )

3-4 빈이는 어떤 수를 생각한 다음 그 수에 같은 수를 곱한 후 9로 나누었습니다. 그리고 16을 더한 후 2로 나누었더니 10이 되었습니다. 빈이가 처음에 생각한 수는 무엇일까요?

(   )

겹치는 부분은 이어 붙인 테이프 수보다 1만큼 더 작다.

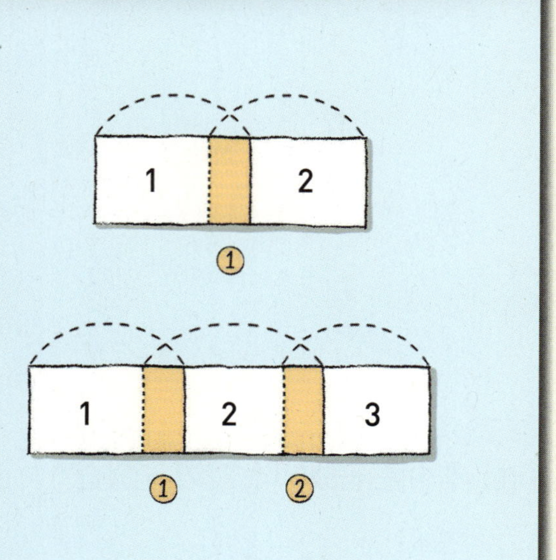

길이가 15 cm인 테이프 6장을 2 cm씩 겹치게 이어 붙이면

겹치는 부분: $6-1=5$(군데)

(테이프 6장의 길이의 합)$=15\times6=90$(cm)

(겹치는 부분 5군데의 길이의 합)$=2\times5=10$(cm)

➡ (이어 붙인 테이프의 전체 길이)$=90-10=80$(cm)

• 겹치는 부분의 길이의 합
• 테이프 6장의 길이의 합

대표문제 4

길이가 26 cm인 테이프 5장을 그림과 같이 일정한 간격으로 겹치게 이어 붙였더니 전체 길이가 1 m 10 cm가 되었습니다. 테이프를 몇 cm씩 겹치게 붙였을까요?

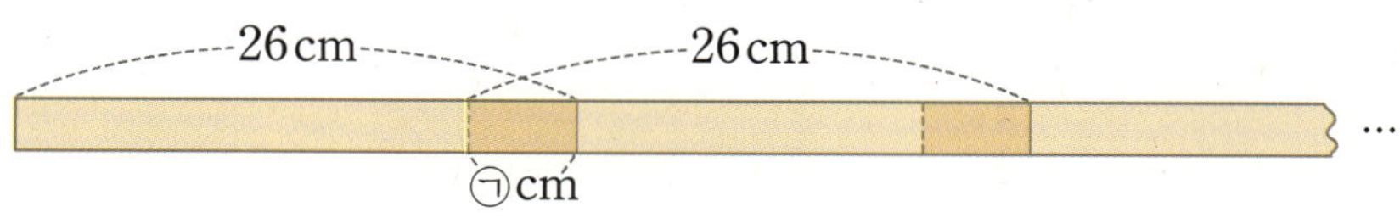

(이어 붙인 테이프의 전체 길이)$=1\,m\,10\,cm=\boxed{}$ cm

(테이프 5장의 길이의 합)$=26\times\boxed{}=\boxed{}$(cm)

(겹치는 부분의 수)$=$(테이프의 수)$-1=\boxed{}-1=\boxed{}$(군데)

(테이프 5장의 길이의 합)$-$(겹치는 부분의 길이의 합)$=$(이어 붙인 테이프의 전체 길이)

$\boxed{}-$(겹치는 부분의 길이의 합)$=110$

➡ (겹치는 부분의 길이의 합)$=\boxed{}-110=\boxed{}$(cm)

겹치는 부분은 4군데이므로 $㉠\times\boxed{}=\boxed{}$, $㉠=\boxed{}$입니다.

따라서 테이프를 $\boxed{}$ cm씩 겹치게 붙였습니다.

4-1 길이가 30 cm인 테이프 4장을 그림과 같이 5 cm씩 겹치게 이어 붙였습니다. 이어 붙인 테이프의 전체 길이는 몇 cm일까요?

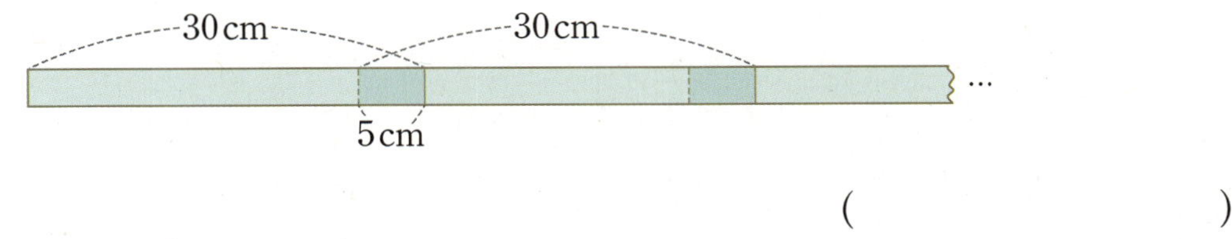

( )

4-2 길이가 58 cm인 테이프 7장을 그림과 같이 일정한 간격으로 겹치게 이어 붙였더니 전체 길이가 352 cm가 되었습니다. 테이프를 몇 cm씩 겹치게 붙였을까요?

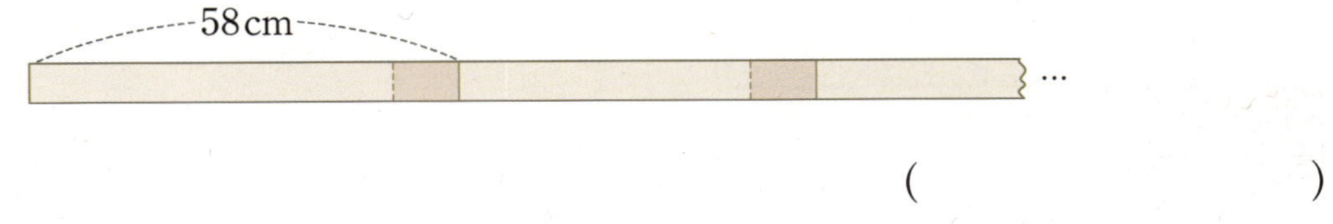

( )

4-3 길이가 같은 테이프 8장을 그림과 같이 10 cm씩 겹치게 이어 붙여 길이가 3 m 30 cm인 테이프를 만들었습니다. 테이프 한 장의 길이는 몇 cm일까요?

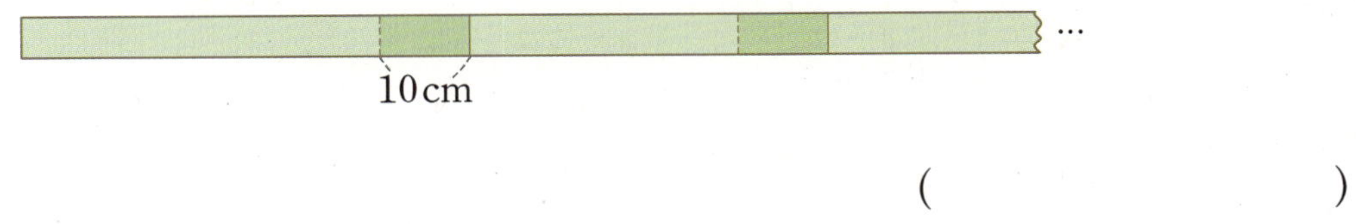

( )

4-4 길이가 24 cm인 테이프 6장을 그림과 같이 일정한 간격으로 겹치게 이어 붙였습니다. 이어 붙인 테이프의 네 변의 길이의 합이 2 m 48 cm일 때 몇 cm씩 겹치게 붙였을까요?

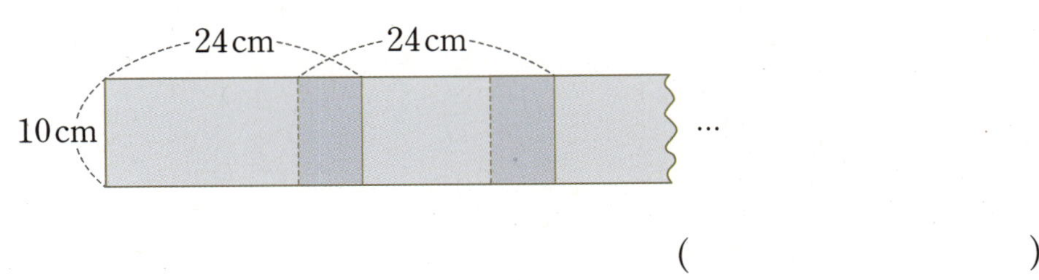

( )

복잡한 연산을 간단한 기호로 약속할 수 있다.

$\text{㉠} \odot \text{㉡} = \text{㉠} \times 7 + \text{㉡} \times 5$일 때

$$5 \odot 10$$
$$= 5 \times 7 + 10 \times 5$$
$$= 35 + 50$$
$$= 85$$

대표문제 5

기호 ♥에 대하여 '가♥나＝가×7＋가×나'라고 약속할 때 □ 안에 알맞은 수를 구해 보세요.

$$\boxed{□ \heartsuit 8 = 135}$$

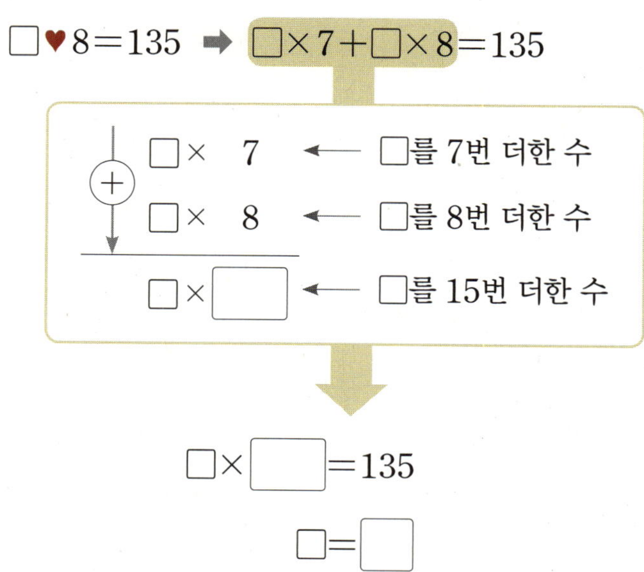

$$□ \heartsuit 8 = 135 \;\Rightarrow\; □ \times 7 + □ \times 8 = 135$$

$$
\begin{array}{ll}
(+) & □ \times 7 \quad \longleftarrow \; □를 7번 더한 수 \\
& □ \times 8 \quad \longleftarrow \; □를 8번 더한 수 \\
\hline
& □ \times \boxed{} \quad \longleftarrow \; □를 15번 더한 수
\end{array}
$$

$$□ \times \boxed{} = 135$$

$$□ = \boxed{}$$

5-1 기호 ◆에 대하여 '가 ◆ 나＝가×나'라고 약속할 때 □ 안에 알맞은 수를 써넣으세요.

$$14 ◆ 7 ＝ 49 ◆ \square$$

서술형 5-2 기호 ●에 대하여 '가 ● 나＝가×4＋가×나'라고 약속할 때 □ 안에 알맞은 수를 구하려고 합니다. 풀이 과정을 쓰고 답을 구해 보세요.
└─• 가×4, 가×나를 계산한 후 더합니다.

$$\square ● 16 ＝ 120$$

풀이 ....

....

....

답 ....

5-3 기호 ▲에 대하여 '가 ▲ 나＝(가＋나)×9'라고 약속할 때 □ 안에 알맞은 수를 구해 보세요.
└─• 가＋나를 먼저 계산한 후 9를 곱합니다.

$$\square ▲ 8 ＝ 108$$

(   )

5-4 기호 ★에 대하여 '가 ★ 나＝(가＋나)×3－나'라고 약속할 때 □ 안에 알맞은 수를 구해 보세요.
└─• 가＋나를 먼저 계산한 후 3을 곱하고 나를 뺍니다.

$$\square ★ 7 ＝ 29$$

(   )

모르는 수가 하나만 있는 식으로 만든다.

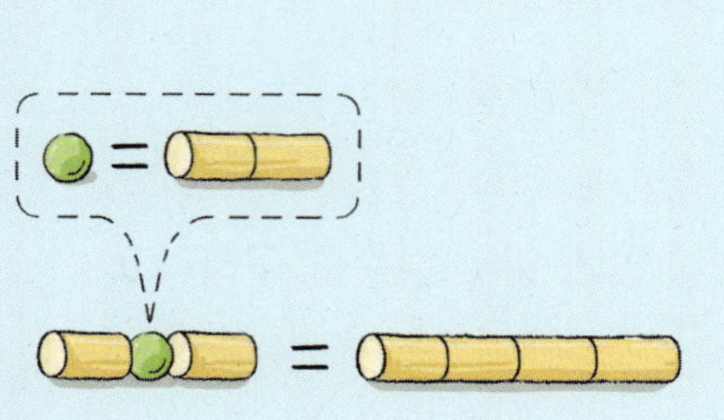

$$㉮ = ㉯ \times 4$$
$$㉰ = ㉯ + 20$$
$$㉮ + ㉯ + ㉰ = 140$$

$$㉮ + ㉯ + ㉰ = 140$$
$$㉯ \times 4 + ㉯ + ㉯ + 20 = 140$$
$$㉯ \times 6 + 20 = 140$$
$$➡ ㉯ = 20$$

대표문제 6 민주와 민희는 쌍둥이 자매이고, 선우와 선호는 쌍둥이 형제입니다. 네 사람의 나이의 합은 64살이고, 민희는 선우보다 8살 더 많습니다. 선호의 나이가 선호 동생 나이의 3배일 때 선호 동생은 몇 살일까요?

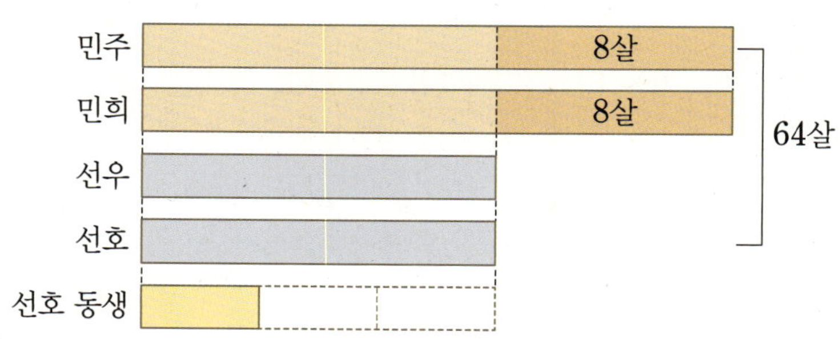

선호의 나이를 □살이라 하면

$$□ + 8 + □ + 8 + □ + □ = \boxed{}$$

$$□ \times 4 + 8 \times 2 = \boxed{}$$

$$□ \times 4 + 16 = \boxed{}$$

$$□ \times 4 = \boxed{}$$

$$□ = \boxed{} \text{입니다.}$$

따라서 선호의 나이가 선호 동생 나이의 3배이므로 선호 동생은 $\boxed{}$ 살입니다.

6-1 사과는 배보다 10개 더 많고, 사과와 배를 합하면 모두 90개입니다. 배의 수는 감의 수의 4배일 때 감은 몇 개일까요?

(   )

6-2 현수가 가진 우표 수는 대성이가 가진 우표 수의 3배이고, 대성이는 은주보다 우표를 30장 더 많이 가지고 있습니다. 세 사람이 가진 우표가 모두 280장일 때 대성이가 가진 우표는 몇 장일까요?

(   )

6-3 진호와 윤재의 몸무게는 서로 같고, 현아와 세아의 몸무게는 서로 같습니다. 네 사람의 몸무게의 합은 80 kg이고, 세아는 윤재보다 4 kg 더 가볍습니다. 세아의 몸무게가 강아지 무게의 6배일 때 강아지는 몇 kg일까요?

(   )

6-4 한 개에 구슬이 43개씩 들어 있는 주머니가 5개 있었는데 보라, 윤주, 민기 세 사람이 구슬을 모두 나누어 가졌습니다. 보라가 가진 구슬 수는 윤주가 가진 구슬 수의 2배이고, 윤주가 가진 구슬은 민기가 가진 구슬보다 25개 더 많습니다. 윤주가 가진 구슬은 몇 개일까요?

(   )

규칙적으로 늘어나는 양은 식으로 쓸 수 있다.

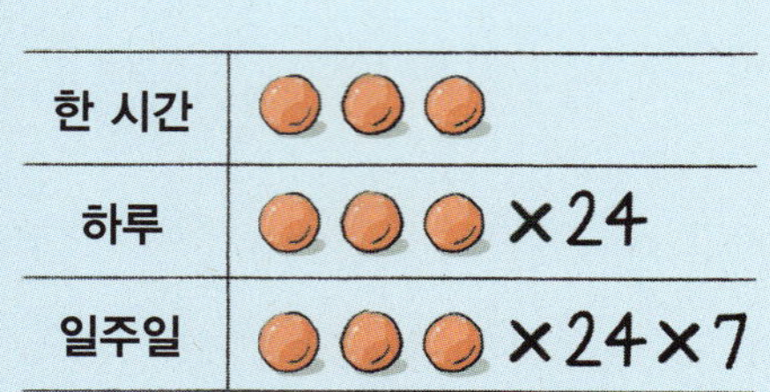

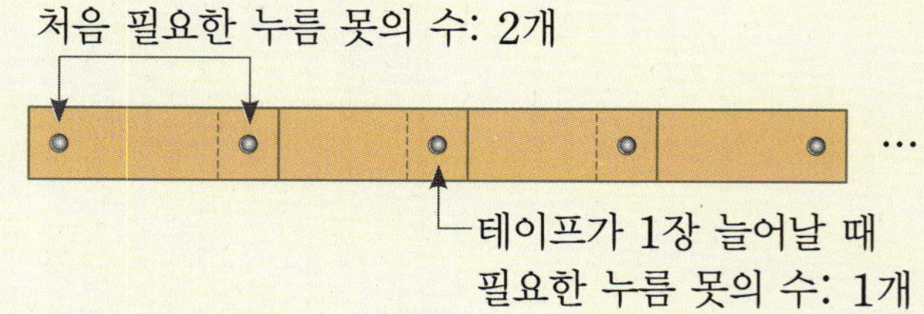

처음 필요한 누름 못의 수: 2개

테이프가 1장 늘어날 때
필요한 누름 못의 수: 1개

➡ 테이프 12장을 누름 못으로 이어 붙이려면
누름 못은 모두 $2+1×11=13$(개) 필요합니다.
처음 1장   나머지 11장

대표문제 7

그림과 같이 게시판에 도화지를 누름 못으로 고정시키려고 합니다. 도화지 25장을 붙이려면 누름 못은 모두 몇 개 필요할까요?

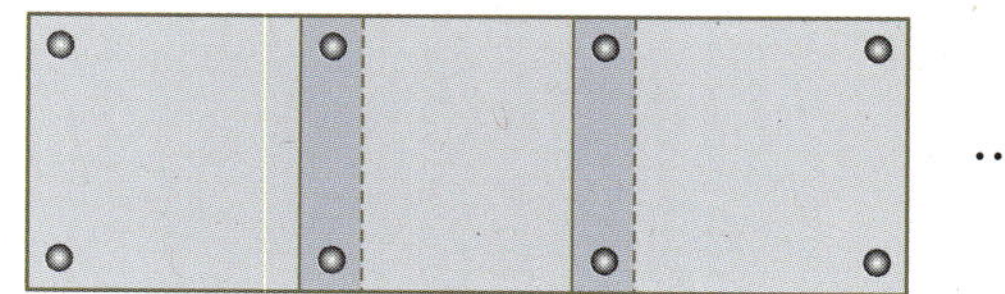

도화지가 1장일 때 필요한 누름 못의 수: 4개

도화지가 2장일 때 필요한 누름 못의 수: $4+2×\boxed{}=\boxed{}$(개)

도화지가 3장일 때 필요한 누름 못의 수: $4+2×\boxed{}=\boxed{}$(개)

도화지가 4장일 때 필요한 누름 못의 수: $4+2×\boxed{}=\boxed{}$(개)

⋮

➡ 도화지가 25장일 때 필요한 누름 못의 수: $4+2×\boxed{}=\boxed{}$(개)

7-1 그림과 같이 게시판에 도화지를 누름 못으로 고정시키려고 합니다. 도화지 10장을 붙이려면 누름 못은 모두 몇 개 필요할까요?

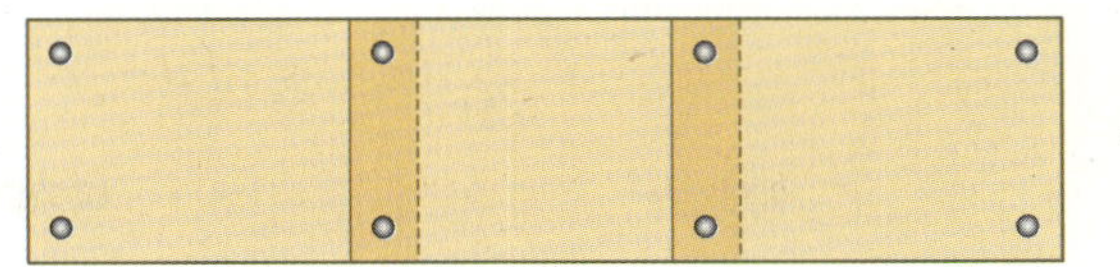

(   )

7-2 그림과 같이 게시판에 도화지를 누름 못으로 고정시키려고 합니다. 도화지 28장을 붙이려면 누름 못은 모두 몇 개 필요할까요?

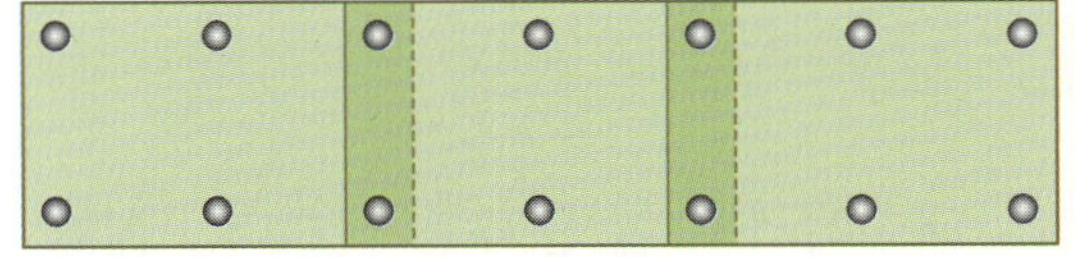

(   )

7-3 그림과 같이 면봉으로 삼각형 모양을 25개 만들려면 면봉은 모두 몇 개 필요할까요?

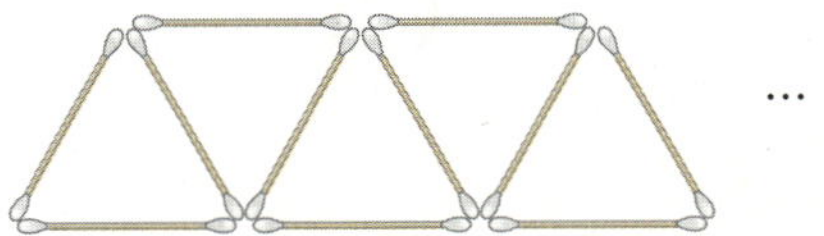

(   )

7-4 그림과 같이 면봉으로 정사각형 모양을 32개 만들려면 면봉은 모두 몇 개 필요할까요?

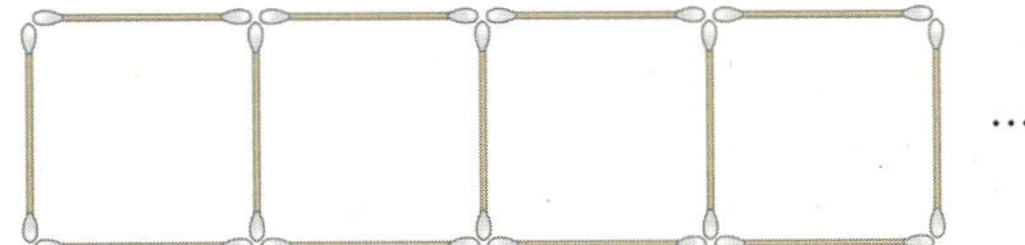

(   )

두 조건 중 한쪽만 선택하여 구한다.

20문제 중에서
1문제를 맞히면 3점을 얻고
1문제를 틀리면 1점을 잃을 때

모두 맞히면 $20 \times 3 = 60$(점)
1문제 틀리면 $19 \times 3 - 1 = 56$(점) -4점
2문제 틀리면 $18 \times 3 - 2 = 52$(점) -4점

➡ 한 문제를 틀릴 때마다 4점씩 낮아집니다.

대표문제 8

어느 수학 퀴즈 대회에서는 한 문제를 맞히면 4점을 얻고, 틀리면 1점을 잃습니다. 아영이가 이 퀴즈 대회에서 50문제를 풀고 155점을 얻었다면 아영이가 틀린 문제는 몇 개일까요?

50문제를 모두 맞혔을 때 점수: $50 \times \boxed{} = 200$(점)

49문제를 맞히고 1문제를 틀렸을 때 점수: $49 \times 4 - \boxed{} \times 1 = 195$(점)

48문제를 맞히고 2문제를 틀렸을 때 점수: $48 \times 4 - \boxed{} \times 1 = 190$(점)

$\vdots$

➡ 한 문제를 틀릴 때마다 낮아지는 점수: $\boxed{}$점

얻은 점수가 155점이므로 모두 맞혔을 때와의 점수 차이는 $200 - \boxed{} = 45$(점)입니다.

따라서 아영이가 틀린 문제는 $45 \div \boxed{} = \boxed{}$(개)입니다.

8-1 어느 대회에서는 한 문제를 맞히면 5점을 얻고, 틀리면 4점을 잃습니다. 준서가 이 대회에서 30문제를 풀고 96점을 얻었다면 준서가 틀린 문제는 몇 개일까요?

(   )

서술형 8-2 어느 수학 경시 대회에서는 한 문제를 맞히면 4점을 얻고, 틀리면 2점을 잃습니다. 서진이가 이 경시 대회에서 25문제를 풀고 52점을 얻었다면 서진이가 틀린 문제는 몇 개인지 풀이 과정을 쓰고 답을 구해 보세요.

풀이

답

8-3 하율이는 가위바위보를 하여 이기면 5점을 얻고, 지면 2점을 잃는 놀이를 하였습니다. 가위바위보를 20번 하여 51점을 얻었다면 하율이는 몇 번 졌을까요? (단, 비기는 경우는 없습니다.)

(   )

8-4 민우와 슬기는 투호 던지기를 하여 통에 화살이 들어가면 5점을 얻고, 들어가지 않으면 1점을 잃는 놀이를 하였습니다. 각자 화살 10개를 모두 던져서 슬기가 얻은 점수는 26점이었고, 민우보다 1개 더 많이 통에 넣었습니다. 민우가 통에 넣은 화살은 몇 개일까요?

(   )

MATH MASTER

1 상자가 40개 있었습니다. 상자 한 개에 책을 6권씩 넣어 포장했더니 빈 상자가 2개 남았습니다. 상자에 넣어 포장한 책은 모두 몇 권일까요?

(   )

2 계산 결과가 100에 가장 가까운 수가 되도록 □ 안에 알맞은 수를 구하려고 합니다. 풀이 과정을 쓰고 답을 구해 보세요.

$$24 \times \square$$

풀이

답

3 어떤 수에 9를 곱해야 할 것을 잘못하여 더했더니 56이 되었습니다. 바르게 계산한 값을 구해 보세요.

(   )

4 수 카드 7 , 2 , 4 , 9 중에서 3장을 골라 한 번씩만 사용하여 (몇십몇)×(몇)의 곱셈식을 만들어 곱을 구하려고 합니다. 만들 수 있는 곱셈식의 가장 큰 곱과 가장 작은 곱을 각각 구해 보세요.

가장 큰 곱 (   )

가장 작은 곱 (   )

5 곱셈식에서 ㉠에 알맞은 수를 구해 보세요.

$$39 \times 3 = ㉠ \times 6 + ㉠ \times 7$$

(   )

먼저 생각해 봐요!
㉠에 알맞은 수는?

$$30 = 2 \times ㉠ \times 5$$

서술형

6 종이비행기를 첫째 날에는 8개 접었고, 둘째 날에는 첫째 날의 2배, 셋째 날에는 둘째 날의 2배를 접었습니다. 같은 규칙으로 종이비행기를 접는다면 여섯째 날에는 종이비행기를 몇 개 접어야 하는지 풀이 과정을 쓰고 답을 구해 보세요.

풀이

답

7 7명이 한 시간 동안 나무를 8그루 심는다고 합니다. 같은 빠르기로 7명이 하루에 6시간씩 나무를 심는다면 240그루를 심는 데 며칠이 걸릴까요?

(   )

8 곱셈식에서 ㉠>㉡일 때 ㉠과 ㉡에 알맞은 수를 각각 구해 보세요. (단, 같은 기호에는 같은 수가 들어갑니다.)

$$\begin{array}{ccc} & ㉠ & ㉠ \\ \times & & ㉡ \\ \hline 3 & 9 & 6 \end{array}$$

㉠ (   ), ㉡ (   )

9 그림과 같은 규칙으로 정사각형 모양을 만드는 데 사용한 면봉이 64개입니다. 정사각형 모양을 몇 개 만들었을까요?

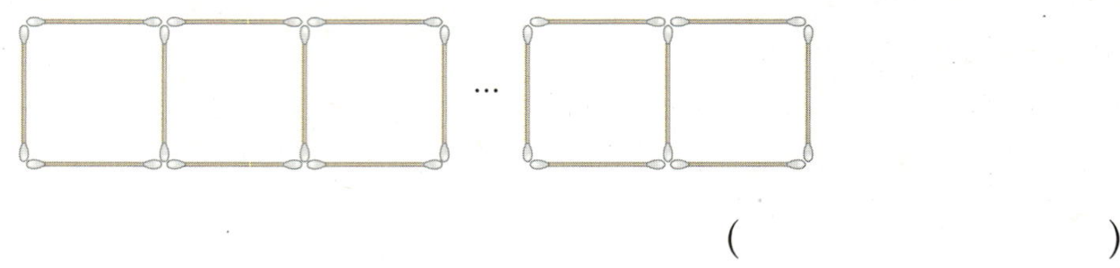

(   )

10 구슬 2개를 넣으면 5개가 나오고, 4개를 넣으면 11개가 나오고, 6개를 넣으면 17개가 나오는 규칙이 있는 마술 상자가 있습니다. 이 마술 상자에 구슬 12개를 넣으면 구슬이 몇 개 나올까요?

(   )

먼저 생각해 봐요!
➡의 규칙은?

> 2 ➡ 5
> 3 ➡ 7
> 4 ➡ 9

11 한 장에 36원인 노란색 종이와 한 장에 30원인 파란색 종이가 있습니다. 지현이가 가지고 있는 돈으로 노란색 종이를 사면 남는 돈이 없고, 같은 수만큼 파란색 종이를 사면 30원이 남습니다. 지현이가 가지고 있는 돈은 얼마일까요?

(   )

5

길이와 시간

1 길이의 단위, 길이의 덧셈과 뺄셈

- 단위를 사용하면 길고 짧은 정도를 수로 나타낼 수 있습니다.
- 길이를 어림하고 자로 재어 확인할 수 있습니다.

1 cm보다 작은 단위

1 mm: 1 cm를 10칸으로 똑같이 나누었을 때 작은 눈금 한 칸의 길이
↳ 1 밀리미터

$$1\,cm = 10\,mm$$

2 cm 7 mm: 2 cm보다 7 mm 더 긴 것
↳ 2 센티미터 7 밀리미터

$$2\,cm\ 7\,mm = 27\,mm$$
↳ 2 cm 7 mm = 20 mm + 7 mm = 27 mm

1 m보다 큰 단위

1 km: 1000 m
↳ 1 킬로미터

$$1000\,m = 1\,km$$

3 km 600 m: 3 km보다 600 m 더 긴 것
↳ 3 킬로미터 600 미터

$$3\,km\ 600\,m = 3600\,m$$
↳ 3 km 600 m = 3000 m + 600 m = 3600 m

길이를 어림하고 재어 보기

길이를 어림하여 말할 때는 '약'을 붙여서 표현합니다.

물건	어림한 길이	잰 길이
공책의 두께	약 5 mm	6 mm
연필	약 17 cm	16 cm 2 mm
창문의 긴 쪽	약 1 m	1 m 20 cm

---

1 색 테이프의 길이는 몇 mm일까요?

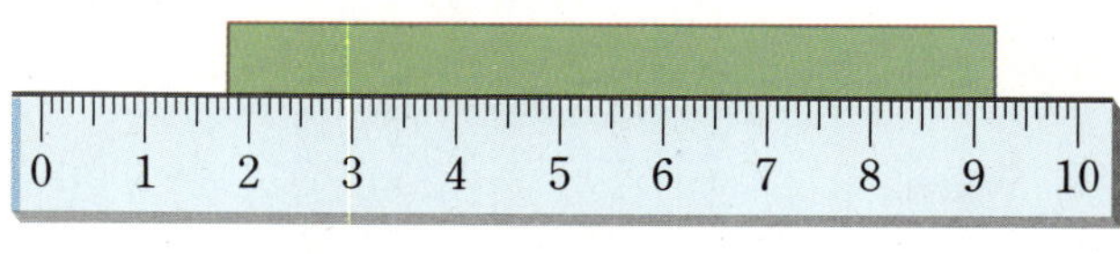

(   )

2 길이가 긴 것부터 차례로 기호를 써 보세요.

> ㉠ 5 km 800 m ㉡ 5090 m ㉢ 5850 m ㉣ 5 km 900 m

(   )

3 ☐ 안에 알맞은 수를 써넣으세요.

(1) $500\,m + 500\,m = \boxed{}\,km$

(2) $150\,m + \boxed{}\,m = 1\,km$

(3) $15\,mm + \boxed{}\,mm = 2\,cm$

(4) $\boxed{}\,mm + 30\,mm = 6\,cm$

4 단위를 알맞게 사용한 것을 모두 찾아 기호를 써 보세요.

> ㉠ 칠판의 긴 쪽의 길이는 3 cm입니다.
> ㉡ 클립의 긴 쪽의 길이는 3 cm입니다.
> ㉢ 공원 산책로의 길이는 3 km입니다.

(   )

5 보기 에서 알맞은 단위를 골라 ☐ 안에 써넣으세요.

> 보기
>
> mm   cm   m   km

⑴ 연필심의 길이는 약 6 ☐ 입니다.

⑵ 우리 집에서 도서관까지의 거리는 약 2 ☐ 입니다.

길이의 덧셈과 뺄셈

같은 수라도 단위에 따라 길이가 다르므로 같은 단위끼리 계산합니다.

1		6 10	1	7 1000
$6\ \text{cm}\ \ 3\ \text{mm}$		$7\ \text{cm}\ \ 4\ \text{mm}$	$4\ \text{km}\ \ 500\ \text{m}$	$8\ \text{km}\ \ 100\ \text{m}$
$+\ 2\ \text{cm}\ \ 8\ \text{mm}$		$-\ 4\ \text{cm}\ \ 6\ \text{mm}$	$+\ 1\ \text{km}\ \ 700\ \text{m}$	$-\ 3\ \text{km}\ \ 700\ \text{m}$
$9\ \text{cm}\ \ 1\ \text{mm}$		$2\ \text{cm}\ \ 8\ \text{mm}$	$6\ \text{km}\ \ 200\ \text{m}$	$4\ \text{km}\ \ 400\ \text{m}$

10 mm가 되면 1 cm로 받아올림합니다.

1 cm를 10 mm로 받아내림합니다.

1000 m가 되면 1 km로 받아올림합니다.

1 km를 1000 m로 받아내림합니다.

6 연필과 색연필의 길이의 합과 차는 각각 몇 cm 몇 mm일까요?

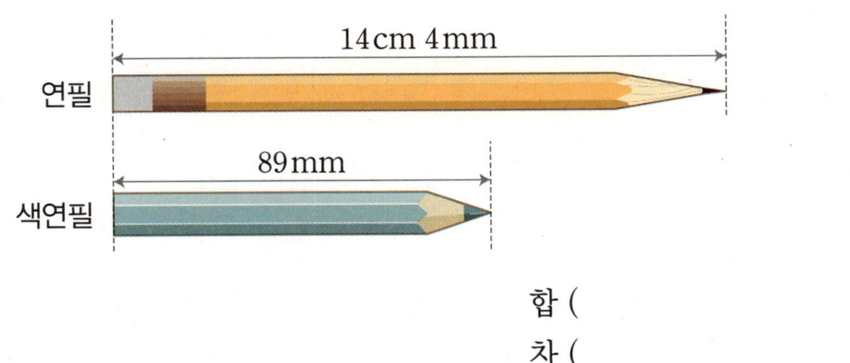

합 (   )

차 (   )

7 충렬사에서 광안리 해수욕장을 거쳐 용두산 공원까지의 거리는 몇 km 몇 m일까요?

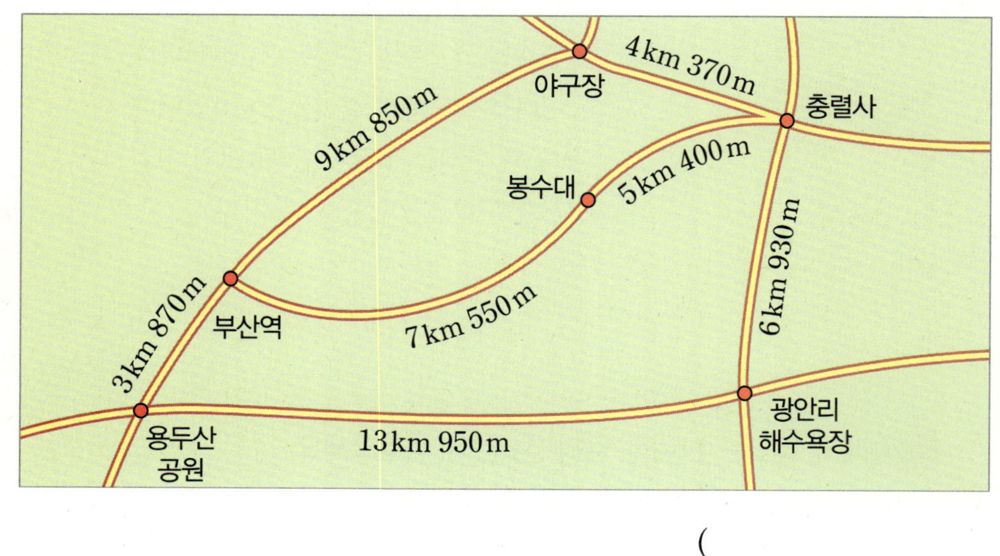

( )

8 슬기네 가족은 식물원에 가는 데 5 km 450 m는 지하철을 타고, 1 km 780 m는 버스를 타고 갔습니다. 지하철을 타고 간 거리는 버스를 타고 간 거리보다 몇 km 몇 m 더 멀까요?

( )

길이 단위 사이의 관계

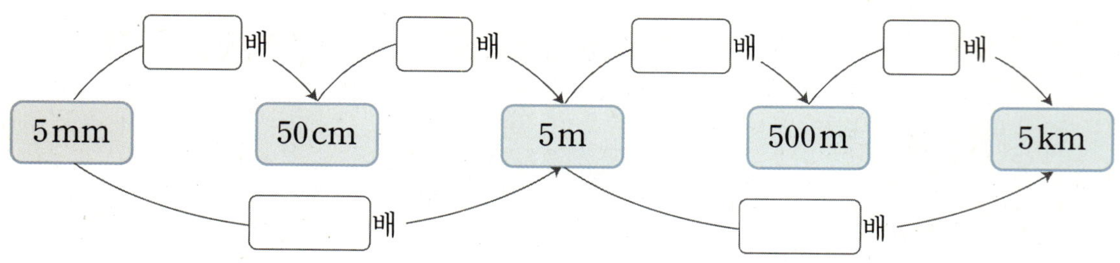

9 ☐ 안에 알맞은 수를 써넣으세요.

2 시간의 단위, 시간의 덧셈과 뺄셈

- 단위를 사용하면 시간을 수로 나타낼 수 있습니다.
- 시간은 60을 기준으로 하여 초, 분, 시의 단위를 사용합니다.

1분보다 작은 단위

1초: 초침이 작은 눈금 한 칸을 가는 데 걸리는 시간
60초: 초침이 작은 눈금 60칸을 가는 데 걸리는 시간

작은 눈금 한 칸=1초

1분=60초

초 단위까지 시각 읽기

7시 30분 10초

시각과 시간

- 시각: 어느 한 시점
- 시간: 시각과 시각 사이

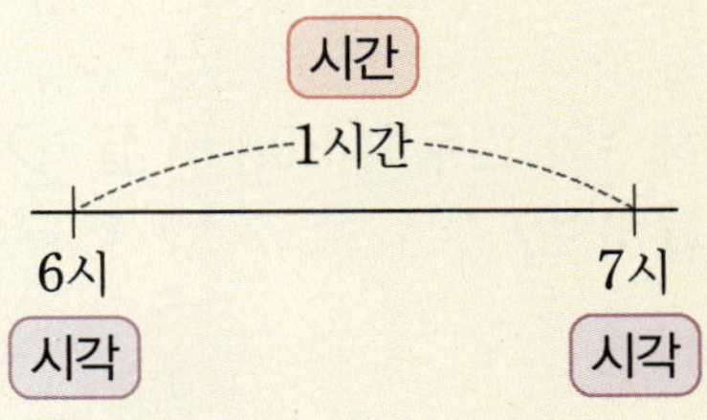

---

1 시각을 읽어 보세요.

(1) 

(   )

(2)

(   )

2 ☐ 안에 알맞은 수를 써넣으세요.

(1) 5분 42초 = ☐ 초

(2) 243초 = ☐ 분 ☐ 초

시간의 덧셈과 뺄셈

시간은 60을 기준으로 단위가 바뀌므로 60이 되면 받아올림하고, 60을 받아내림합니다.

$$
\begin{array}{rccc}
 & 4\text{시} & 40\text{분} & 51\text{초} \\
+ & 2\text{시간} & 30\text{분} & 33\text{초} \\
\hline
 & 6\text{시} & 70\text{분} & 84\text{초} \\
 & & & 1\text{분} \leftarrow 60\text{초} \\
\hline
 & 1\text{시간} \leftarrow 60\text{분} & & \\
\hline
 & 7\text{시} & 11\text{분} & 24\text{초}
\end{array}
$$

같은 단위끼리의 합이 60이거나 60보다 크면
60초 → 1분, 60분 → 1시간으로 받아올림합니다.

$$
\begin{array}{rccc}
 & 8 & 14 & 60 \\
 & 9\text{시} & 15\text{분} & 17\text{초} \\
- & 3\text{시} & 45\text{분} & 50\text{초} \\
\hline
 & 5\text{시간} & 29\text{분} & 27\text{초}
\end{array}
$$

같은 단위끼리 뺄 수 없으면
1분 → 60초, 1시간 → 60분으로 받아내림합니다.

3 계산해 보세요.

(1)
$$
\begin{array}{rccc}
 & 5\text{시간} & 37\text{분} & 58\text{초} \\
+ & 4\text{시간} & 26\text{분} & 47\text{초} \\
\hline
\end{array}
$$

(2)
$$
\begin{array}{rccc}
 & 11\text{시} & 25\text{분} & 3\text{초} \\
- & 6\text{시} & 49\text{분} & 40\text{초} \\
\hline
\end{array}
$$

4 혜수와 연우의 800 m 달리기 기록입니다. 1회와 2회의 기록의 합은 누가 몇 분 몇 초 더 빠를까요?

이름	1회	2회
혜수	3분 59초	257초
연우	201초	3분 48초

　의 기록의 합이 　분 　초 더 빠릅니다.

5 정우가 수학 공부를 시작한 시각과 끝낸 시각입니다. 정우가 수학 공부를 한 시간은 몇 시간 몇 분 몇 초일까요?

시작한 시각   끝낸 시각

(　　　　　　)

시간 단위 사이의 관계

$$1일=24시간 \qquad 1시간=60분 \qquad 1분=60초$$

$$1시간=60분 \atop =\underset{(60\times60)초}{3600초}$$

$$1일=24시간 \atop =\underset{(24\times60)분}{1440분} \atop =\underset{(24\times60\times60)초}{86400초}$$

(낮의 길이)+(밤의 길이)=24시간

(낮의 길이)=(해가 진 시각)-(해가 뜬 시각)

6 □ 안에 알맞은 수를 써넣으세요.

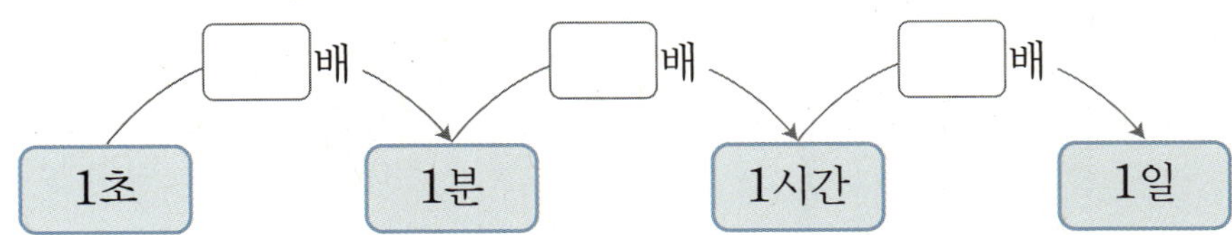

7 긴 시간부터 차례로 기호를 써 보세요.

> ㉠ 630초   ㉡ 6분 30초   ㉢ 3600초

( )

8 오늘 해가 뜬 시각과 해가 진 시각입니다. 오늘 낮의 길이는 몇 시간 몇 분일까요?

해가 뜬 시각	오전 6시 47분
해가 진 시각	오후 7시 31분

( )

전체는 부분의 합이다.

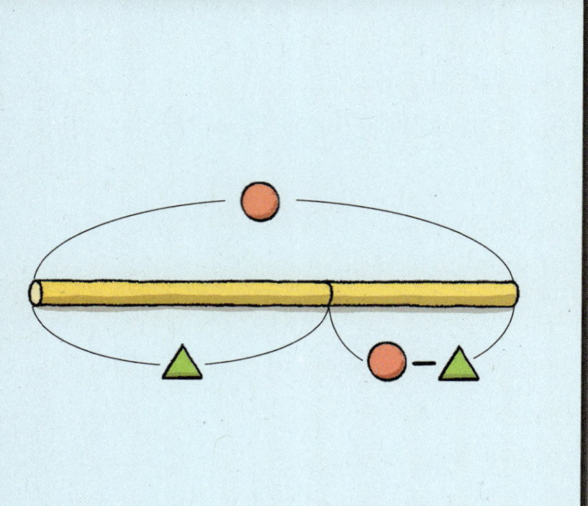

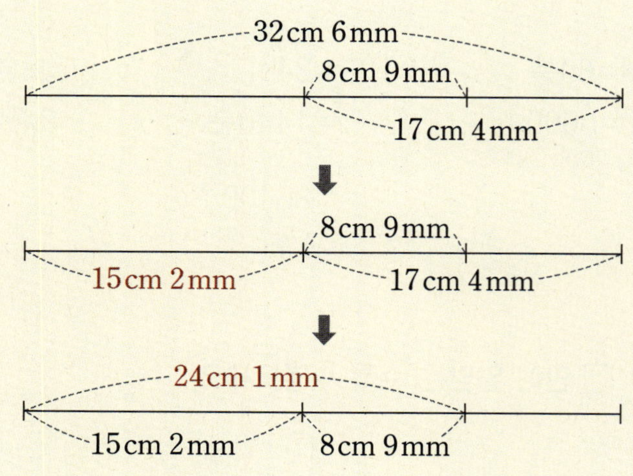

대표문제 1

규리네 집에서 소방서까지의 거리가 3 km 200 m라면 은행에서 소방서까지의 거리는 몇 km 몇 m일까요?

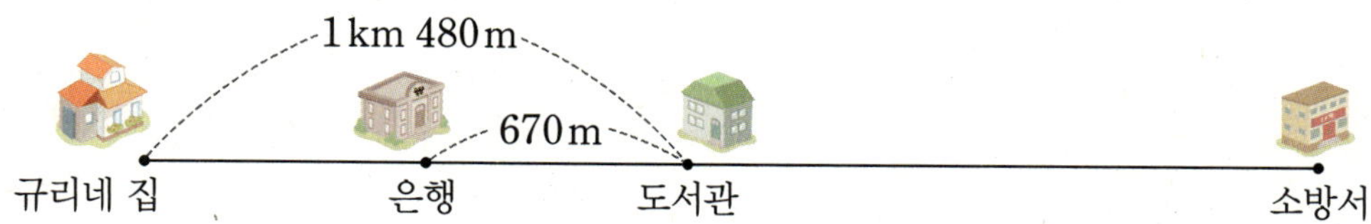

① (도서관~소방서)＝(규리네 집~소방서)－(규리네 집~도서관)

$$= 3\,km\ 200\,m - 1\,km\ 480\,m$$

$$= \boxed{}\ km\ 1200\,m - 1\,km\ 480\,m$$

m 단위끼리 뺄 수 없으므로 1 km＝1000 m로 받아내림합니다.

$$= \boxed{}\ km\ \boxed{}\ m$$

② (은행~소방서)＝(은행~도서관)＋(도서관~소방서)

$$= 670\,m + \boxed{}\ km\ \boxed{}\ m$$

m 단위끼리의 합이 1000이거나 1000보다 크면 1000 m＝1 km로 받아올림합니다.

$$= \boxed{}\ km\ \boxed{}\ m$$

1-1 집에서 은행까지의 거리가 3 km 700 m라면 공원에서 우체국까지의 거리는 몇 km 몇 m일까요?

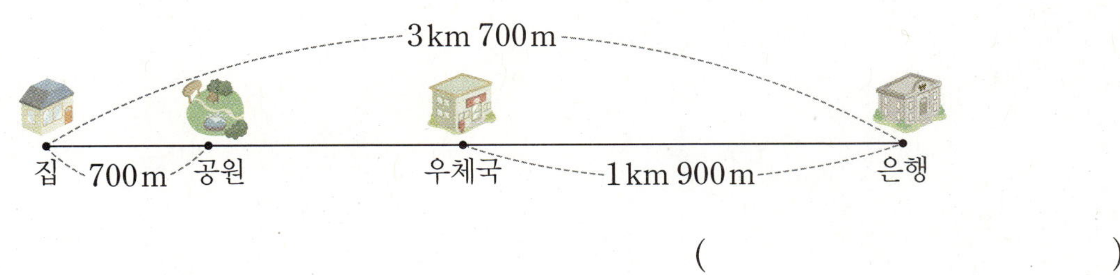

( )

1-2 민기네 집에서 약국까지의 거리가 2 km 150 m라면 학교에서 약국까지의 거리는 몇 km 몇 m일까요?

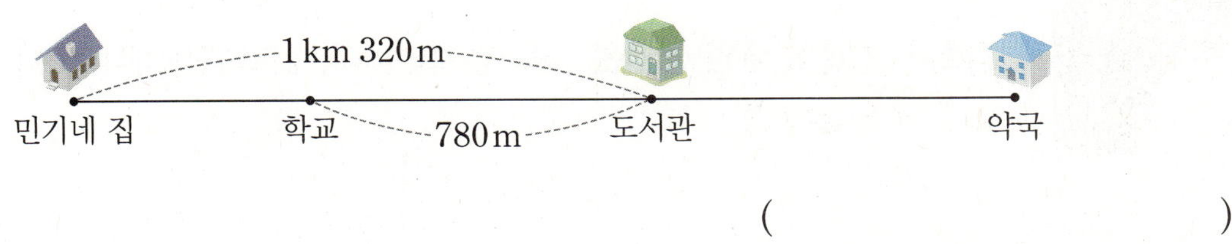

( )

1-3 길이가 28 cm 5 mm인 파란색 테이프와 17 cm 9 mm인 빨간색 테이프를 겹치게 한 줄로 길게 이어 붙였더니 전체 길이가 36 cm 6 mm였습니다. 겹친 부분의 길이는 몇 cm 몇 mm일까요?

( )

1-4 수지는 집에서 3 km 150 m 떨어진 공원에 자전거를 타고 가고 있습니다. 집에서 공원을 향해 1 km 700 m를 갔다가 물을 사기 위해 가던 길을 850 m만큼 되돌아왔습니다. 수지가 공원에 가려면 몇 km 몇 m를 더 가야 할까요?

( )

분, 초는 60이 되면 단위가 바뀐다.

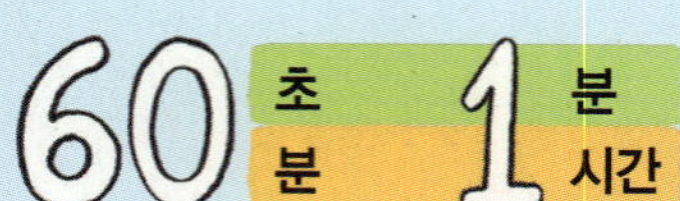

1시	20분	45초
1시간	40분	30초 후
2시 ← 60분	60분 ← 60초	75초
3시	1분	15초

지호네 학교의 수업 시간은 다음과 같습니다. 4교시가 시작되는 시각을 구해 보세요.

	시작되는 시각	수업 시간	쉬는 시간
1교시	8시 50분	40분	10분
2교시		40분	10분
3교시		40분	10분
4교시			

(2교시 수업이 시작되는 시각)＝8시 50분＋40분＋10분＝8시 □ 분

➡ 9시 □ 분

(3교시 수업이 시작되는 시각)＝9시 □ 분＋40분＋10분＝9시 □ 분

➡ 10시 □ 분

(4교시 수업이 시작되는 시각)＝10시 □ 분＋40분＋10분＝10시 □ 분

➡ 11시 □ 분

2-1 어느 학원에서는 1교시가 오후 4시 40분에 시작되어 50분 동안 수업을 하고 20분 동안 쉬고, 2교시가 시작됩니다. 2교시가 시작되는 시각은 오후 몇 시 몇 분일까요?

( )

2-2 방학 중 방과 후 교실은 오전 9시 10분에 1교시가 시작되어 45분 동안 수업을 하고 10분 동안 쉰 다음 2교시가 시작됩니다. 4교시가 시작되는 시각은 오전 몇 시 몇 분일까요?

( )

2-3 다음은 수빈이와 동준이가 공놀이를 시작한 시각과 끝낸 시각입니다. 공놀이를 누가 몇 시간 몇 분 몇 초 더 오래 했을까요?

	수빈	동준
시작 시각	오전 11시 30분 50초	오전 10시 41분 50초
끝낸 시각	오후 2시 10분 10초	오후 1시 2분 30초

( ), ( )

서술형 2-4 어느 해 8월 15일 서울에서 해가 뜬 시각은 오전 5시 53분 40초였고, 해가 진 시각은 오후 7시 25분 10초였습니다. 8월 15일 하루 중 해가 뜨지 않은 시간은 몇 시간 몇 분 몇 초인지 풀이 과정을 쓰고 답을 구해 보세요.

풀이

답

움직인 거리가 늘어나는 만큼 시간도 늘어난다.

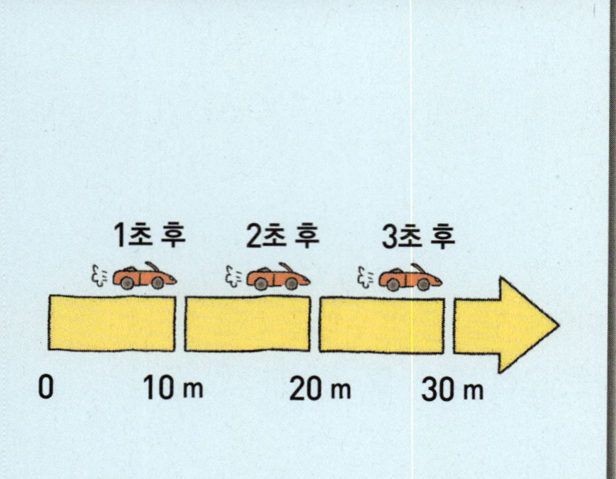

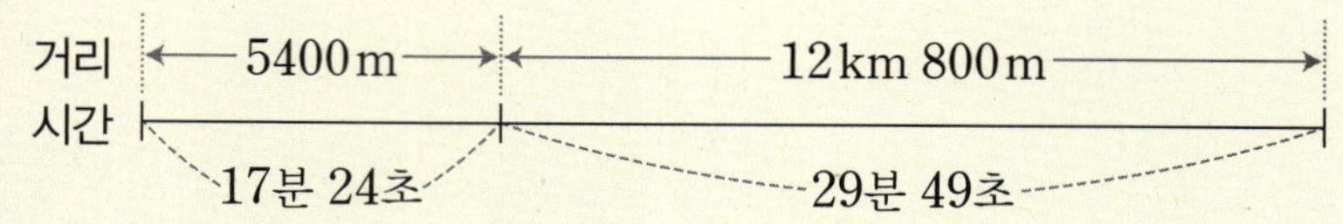

➡ 전체 거리 18 km 200 m를 가는 데
47분 13초가 걸렸습니다.

대표문제 3

•달리기, 자전거, 달리기를 연이어 실시하는 경기

듀애슬론 대회에서는 5 km를 달린 후에 자전거를 타고 40 km를 이동한 후, 다시 10500 m 달리기를 합니다. 어느 참가자의 대회 기록이 처음 달리기를 하는 데 26분 16초, 자전거를 타는 데 2시간 8분 20초, 다시 달리기를 하는 데 1시간 3분 24초일 때 이 참가자가 이동한 거리와 걸린 시간을 구해 보세요.

① 이동한 거리: 5 km＋40 km＋10500 m

$\quad\quad\quad$ ＝5 km＋40 km＋ ☐ km 500 m

$\quad\quad\quad$ ＝ ☐ km ☐ m

② 걸린 시간: 26분 16초＋2시간 8분 20초＋1시간 3분 24초

$\quad\quad\quad$ ＝ ☐ 시간 ☐ 분 ☐ 초＋1시간 3분 24초

$\quad\quad\quad$ ＝ ☐ 시간 ☐ 분 ☐ 초

$\quad\quad\quad$ ＝ ☐ 시간 ☐ 분

따라서 ☐ km ☐ m를 이동하는 데 ☐ 시간 ☐ 분이 걸렸습니다.

3-1 듀애슬론 대회의 참가자가 연습을 하기 위해 1500 m를 달리기로 3분 38초, 10 km 850 m를 자전거를 타고 25분 55초에 갔습니다. 이 참가자가 연습한 이동한 거리와 걸린 시간을 구해 보세요.

☐ km ☐ m를 이동하는 데 ☐ 분 ☐ 초가 걸렸습니다.

3-2 5000 m를 달린 후에 자전거를 타고 91 km 100 m를 이동한 후, 다시 21 km 100 m 달리기를 하는 대회가 있습니다. 어느 참가자의 대회 기록이 처음 달리기를 하는 데 20분 41초, 자전거를 타는 데 2시간 53분 49초, 다시 달리기를 하는 데 1시간 37분 30초일 때 이 참가자가 이동한 거리와 걸린 시간을 구해 보세요.

☐ km ☐ m를 이동하는 데 ☐ 시간 ☐ 분이 걸렸습니다.

3-3 트라이애슬론 대회는 수영, 자전거, 마라톤의 세 종목을 연이어 실시하는 경기입니다. 이 대회에 참가한 선수의 기록을 보고 이동한 거리와 걸린 시간을 구해 보세요.

	수영	자전거	마라톤
거리	1500 m	40 km	10 km
기록	31분 38초	1시간 5분 39초	59분 43초

☐ km ☐ m를 이동하는 데 ☐ 시간 ☐ 분이 걸렸습니다.

3-4 트라이애슬론 대회에 참가한 어느 선수가 226 km 295 m를 가는 데 11시간 28분 47초가 걸렸습니다. 이 선수가 자전거로 이동한 거리와 걸린 시간을 빈칸에 써넣으세요.

	수영	자전거	마라톤
거리	3 km 900 m		42 km 195 m
기록	1시간 15분 52초		4시간 25분 58초

단위가 같아야 길이의 합과 차를 구할 수 있다.

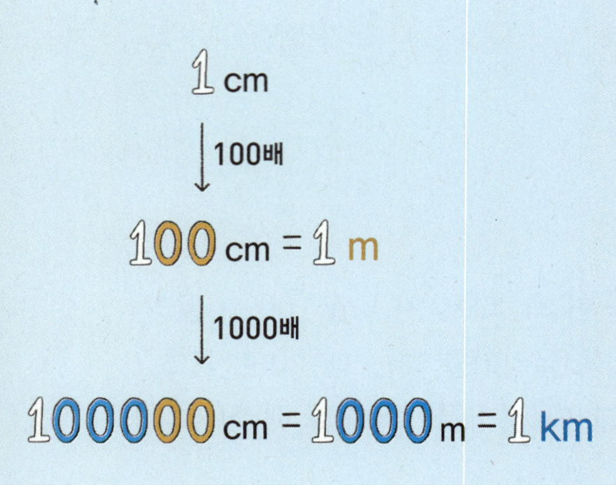

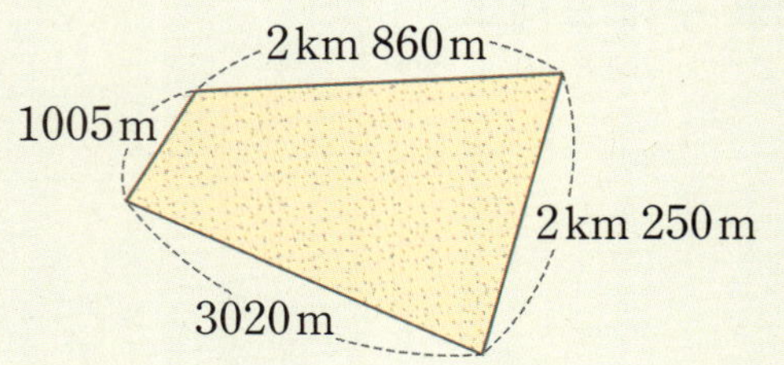

땅의 둘레는
2860 m ＋ 1005 m ＋ 3020 m ＋ 2250 m ＝ 9135 m
2 km 860 m ＋ 1 km 5 m ＋ 3 km 20 m ＋ 2 km 250 m
＝ 9 km 135 m

대표문제 4 집에서 도서관까지 가는 가장 짧은 거리는 가장 멀리 돌아가는 거리보다 몇 km 몇 m 더 가까울까요? (단, 지나간 곳을 다시 지나가지는 않습니다.)

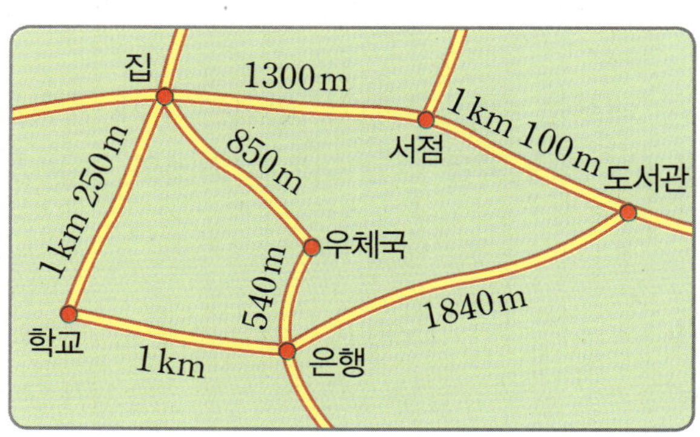

① (집~서점)＋(서점~도서관)＝1300 m ＋ 1 km 100 m ＝ ☐ km ☐ m

② (집~우체국)＋(우체국~은행)＋(은행~도서관)

　＝850 m ＋ 540 m ＋ 1840 m ＝ ☐ km ☐ m

③ (집~학교)＋(학교~은행)＋(은행~도서관)

　＝1 km 250 m ＋ 1 km ＋ 1840 m ＝ ☐ km ☐ m

➡ (가장 멀리 돌아가는 거리)－(가장 짧은 거리)

　＝ ☐ km ☐ m － ☐ km ☐ m ＝ ☐ km ☐ m

4-1 집에서 할머니 댁까지 가는 방법은 2가지가 있습니다. 두 거리의 차는 몇 m일까요?

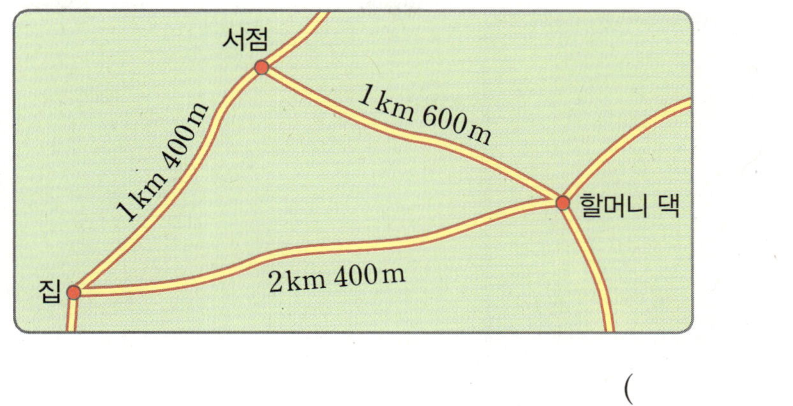

(   )

4-2 크기가 같은 직사각형 모양으로 되어 있는 도로입니다. 소방서에서 우체국까지 가는 가장 짧은 거리는 몇 km 몇 m일까요?

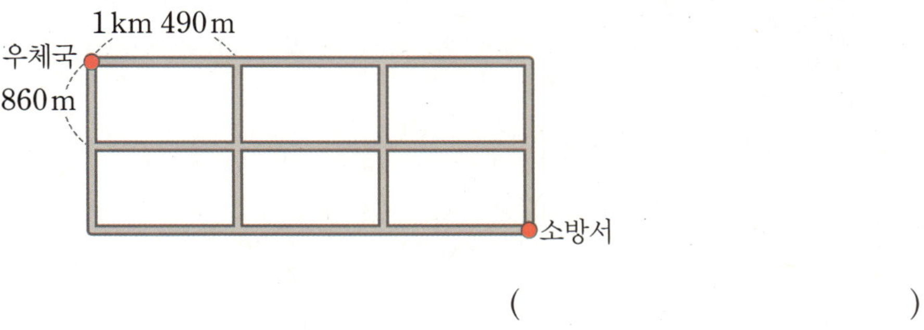

(   )

4-3 공원에서 슈퍼마켓까지 가는 가장 짧은 거리는 가장 멀리 돌아가는 거리보다 몇 km 몇 m 더 가까울까요? (단, 지나간 곳을 다시 지나가지는 않습니다.)

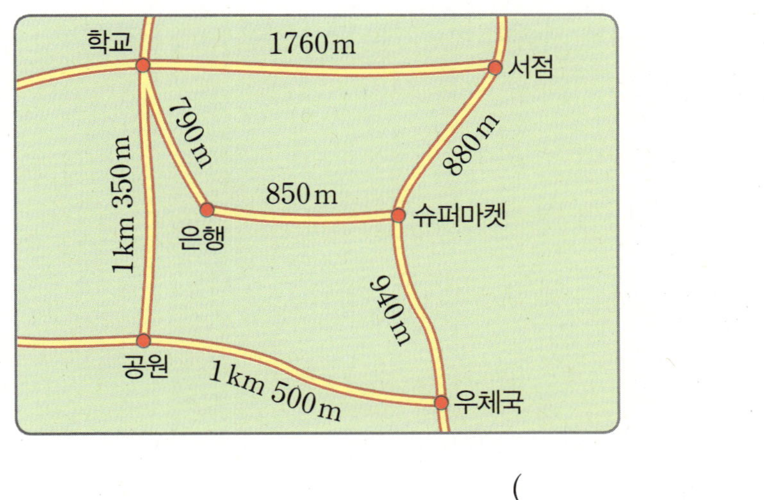

(   )

최상위 S

오전 12시간과 오후 12시간이 하루 24시간이다.

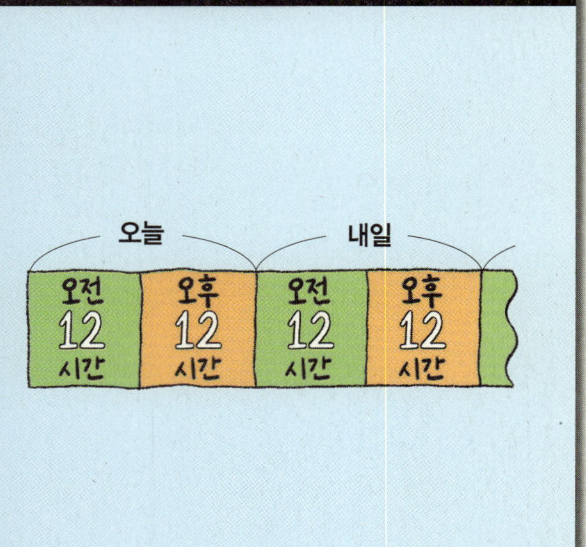

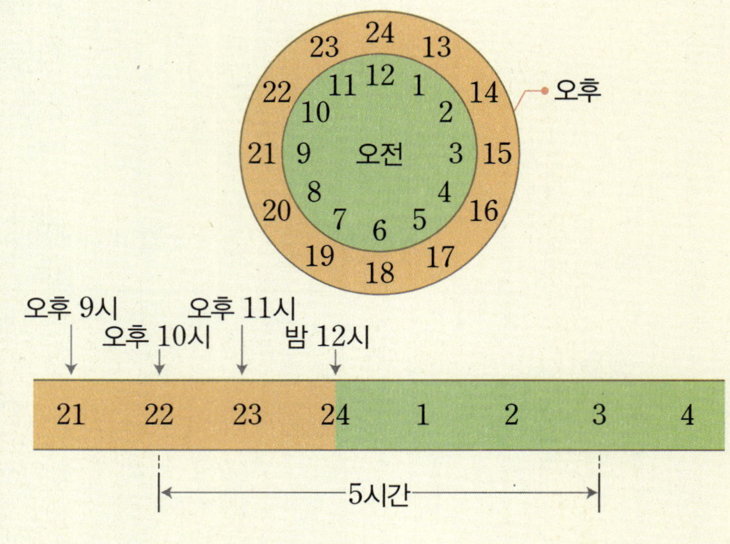

대표문제 5

선우네 가족은 일요일 오후 9시 55분에 인천 공항에서 비행기를 타고 다음 날 오전 4시 15분(한국 시각)에 싱가포르에 도착했습니다. 선우네 가족이 비행기를 탄 시간은 몇 시간 몇 분일까요?

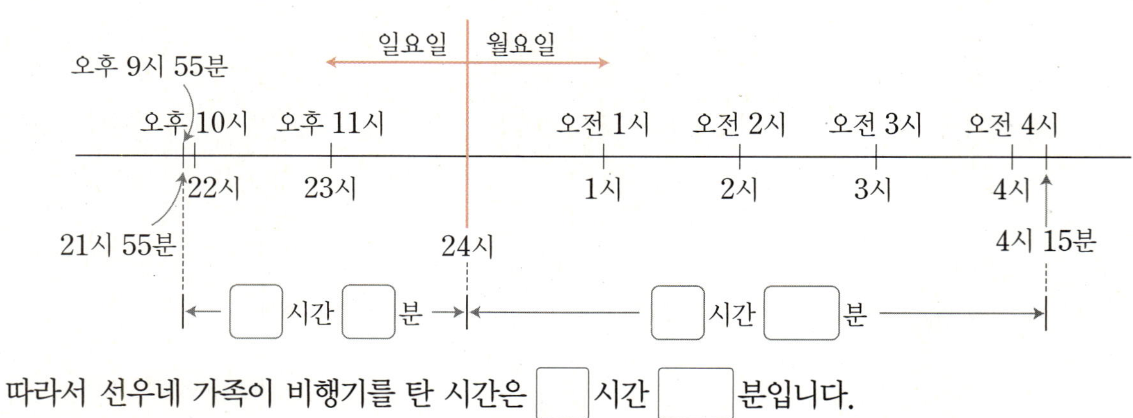

따라서 선우네 가족이 비행기를 탄 시간은 □시간 □분입니다.

5-1 인천 공항에서 두바이까지는 비행기로 9시간 30분이 걸립니다. 금요일 오후 10시에 인천 공항을 출발한 비행기가 두바이에 도착하는 요일과 시각을 한국 시각으로 구해 보세요.

(   ), (   )

서술형 **5-2** 서울은 런던보다 8시간 빠릅니다. 서울이 8월 3일 오전 6시 10분 55초이면 런던은 몇 월 며칠 몇 시 몇 분 몇 초인지 풀이 과정을 쓰고 답을 구해 보세요.

풀이

답

5-3 연지 아버지는 토요일 오후 8시 55분에 인천 공항에서 비행기를 타고 다음 날 오전 3시 50분 (한국 시각)에 자카르타에 도착했습니다. 연지 아버지가 비행기를 탄 시간은 몇 시간 몇 분일까요?

(   )

5-4 서울이 4월 5일 오전 7시 19분일 때 몬트리올은 4월 4일 오후 6시 19분입니다. 지금 몬트리올이 7월 17일 오후 1시 25분 40초라면 서울은 몇 월 며칠 몇 시 몇 분 몇 초일까요?

(   )

최상위 S

일정한 빠르기로 갈 때

움직인 시간이 늘어나는 만큼 거리도 늘어난다.

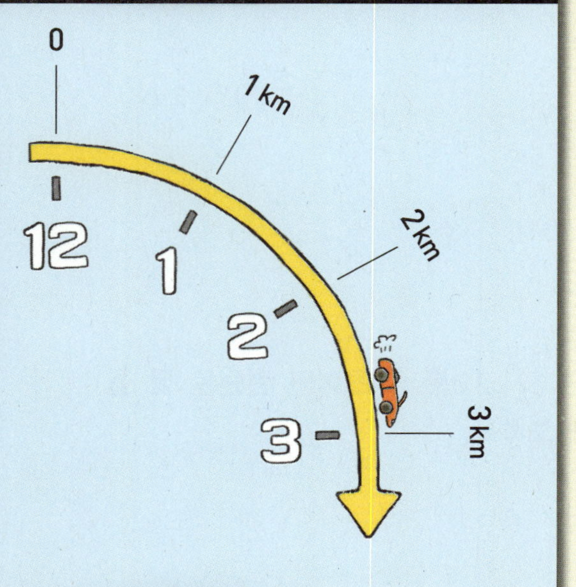

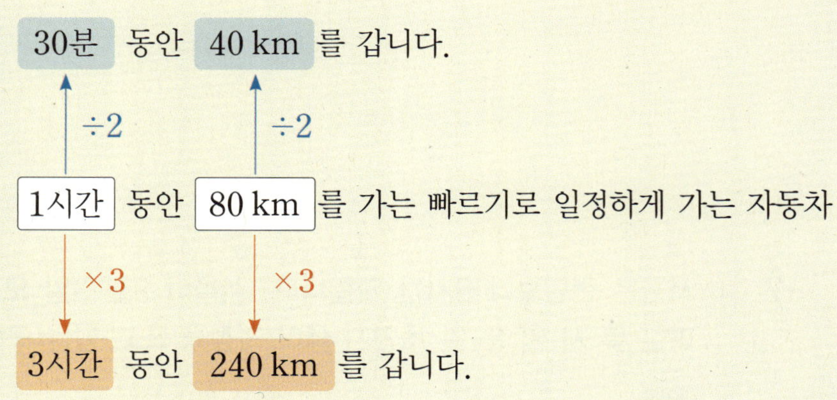

대표문제 6

일정한 빠르기로 15분 동안에 18 km 900 m를 달리는 자동차가 있습니다. 이 자동차가 같은 빠르기로 달린다면 25분 동안에는 몇 km 몇 m를 달릴 수 있을까요?

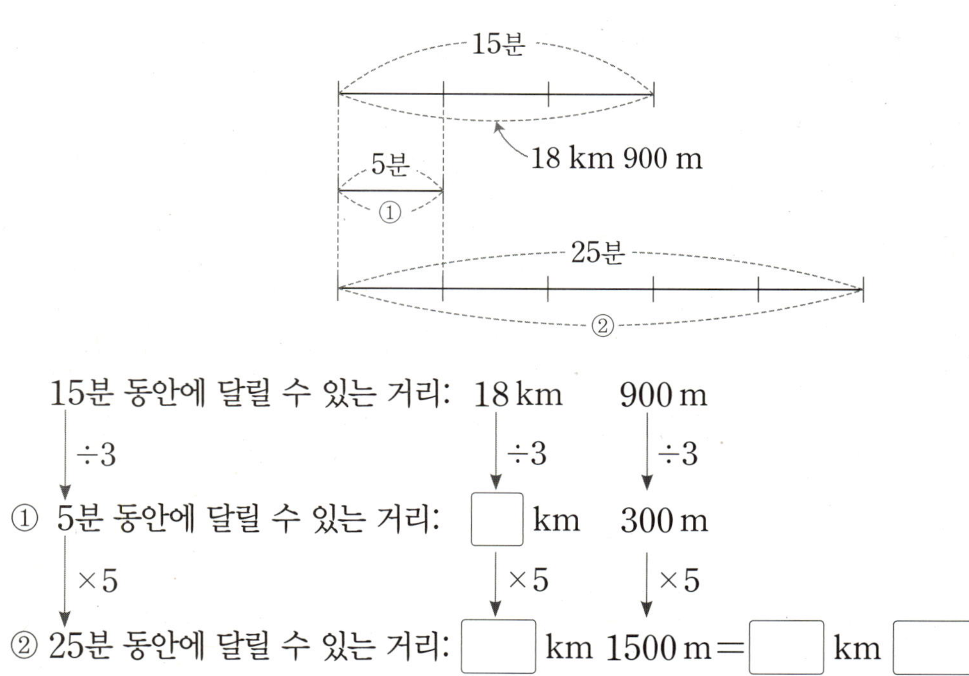

15분 동안에 달릴 수 있는 거리:　18 km　　900 m

　　÷3　　　　　　　　　÷3　　　　÷3

① 5분 동안에 달릴 수 있는 거리:　□ km　　300 m

　　×5　　　　　　　　　×5　　　　×5

② 25분 동안에 달릴 수 있는 거리:　□ km 1500 m ＝ □ km □ m

6-1 일정한 빠르기로 10분 동안에 12 km를 달리는 자동차가 있습니다. 이 자동차가 같은 빠르기로 달린다면 30분 동안에는 몇 km를 달릴 수 있을까요?

( )

6-2 일정한 빠르기로 20분 동안에 24 km 800 m를 달리는 자동차가 있습니다. 이 자동차가 같은 빠르기로 달린다면 45분 동안에는 몇 km 몇 m를 달릴 수 있을까요?

( )

6-3 일정한 빠르기로 1분 동안에 20 m를 걷는다면 2시간 30분 동안에는 몇 km를 걸을 수 있을까요?

( )

6-4 길이가 12 cm인 어느 양초에 불을 붙이면 일정한 빠르기로 30초에 5 mm씩 길이가 줄어든다고 합니다. 오후 1시 20분에 이 양초에 불을 붙였다면 양초의 길이가 9 cm가 되는 시각은 몇 시 몇 분일까요?

( )

늦은 시계는 정확한 시각보다 전의 시각을 가리킨다.

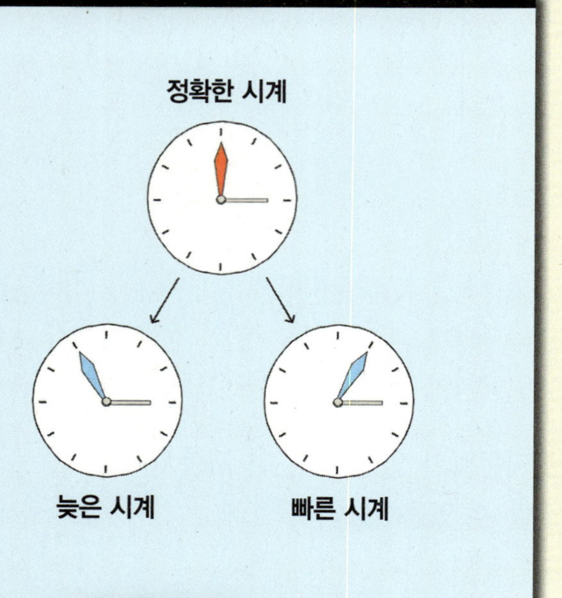

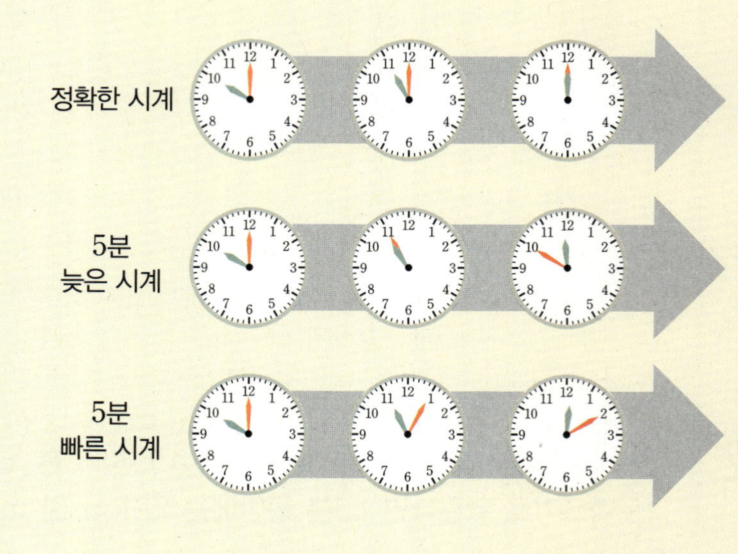

1시간에 2초씩 늦어지는 시계가 있습니다. 이 시계를 오늘 오전 9시에 정확히 맞추었다면 3일 뒤 오전 9시에 이 시계가 가리키는 시각은 오전 몇 시 몇 분 몇 초인지 구해 보세요.

오늘 오전 9시부터 3일 뒤 오전 9시까지의 시간: $24 + 24 + 24 = \boxed{}$ (시간)

1시간에 2초씩 늦어지므로

3일 뒤 오전 9시에는 $\boxed{} \times 2 = \boxed{}$ (초) 늦어집니다.

3일 뒤 오전 9시에 이 시계가 가리키는 시각은

오전 9시 $- \boxed{}$ 초 $=$ 오전 9시 $- \boxed{}$ 분 $\boxed{}$ 초

$= $ 오전 $\boxed{}$ 시 $\boxed{}$ 분 $\boxed{}$ 초입니다.

7-1 유리의 시계는 정확한 시계보다 10분 늦습니다. 현재 시각이 8시 2분 17초라면 유리의 시계가 가리키는 시각은 몇 시 몇 분 몇 초인지 구해 보세요.

(   )

서술형 7-2 보라의 시계는 하루에 38초씩 빨라집니다. 3일 전 오전 10시에 보라의 시계를 정확히 맞추었다면 오늘 오전 10시에 이 시계가 가리키는 시각은 오전 몇 시 몇 분 몇 초인지 풀이 과정을 쓰고 답을 구해 보세요.

풀이 ....

....

....

답 ....

7-3 1시간에 4초씩 늦어지는 시계가 있습니다. 이 시계를 2일 전 오후 7시에 정확히 맞추었다면 오늘 오후 7시에 이 시계가 가리키는 시각은 오후 몇 시 몇 분 몇 초인지 구해 보세요.

(   )

7-4 하루에 10초씩 늦어지는 시계가 있습니다. 이 시계를 7일 전 오전 8시에 정확히 맞추었다면 오늘 오후 8시에 이 시계가 가리키는 시각은 오후 몇 시 몇 분 몇 초인지 구해 보세요.

(   )

일정한 시간 동안 움직인 거리를 빠르기(속력)라고 한다.

1시간 동안　70 km를 가고
2시간 동안 200 km를 갔다면

3시간 동안 270 km를 간 것입니다.

÷3　　÷3

1시간 동안　90 km를 간 셈입니다.

대표문제 8

수영이네 가족은 집에서 120 km 떨어진 할머니 댁을 자동차로 다녀왔습니다. 갈 때는 1시간에 60 km의 빠르기로 가고, 집에 올 때는 30분에 60 km의 빠르기로 왔습니다. 수영이네 가족이 할머니 댁을 다녀오는 데 1시간에 몇 km를 달린 셈일까요?

① 할머니 댁에 갈 때 걸린 시간

1시간에 60 km의 빠르기로 갔으므로

$\times 2$

120 km를 가는 데에는 □ 시간이 걸립니다.

② 집에 올 때 걸린 시간

30분에 60 km의 빠르기로 왔으므로

$\times 2$

120 km를 가는 데에는 □ 분이 걸립니다.

➡ □ 시간 동안 240 km를 다녀온 것이므로

÷3　　÷3

1시간에 □ km를 달린 셈입니다.

8-1 오후 1시에 집에서 60 km 떨어진 큰아버지 댁으로 출발했습니다. 1시간에 20 km의 빠르기로 갔다면 큰아버지 댁에 도착한 시각은 오후 몇 시인지 구해 보세요. (단, 빠르기는 일정합니다.)

( )

8-2 집에서 40 km 떨어진 계곡에 도착한 시각은 오전 9시 50분이었습니다. 1시간에 30 km의 빠르기로 갔다면 집에서 출발한 시각은 오전 몇 시 몇 분인지 구해 보세요. (단, 빠르기는 일정합니다.)

( )

8-3 민지네 가족은 집에서 90 km 떨어진 수족관을 자동차로 다녀왔습니다. 갈 때는 1시간에 45 km의 빠르기로 가고, 집에 올 때는 30분에 45 km의 빠르기로 왔습니다. 민지네 가족이 수족관을 다녀오는 데 1시간에 몇 km를 달린 셈일까요?

( )

8-4 준수는 1시간에 3 km 600 m를 걷는 빠르기로, 유라는 1시간에 2 km 940 m를 걷는 빠르기로 걷는다고 합니다. 두 사람이 같은 지점에서 동시에 출발하여 서로 반대 방향으로 1시간 40분 동안 걸었다면 두 사람 사이의 거리는 몇 km 몇 m인지 구해 보세요. (단, 두 사람이 걷는 빠르기는 일정합니다.)

( )

1 어느 축구 경기는 전반전과 후반전에 각각 45분씩 경기를 하고 중간에 20분 동안 쉽니다. 8시 35분에 이 축구 경기가 추가 시간과 연장전 없이 끝났다면 경기를 시작한 시각은 몇 시 몇 분일까요?

(   )

2 서울역에서 출발하여 부산역에 도착하는 KTX 기차 시각표입니다. 서울역에서 동대구역까지 가는 데 걸리는 시간과 대전역에서 부산역까지 가는 데 걸리는 시간의 차를 구해 보세요.

KTX 기차 시각표

역명	도착 시각	출발 시각
서울역	–	오전 8시 50분
수원역	오전 9시 18분	오전 9시 23분
대전역	오전 10시 32분	오전 10시 34분
동대구역	오전 11시 19분	오전 11시 21분
부산역	오후 12시 4분	–

(   )

서술형 3 어느 날 강릉에서 해가 뜬 시각과 해가 진 시각입니다. 이날 밤의 길이는 낮의 길이보다 몇 시간 몇 분 몇 초 더 긴지 풀이 과정을 쓰고 답을 구해 보세요.

풀이

답

4 준호의 시계는 1시간에 4초씩 빨라지고, 혜지의 시계는 1시간에 2초씩 늦어집니다. 오전 8시에 두 사람의 시계를 정확히 맞추었다면 두 사람의 시계가 처음으로 1분 차이가 나는 때는 오후 몇 시인지 구해 보세요.

(   )

5 ㈎에서 ㈏까지의 거리가 5 km 30 m일 때 ㉠과 ㉡이 나타내는 거리는 각각 몇 km 몇 m일까요?

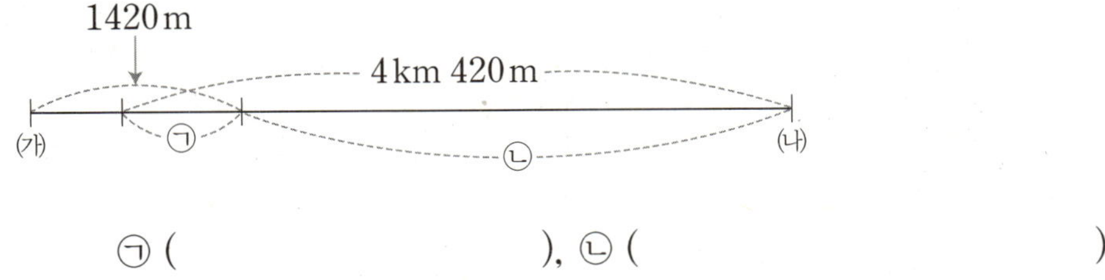

㉠ (   ), ㉡ (   )

서술형 6 지희와 혁이는 길이가 10 km인 원 모양의 공원의 둘레를 같은 지점에서 동시에 출발하여 서로 반대 방향으로 걸었습니다. 지희가 4270 m, 혁이가 3 km 965 m를 걸었다면 두 사람이 만나기 위해 더 걸어야 하는 거리는 몇 km 몇 m인지 풀이 과정을 쓰고 답을 구해 보세요.

풀이 ....

....

....

답 ....

7 양초에 불을 붙이고 45분이 지난 후에 길이를 재어 보니 12 cm 5 mm였습니다. 이 양초에 불을 붙이면 일정한 빠르기로 5분에 6 mm씩 줄어든다면 처음 양초의 길이는 몇 cm 몇 mm였는지 구해 보세요.

( )

8 일정한 빠르기로 15분 동안에 15 km 900 m를 달리는 자동차가 있습니다. 이 자동차가 같은 빠르기로 달린다면 50분 동안에는 몇 km를 달릴 수 있을까요?

( )

9 직사각형 모양의 땅을 크기가 같은 작은 정사각형 모양으로 똑같이 나누었습니다. 빨간색 선을 따라 담장을 칠 때 담장의 길이는 몇 km인지 구해 보세요.

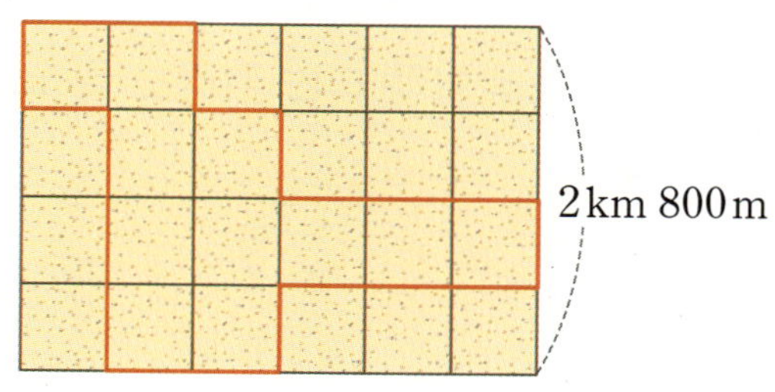

( )

10 인천은 뉴욕보다 13시간 빠릅니다. 6월 10일 오전 7시 20분에 인천에서 출발한 비행기가 14시간 30분 후에 뉴욕에 도착했습니다. 비행기가 뉴욕에 도착한 시각은 뉴욕 시각으로 몇 월 며칠 오전 몇 시 몇 분인지 구해 보세요.

( )

11 길이가 45 cm인 철사를 ㉮, ㉯, ㉰의 3도막으로 나누었습니다. ㉮는 ㉰보다 6 cm 8 mm 더 길고, ㉯는 ㉮보다 7 cm 4 mm 더 깁니다. ㉰의 길이는 몇 cm 몇 mm일까요?

( )

12 연못에 긴 막대를 바닥에 닿도록 직각으로 세워 넣었다 꺼냈더니 물이 1 m 69 cm만큼 묻었습니다. 같은 방법으로 막대의 반대쪽을 연못의 같은 곳에 직각으로 세워 넣었다 꺼냈더니 물이 묻지 않은 부분이 78 cm였습니다. 이 막대의 길이는 몇 m 몇 cm인지 구해 보세요.

( )

아래의 규칙으로 미로를 빠져나가 보세요.

[규칙] 3 → 6 → 9 → … → 27 → 30으로 가고, 같은 수는 한 번만 지나갑니다.

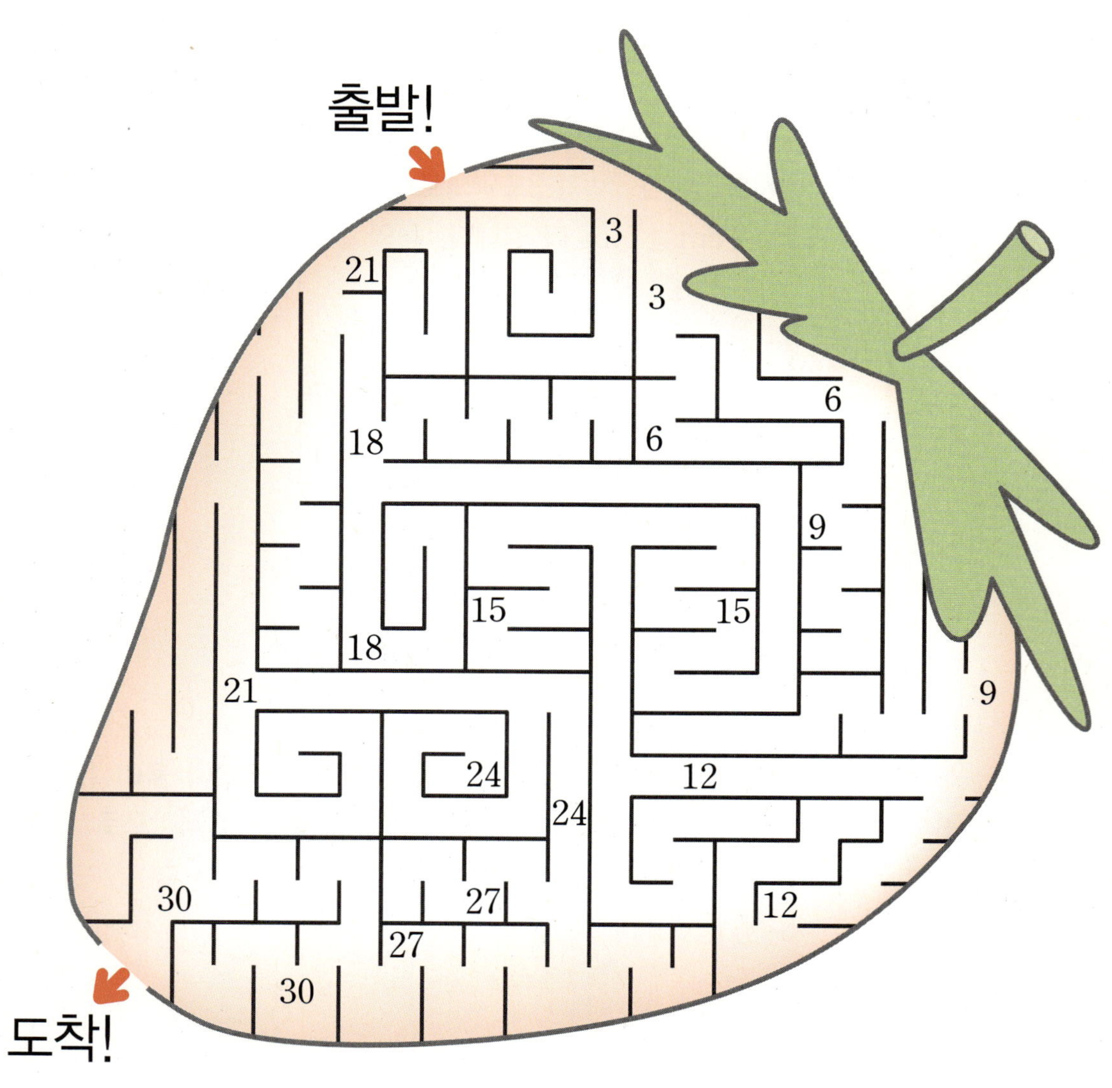

6

분수와 소수

1 분수 알아보기

- 똑같이 나눈다는 것의 의미를 알고 똑같이 나눌 수 있습니다.
- 전체에 대한 부분의 크기로서의 분수 개념을 이해할 수 있습니다.

똑같이 나누기

전체를 똑같이 둘로 나누기   전체를 똑같이 셋으로 나누기

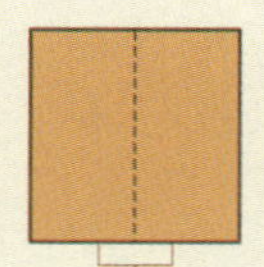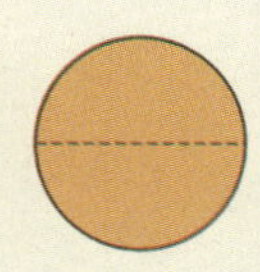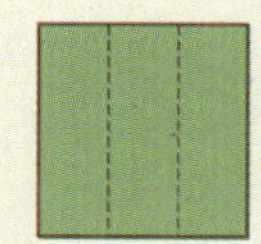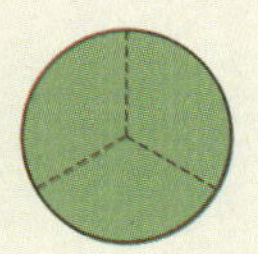

└ 똑같이 나눈 조각의 모양과 크기는 같습니다.

분수 알아보기

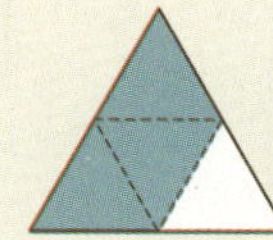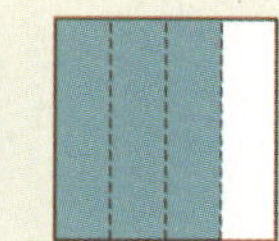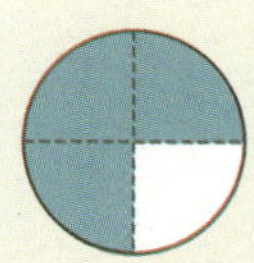

위와 같이 전체를 똑같이 4로 나눈 것 중의 3을 $\dfrac{3}{4}$이라 쓰고 4분의 3 이라고 읽습니다.

분수 ⇒ $\dfrac{3}{4}$ ← 분자 / 분모

● 왼쪽 그림에서 색칠하지 않은 부분을 분수로 나타내면 $\dfrac{1}{4}$입니다.

└ 전체를 똑같이 4로 나눈 것 중의 1

---

1 도형을 각각 $\dfrac{3}{5}$만큼 색칠해 보세요.

(1) 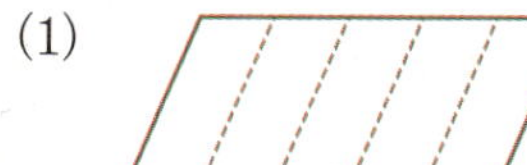

(2) 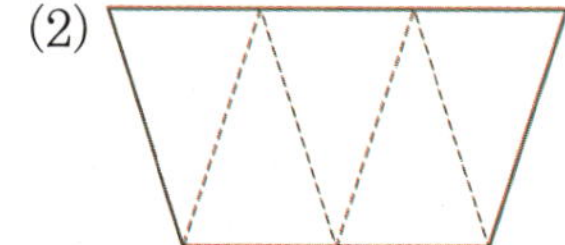

2 색칠한 부분과 색칠하지 않은 부분을 각각 분수로 나타내 보세요.

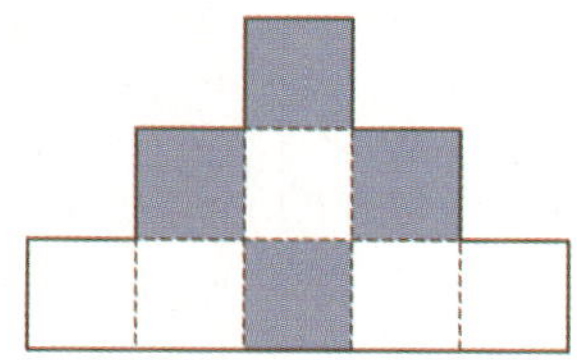

색칠한 부분 (   )

색칠하지 않은 부분 (   )

3 피자 한 판을 똑같이 8조각으로 나누어 그중에서 3조각을 먹었습니다. 남은 피자는 전체의 몇 분의 몇일까요?

(   )

단위분수

분수 중에서 $\frac{1}{2}$, $\frac{1}{3}$, $\frac{1}{4}$과 같이 분자가 1인 분수

부분을 보고 전체 구하기

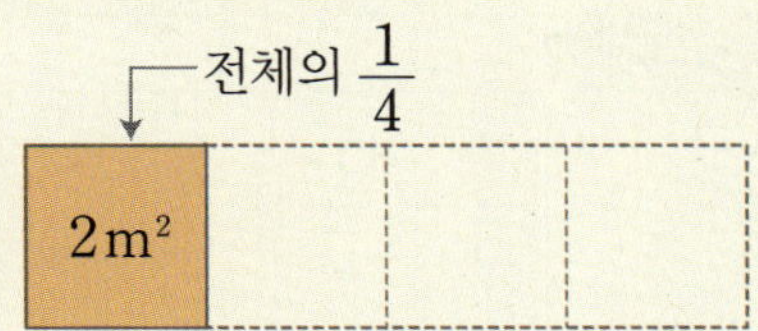

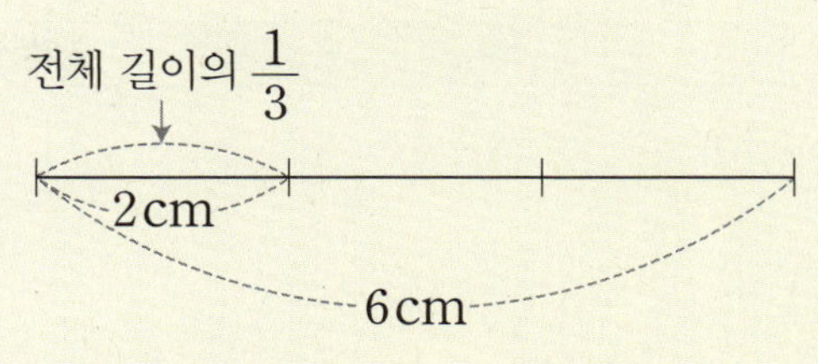

➡ 전체의 크기: 2 m²의 4배
└ 제곱미터

➡ 전체의 길이: 2 cm의 3배

4 다음은 전체의 $\frac{3}{4}$만큼입니다. 전체를 그려 보세요.

(1) 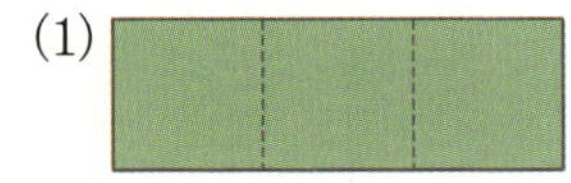

(2) 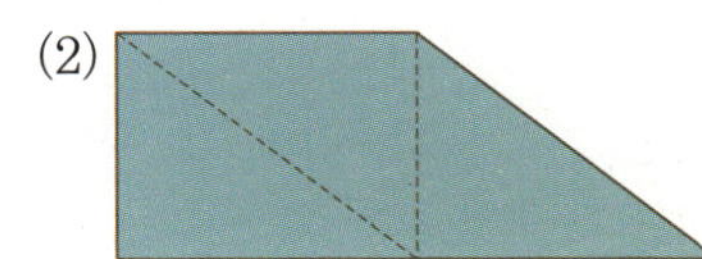

5 색 테이프 전체 길이의 $\frac{1}{5}$이 3 cm입니다. 전체 색 테이프의 길이는 몇 cm일까요?

( )

3-2 연계

분수의 종류

진분수: 분자가 분모보다 작은 분수 예 $\frac{2}{3}$, $\frac{5}{6}$, $\frac{3}{8}$, …

가분수: 분자가 분모와 같거나 분모보다 큰 분수 예 $\frac{2}{2}$, $\frac{10}{4}$, $\frac{13}{6}$, …

대분수: 자연수와 진분수로 이루어진 분수 예 $2\frac{1}{4}$, $3\frac{2}{5}$, $6\frac{7}{9}$, …
└ 1, 2, 3과 같은 수   └ 6과 9분의 7이라고 읽습니다.

6 수 카드 [2], [3], [5] 중에서 2장을 골라 한 번씩만 사용하여 분자가 분모보다 작은 분수를 모두 만들어 보세요.

( )

2 분수의 크기 비교하기

• 분모가 같은 분수, 단위분수의 크기를 비교하는 방법을 알 수 있습니다.

분모가 같은 분수의 크기 비교

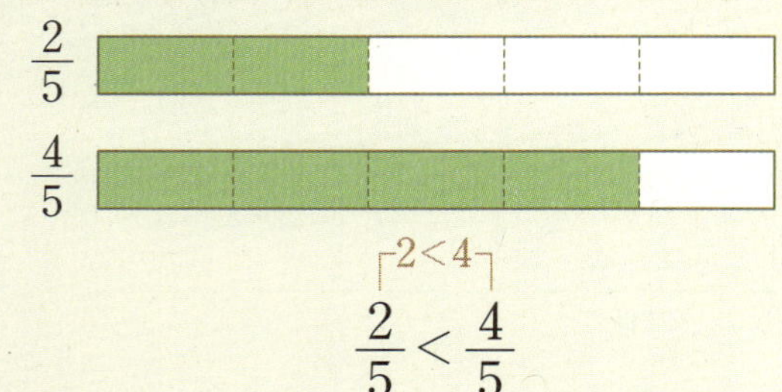

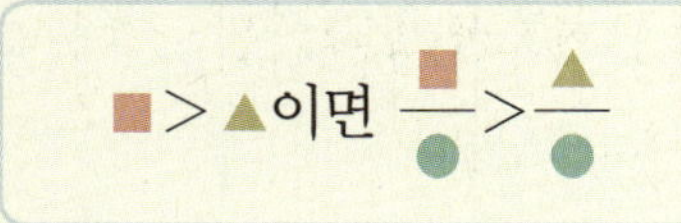

$$\dfrac{2}{5} < \dfrac{4}{5}$$

분모가 같은 분수는 분자가 클수록 더 큽니다.

■ > ▲ 이면 $\dfrac{\blacksquare}{\bullet} > \dfrac{\blacktriangle}{\bullet}$

단위분수의 크기 비교

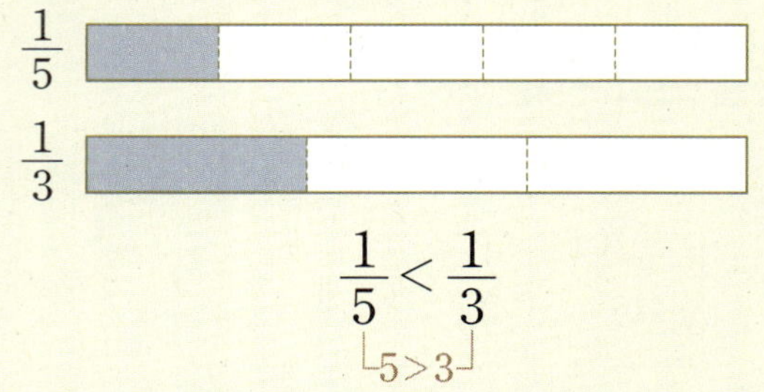

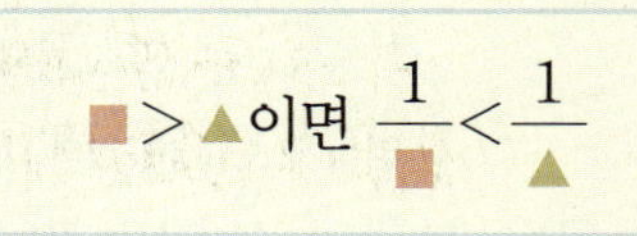

$$\dfrac{1}{5} < \dfrac{1}{3}$$

단위분수는 분모가 클수록 더 작습니다.

■ > ▲ 이면 $\dfrac{1}{\blacksquare} < \dfrac{1}{\blacktriangle}$

---

1 두 분수의 크기를 비교하여 ○ 안에 >, =, < 중 알맞은 것을 써넣으세요.

(1) $\dfrac{5}{8}$ ○ $\dfrac{7}{8}$

(2) $\dfrac{1}{9}$ ○ $\dfrac{1}{11}$

2 $\dfrac{2}{9}$ 보다 크고 $\dfrac{7}{9}$ 보다 작은 분수 중에서 분모가 9인 분수는 모두 몇 개일까요?

(   )

3 벽 전체의 $\dfrac{7}{12}$ 에는 흰색 페인트를 칠하고, 전체의 $\dfrac{5}{12}$ 에는 파란색 페인트를 칠했습니다. 두 가지 페인트 중에서 더 넓은 부분을 칠한 색깔은 무엇일까요?

(   )

4 수 카드 중에서 한 장을 골라 분자가 1인 분수를 만들려고 합니다. 가장 큰 분수와 가장 작은 분수를 구해 보세요.

가장 큰 분수 (   )

가장 작은 분수 (   )

분자가 같은 분수의 크기 비교

분자가 같은 분수는 분모가 클수록 더 작습니다.

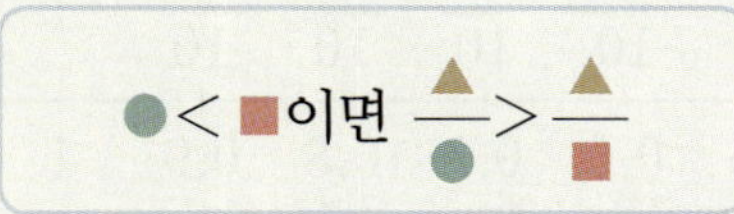

5 분수만큼 색칠하고, 큰 수부터 차례로 써 보세요.

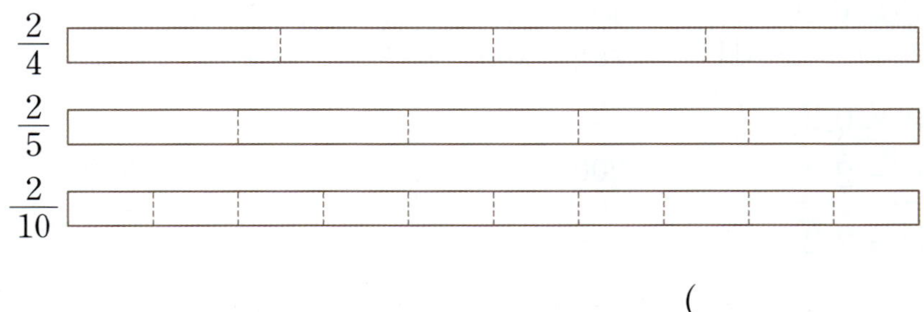

$\dfrac{2}{4}$

$\dfrac{2}{5}$

$\dfrac{2}{10}$

( )

6 수의 크기를 잘못 비교한 것은 어느 것일까요? ( )

① $\dfrac{5}{8} > \dfrac{5}{9}$ ② $\dfrac{7}{10} > \dfrac{2}{10}$ ③ $\dfrac{1}{2} < 1$

④ $\dfrac{1}{4} > \dfrac{1}{2}$ ⑤ $\dfrac{1}{9} < \dfrac{1}{3}$

크기가 같은 분수

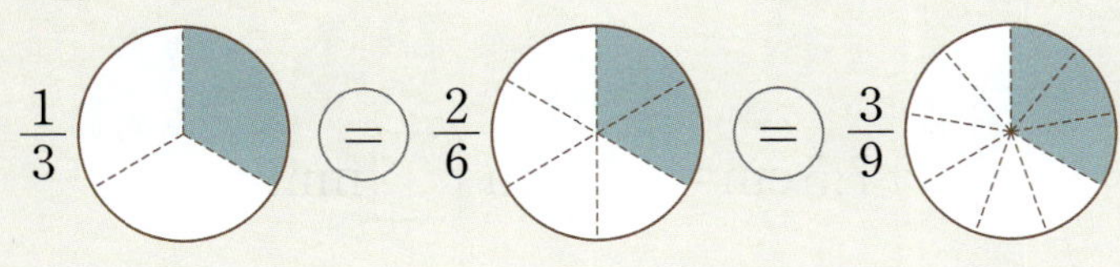

분수는 전체에 대한 부분의 양이므로 전체를 똑같이 늘리는 나누는 수만큼 부분을 나타내는 수를 늘리면 크기가 같은 분수가 됩니다.

7 ☐ 안에 알맞은 수를 써넣으세요.

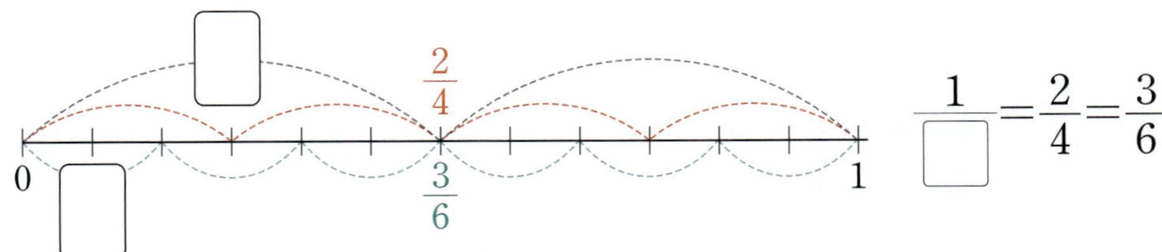

$\dfrac{\boxed{}}{\boxed{}} = \dfrac{2}{4} = \dfrac{3}{6}$

3 소수 알아보기, 소수의 크기 비교

- 소수는 분수를 자릿값이 있는 수로 나타낸 것입니다.
- 소수의 자릿값은 일의 자리보다 10배씩 작아집니다.

소수 알아보기

같은 크기의 수를 분수 또는 소수로 나타낼 수 있습니다.

분수 $0 \quad \dfrac{1}{10} \quad \dfrac{2}{10} \quad \dfrac{3}{10} \quad \dfrac{4}{10} \quad \dfrac{5}{10} \quad \dfrac{6}{10} \quad \dfrac{7}{10} \quad \dfrac{8}{10} \quad \dfrac{9}{10} \quad 1$

소수 $0 \quad 0.1 \quad 0.2 \quad 0.3 \quad 0.4 \quad 0.5 \quad 0.6 \quad 0.7 \quad 0.8 \quad 0.9 \quad 1$

영점일 영점이 영점삼 영점사 영점오 영점육 영점칠 영점팔 영점구

➡ 0.1, 0.2, 0.3과 같은 수를 소수라 하고, '.'을 소수점이라고 합니다.

자연수와 소수

2와 0.2만큼인 수 ➡ 2.2
2+0.2 · 이 점 이

0.1이 2개 → 0.2
0.1이 20개 → 2
0.1이 22개 → 2.2

백의 자리	십의 자리	일의 자리	영 점 일의 자리
2	2	2 .	2

$200 + 20 + 2 + 0.2 = 222.2$

10배 10배 10배

4-2 연계

- 전체를 똑같이 100으로 나눈 것 중의 1
➡ $\dfrac{1}{100} = 0.01$(영 점 영일)

- 전체를 똑같이 1000으로 나눈 것 중의 1
➡ $\dfrac{1}{1000} = 0.001$(영 점 영영일)

- 0.1이 ■▲개이면 ■.▲입니다.

---

1 전체를 1로 보았을 때 색칠한 부분을 분수와 소수로 각각 나타내 보세요.

(1) 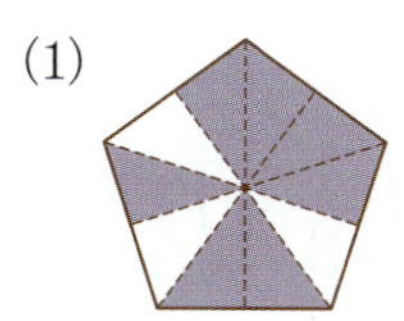

분수 (　　　　　　　　)

소수 (　　　　　　　　)

(2) 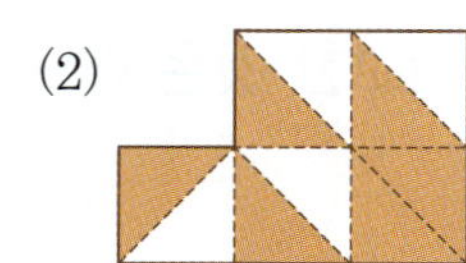

분수 (　　　　　　　　)

소수 (　　　　　　　　)

2 ☐ 안에 알맞은 수를 써넣으세요.

(1) $4\,cm\ 6\,mm = \boxed{}\,cm$

(2) $7.5\,cm = \boxed{}\,cm\ \boxed{}\,mm$

3 ☐ 안에 알맞은 수를 써넣으세요.

0.1이 ☐개인 수　　　　　　0.1이 ☐개인 수

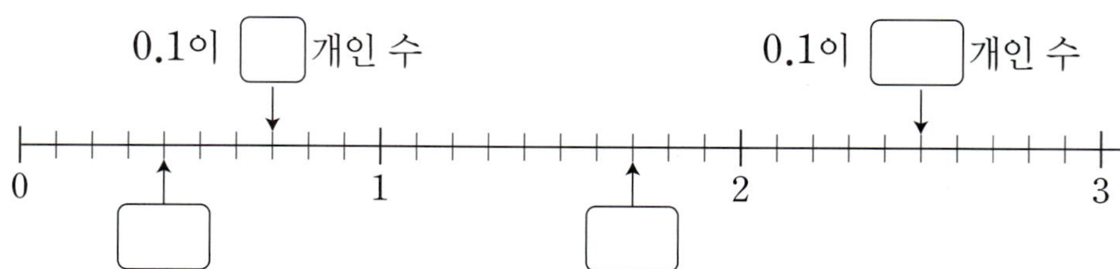

소수의 크기 비교

높은 자리 수부터 차례로 비교합니다. ——→ 높은 자리일수록 자릿값이 크기 때문입니다.

$\begin{array}{c} 1.8 \\ 3.2 \end{array}$ → $\boxed{1.8 < 3.2}$

→ 아랫자리는 비교하지
않아도 됩니다.

$\begin{array}{c} 0.7 \\ 0.9 \end{array}$ → $\begin{array}{c} 0.7 \\ 0.9 \end{array}$ → $\boxed{0.7 < 0.9}$

---

4 작은 수부터 차례로 기호를 써 보세요.

> ㉠ 0.1이 52개인 수 ㉡ 5보다 0.1만큼 더 큰 수
>
> ㉢ 5와 $\dfrac{3}{10}$인 수 ㉣ $\dfrac{1}{10}$이 50개인 수

( )

5 초콜릿을 똑같이 10조각으로 나눈 것 중에서 8조각을 먹었습니다. 먹고 남은 초콜릿은 전체의 얼마인지 소수로 나타내 보세요.

( )

전체의 소수만큼을 알아보기

$0.5 = \dfrac{5}{10}$ → 전체를 똑같이 10으로 나눈 것 중의 5

$\boxed{20\,\text{cm의 } 0.5\text{만큼}}$ → 20 cm를 똑같이 10으로 나눈 것 중의 5 → 2 cm × 5 = 10 cm

---

6 30 cm의 0.4만큼을 색칠하고 색칠한 부분은 몇 cm인지 구해 보세요.

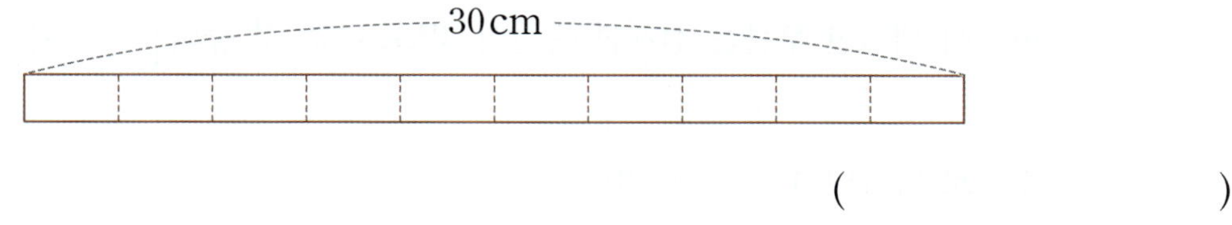

( )

전체를 똑같이 나누어야 분수로 나타낼 수 있다.

전체를 같은 크기와 모양이 되도록 나누어
색칠한 부분은 전체의 얼마인지 알아봅니다.

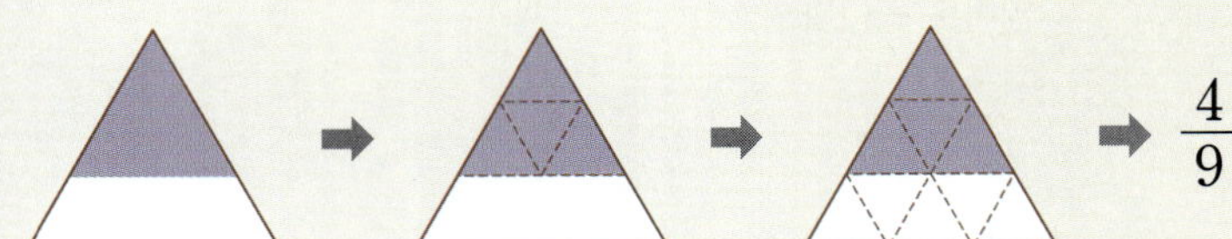

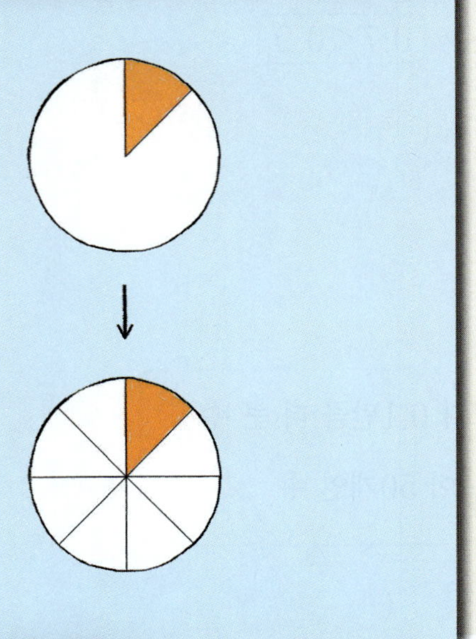

대표문제 1 색칠한 부분은 전체의 얼마인지 분수로 나타내 보세요.

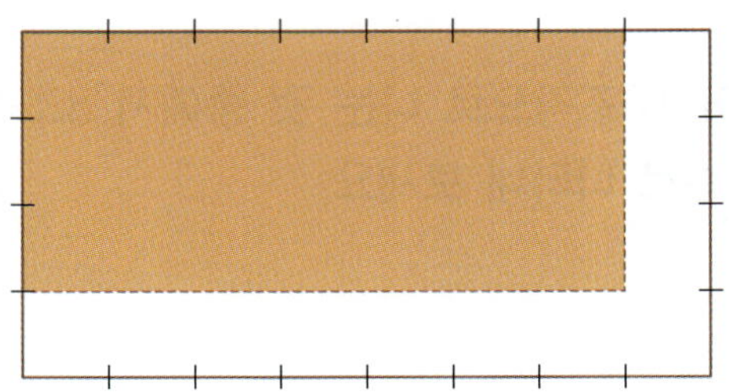

그림에 주어진 선을 이용하여 전체를 똑같이 나누는 선을 그어 봅니다.

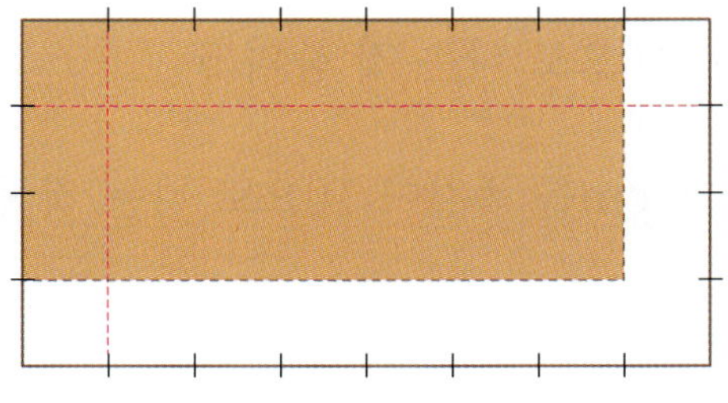

색칠한 부분은 전체 32칸 중에서 ☐칸입니다.

따라서 색칠한 부분은 전체를 똑같이 32로 나눈 것 중의 ☐이므로

분수로 나타내면 $\dfrac{☐}{☐}$ 입니다.

(색칠한 부분)
(전체)

1-1 전체에 대하여 색칠한 부분의 크기가 $\dfrac{5}{11}$가 되도록 색칠한 것입니다. 잘못 색칠한 부분은 몇 칸일까요?

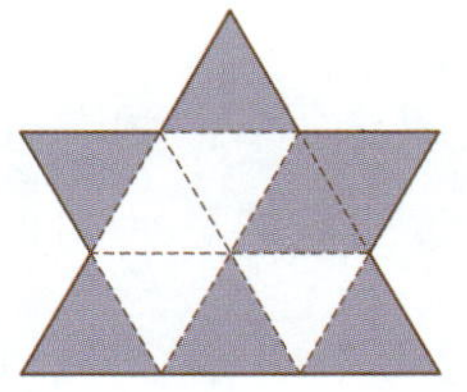

(   )

1-2 색칠한 부분은 전체의 얼마인지 분수로 나타내 보세요.

(1) 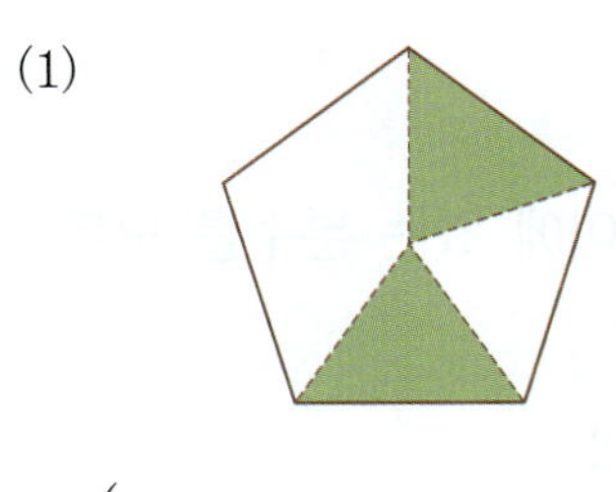

(   )

(2) 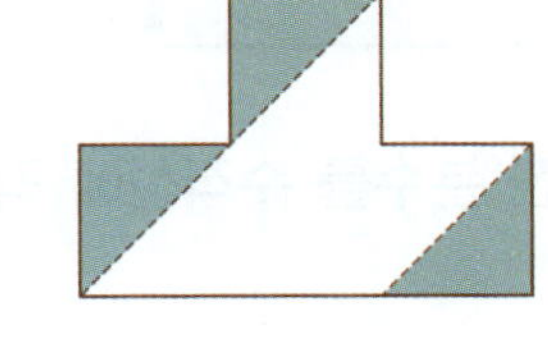

(   )

1-3 오른쪽 그림에서 색칠한 부분은 전체의 얼마인지 분수로 나타내 보세요.

(   )

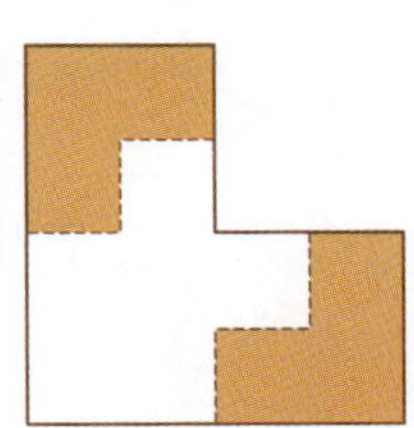

1-4 전체에 대하여 색칠한 부분의 크기를 분모가 10인 분수로 나타내 보세요.

(   )

1보다 작은 분수는 셀 수 없이 많다.

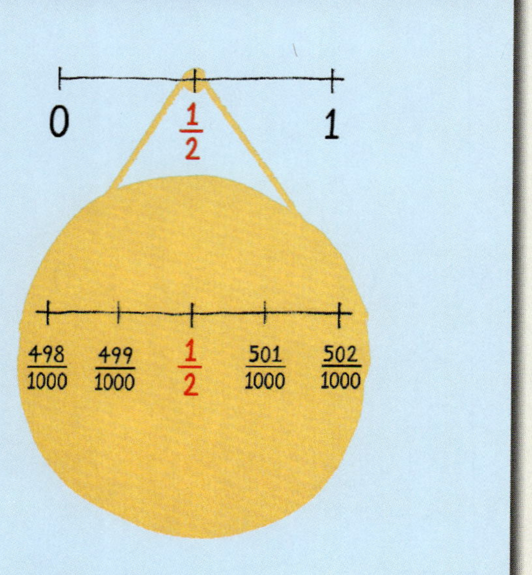

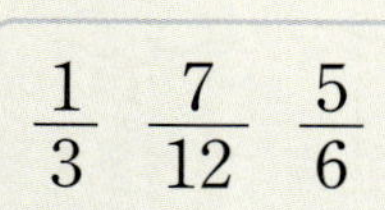

$$\frac{1}{3} \quad \frac{7}{12} \quad \frac{5}{6}$$

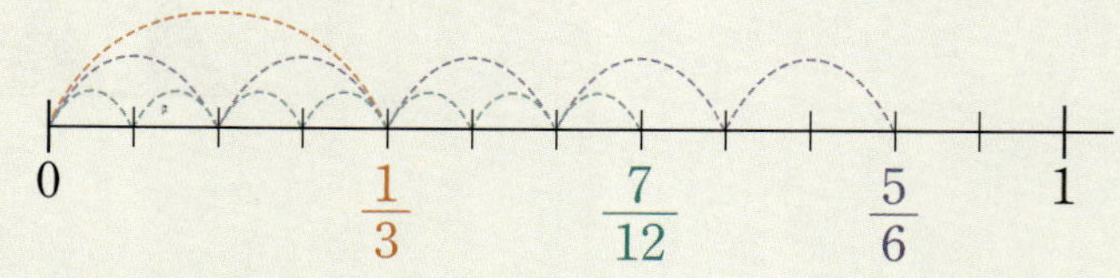

수직선에서 0부터 1까지를 각 분수의 분모만큼
으로 똑같이 나누어 분수를 나타냅니다.

주어진 분수를 수직선에 각각 표시하고, $\dfrac{5}{12}$와 $\dfrac{3}{4}$ 사이에 있는 분수를 모두 써 보세요.

$$\frac{5}{6} \quad \frac{11}{12} \quad \frac{1}{2} \quad \frac{4}{6}$$

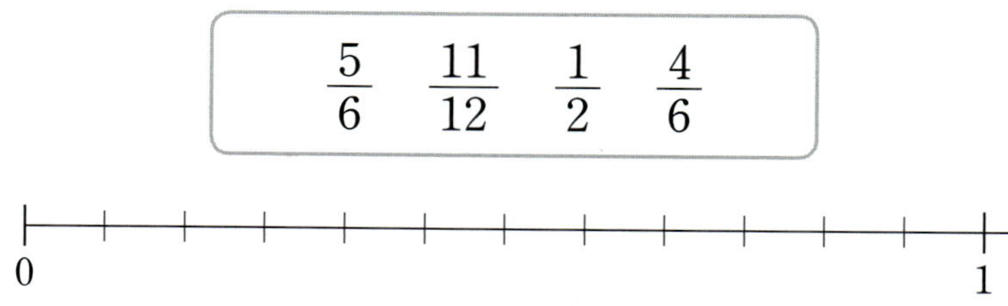

주어진 분수를 수직선에 각각 표시해 봅니다.

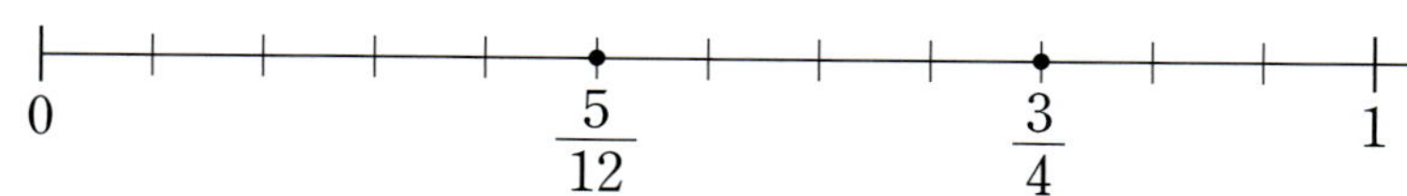

수직선에서 오른쪽으로 갈수록 큰 수가 놓이므로

$\dfrac{5}{12}$와 $\dfrac{3}{4}$ 사이에 있는 분수는 __________________ 입니다.

2-1 주어진 분수를 수직선에 각각 표시해 보세요.

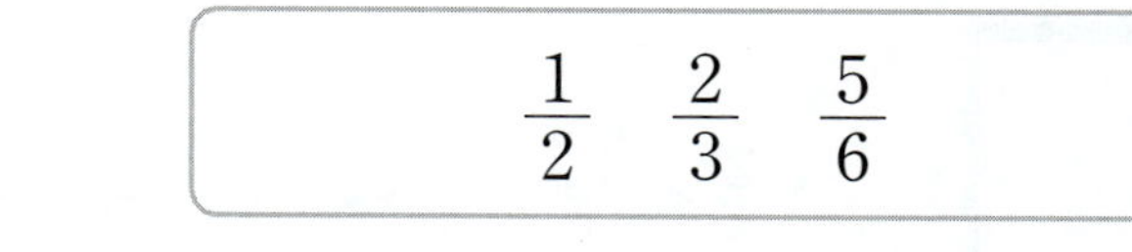

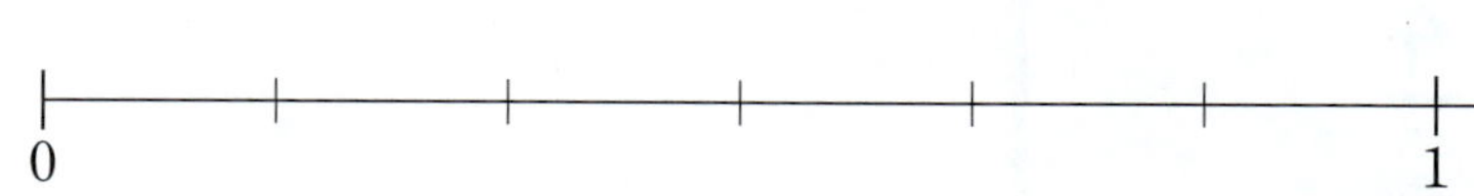

2-2 주어진 분수를 수직선에 각각 표시하고, $\dfrac{1}{3}$과 $\dfrac{13}{18}$ 사이에 있는 분수를 써 보세요.

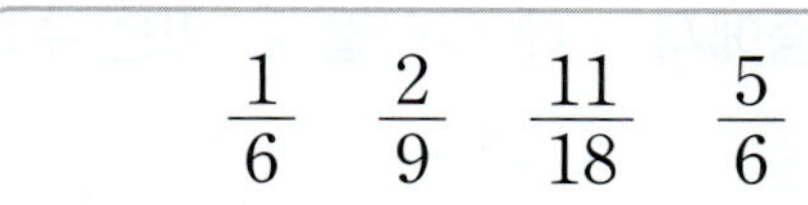

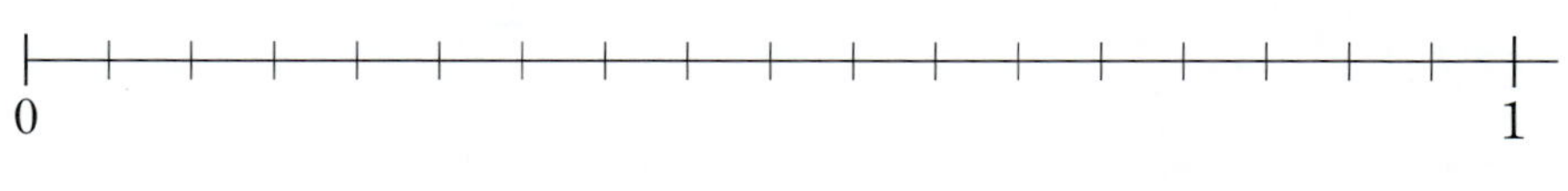

(   )

2-3 주어진 분수를 수직선에 각각 표시하고, 오른쪽에서 셋째에 놓이는 분수를 써 보세요.

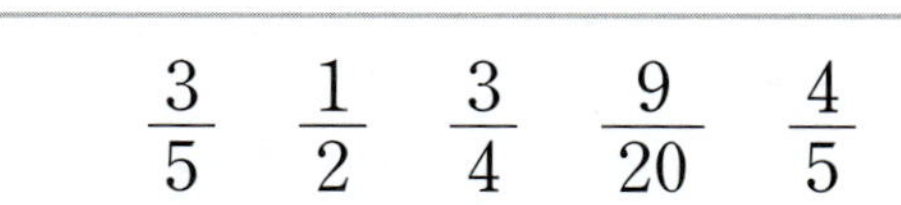

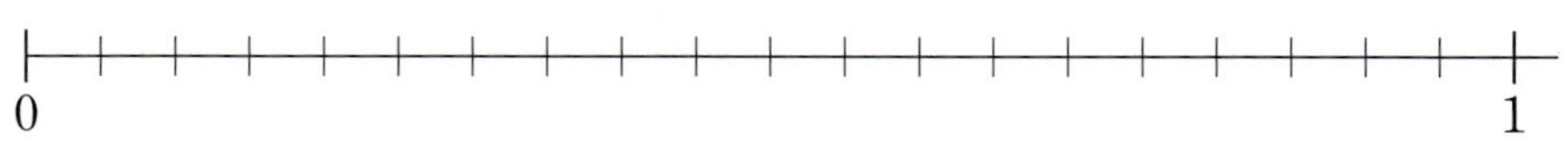

(   )

분자 또는 분모가 같으면 분수의 크기를 비교할 수 있다.

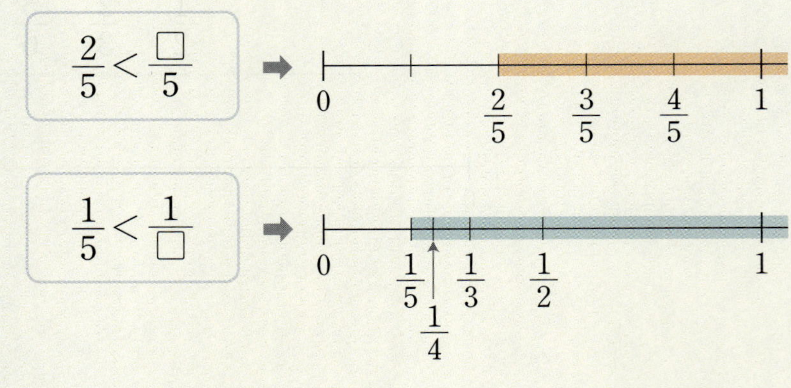

대표문제 3

1부터 9까지의 수 중에서 ★에 들어갈 수 있는 수는 모두 몇 개인지 구해 보세요.

$$\dfrac{1}{7} < \dfrac{1}{★}$$

$\dfrac{1}{7}$과 $\dfrac{1}{★}$은 분자가 1인 단위분수입니다.

단위분수는 분모가 작을수록 더 (큽니다 , 작습니다).

$\dfrac{1}{7} < \dfrac{1}{★}$이므로 분모의 크기를 비교하면 7 ◯ ★입니다.

따라서 ★에 들어갈 수 있는 수는 ＿＿＿＿＿＿＿＿＿으로 모두 ☐ 개입니다.

3-1 1부터 9까지의 수 중에서 □ 안에 들어갈 수 있는 수를 모두 구해 보세요.

$$\frac{\square}{6} < \frac{5}{6}$$

(   )

3-2 1부터 9까지의 수 중에서 □ 안에 들어갈 수 있는 수는 모두 몇 개일까요?

$$\frac{1}{11} < \frac{1}{\square}$$

(   )

서술형 **3-3** □ 안에 들어갈 수 있는 수를 모두 구하려고 합니다. 풀이 과정을 쓰고 답을 구해 보세요.

$$\frac{5}{12} < \frac{\square}{12} < \frac{11}{12}$$

풀이

답

3-4 1부터 10까지의 수 중에서 □ 안에 들어갈 수 있는 수는 모두 몇 개일까요?

$$\frac{3}{10} < \frac{3}{\square} < \frac{3}{4}$$

(   )

최상위 S

양을 전체의 분수만큼으로 나타내면 전체는 1이다.

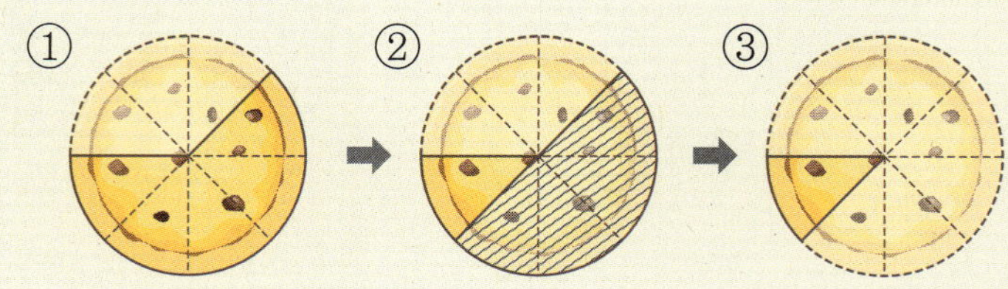

① 파이의 $\dfrac{3}{8}$ 을 윤주가 먹고

② 나머지의 $\dfrac{4}{5}$ 를 준서가 먹었다면

③ 남은 파이는 전체의 $\dfrac{1}{8}$

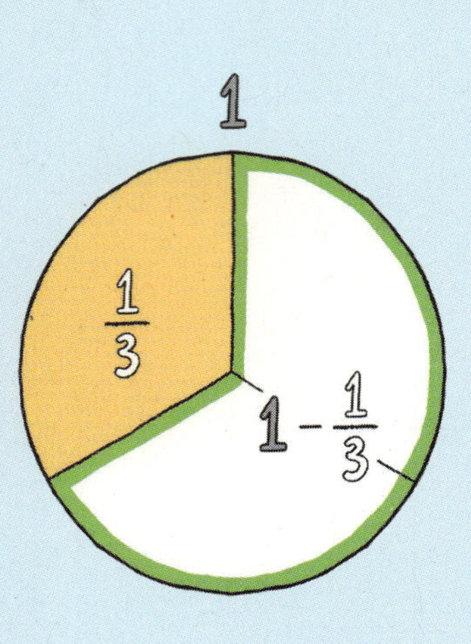

대표문제 4

세아는 가지고 있던 돈의 $\dfrac{5}{12}$ 로 간식을 사고, 남은 돈의 $\dfrac{2}{7}$ 로 학용품을 샀습니다. 간식과 학용품을 사고 남은 돈은 처음에 가지고 있던 돈의 얼마인지 분수로 나타내 보세요.

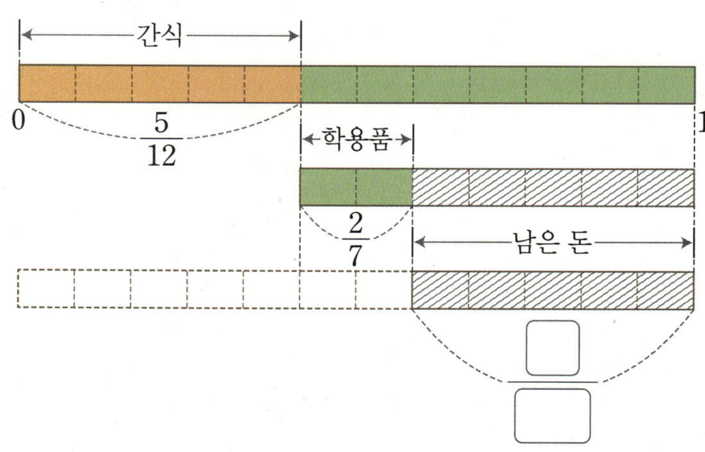

따라서 남은 돈은 처음에 가지고 있던 돈의 $\dfrac{\square}{\square}$ 입니다.

4-1 물통에 들어 있는 물의 $\dfrac{3}{11}$은 꽃밭에 주고 $\dfrac{6}{11}$은 청소를 하는 데 썼습니다. 남은 물은 처음에 있던 물의 얼마인지 분수로 나타내 보세요.

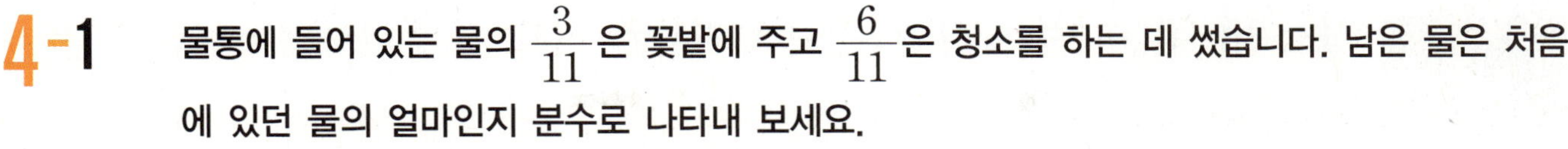

(   )

4-2 희주는 극장에 가는 데 전체 거리의 $\dfrac{6}{10}$은 전철을 타고 가고, 나머지 거리의 $\dfrac{3}{4}$은 버스를 타고 가고, 전철과 버스를 타고 간 후 남은 거리는 걸어갔습니다. 걸어서 간 거리는 전체 거리의 얼마인지 분수로 나타내 보세요.

(   )

4-3 꽃밭에 봉선화와 나팔꽃만 심었습니다. 꽃밭 전체의 $\dfrac{3}{8}$에는 봉선화를 심고, 나머지의 $\dfrac{2}{5}$에는 나팔꽃을 심었다면, 아무것도 심지 않은 꽃밭은 전체의 얼마인지 분수로 나타내 보세요.

(   )

4-4 상자에 들어 있는 떡을 16조각으로 똑같이 나누어 그중 4조각을 먹고 남은 떡의 $\dfrac{5}{12}$는 옆집에 주고, 그 나머지의 $\dfrac{4}{7}$는 냉동실에 넣었습니다. 상자에 남아 있는 떡은 몇 조각일까요?

(   )

10배가 되면 바로 윗자리로 간다.

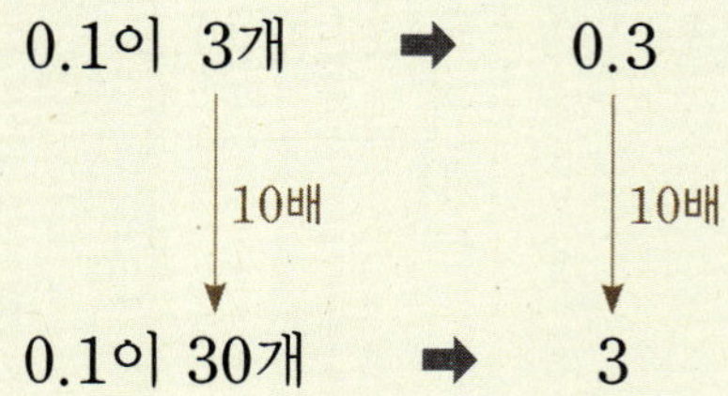

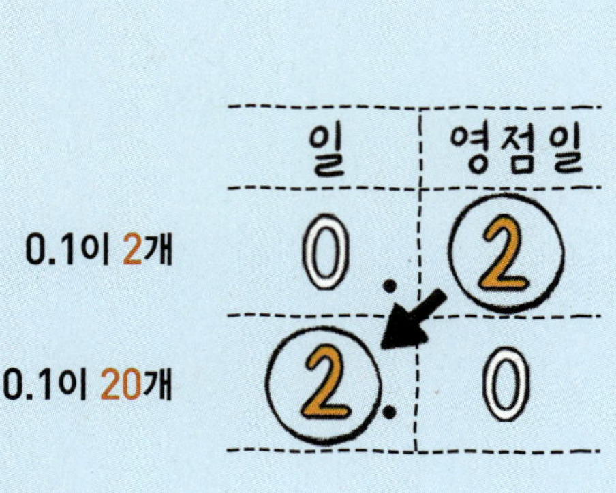

대표문제 5

다음 수를 소수로 나타내 보세요.

> 0.1이 25개인 수보다 0.1의 10배만큼 더 큰 수

0.1이 20개인 수: ☐   1의 10배: ☐

0.1이 5개인 수: ☐ $\frac{1}{10}$배 $\frac{1}{10}$배

0.1이 25개인 수: ☐   0.1의 10배: ☐

따라서 0.1이 25개인 수보다 0.1의 10배만큼 더 큰 수는 ☐보다 ☐만큼 더 큰 수이므로 ☐입니다.

5-1 다음 수를 소수로 나타내 보세요.

> 0.1이 30개인 수보다 0.1의 3배만큼 더 큰 수

(   )

5-2 다음 수를 소수로 나타내 보세요.

> 0.1이 42개인 수보다 $\dfrac{1}{10}$이 5개인 수만큼 더 큰 수

(   )

서술형 5-3 다음 수는 얼마인지 풀이 과정을 쓰고 답을 구해 보세요.

> 0.1이 100개인 수보다 0.5의 10배만큼 더 큰 수

풀이 ....

....

....

답 ....

5-4 조건을 만족시키는 소수 ■.▲는 모두 몇 개인지 구해 보세요.

> • 0.1이 61개인 수보다 큽니다.
>
> • 6과 $\dfrac{7}{10}$만큼인 수보다 작습니다.

(   )

수의 크기는 높은 자리부터 차례로 비교한다.

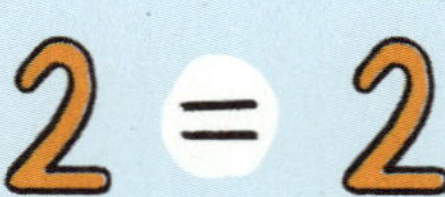

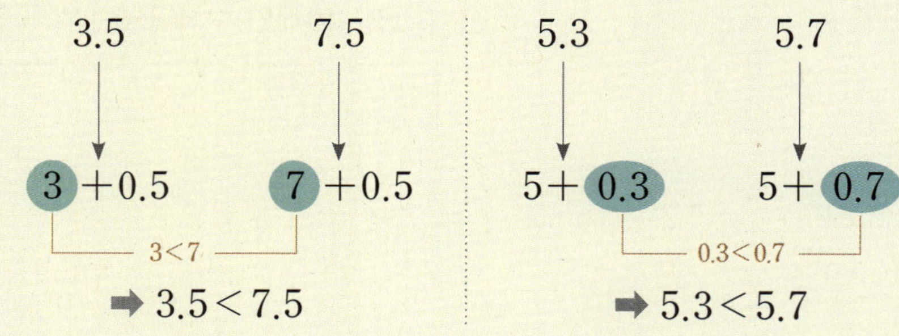

대표문제 6

1부터 9까지의 수 중에서 ㉠에 들어갈 수 있는 가장 작은 수와 ㉡에 들어갈 수 있는 가장 큰 수를 각각 구해 보세요.

$$4.6 < 4.\boxed{㉠}$$
$$4.6 > \boxed{㉡}.6$$

① $4.6 < 4.\boxed{㉠}$에서 자연수가 4로 같으므로 소수 부분을 비교하면 $6 < ㉠$입니다.

➡ ㉠에 들어갈 수 있는 수는 $\boxed{}$, $\boxed{}$, $\boxed{}$이고 가장 작은 수는 $\boxed{}$입니다.

② $4.6 > \boxed{㉡}.6$에서 자연수를 비교하면 $4 > ㉡$입니다.

➡ ㉡에 들어갈 수 있는 수는 $\boxed{}$, $\boxed{}$, $\boxed{}$이고 가장 큰 수는 $\boxed{}$입니다.

1부터 9까지의 수이므로
0은 조건에 맞지 않습니다.

6-1 1부터 9까지의 수 중에서 ☐ 안에 들어갈 수 있는 수를 모두 구해 보세요.

$$\boxed{\ \square.2 < 5.2\ }$$

( )

6-2 1부터 9까지의 수 중에서 ㉠에 들어갈 수 있는 가장 큰 수와 ㉡에 들어갈 수 있는 가장 작은 수를 각각 구해 보세요.

$$\boxed{\ 3.㉠ < 3.4 < ㉡.4\ }$$

㉠에 들어갈 수 있는 가장 큰 수 ( )
㉡에 들어갈 수 있는 가장 작은 수 ( )

6-3 1부터 9까지의 수 중에서 ☐ 안에 공통으로 들어갈 수 있는 수는 모두 몇 개일까요?

$$\boxed{\ 8.3 < 8.\square \qquad 7.5 > \square.7\ }$$

( )

6-4 1부터 9까지의 수 중에서 ☐ 안에 공통으로 들어갈 수 있는 수를 모두 구해 보세요.

$$\boxed{\ 1.\square < 1.8 \qquad 2.3 < 2.\square \qquad \square.9 < 6.4\ }$$

( )

높은 자리의 수가 클수록 큰 수이다.

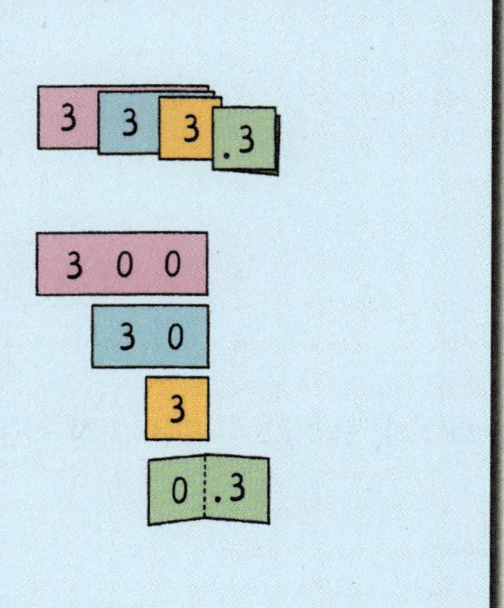

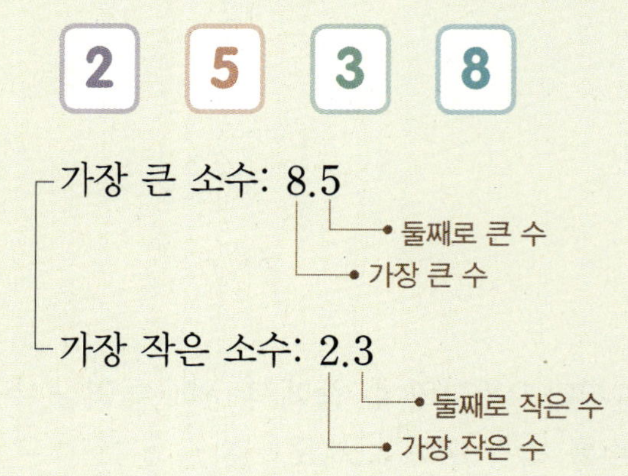

수 카드 중 2장을 골라 ■.▲인 소수를 만들 때

가장 큰 소수: 8.5
└ 둘째로 큰 수
└ 가장 큰 수

가장 작은 소수: 2.3
└ 둘째로 작은 수
└ 가장 작은 수

대표문제 7

수 카드 중 2장을 골라 한 번씩만 사용하여 다음과 같은 소수를 만들려고 합니다. 만들 수 있는 소수 중 3보다 큰 수를 모두 구해 보세요.

만들 수 있는 소수 중에서 3보다 큰 수는 ■.▲에서 ■가 ☐ 또는 ☐인 소수입니다.

• ■가 3인 소수: ☐ , ☐

• ■가 7인 소수: ☐ , ☐

따라서 만들 수 있는 소수 중 3보다 큰 수는 ☐ , ☐ , ☐ , ☐ 입니다.

7-1 수 카드 중 2장을 골라 한 번씩만 사용하여 다음과 같은 소수를 만들려고 합니다. 만들 수 있는 소수를 모두 구해 보세요.

$$\boxed{1}\quad \boxed{4}\quad \boxed{7}\quad \Rightarrow\quad \boxed{7}.\boxed{}$$

(   )

7-2 수 카드 중 2장을 골라 한 번씩만 사용하여 다음과 같은 소수를 만들려고 합니다. 만들 수 있는 소수 중에서 6보다 큰 수를 모두 구해 보세요.

$$\boxed{3}\quad \boxed{6}\quad \boxed{9}\quad \Rightarrow\quad \boxed{}.\boxed{}$$

(   )

7-3 수 카드 중 2장을 골라 한 번씩만 사용하여 다음과 같은 소수를 만들려고 합니다. 만들 수 있는 소수 중에서 둘째로 큰 수와 둘째로 작은 수를 각각 구해 보세요.

$$\boxed{2}\quad \boxed{1}\quad \boxed{5}\quad \boxed{8}\quad \Rightarrow\quad \boxed{}.\boxed{}$$

둘째로 큰 수 (   )

둘째로 작은 수 (   )

7-4 수 카드 중 2장을 골라 한 번씩만 사용하여 만들 수 있는 소수 ■.▲ 중에서 $\dfrac{9}{10}$보다 크고 9.6보다 작은 소수는 모두 몇 개일까요? (단, ■.▲에서 ▲에는 0을 놓지 않습니다.)

$$\boxed{0}\quad \boxed{2}\quad \boxed{6}\quad \boxed{9}$$

(   )

분수는 '단위분수의 몇 배'로 나타낼 수 있다.

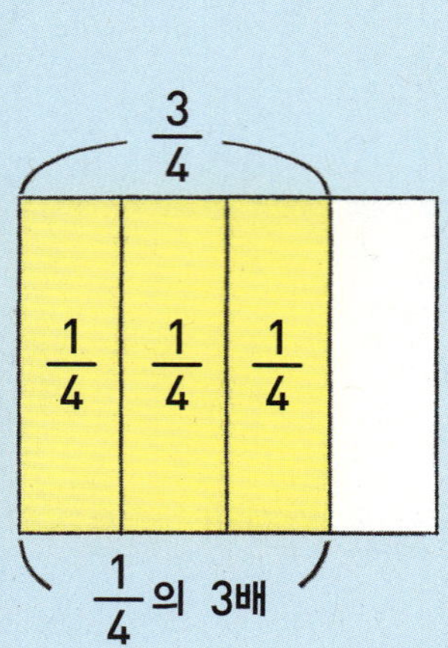

일정한 빠르기로 갈 때

전체 거리의 $\dfrac{2}{5}$ 만큼을 가는 데 8분이 걸렸다면

$\div 2$ $\div 2$

$\dfrac{1}{5}$ 만큼을 가는 데 4분

$\times 3$ $\times 3$

$\dfrac{3}{5}$ 만큼을 가는 데 12분이 걸립니다.

대표문제 8 도화지 전체의 $\dfrac{1}{5}$ 만큼 색칠하는 데 3분이 걸립니다. 같은 빠르기로 도화지 전체의 $\dfrac{3}{5}$ 만큼 색칠하려면 몇 분이 걸리는지 구해 보세요.

도화지 전체의 $\dfrac{1}{5}$ 만큼 색칠하는 데 걸리는 시간: 3분

$\times 3$ $\times 3$

도화지 전체의 $\dfrac{3}{5}$ 만큼 색칠하는 데 걸리는 시간: ■분

따라서 도화지 전체의 $\dfrac{3}{5}$ 만큼 색칠하는 데 걸리는 시간은 $3 \times \boxed{} = \boxed{}$ (분)입니다.

8-1 어떤 벽 전체의 $\frac{2}{3}$를 페인트로 칠하는 데 걸리는 시간은 같은 벽 전체의 $\frac{1}{3}$을 칠하는 데 걸리는 시간의 몇 배일까요? (단, 페인트를 칠하는 빠르기는 일정합니다.)

(   )

서술형 **8-2** 물이 일정하게 나오는 수도꼭지로 물탱크의 $\frac{1}{8}$만큼을 채우는 데 15분이 걸립니다. 물탱크의 $\frac{5}{8}$만큼 물을 채우는 데 걸리는 시간은 몇 시간 몇 분인지 풀이 과정을 쓰고 답을 구해 보세요.

풀이

답

8-3 일정한 빠르기로 전체 거리의 $\frac{7}{12}$을 걸어가는 데 35분이 걸렸습니다. 같은 빠르기로 남은 거리를 걸어간다면 걸리는 시간은 몇 분일까요?

(   )

8-4 일정한 빠르기로 어제 밭 전체의 $\frac{3}{10}$을 갈았습니다. 오늘은 어제와 같은 빠르기로 남은 밭을 가는 데 1시간 10분이 걸렸다면 어제 밭을 간 시간은 몇 분일까요?

(   )

MATH MASTER

1 전체에 대하여 색칠한 부분의 크기를 분수로 나타냈을 때 나머지와 다른 것을 찾아 기호를 써 보세요.

(   )

2 칠교놀이는 정사각형을 7개로 나눈 칠교판의 조각으로 모양을 만드는 놀이입니다. 칠교판에서 ㉮＋㉯＋㉰＋㉱의 조각은 전체의 얼마인지 분수로 나타내 보세요.

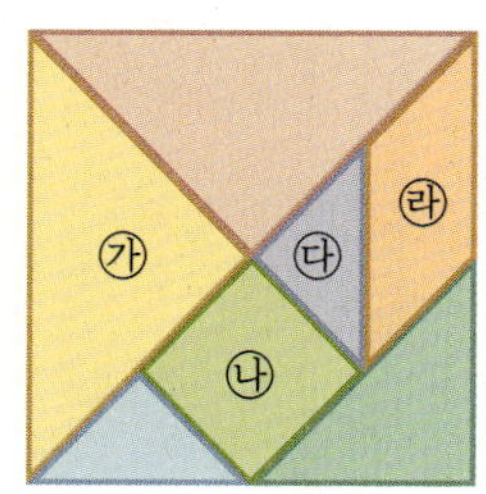

(   )

3 조건을 모두 만족시키는 분수는 모두 몇 개일까요?

- $\dfrac{1}{9}$ 보다 크고 1보다 작은 분수
- 분자가 1인 분수

(   )

4 수직선에 $\dfrac{4}{5}$ 를 표시하고, 소수로 나타내 보세요.

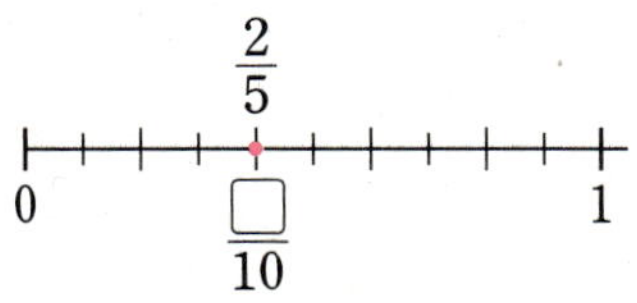

먼저 생각해 봐요!
□ 안에 알맞은 수는?

(   )

5 나타내는 수가 나머지 셋과 다른 것을 찾아 기호를 써 보세요.

> ㉠ 0.9와 0.1만큼인 수   ㉡ $\dfrac{2}{5}$ 와 $\dfrac{3}{5}$ 만큼인 수
>
> ㉢ 0.1을 100배 한 수   ㉣ $\dfrac{1}{10}$ 의 10배인 수

(   )

6 다음 수들의 규칙을 찾아 17째에 놓이는 분수를 구해 보세요.

> $\dfrac{1}{2},\ \dfrac{1}{3},\ \dfrac{2}{3},\ \dfrac{1}{4},\ \dfrac{2}{4},\ \dfrac{3}{4},\ \dfrac{1}{5},\ \dfrac{2}{5},\ \dfrac{3}{5},\ \dfrac{4}{5},\ \cdots$

(   )

서술형 7 1부터 9까지의 수 중에서 □ 안에 공통으로 들어갈 수 있는 수는 모두 몇 개인지 풀이 과정을 쓰고 답을 구해 보세요.

$$\frac{3}{11} < \frac{3}{\square} < \frac{3}{4}$$

0.1이 58개인 수 < □.6

풀이 ____

____

____

답 ____

8 4장의 수 카드 1 , 3 , 4 , 5 중 2장을 골라 큰 수를 분모, 작은 수를 분자로 하는 분수를 만들려고 합니다. $\frac{1}{5}$ 보다 큰 분수는 모두 몇 개 만들 수 있을까요?

( )

9 집에서 할머니 댁까지 가는 데 전체 거리의 $\dfrac{9}{16}$는 기차를 타고, 나머지의 $\dfrac{3}{7}$은 지하철을 타고, 그 나머지의 $\dfrac{2}{4}$는 버스를 타고 갔습니다. 버스를 타고 간 후 남은 거리 16 km는 택시를 타고 갔다면 집에서 할머니 댁까지의 거리는 몇 km일까요?

(   )

먼저 생각해 봐요!

전체를 똑같이 3으로 나누었을 때
집에서 학교까지의 거리는?

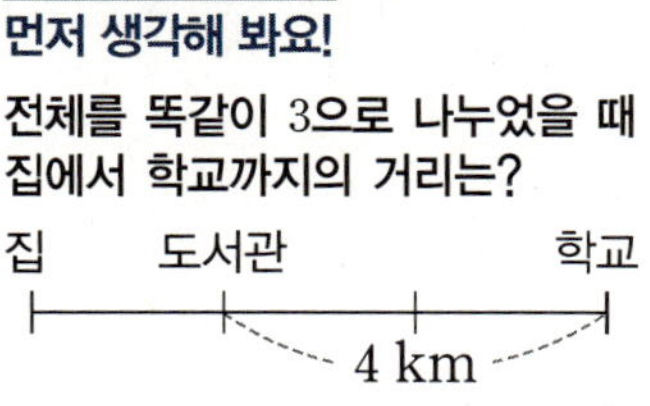

10 A0 용지를 반으로 자른 크기의 종이가 A1 용지이고, A1 용지를 반으로 자른 크기의 종이가 A2 용지, A2 용지를 반으로 자른 크기의 종이가 A3 용지, ...가 된다고 합니다. A7 용지의 크기는 A2 용지 크기의 몇 분의 몇일까요?

(   )

가로와 세로 길이의 곱을 사각형 안에 쓸 때 초록색 사각형 안에 들어갈
수는 얼마일까요?

계산이 아닌
개념을 깨우치는
수학을 품은 연산
디딤돌
연산은
수학
이다.

1~6학년(학기용)
수학 공부의 새로운 패러다임

초등 3·1

상위권의 기준

최상위 수학 S

복습책

상위권의 기준

최상위 수학 S

복습책

디딤돌

1 덧셈과 뺄셈

본문 12~29쪽의 유사문제입니다. 한 번 더 풀어 보세요.

S 1 수를 같은 수들의 덧셈으로 분해하여 빈칸에 알맞은 수를 써넣으세요.

840						
	210					

S 2 ㉮는 ㉯보다 215만큼 더 작은 수입니다. ㉮와 ㉯의 합이 405일 때 ㉮와 ㉯를 각각 구해 보세요.

㉮ (   ), ㉯ (   )

S 3 ㉠보다 127만큼 더 큰 수는 10이 몇 개인 수인지 구해 보세요.

> ㉠은 100이 2개, 10이 50개, 1이 13개인 수입니다.

(   )

4 ㉠에서 ㉣까지의 거리가 459 m일 때 ㉡에서 ㉢까지의 거리는 몇 m인지 구해 보세요.

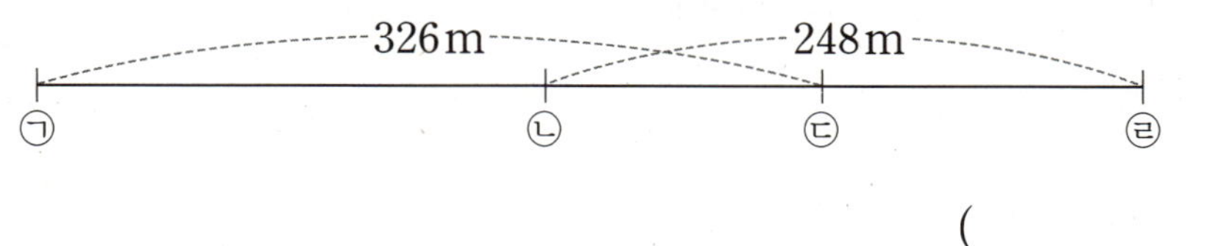

(   )

5 유진이와 경진이가 각각 주어진 수 카드를 한 번씩만 사용하여 세 자리 수를 만들고 두 수의 합을 구하려고 합니다. 두 수의 합이 가장 클 때 그 합은 얼마일까요?

유진 **3** **2** **8**   경진 **1** **6** **4**

(   )

6 □ 안에 들어갈 수 있는 수 중에서 가장 큰 수를 구해 보세요.

$$356 < \square - 296 < 637$$

(   )

7 서술형
연속하는 세 홀수의 합이 993일 때 연속하는 세 홀수 중에서 가장 큰 수를 구하려고 합니다. 풀이 과정을 쓰고 답을 구해 보세요.

풀이 ....

....

....

답 ....

8
□ 안의 수는 십의 자리 수와 일의 자리 수가 같은 세 자리 수입니다. 두 수의 합이 900에 가장 가까운 수가 되도록 □ 안에 알맞은 수를 구해 보세요.

$$618 + \square$$

( )

9
덧셈식에서 같은 기호는 같은 수를 나타냅니다. ㉠과 ㉡에 알맞은 수를 각각 구해 보세요.

$$\begin{array}{cccc} & ㉠ & ㉠ & ㉡ \\ + & ㉡ & ㉠ & ㉠ \\ \hline 1 & 1 & 5 & 0 \end{array}$$

㉠ ( ), ㉡ ( )

본문 30~33쪽의 유사문제입니다. 한 번 더 풀어 보세요.

1 준영이네 학교의 학생은 687명이고, 윤주네 학교의 학생은 815명입니다. 그중에서 준영이네 학교의 남학생은 341명이고, 윤주네 학교의 남학생은 407명입니다. 두 학교의 여학생은 모두 몇 명인지 구해 보세요.

(   )

2 다음 중 두 수의 합이 400보다 크고 500보다 작은 경우는 모두 몇 가지일까요?

(단, ▲＋■와 ■＋▲는 같은 것으로 생각합니다.)

| 196 | 203 | 103 | 298 | 396 |

(   )

서술형 3 어떤 두 수의 합은 805이고, 차는 337입니다. 두 수 중에서 큰 수는 얼마인지 풀이 과정을 쓰고 답을 구해 보세요.

풀이

답

4 어떤 수에 216을 더한 후 235를 빼야 할 것을 잘못하여 어떤 수에서 216을 뺀 후 235를 더했더니 460이 되었습니다. 바르게 계산한 값을 구해 보세요.

(   )

5 수직선에서 ㉠과 ㉡의 길이는 각각 몇 cm인지 구해 보세요.

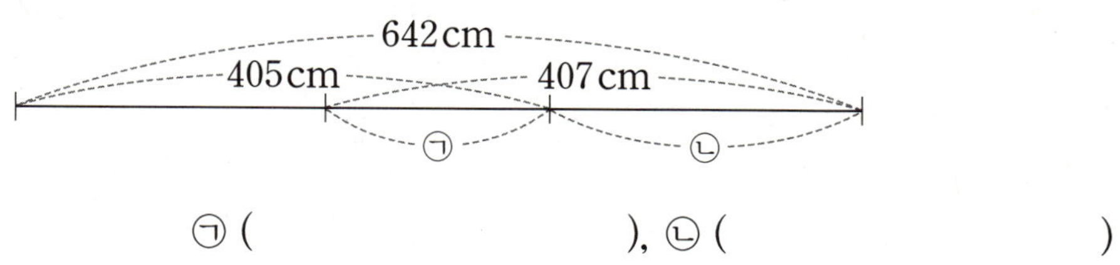

㉠ (   ), ㉡ (   )

6 사탕을 예린이는 732개, 윤수는 812개 가지고 있습니다. 두 사람이 가지고 있는 사탕 수가 같아지려면 윤수가 예린이에게 사탕을 몇 개 주어야 하는지 구해 보세요.

(   )

7 한 원 안에 있는 수들의 합이 모두 600으로 같을 때 ㉠, ㉡, ㉢에 알맞은 수를 각각 구해 보세요.

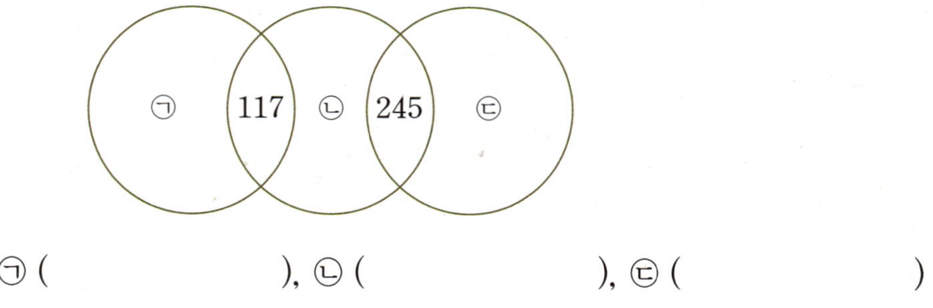

㉠ (   ), ㉡ (   ), ㉢ (   )

8 연속하는 세 짝수의 합이 396일 때 연속하는 세 짝수 중에서 가장 큰 수를 구해 보세요.

(   )

9 뺄셈식에서 같은 기호는 같은 수를 나타낼 때 ㉠과 ㉡에 알맞은 수를 각각 구해 보세요.

$$
\begin{array}{cccc}
 & ㉠ & ㉡ & ㉠ \\
- & ㉡ & ㉠ & ㉡ \\
\hline
 & ㉡ & 7 & 3 \\
\end{array}
$$

㉠ (   ), ㉡ (   )

10 기호 ★을 ㉠★㉡＝㉠＋㉡이라고 약속할 때 □ 안에 알맞은 수를 구해 보세요.

$$831 ★ 154 = 624 ★ □$$

(   )

11 □ 안의 수는 백의 자리 수와 일의 자리 수가 같은 세 자리 수입니다. 세 수의 합이 1000에 가장 가까운 수가 되도록 □ 안에 알맞은 수를 구해 보세요.

$$576 + □ + 221$$

(   )

12 똑같은 공책 5권과 필통 1개의 무게는 850 g이고, 공책 2권과 필통 1개의 무게는 610 g입니다. 공책 한 권의 무게는 몇 g인지 구해 보세요.

(   )

2 평면도형

본문 40~55쪽의 유사문제입니다. 한 번 더 풀어 보세요.

S 1 6개의 점 중에서 2개의 점을 이어 그을 수 있는 선분은 모두 몇 개일까요?

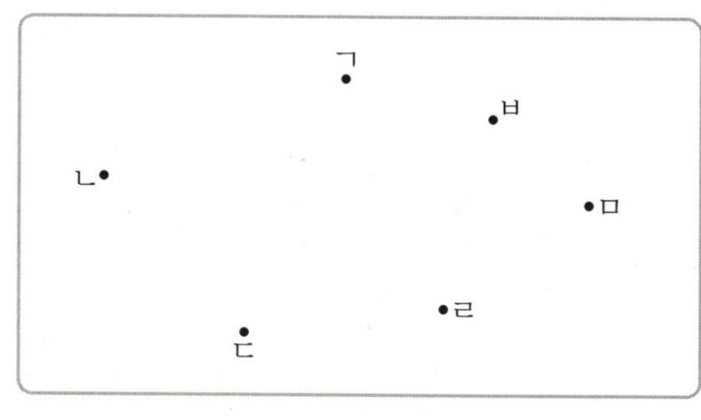

(　　　　　　)

S 2 도형에서 찾을 수 있는 크고 작은 직각삼각형은 모두 몇 개일까요?

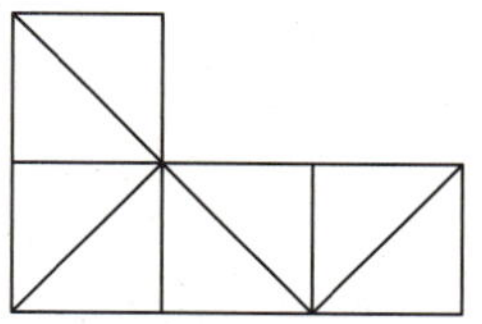

(　　　　　　)

S 3 오른쪽과 같은 직사각형 모양의 종이를 잘라 한 변이 4 cm인 정사각형을 만들려고 합니다. 정사각형을 몇 개까지 만들 수 있을까요?

(　　　　　　)

16 cm
20 cm

4 서술형

오른쪽 도형은 직사각형의 네 변을 각각 한 변으로 하는 정사각형 4개를 이어 붙여서 만든 도형입니다. 직사각형의 네 변의 길이의 합이 16 cm일 때 도형을 둘러싼 굵은 선의 길이는 몇 cm인지 풀이 과정을 쓰고 답을 구해 보세요.

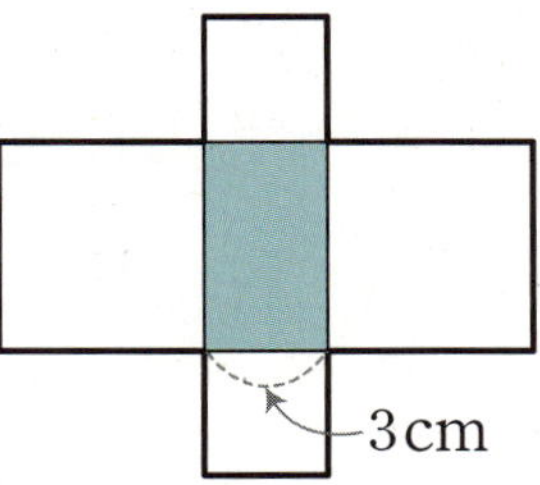

풀이

답

5

직사각형 ㉮와 정사각형 ㉯가 다음과 같이 겹쳐져 있습니다. 직사각형 ㉮의 둘레가 40 cm이고, 정사각형 ㉯의 둘레가 32 cm일 때 직사각형 ㉮의 가로는 몇 cm일까요?

(단, 겹쳐진 모양은 직사각형입니다.)

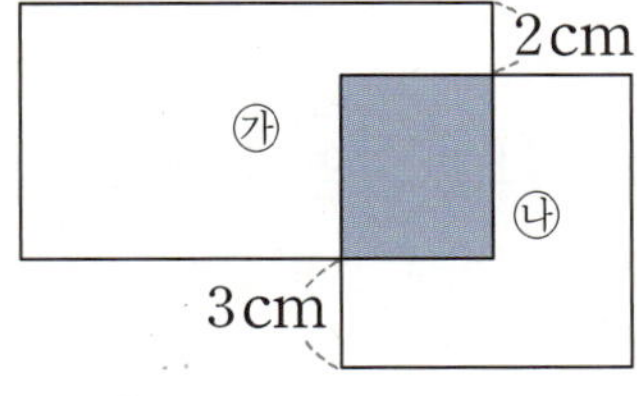

(   )

6

한 변이 3 cm인 정사각형을 다음과 같은 규칙으로 겹치지 않게 이어 붙일 때 여섯째 도형의 둘레는 몇 cm일까요?

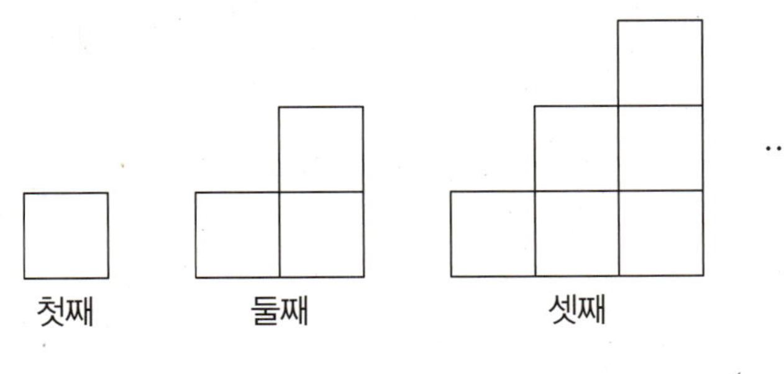

(   )

7 다음과 같이 크기가 다른 블록 3개를 쌓았습니다. ㉠ 블록 2개를 쌓으면 ㉡ 블록과 크기가 같고, ㉡ 블록 2개를 쌓으면 ㉢ 블록과 크기가 같습니다. 블록을 쌓은 모양을 앞에서 본 모양의 둘레는 몇 cm일까요?

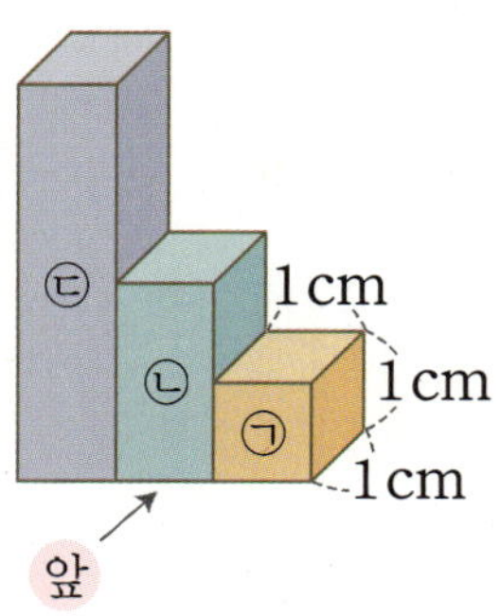

(   )

8 한 변이 $2\,cm$인 정사각형 모양의 색종이를 그림과 같은 규칙으로 이어 붙여 전체 도형의 둘레가 $40\,cm$가 되게 하려고 합니다. 색종이는 모두 몇 장 필요할까요?

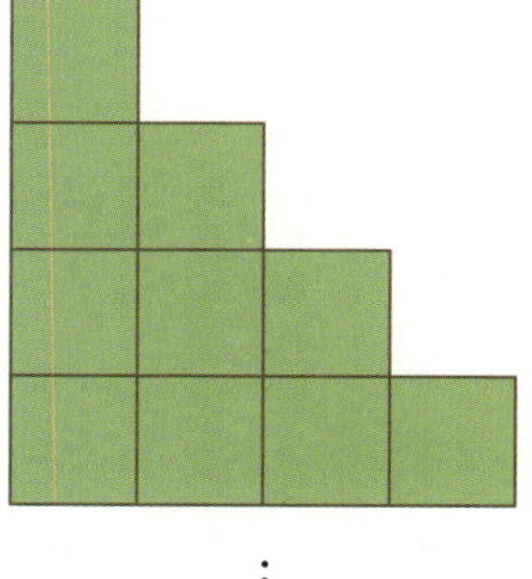

(   )

본문 56~59쪽의 유사문제입니다. 한 번 더 풀어 보세요.

1   5개의 점 중에서 2개의 점을 이어 그을 수 있는 반직선은 모두 몇 개일까요?

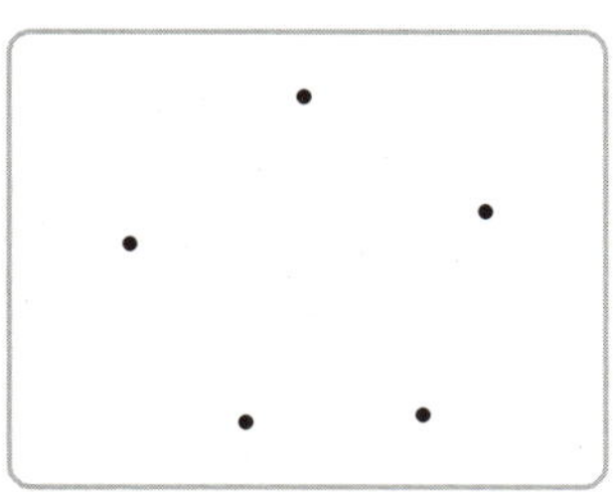

(   )

2   도형에서 직각은 모두 몇 개일까요?

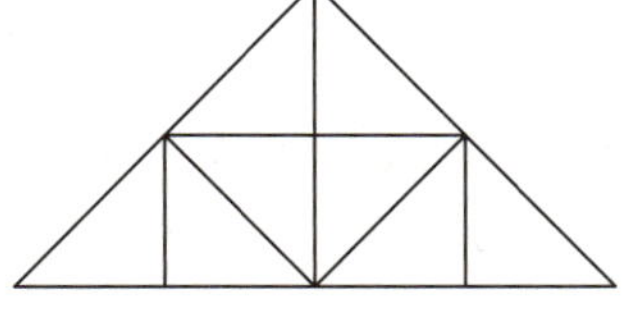

(   )

서술형 **3**   오른쪽 도형은 세 변의 길이가 같은 삼각형과 직사각형을 이어 붙인 것입니다. 직사각형의 네 변의 길이의 합이 26 cm일 때 삼각형의 세 변의 길이의 합은 몇 cm인지 풀이 과정을 쓰고 답을 구해 보세요.

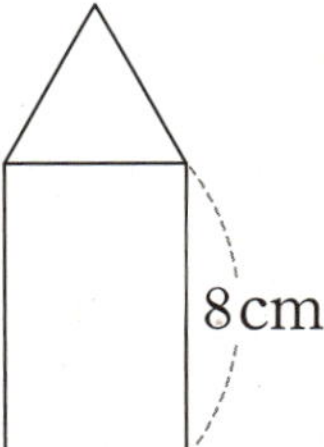

풀이 ....

....

....

....

답 ....

4 한 변이 $48\,cm$인 정사각형 모양의 색종이를 잘라 한 변이 $8\,cm$인 정사각형을 만들려고 합니다. 정사각형을 몇 개까지 만들 수 있을까요?

(   )

5 그림과 같이 직사각형 모양의 색 도화지에서 한 변이 $4\,cm$인 정사각형 모양 2개를 잘라 냈습니다. 남은 색 도화지의 둘레는 몇 cm일까요?

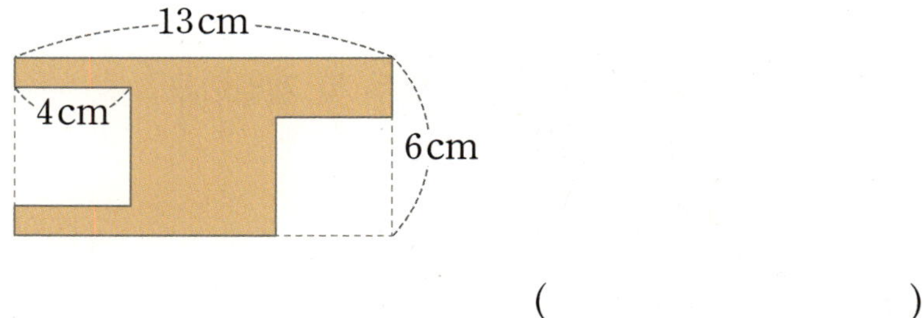

(   )

6 직사각형 ㉮와 ㉯가 겹쳐진 부분에 정사각형 ㉰가 생겼습니다. 직사각형 ㉮의 둘레가 $52\,cm$이고, 직사각형 ㉯의 둘레가 $58\,cm$일 때 직사각형 ㉮의 가로는 몇 cm일까요?

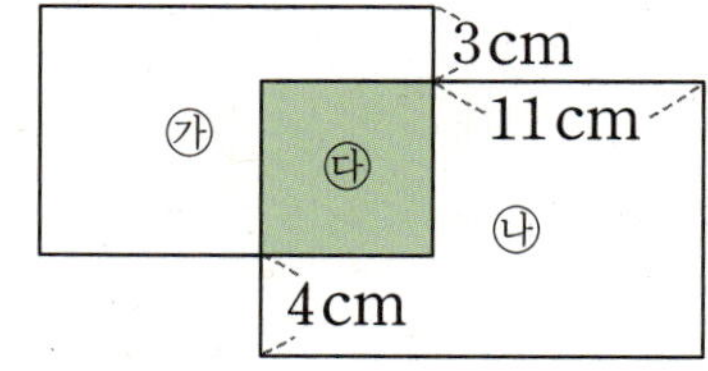

(   )

7 다음과 같이 직사각형 모양의 종이를 두 번 접었을 때 만들어진 사각형 ㅅㅂㄷㅇ의 네 변의 길이의 합은 몇 cm일까요?

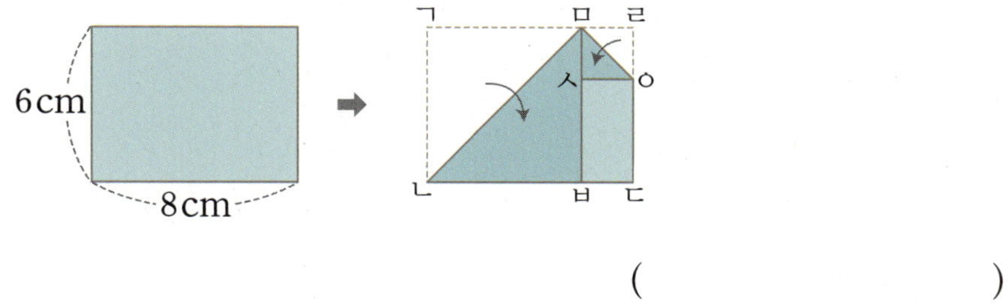

( )

8 다음과 같이 정사각형을 모양과 크기가 같은 4개의 작은 정사각형으로 잘랐습니다. 잘라진 작은 정사각형 한 개의 둘레가 8 cm일 때 자르기 전 정사각형의 둘레는 몇 cm일까요?

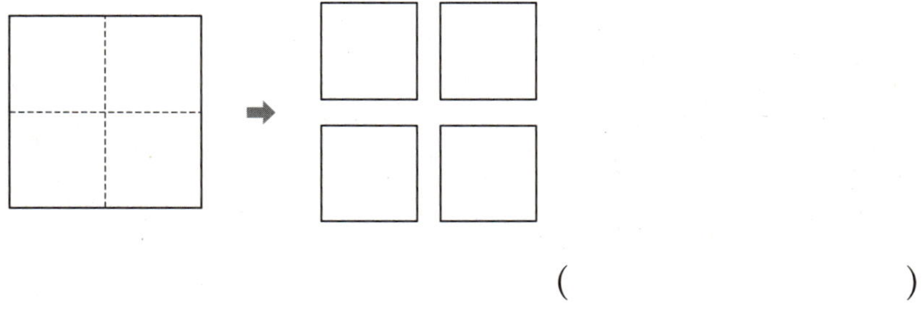

( )

9 한 변이 12 cm인 정사각형 36개를 겹치지 않게 이어 붙여서 큰 정사각형을 만들었습니다. 이 도형에서 찾을 수 있는 가장 큰 정사각형의 둘레는 몇 cm일까요?

( )

10 크기가 같은 정사각형 8개를 겹쳐 놓은 것입니다. 이 도형에서 굵은 선의 길이가 240 cm 일 때 정사각형의 한 변은 몇 cm일까요?

(   )

11 다음은 여러 가지 크기의 정사각형을 겹치지 않게 이어 붙인 것입니다. 가장 큰 직사각형의 네 변의 길이의 합은 몇 cm일까요?

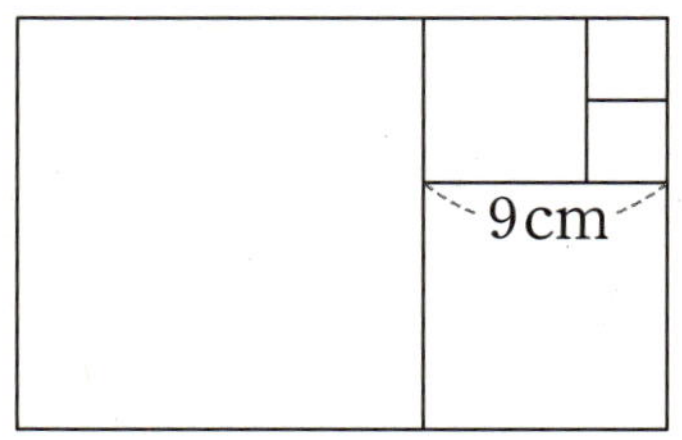

(   )

12 철사를 겹치지 않게 사용하여 가로가 세로보다 6 cm 더 긴 직사각형을 만들었습니다. 이 철사를 펴서 모두 사용하여 가장 큰 정사각형 한 개를 만들었더니 한 변이 9 cm가 되었습니다. 처음에 만든 직사각형의 가로와 세로는 각각 몇 cm일까요?

가로 (   ), 세로 (   )

최상위 S

본문 68~83쪽의 유사문제입니다. 한 번 더 풀어 보세요.

S 1 사과 24개, 감 30개, 배 54개가 있습니다. 이 과일을 종류별로 똑같이 나누어 과일 바구니 6개를 만들려고 합니다. 바구니 한 개에 들어가는 과일은 몇 개인지 구해 보세요.

(   )

S 2 한 상자에 6개씩 들어 있는 과자 9상자와 낱개로 과자 10개가 더 있습니다. 이 과자를 8모둠에게 똑같이 나누어 주려고 합니다. 한 모둠에 과자를 몇 개씩 주어야 하는지 구해 보세요.

(   )

S 3 다음 중 4로도 나눌 수 있고 9로도 나눌 수 있는 수를 구해 보세요.

4	9	12	18	36

(   )

㉠은 한 자리 수, ㉡은 두 자리 수입니다. ㉠과 ㉡에 알맞은 수를 각각 구해 보세요.

$$6 \div ㉠ = ㉡ \div 2$$

㉠ (   ), ㉡ (   )

조건을 모두 만족시키는 두 자리 수를 구해 보세요.

- 6과 8로 모두 나누어집니다.
- 50보다 작습니다.
- 십의 자리 수에 2를 더하면 일의 자리 수가 됩니다.

(   )

보기 와 같은 방법을 이용하여 나눗셈을 계산해 보세요.

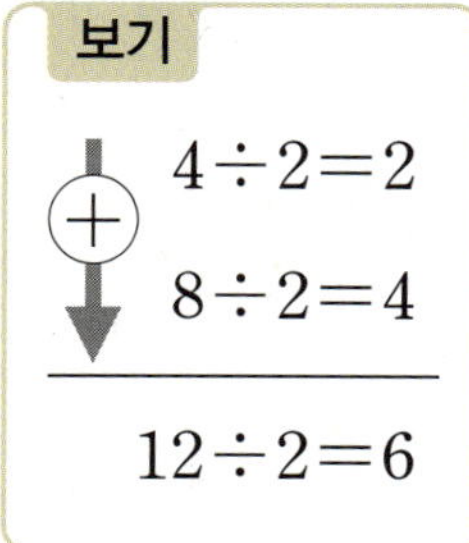

보기

$$4 \div 2 = 2$$
$$8 \div 2 = 4$$
$$12 \div 2 = 6$$

$$\boxed{} \div 7 = \boxed{}$$
$$42 \div 7 = \boxed{}$$
$$56 \div 7 = \boxed{}$$

7 직사각형 모양의 종이를 모양과 크기가 같은 직사각형 30개로 나누었습니다. 나누어진 작은 직사각형 한 개의 둘레가 18 cm일 때 처음 직사각형 모양 종이의 둘레는 몇 cm일까요?

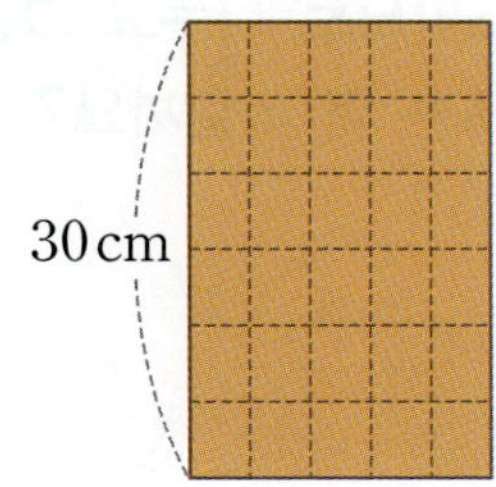

(   )

8 서술형

길이가 36 m인 도로의 양쪽에 처음부터 끝까지 같은 간격으로 나무를 심었습니다. 도로의 양쪽에 심은 나무가 모두 20그루라면 나무를 몇 m 간격으로 심은 것인지 풀이 과정을 쓰고 답을 구해 보세요. (단, 나무의 두께는 생각하지 않습니다.)

풀이

답

3 나눗셈

본문 84~86쪽의 유사문제입니다. 한 번 더 풀어 보세요.

1 색 테이프 24 m를 효진, 민규, 창희, 진호가 똑같이 나누어 가졌습니다. 효진이는 색 테이프를 다시 똑같이 3도막으로 나누고 그중 한 도막을 리본 만드는 데 사용했습니다. 효진이에게 남은 색 테이프는 몇 m일까요?

( )

2 만두를 한 접시에 7개씩 담으면 8접시가 됩니다. 그중 만두 2개를 먹은 후 상자 한 개에 만두를 6개씩 포장하려면 상자는 몇 개 필요할까요?

( )

서술형 3 수 카드 중에서 3장을 골라 한 번씩 사용하여 몫이 가장 작게 되는 나눗셈식 (두 자리 수)÷(한 자리 수)를 만들어 몫을 구하려고 합니다. 풀이 과정을 쓰고 답을 구해 보세요.

3 6 7 9

풀이

답

4 조건을 모두 만족시키는 두 자리 수를 구해 보세요.

> • 6과 9로 모두 나누어집니다.
> • 50보다 작습니다.
> • 십의 자리 수와 일의 자리 수의 차가 3입니다.

(   )

5 ㉠은 한 자리 수, ㉡은 두 자리 수이고 ㉠과 ㉡의 합이 20입니다. ㉠과 ㉡에 알맞은 수를 각각 구해 보세요.

$$8 \div ㉠ = ㉡ \div 8$$

㉠ (   ), ㉡ (   )

6 어떤 수를 2로 나눈 몫에서 4를 빼야 할 것을 잘못하여 어떤 수를 4로 나눈 몫에 2를 더 하였더니 5가 되었습니다. 바르게 계산한 값은 얼마일까요?

(   )

7 연속하는 세 수의 합을 5로 나눈 몫이 6일 때 연속하는 세 수 중 가장 큰 수를 구해 보세요.

(   )

8 사탕 22개를 주아, 정아, 철민 세 사람이 나누어 가지려고 합니다. 주아와 정아는 같은 수 만큼 가지고, 철민이는 정아보다 더 많이 가지려고 할 때, 철민이가 가질 수 있는 가장 적은 사탕은 몇 개일까요?

(   )

9 길이가 53 cm인 직사각형 모양의 종이테이프를 그림과 같이 겹치도록 접었더니 길이가 41 cm가 되었습니다. ㉠의 길이는 몇 cm일까요?

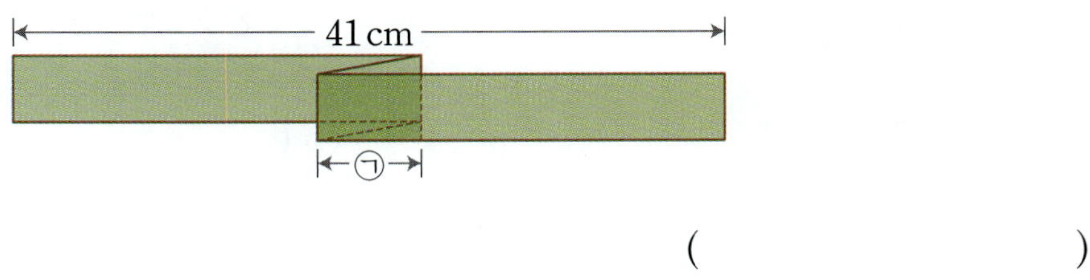

(   )

10 연필을 ㉮ 모둠 학생들에게 똑같이 나누어 주려고 합니다. 한 학생에게 5자루씩 주면 남는 연필은 없고, 7자루씩 주면 14자루가 모자랍니다. ㉮ 모둠 학생은 몇 명일까요?

(   )

본문 94~109쪽의 유사문제입니다. 한 번 더 풀어 보세요.

S 1 1부터 9까지의 수 중에서 □ 안에 들어갈 수 있는 가장 작은 수를 구해 보세요.

$$41 \times \square > 203$$

(   )

S 2 곱셈식에서 ㉠과 ㉡에 알맞은 수를 각각 구해 보세요. (단, 같은 기호에는 같은 수가 들어갑니다.)

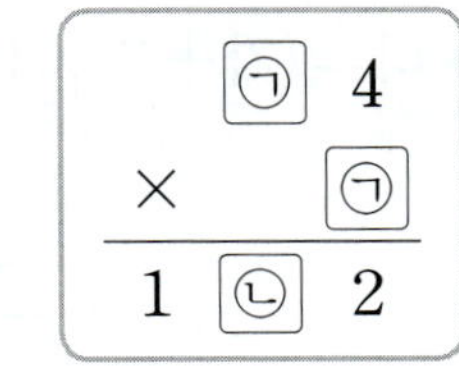

㉠ (   ), ㉡ (   )

S 3 준호는 어떤 수를 생각한 다음 그 수를 4배 하였습니다. 그리고 14를 더한 후 6으로 나누었더니 15가 되었습니다. 준호가 처음에 생각한 수는 무엇일까요?

(   )

길이가 같은 테이프 9장을 그림과 같이 $5\,\mathrm{cm}$씩 겹치게 이어 붙여 길이가 $1\,\mathrm{m}\ 40\,\mathrm{cm}$인 테이프를 만들었습니다. 테이프 한 장의 길이는 몇 cm인지 구해 보세요.

5 cm

풀이

답

5

기호 ▲에 대하여 '가▲나$=($가$+3)\times($나$+5)$'라고 약속할 때 ☐ 안에 알맞은 수를 구해 보세요.
└• 가$+3$, 나$+5$를 먼저 계산합니다.

$$☐\,▲\,7=120$$

(   )

6

한 개에 구슬이 24개씩 들어 있는 주머니가 4개 있었는데 수영, 윤미, 진기 세 사람이 구슬을 모두 나누어 가졌습니다. 수영이가 가진 구슬 수는 윤미가 가진 구슬 수의 3배이고, 윤미가 가진 구슬은 진기가 가진 구슬보다 14개 더 많습니다. 윤미가 가진 구슬은 몇 개인지 구해 보세요.

(   )

S 7 그림과 같이 면봉으로 삼각형 모양을 31개 만들려면 면봉은 모두 몇 개 필요할까요?

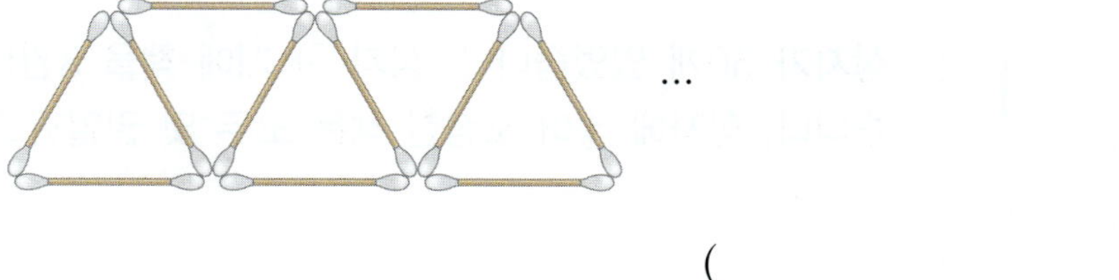

...

(   )

S 8 찬영이는 가위바위보를 하여 이기면 7점을 얻고, 지면 3점을 잃는 놀이를 하였습니다. 가위바위보를 30번 하여 80점을 얻었다면 찬영이는 몇 번 이겼을까요? (단, 비기는 경우는 없습니다.)

(   )

4 곱셈

본문 110~112쪽의 유사문제입니다. 한 번 더 풀어 보세요.

1 상자가 50개 있었습니다. 상자 한 개에 책을 8권씩 넣어 포장했더니 빈 상자가 5개 남았습니다. 상자에 넣어 포장한 책은 모두 몇 권일까요?

(   )

2 계산 결과가 100에 가장 가까운 수가 되도록 ☐ 안에 알맞은 수를 써넣으세요.

$$18 \times \boxed{}$$

서술형 3 어떤 수에 6을 곱해야 할 것을 잘못하여 더했더니 48이 되었습니다. 바르게 계산한 값은 얼마인지 풀이 과정을 쓰고 답을 구해 보세요.

풀이

답

4 수 카드 1 , 3 , 6 , 7 중에서 3장을 골라 한 번씩만 사용하여 (몇십몇)×(몇)의 곱셈식을 만들어 곱을 구하려고 합니다. 만들 수 있는 곱셈식의 가장 큰 곱과 가장 작은 곱의 합을 구해 보세요.

(   )

5 곱셈식에서 ㉠에 알맞은 수를 구해 보세요.

$$24 \times 3 = ㉠ \times 5 + ㉠ \times 4$$

( )

6 종이학을 첫째 날에는 3개 접었고, 둘째 날에는 첫째 날의 3배, 셋째 날에는 둘째 날의 3배를 접었습니다. 같은 규칙으로 종이학을 접는다면 다섯째 날에는 종이학을 몇 개 접어야 할까요?

( )

7 어떤 일꾼이 한 시간 동안 나무 4그루를 심는다고 합니다. 이 일꾼이 같은 빠르기로 하루에 7시간씩 나무를 심는다면 140그루를 심는 데 며칠이 걸릴까요?

( )

8 곱셈식에서 ㉠<㉡일 때 ㉠과 ㉡에 알맞은 수를 각각 구해 보세요. (단, 같은 기호에는 같은 수가 들어갑니다.)

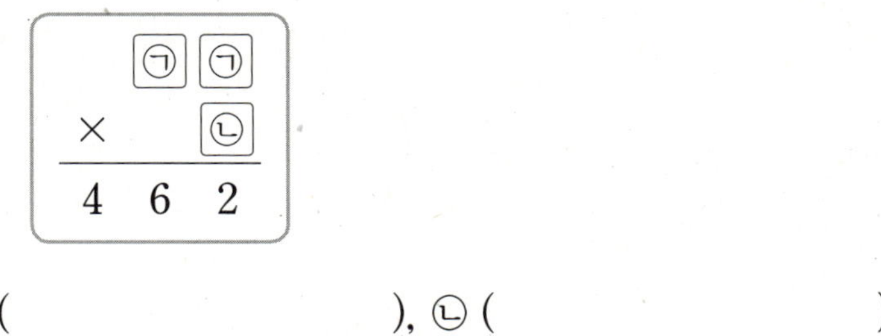

㉠ ( ), ㉡ ( )

9 그림과 같은 규칙으로 정사각형 모양을 만드는 데 사용한 면봉이 46개입니다. 정사각형 모양을 몇 개 만들었을까요?

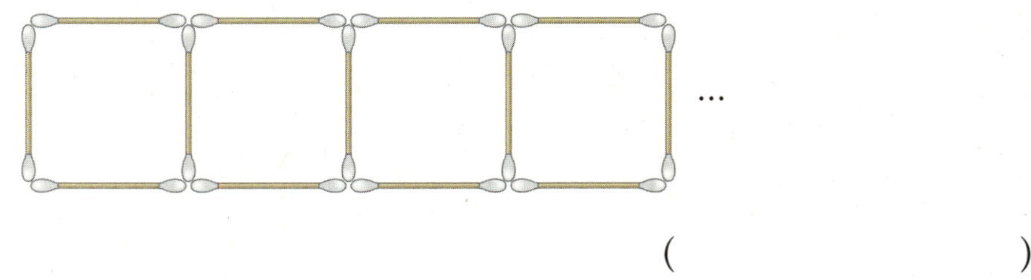

(   )

10 구슬 2개를 넣으면 9개가 나오고, 3개를 넣으면 14개가 나오고, 4개를 넣으면 19개가 나오는 규칙이 있는 마술 상자가 있습니다. 이 마술 상자에 구슬 17개를 넣으면 구슬이 몇 개 나올까요?

(   )

11 한 장에 45원인 빨간색 종이와 한 장에 35원인 초록색 종이가 있습니다. 연우가 가지고 있는 돈으로 빨간색 종이를 사면 남는 돈이 없고, 같은 수만큼 초록색 종이를 사면 80원이 남습니다. 연우가 가지고 있는 돈은 얼마일까요?

(   )

본문 120~135쪽의 유사문제입니다. 한 번 더 풀어 보세요.

S 1 길이가 19 cm 6 mm인 **노란색 테이프**와 23 cm 8 mm인 **초록색 테이프**를 겹치게 한 줄로 길게 이어 붙였더니 전체 길이가 36 cm 9 mm였습니다. 겹친 부분의 길이는 몇 cm 몇 mm일까요?

(   )

S 2 어느 날 해가 뜬 시각은 오전 5시 42분 20초였고, 해가 진 시각은 오후 7시 35분 10초였습니다. 이날 밤의 길이는 몇 시간 몇 분 몇 초인지 구해 보세요.

(   )

S 3 트라이애슬론 대회는 수영, 자전거, 마라톤의 세 종목을 연이어 실시하는 경기입니다. 이 대회에 참가한 선수의 기록을 보고 이동한 거리와 걸린 시간을 구해 보세요.

	수영	자전거	마라톤
거리	1500 m	40 km	10 km
기록	32분 58초	1시간 1분 16초	57분 46초

☐ km ☐ m를 이동하는 데 ☐ 시간 ☐ 분이 걸렸습니다.

4 크기가 같은 직사각형 모양으로 되어 있는 도로입니다. 집에서 병원까지 가는 가장 짧은 거리는 몇 km 몇 m인지 구해 보세요.

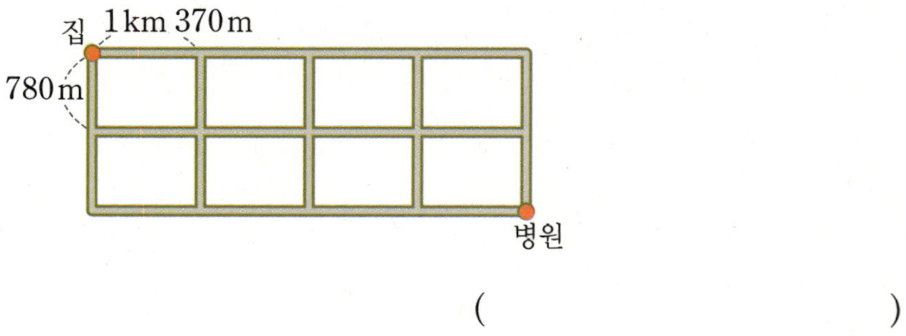

( )

5 부산이 6월 5일 오전 9시 13분일 때 토론토는 6월 4일 오후 8시 13분입니다. 지금 토론토가 7월 29일 오후 5시 46분 30초라면 부산은 몇 월 며칠 몇 시 몇 분 몇 초일까요?

( )

6 일정한 빠르기로 1분에 30 m를 가는 로봇이 있습니다. 이 로봇이 같은 빠르기로 4시간 30분 동안에는 몇 km 몇 m를 갈 수 있는지 구해 보세요.

( )

7 서술형

수지의 시계는 하루에 29초씩 빨라집니다. 4일 전 오전 9시에 이 시계를 정확히 맞추었다면 오늘 오전 9시에 수지의 시계가 가리키는 시각은 오전 몇 시 몇 분 몇 초인지 풀이 과정을 쓰고 답을 구해 보세요.

풀이

답

8

영지는 1시간에 3 km 600 m를 걷는 빠르기로, 유미는 1시간에 4 km 800 m를 걷는 빠르기로 걷는다고 합니다. 두 사람이 같은 지점에서 동시에 출발하여 서로 반대 방향으로 2시간 45분 동안 걸었다면 두 사람 사이의 거리는 몇 km 몇 m인지 구해 보세요.

(단, 두 사람이 걷는 빠르기는 일정합니다.)

( )

5 길이와 시간

본문 136~139쪽의 유사문제입니다. 한 번 더 풀어 보세요.

1 어느 축구 경기는 전반전과 후반전에 각각 45분씩 경기를 하고 중간에 15분 동안 쉽니다. 10시 15분에 이 축구 경기가 추가 시간과 연장전 없이 끝났다면 경기를 시작한 시각은 몇 시 몇 분일까요?

(   )

2 서울역에서 출발하여 목포역에 도착하는 KTX 기차 시각표입니다. 광명역에서 광주 송정역까지 가는 데 걸리는 시간과 익산역에서 목포역까지 가는 데 걸리는 시간의 차를 구해 보세요.

KTX 기차 시각표

역명	도착 시각	출발 시각
서울역	–	오전 10시 20분
광명역	오전 10시 49분	오전 10시 51분
익산역	오전 11시 49분	오전 11시 51분
광주 송정역	오후 12시 24분	오후 12시 26분
목포역	오후 1시 3분	–

(   )

3 어느 날 울산에서 해가 뜬 시각과 해가 진 시각입니다. 이날 낮의 길이는 밤의 길이보다 몇 시간 몇 분 몇 초 더 긴지 구해 보세요.

오전

해가 뜬 시각

오후

해가 진 시각

(   )

4 형구의 시계는 1시간에 7초씩 빨라지고, 민지의 시계는 1시간에 5초씩 늦어집니다. 오전 11시에 두 사람의 시계를 정확히 맞추었다면 두 사람의 시계가 처음으로 1분 차이가 나는 때는 오후 몇 시인지 구해 보세요.

( )

5 ㉠과 ㉡의 거리는 각각 몇 km 몇 m일까요?

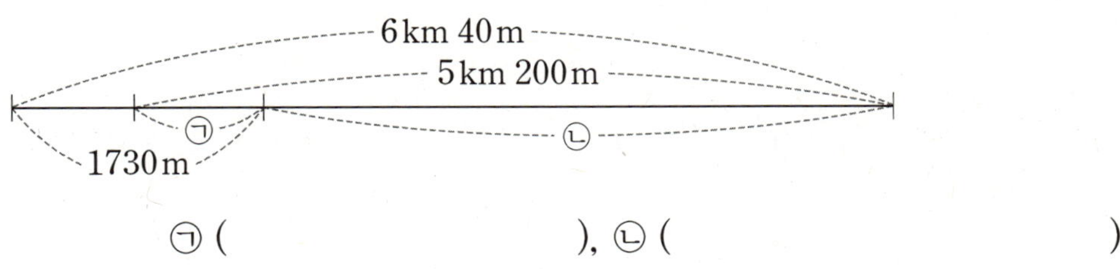

㉠ ( ), ㉡ ( )

6 지애와 정현이는 길이가 6 km인 원 모양의 공원의 둘레를 같은 지점에서 동시에 출발하여 서로 반대 방향으로 걸었습니다. 지애가 2479 m, 정현이가 1 km 865 m를 걸었다면 두 사람이 만나기 위해 더 걸어야 하는 거리는 몇 km 몇 m인지 구해 보세요.

( )

7 양초에 불을 붙이고 56분이 지난 후에 길이를 재어 보니 17 cm 1 mm였습니다. 이 양초에 불을 붙이면 일정한 빠르기로 7분에 4 mm씩 줄어든다면 처음 양초의 길이는 몇 cm 몇 mm였는지 풀이 과정을 쓰고 답을 구해 보세요.

풀이

答

8 일정한 빠르기로 20분 동안에 12 km 800 m를 달리는 자동차가 있습니다. 이 자동차가 같은 빠르기로 달린다면 50분 동안에는 몇 km를 달릴 수 있을까요?

(   )

9 직사각형 모양의 땅을 크기가 같은 작은 정사각형 모양으로 똑같이 나누었습니다. 파란색 선을 따라 담장을 칠 때 담장의 길이는 몇 km 몇 m인지 구해 보세요.

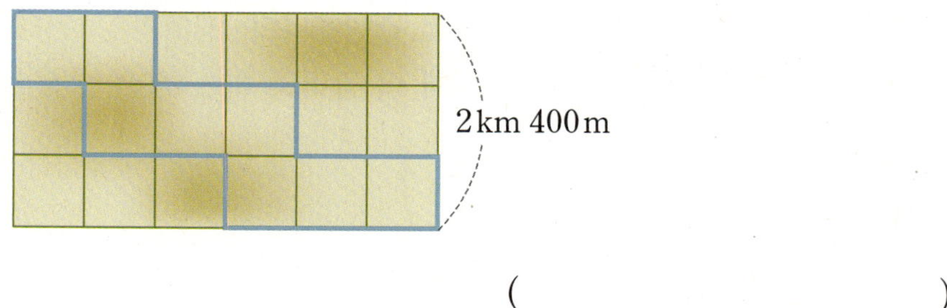

(   )

10 인천은 튀르키예의 이스탄불보다 6시간 빠릅니다. 6월 5일 오전 10시 30분에 인천에서 출발한 비행기가 11시간 40분 후에 이스탄불에 도착했습니다. 비행기가 이스탄불에 도착한 시각을 이스탄불 시각으로 몇 월 며칠 오후 몇 시 몇 분인지 구해 보세요.

( )

11 길이가 30 cm인 끈을 ㉮, ㉯, ㉰의 3도막으로 나누었습니다. ㉮는 ㉯보다 5 cm 7 mm 더 길고, ㉰는 ㉮보다 3 cm 6 mm 더 깁니다. ㉰의 길이는 몇 cm 몇 mm일까요?

( )

12 연못에 긴 막대를 바닥에 닿도록 직각으로 세워 넣었다 꺼냈더니 물이 1 m 78 cm만큼 묻었습니다. 같은 방법으로 막대의 반대쪽을 연못의 같은 곳에 직각으로 세워 넣었다 꺼냈더니 물이 묻지 않은 부분이 59 cm였습니다. 이 막대의 길이는 몇 m 몇 cm인지 구해 보세요.

( )

S 1 색칠한 부분은 전체의 얼마인지 분수로 나타내 보세요.

(   )

S 2 주어진 분수를 수직선에 각각 표시하고, $\dfrac{1}{6}$과 $\dfrac{1}{2}$ 사이에 있는 분수를 써 보세요.

$$\dfrac{1}{6} \qquad \dfrac{5}{12} \qquad \dfrac{1}{2} \qquad \dfrac{3}{4}$$

0   1

(   )

S 3 1부터 9까지의 수 중에서 □ 안에 들어갈 수 있는 수는 모두 몇 개인지 구해 보세요.

$$\dfrac{3}{10} < \dfrac{\square}{10} < \dfrac{9}{10}$$

(   )

4 텃밭에 상추와 깻잎을 심었습니다. 텃밭 전체의 $\frac{3}{9}$에는 상추를 심고, 나머지의 $\frac{2}{6}$에는 깻잎을 심었습니다. 아무것도 심지 않은 텃밭은 전체의 얼마인지 분수로 나타내 보세요.

(   )

5 다음 수는 얼마인지 구해 보세요.

> 0.1이 50개인 수보다 $\frac{1}{10}$이 50개인 수만큼 더 큰 수

(   )

6
서술형

1부터 9까지의 수 중에서 □ 안에 공통으로 들어갈 수 있는 수는 모두 몇 개인지 풀이 과정을 쓰고 답을 구해 보세요.

> 6.□<6.5   □.7<4.1

풀이

답

7 수 카드 중 2장을 골라 한 번씩만 사용하여 만들 수 있는 소수 ■.▲ 중에서 3.3보다 크고 8.5보다 작은 소수는 모두 몇 개일까요?

1 3 4 8

(   )

8 어제 밭 전체의 $\frac{4}{12}$를 갈았습니다. 오늘은 어제와 같은 빠르기로 남은 밭을 가는 데 1시간 12분이 걸렸다면 밭 전체를 가는 데 걸린 시간은 몇 시간 몇 분인지 구해 보세요.

(   )

6 분수와 소수

본문 164~167쪽의 유사문제입니다. 한 번 더 풀어 보세요.

1 전체에 대하여 색칠한 부분의 크기를 분수로 나타냈을 때 나머지와 다른 것을 찾아 기호를 써 보세요.

(   )

2 칠교놀이는 정사각형을 7개로 나눈 칠교판의 조각으로 모양을 만드는 놀이입니다. 칠교판에서 ㉮＋㉯＋㉰의 조각은 전체의 얼마인지 분수로 나타내 보세요.

(   )

3 조건을 모두 만족시키는 분수는 모두 몇 개인지 구해 보세요.

> - $\dfrac{5}{12}$ 보다 크고 $\dfrac{11}{12}$ 보다 작은 분모가 12인 분수
> - 분자가 짝수인 분수

(   )

4 수직선에 $\dfrac{2}{5}$ 를 표시하고, 소수로 나타내 보세요.

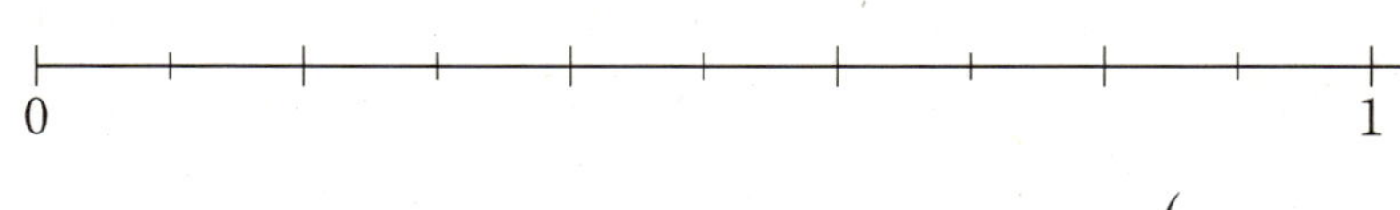

(   )

5 나타내는 수가 나머지 셋과 다른 것을 찾아 기호를 써 보세요.

> ㉠ 0.1이 25개인 수 ㉡ 0.1이 20개인 수보다 $\dfrac{1}{10}$ 만큼 더 큰 수
>
> ㉢ 2와 $\dfrac{5}{10}$ 만큼인 수 ㉣ $\dfrac{1}{10}$ 이 25개인 수

(   )

6 다음 수들의 규칙을 찾아 22째에 놓이는 분수를 구해 보세요.

> $\dfrac{1}{3}, \dfrac{2}{3}, \dfrac{1}{5}, \dfrac{2}{5}, \dfrac{3}{5}, \dfrac{4}{5}, \dfrac{1}{7}, \dfrac{2}{7}, \dfrac{3}{7}, \dfrac{4}{7}, \dfrac{5}{7}, \dfrac{6}{7}, \dfrac{1}{9}, \cdots$

(   )

7 1부터 9까지의 수 중에서 □ 안에 공통으로 들어갈 수 있는 수들의 합은 얼마일까요?

$$\frac{4}{12}<\frac{\square}{12}<\frac{8}{12} \qquad \frac{2}{7}<\frac{2}{\square}<\frac{2}{3}$$

( )

8 4장의 수 카드 1, 3, 6, 9 중 2장을 골라 큰 수를 분모, 작은 수를 분자로 하는 분수를 만들려고 합니다. 만들 수 있는 분수 중 $\frac{1}{6}$보다 큰 분수를 모두 구해 보세요.

( )

 **9**

집에서 할머니 댁까지 가는 데 전체 거리의 $\dfrac{5}{12}$는 기차를 타고, 나머지의 $\dfrac{4}{7}$는 지하철을 타고, 그 나머지의 $\dfrac{2}{3}$는 버스를 타고 갔습니다. 버스를 타고 간 후 남은 거리 6 km는 택시를 타고 갔다면 기차를 타고 간 거리는 몇 km인지 풀이 과정을 쓰고 답을 구해 보세요.

풀이

답

10

A0 용지를 반으로 자른 크기의 종이가 A1 용지이고, A1 용지를 반으로 자른 크기의 종이가 A2 용지, A2 용지를 반으로 자른 크기의 종이가 A3 용지, ...가 된다고 합니다. A4 용지의 크기는 A0 용지 크기의 몇 분의 몇일까요?

(   )

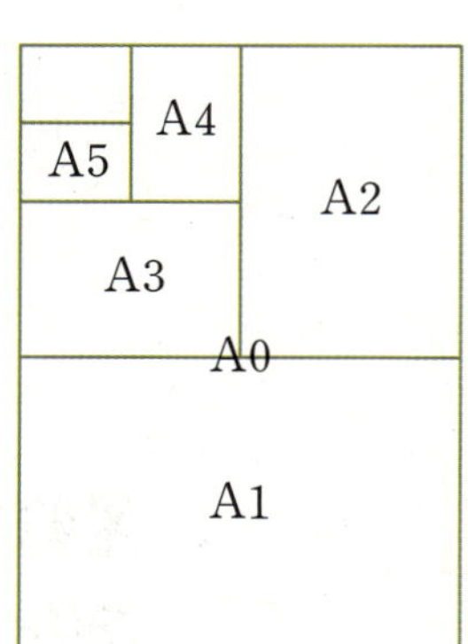

상위권을 위한
사고력
생각하는 방법도
최상위!

수능까지 연결되는 독해 로드맵

디딤돌 독해력은 수능까지 연결되는 체계적인 라인업을 통하여
수능에서 요구하는 핵심 독해 원리에 대한 이해는 물론,
단계 별로 심화되며 연결되는 학습의 과정을 통해
깊이 있고 종합적인 독해 사고의 능력까지 기를 수 있도록 도와줍니다.

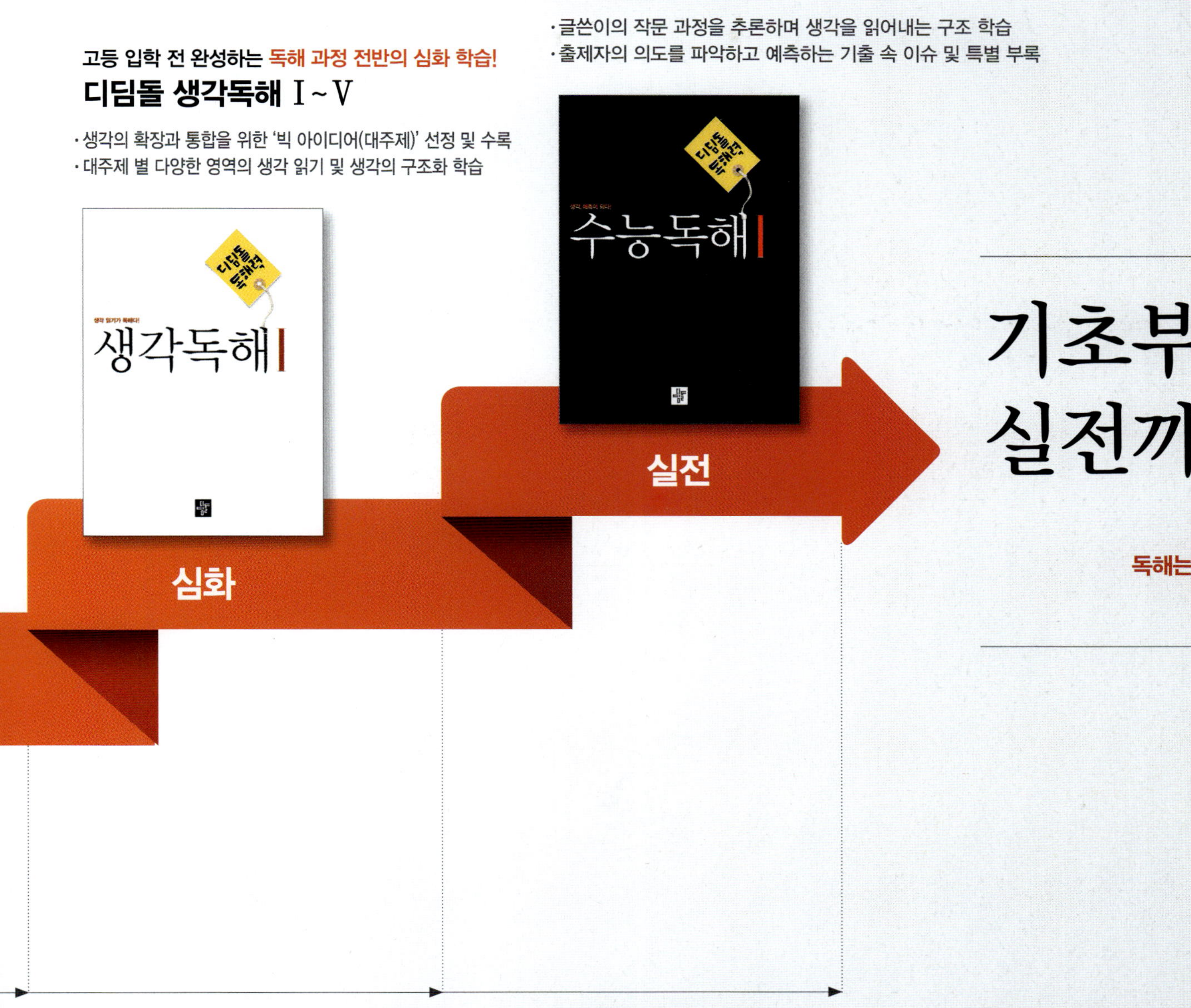

고등 입학 전 완성하는 독해 과정 전반의 심화 학습!
디딤돌 생각독해 Ⅰ~Ⅴ
· 생각의 확장과 통합을 위한 '빅 아이디어(대주제)' 선정 및 수록
· 대주제 별 다양한 영역의 생각 읽기 및 생각의 구조화 학습
생각독해 Ⅰ
수능국어 실전대비 독해 학습의 완성!
디딤돌 수능독해 Ⅰ~Ⅲ
· 글쓴이의 작문 과정을 추론하며 생각을 읽어내는 구조 학습
· 출제자의 의도를 파악하고 예측하는 기출 속 이슈 및 특별 부록
수능독해 Ⅰ
심화
실전
기초부터
실전까지
독해는 디딤돌
중등
고등(예비고~고2)

상위권의 기준

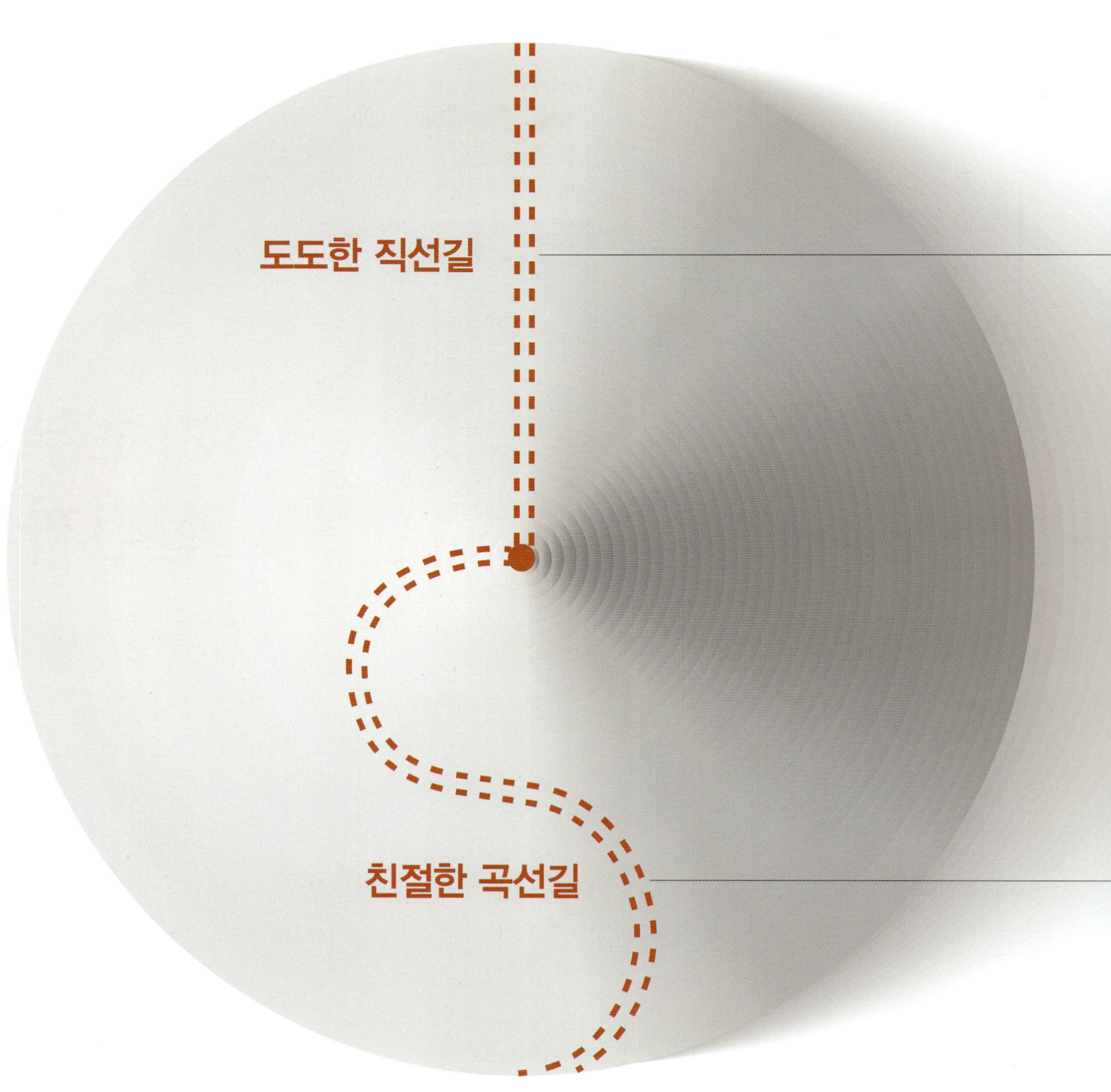

초등 3·1

상위권의 기준

최상위 수학 S

정답과 풀이

SPEED 정답 체크

1 덧셈과 뺄셈

1 세 자리 수의 덧셈

1 10

2 ⑴ 400, 1078, 1123 ⑵ 419 / 119, 419

3 (○) (   )   **4** 778 m

5 967, 875, 1842(또는 875, 967, 1842)
578, 689, 1267(또는 689, 578, 1267)

6 612   **7** 287, 516, (나)

2 세 자리 수의 뺄셈

1 288 cm   **2** 506 / 806, 300, 506

3 513, 187   **4** 141개   **5** 664

6 548   **7** +   **8** 380

1 700 / 350, 350, 350 / 175, 175, 175, 175,
175, 175, 175, 175

1-1 (위에서부터) 500 / 250, 250, 250 / 125,
125, 125, 125, 125, 125, 125, 125

1-2 (위에서부터) 450, 450, 450 / 225, 225, 225,
225, 225, 225, 225, 225

1-3 ⑴ 예 395, 405 ⑵ 예 295, 355

1-4 예 120, 95, 85

2 197 / 197, 604, 302, 302, 302, 499

2-1 300, 200   **2-2** 155, 401

2-3 382명, 199명   **2-4** 530장

3 600, 130, 24, 754 / 754, 490, 49

3-1 60개   **3-2** 117개   **3-3** 30개   **3-4** 17

4 288, 417, 169, 705, 169, 536

4-1 500 cm   **4-2** 699 cm   **4-3** 275 m

4-4 166 m

5 541, 145, 830, 308, 830, 145, 685

5-1 920   **5-2** 718   **5-3** 687

5-4 예 501, 498

6 396, 396, 예 395, 예 394, 예 393, 395

6-1 250, 예 249   **6-2** 380

6-3 387   **6-4** 249

7 211, 211, 211, 211, 211, 1055

7-1 1215   **7-2** 1430   **7-3** 302

7-4 338

8 458, 458, 454, 454

8-1 499   **8-2** 434   **8-3** 181

8-4 364

9 9, 3, 4

9-1 5, 6, 8   **9-2** 6, 2, 8   **9-3** 4, 5

9-4 23

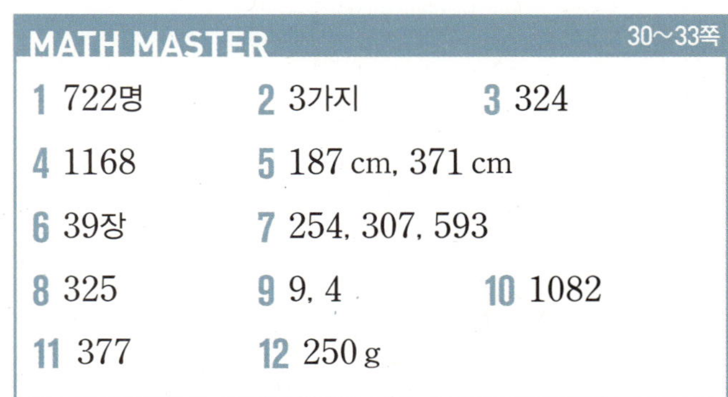

1 722명   **2** 3가지   **3** 324

4 1168   **5** 187 cm, 371 cm

6 39장   **7** 254, 307, 593

8 325   **9** 9, 4   **10** 1082

11 377   **12** 250 g

2 평면도형

1 선의 종류, 각과 직각

1

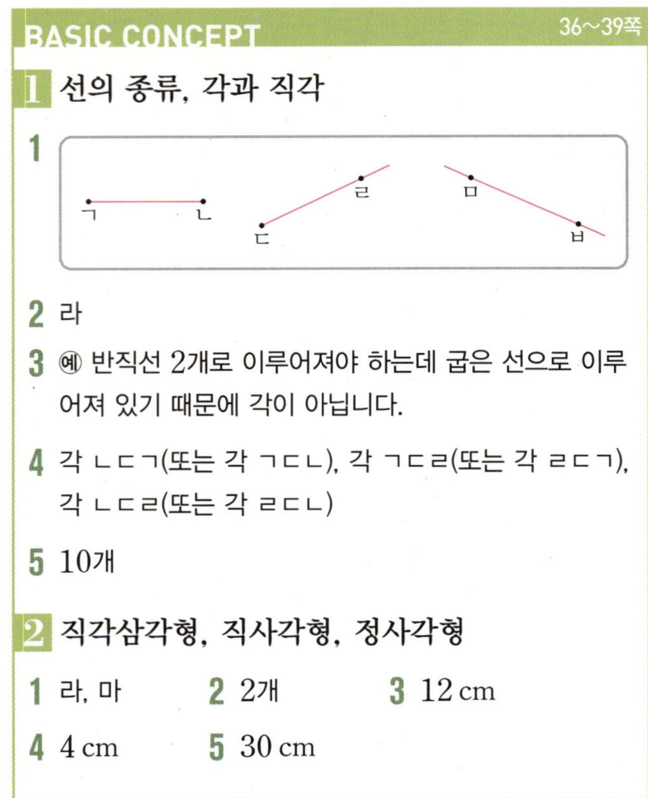

2 라

3 ⑩ 반직선 2개로 이루어져야 하는데 굽은 선으로 이루어져 있기 때문에 각이 아닙니다.

4 각 ㄴㄷㄱ(또는 각 ㄱㄷㄴ), 각 ㄱㄷㄹ(또는 각 ㄹㄷㄱ), 각 ㄴㄷㄹ(또는 각 ㄹㄷㄴ)

5 10개

2 직각삼각형, 직사각형, 정사각형

1 라, 마　　**2** 2개　　**3** 12 cm

4 4 cm　　**5** 30 cm

---

1 선분, 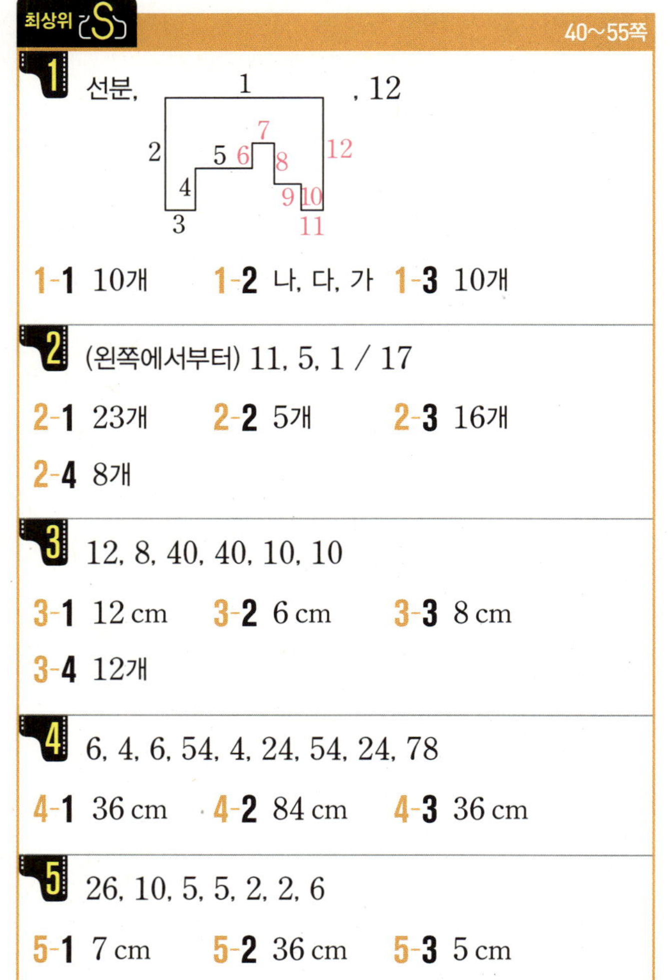, 12

1-1 10개　　**1-2** 나, 다, 가　　**1-3** 10개

2 (왼쪽에서부터) 11, 5, 1 / 17

2-1 23개　　**2-2** 5개　　**2-3** 16개

2-4 8개

3 12, 8, 40, 40, 10, 10

3-1 12 cm　　**3-2** 6 cm　　**3-3** 8 cm

3-4 12개

4 6, 4, 6, 54, 4, 24, 54, 24, 78

4-1 36 cm　　**4-2** 84 cm　　**4-3** 36 cm

5 26, 10, 5, 5, 2, 2, 6

5-1 7 cm　　**5-2** 36 cm　　**5-3** 5 cm

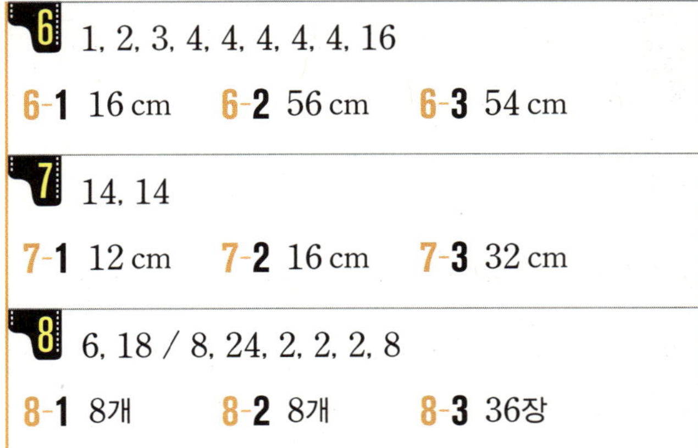

6 1, 2, 3, 4, 4, 4, 4, 4, 16

6-1 16 cm　　**6-2** 56 cm　　**6-3** 54 cm

7 14, 14

7-1 12 cm　　**7-2** 16 cm　　**7-3** 32 cm

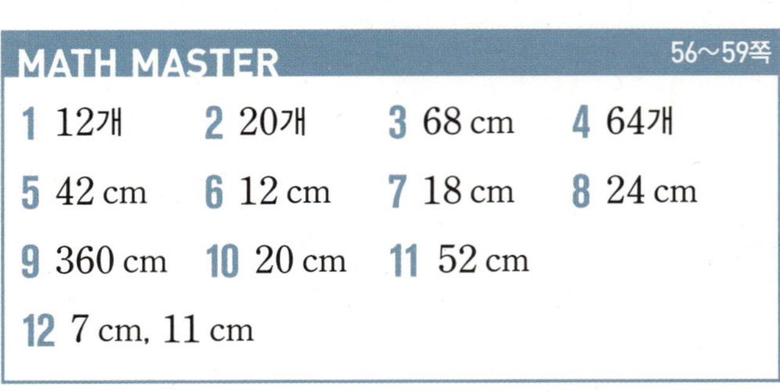

8 6, 18 / 8, 24, 2, 2, 2, 8

8-1 8개　　**8-2** 8개　　**8-3** 36장

---

1 12개　　**2** 20개　　**3** 68 cm　　**4** 64개

5 42 cm　　**6** 12 cm　　**7** 18 cm　　**8** 24 cm

9 360 cm　　**10** 20 cm　　**11** 52 cm

12 7 cm, 11 cm

3 나눗셈

1 나눗셈의 이해

1 (1) 4　(2) 4　　　　　　**2** ㉢

3 54÷9=6(또는 54÷9), 6바구니

4 ⑤　　　　　　　**5** 귤

2 곱셈과 나눗셈의 관계, 나눗셈의 몫

1 4, 5, 20 / 20, 4, 5 또는 20, 5, 4

2 48÷6=8 또는 48÷8=6　　**3** 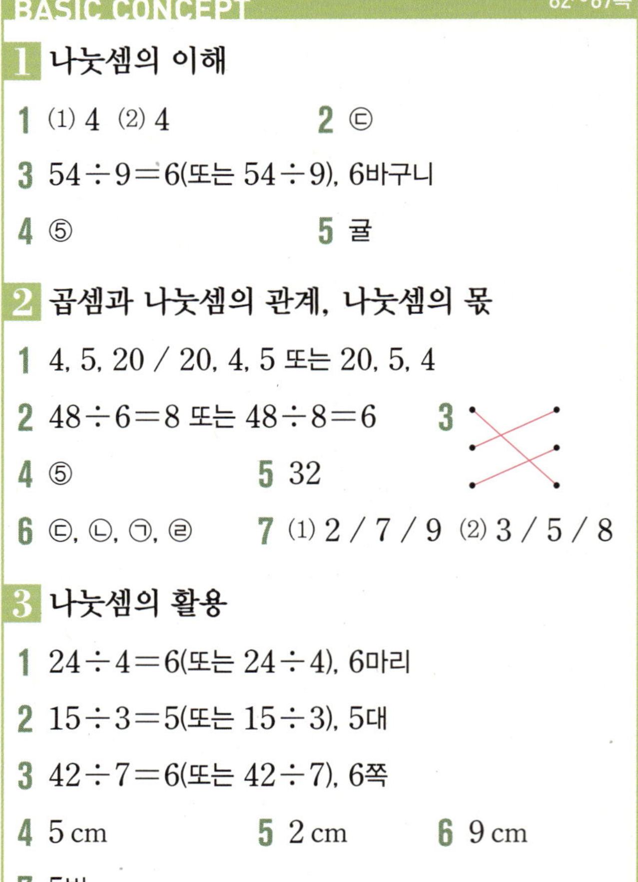

4 ⑤　　　　**5** 32

6 ㉢, ㉡, ㉠, ㉣　　**7** (1) 2 / 7 / 9　(2) 3 / 5 / 8

3 나눗셈의 활용

1 24÷4=6(또는 24÷4), 6마리

2 15÷3=5(또는 15÷3), 5대

3 42÷7=6(또는 42÷7), 6쪽

4 5 cm　　　　**5** 2 cm　　　　**6** 9 cm

7 5번

1 4, 4, 5, 4, 7, 7, 5, 2

1-1 8개, 6개   **1-2** 3장   **1-3** 19송이

1-4 30

2 36, 36, 6, 6

2-1 6개   **2-2** 8개   **2-3** 4개

2-4 9개

3 18, 24, 21, 16, 24, 24

3-1 3개   **3-2** 15   **3-3** 36, 54   **3-4** 8

4 24, 12, 2, 6, 1, 3, 4, 6

4-1 5   **4-2** (1, 18), (3, 6), (9, 2)

4-3 5, 6   **4-4** 4, 9

5 24, 36, 24, 24, 24

5-1 14   **5-2** 24   **5-3** 56   **5-4** 36

6 (위에서부터) 4, 9, 4, 9 / 5, 4, 5, 9 / 15, 4, 15, 5, 9

6-1 7 / 3 / 10   **6-2** 5 / 16, 4 / 9

6-3 24, 3 / 5 / 8   **6-4** 예 18, 3 / 12, 2 / 5

7 5, 5, 2, 2, 2, 6, 6, 6, 42

7-1 2 cm   **7-2** 108 cm   **7-3** 74 cm

7-4 126 cm

8 8, 1, 8, 1, 9, 9, 18

8-1 4그루   **8-2** 16개   **8-3** 3 m

8-4 12그루

1 2 m   **2** 7개   **3** 3   **4** 48

5 3, 10   **6** 3   **7** 7   **8** 11개

9 7 cm   **10** 8명

4 곱셈

1 (몇십) × (몇), 올림이 없는 (몇십몇) × (몇)

1 30, 300   **2** (1) 80, 2, 82 (2) 90, 6, 96

3 8, 4, 80   **4** 22

5 (1) 7, 70 (2) 6, 60   **6** 140장

7 (1) 10, 5 (2) 42, 21, 7

2 올림이 있는 (몇십몇) × (몇)

1 (1) 60, 12, 72   (2) 300, 48, 348

2
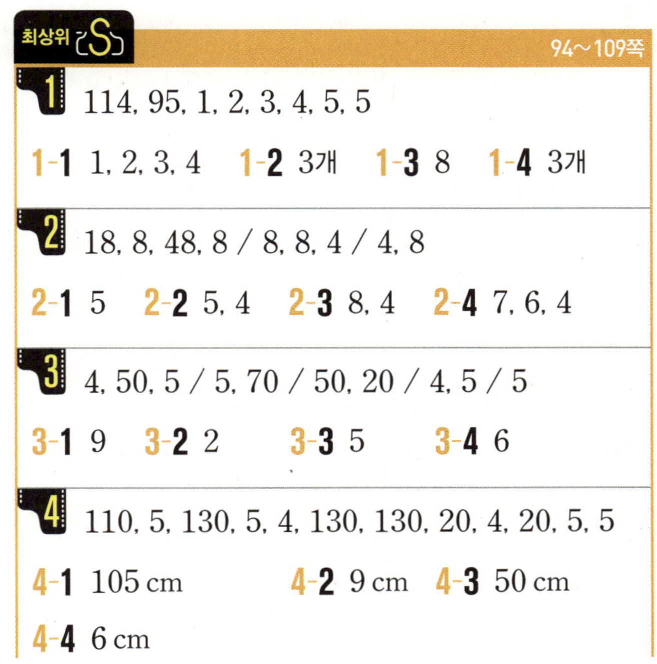

3 (1) > (2) =   **4** ㉡, ㉣

5 55 × 7 = 385(또는 55 × 7), 385쪽

6 3개   **7** ㉣

3 곱셈의 활용

1 2 m 61 cm   **2** 2시간 20분

3 161 m   **4** 114 m

5 192 m

6 (1) 3 (2) 10 (3) 20 (4) 12

1 114, 95, 1, 2, 3, 4, 5, 5

1-1 1, 2, 3, 4   **1-2** 3개   **1-3** 8   **1-4** 3개

2 18, 8, 48, 8 / 8, 8, 4 / 4, 8

2-1 5   **2-2** 5, 4   **2-3** 8, 4   **2-4** 7, 6, 4

3 4, 50, 5 / 5, 70 / 50, 20 / 4, 5 / 5

3-1 9   **3-2** 2   **3-3** 5   **3-4** 6

4 110, 5, 130, 5, 4, 130, 130, 20, 4, 20, 5, 5

4-1 105 cm   **4-2** 9 cm   **4-3** 50 cm

4-4 6 cm

5 15, 15, 9

5-1 2　**5-2** 6　**5-3** 4　**5-4** 5

6 64, 64, 64, 48, 12, 4

6-1 10개　**6-2** 62장　**6-3** 3 kg　**6-4** 60개

7 1, 6, 2, 8, 3, 10, 24, 52

7-1 22개　**7-2** 114개　**7-3** 51개　**7-4** 97개

8 4, 1, 2, 5, 155, 5, 9

8-1 6개　**8-2** 8개　**8-3** 7번　**8-4** 5개

MATH MASTER　110~112쪽

1 228권　**2** 4　**3** 423　**4** 666, 94

5 9　**6** 256개　**7** 5일　**8** 9, 4

9 21개　**10** 35개　**11** 180원

---

5 길이와 시간

BASIC CONCEPT　114~119쪽

1 길이의 단위, 길이의 덧셈과 뺄셈

1 74 mm　**2** ㉣, ㉢, ㉠, ㉡

3 (1) 1　(2) 850　(3) 5　(4) 30　　**4** ㉡, ㉢

5 (1) mm　(2) km　**6** 23 cm 3 mm, 5 cm 5 mm

7 20 km 880 m　**8** 3 km 670 m

9 (위에서부터) 100, 10, 100, 10 / 1000, 1000

2 시간의 단위, 시간의 덧셈과 뺄셈

1 (1) 10시 28분 12초　(2) 3시 52분 8초

2 (1) 342　(2) 4, 3

3 (1) 10시간 4분 45초　(2) 4시간 35분 23초

4 연우, 1, 7　**5** 1시간 21분 42초

6 60, 60, 24　**7** ㉢, ㉠, ㉡

8 12시간 44분

최상위 S　120~135쪽

1 2, 1, 720 / 1, 720, 2, 390

1-1 1 km 100 m　**1-2** 1 km 610 m

1-3 9 cm 8 mm　**1-4** 2 km 300 m

2 100, 40 / 40, 90, 30 / 30, 80, 20

2-1 오후 5시 50분　**2-2** 오전 11시 55분

2-3 수빈, 18분 40초　**2-4** 10시간 28분 30초

3 10, 55, 500 / 2, 34, 36, 3, 37, 60, 3, 38 / 55, 500, 3, 38

3-1 12, 350, 29, 33　**3-2** 117, 200, 4, 52

3-3 51, 500, 2, 37

3-4 180 km 200 m / 5시간 46분 57초

4 2, 400 / 3, 230 / 4, 90 / 4, 90, 2, 400, 1, 690

4-1 600 m　**4-2** 6 km 190 m

4-3 1 km 550 m

5 2, 5, 4, 15 / 6, 20

5-1 토요일, 오전 7시 30분

5-2 8월 2일 오후 10시 10분 55초

5-3 6시간 55분

5-4 7월 18일 오전 2시 25분 40초

6 6 / 30, 31, 500

6-1 36 km　**6-2** 55 km 800 m

6-3 3 km　**6-4** 오후 1시 23분

7 72, 72, 144, 144, 2, 24, 8, 57, 36

7-1 7시 52분 17초　**7-2** 오전 10시 1분 54초

7-3 오후 6시 56분 48초

7-4 오후 7시 58분 45초

8 2 / 60 / 3, 80

8-1 오후 4시　**8-2** 오전 8시 30분

8-3 60 km　**8-4** 10 km 900 m

MATH MASTER　　136~139쪽

1 6시 45분　　**2** 59분

3 4시간 54분 26초　　**4** 오후 6시

5 810 m, 3 km 610 m　　**6** 1 km 765 m

7 17 cm 9 mm　　**8** 53 km

9 14 km

10 6월 10일 오전 8시 50분

11 22 cm 2 mm　　**12** 4 m 16 cm

6 분수와 소수

BASIC CONCEPT　　142~147쪽

1 분수 알아보기

1 (1) 예 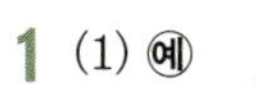　　(2) 예

2 $\dfrac{4}{9}$, $\dfrac{5}{9}$　　**3** $\dfrac{5}{8}$

4 (1) 예

(2) 예 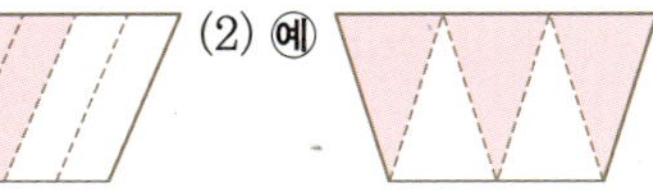

5 15 cm　　**6** $\dfrac{2}{3}$, $\dfrac{2}{5}$, $\dfrac{3}{5}$

2 분수의 크기 비교하기

1 (1) <　(2) >　　**2** 4개　　**3** 흰색

4 $\dfrac{1}{3}$, $\dfrac{1}{8}$

5 예 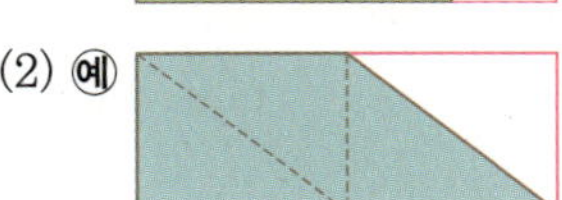

/ $\dfrac{2}{4}$, $\dfrac{2}{5}$, $\dfrac{2}{10}$

6 ④　　**7** (위에서부터) $\dfrac{1}{2}$, $\dfrac{1}{6}$ / 2

---

3 소수 알아보기, 소수의 크기 비교

1 (1) $\dfrac{7}{10}$, 0.7　(2) $\dfrac{6}{10}$, 0.6

2 (1) 4.6　(2) 7, 5

3 (위에서부터) 7, 25 / 0.4, 1.7

4 ㉹, ㉡, ㉠, ㉢　　**5** 0.2

6 예 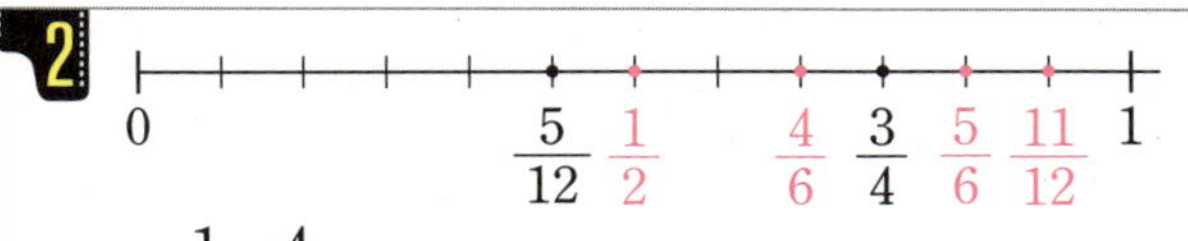

/ 12 cm

1 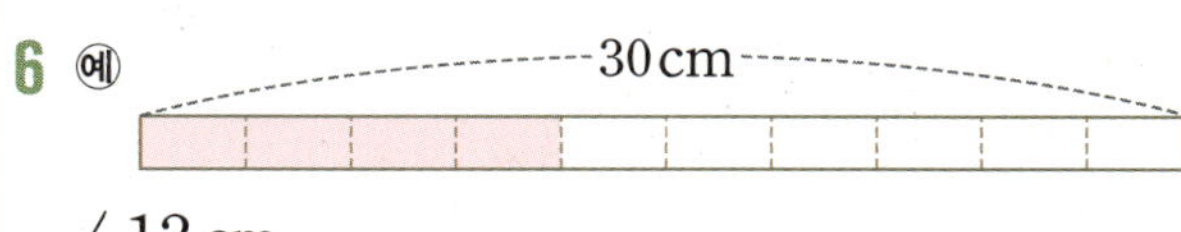 / 21, 21, $\dfrac{21}{32}$

1-1 2칸　　**1-2** (1) $\dfrac{2}{5}$ (2) $\dfrac{3}{8}$

1-3 예 $\dfrac{2}{4}$　　**1-4** $\dfrac{8}{10}$

2 / $\dfrac{1}{2}$, $\dfrac{4}{6}$

2-1

2-2 / $\dfrac{11}{18}$

2-3 / $\dfrac{3}{5}$

3 큽니다에 ○표, >, 1, 2, 3, 4, 5, 6, 6

3-1 1, 2, 3, 4　　**3-2** 9개

3-3 6, 7, 8, 9, 10　　**3-4** 5개

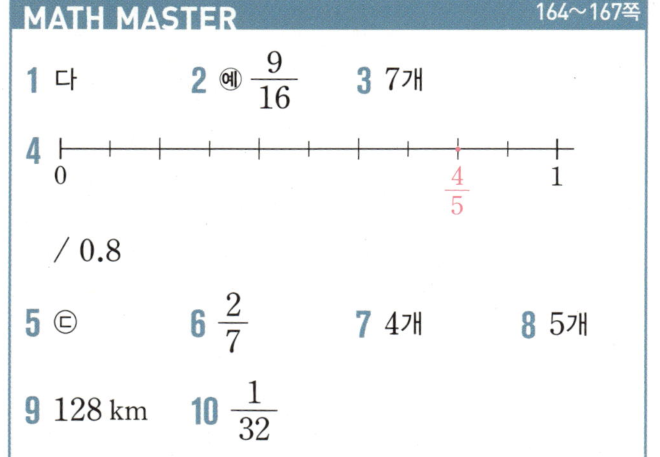

4 $\dfrac{5}{12}$ / $\dfrac{5}{12}$

4-1 $\dfrac{2}{11}$ **4-2** $\dfrac{1}{10}$

4-3 $\dfrac{3}{8}$ **4-4** 3조각

5 (위에서부터) 2, 0.5, 2.5 / 10, 1 / 2.5, 1, 3.5

5-1 3.3   **5-2** 4.7

5-3 15   **5-4** 5개

6 7, 8, 9, 7 / 1, 2, 3, 3

6-1 1, 2, 3, 4   **6-2** 3, 4

6-3 3개   **6-4** 4, 5

7 3, 7 / 3.2, 3.7 / 7.2, 7.3 / 3.2, 3.7, 7.2, 7.3

7-1 7.1, 7.4   **7-2** 6.3, 6.9, 9.3, 9.6

7-3 8.2, 1.5   **7-4** 5개

8 3, 9

8-1 2배   **8-2** 1시간 15분

8-3 25분   **8-4** 30분

MATH MASTER 164~167쪽

1 다   **2** 예 $\dfrac{9}{16}$ **3** 7개

4 (수직선: 0 ―――― $\dfrac{4}{5}$ ― 1) / 0.8

5 ㉢   **6** $\dfrac{2}{7}$ **7** 4개   **8** 5개

9 128 km   **10** $\dfrac{1}{32}$

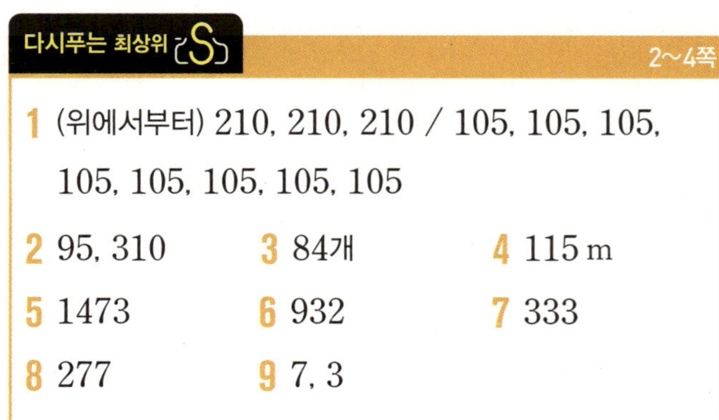

복습책

1 덧셈과 뺄셈

다시푸는 최상위 S   2~4쪽

1 (위에서부터) 210, 210, 210 / 105, 105, 105, 105, 105, 105, 105, 105

2 95, 310   **3** 84개   **4** 115 m

5 1473   **6** 932   **7** 333

8 277   **9** 7, 3

다시푸는 MATH MASTER   5~7쪽

1 754명   **2** 3가지   **3** 571   **4** 422

5 170 cm, 237 cm   **6** 40개

7 483, 238, 355   **8** 134   **9** 5, 2

10 361   **11** 202   **12** 80 g

2 평면도형

다시푸는 최상위 S   8~10쪽

1 15개   **2** 12개   **3** 20개   **4** 48 cm

5 13 cm   **6** 72 cm   **7** 14 cm   **8** 15장

다시푸는 MATH MASTER   11~14쪽

1 20개   **2** 18개   **3** 15 cm   **4** 36개

5 46 cm   **6** 16 cm   **7** 12 cm   **8** 16 cm

9 288 cm   **10** 20 cm   **11** 78 cm

12 12 cm, 6 cm

3 나눗셈

1 18개	**2** 8개	**3** 36
4 1, 12	**5** 24	**6** 14, 2 / 6 / 8
7 100 cm	**8** 4 m	

1 4 m	**2** 9개	**3** 4	**4** 36
5 4, 16	**6** 2	**7** 11	**8** 8개
9 6 cm	**10** 7명		

4 곱셈

1 5	**2** 3, 0	**3** 19	**4** 20 cm
5 7	**6** 22개	**7** 63개	**8** 17번

1 360권	**2** 6	**3** 252	**4** 477
5 8	**6** 243개	**7** 5일	**8** 6, 7
9 15개	**10** 84개	**11** 360원	

5 길이와 시간

1 6 cm 5 mm	**2** 10시간 7분 10초
3 51, 500, 2, 32	**4** 7 km 40 m
5 7월 30일 오전 6시 46분 30초	
6 8 km 100 m	**7** 오전 9시 1분 56초
8 23 km 100 m	

1 8시 30분	**2** 21분
3 2시간 51분 14초	**4** 오후 4시
5 890 m, 4 km 310 m	**6** 1 km 656 m
7 20 cm 3 mm	**8** 32 km
9 14 km 400 m	
10 6월 5일 오후 4시 10분	
11 14 cm 3 mm	**12** 4 m 15 cm

6 분수와 소수

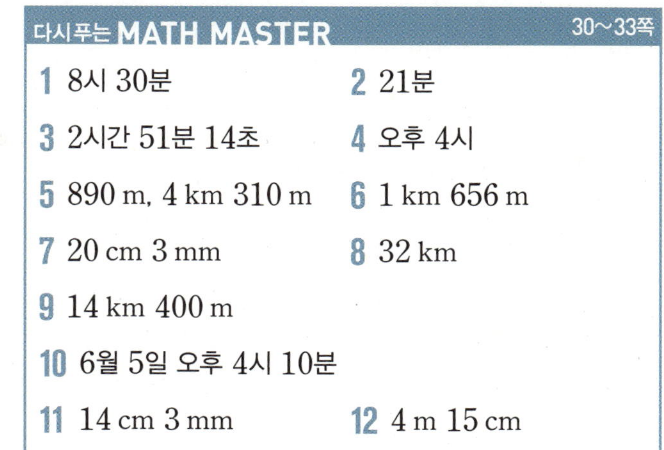

1 $\dfrac{2}{6}$

2 / $\dfrac{5}{12}$

3 5개	**4** $\dfrac{4}{9}$	**5** 10
6 3개	**7** 8개	**8** 1시간 48분

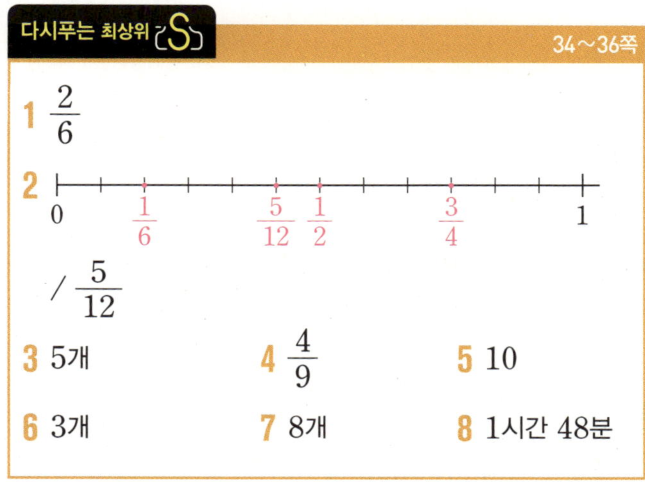

1 다	**2** 예 $\dfrac{7}{16}$	**3** 3개

4 / 0.4

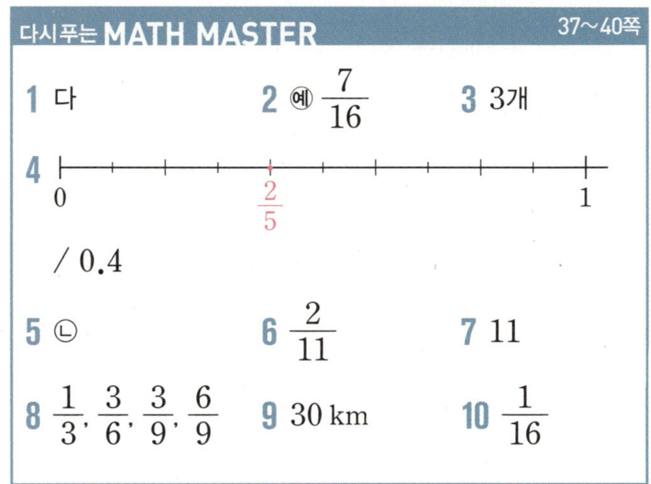

5 ㉡	**6** $\dfrac{2}{11}$	**7** 11
8 $\dfrac{1}{3}$, $\dfrac{3}{6}$, $\dfrac{3}{9}$, $\dfrac{6}{9}$	**9** 30 km	**10** $\dfrac{1}{16}$

1 덧셈과 뺄셈

1 세 자리 수의 덧셈

1 10

□ 안에 1은 일의 자리의 계산 9＋3＝$\underline{1}$2에서 받아올림한 수 10을 나타냅니다.

2 (1) 400, 1078, 1123
(2) 419 / 119, 419

(1) 더하는 수 445를 400과 45로 나누어 678＋400을 먼저 계산한 다음 45를 더하는 방법입니다.
(2) 늘어난 수만큼 줄어든 수를 더하면 결과가 같습니다.
더해지는 수 299에 1을 더하여 300으로 만들고, 더하는 수 120에서 1을 빼 119로 만들어 계산하면 300＋119＝419입니다.
따라서 299＋120＝419입니다.

3 (○) (　　)

574＋468＝1042, 397＋632＝1029
➡ 1042＞1029

4 778 m

집에서 도서관까지 갔다 왔으므로 389 m를 두 번 더합니다.
➡ 389＋389＝778(m)

5 967, 875, 1842 /
(또는 875, 967, 1842)
578, 689, 1267
(또는 689, 578, 1267)

합이 가장 큰 덧셈식은 (가장 큰 수)＋(둘째로 큰 수)이므로
967＋875＝1842(또는 875＋967＝1842)입니다.
합이 가장 작은 덧셈식은 (가장 작은 수)＋(둘째로 작은 수)이므로
578＋689＝1267(또는 689＋578＝1267)입니다.

6 612

두 수의 합이 가장 작으려면 가장 작은 수와 둘째로 작은 수를 더해야 합니다.
가장 작은 수: 305, 둘째로 작은 수: 307
➡ 305＋307＝612

7 287, 516, (나)

덧셈에서는 두 수를 바꾸어 더해도 결과가 같습니다.
106＋404＋516＝106＋516＋404

보충 개념
$a + b + c = a + c + b$

1 288 cm

$$
\begin{array}{r}
{\scriptstyle 5\ \ 13\ \ 10} \\
6\ \ 4\ \ 7 \\
-\ 3\ \ 5\ \ 9 \\
\hline
2\ \ 8\ \ 8
\end{array}
$$

2 506 / 806, 300, 506

빼지는 수와 빼는 수가 같은 수만큼 커지면 결과가 같습니다.

빼지는 수 800에 6을 더하여 806으로 만들고, 빼는 수 294에 6을 더하여 300으로 만들어 계산하면 $806-300=506$입니다. 따라서 $800-294=506$입니다.

3 513, 187

$761-248=513$, $513-326=187$

4 141개

(남은 식빵의 수)=(만든 식빵의 수)−(판 식빵의 수)=$400-259=141$(개)

5 664

덧셈과 뺄셈의 관계를 이용하면 $\square+658=1322$, $\square=1322-658$, $\square=664$입니다.

6 548

어떤 수를 $\square$라 하면 $\square+263=811$, $\square=811-263$, $\square=548$입니다.

7 +

$524 \bigcirc 219-68=675$에서 $524 \bigcirc 219=675+68$이므로 $524 \bigcirc 219=743$입니다. $524+219=743$, $524-219=305$이므로 $\bigcirc$ 안에 알맞은 기호는 +입니다.

8 380

세 수의 계산에서 덧셈만 있을 때에는 순서를 바꾸어 더해도 되므로 뒤의 두 수를 먼저 더하면 $\square+253+367=1000$, $\square+620=1000$, $\square=1000-620$, $\square=380$입니다.

대표문제 1

$$14=7+7 \longrightarrow 1400=700+700$$

$$70=35+35 \longrightarrow =350+350+350+350$$

$$300=150+150 \longrightarrow =175+175+175+175$$
$$50=25+25 \qquad +175+175+175+175$$

1-1 (위에서부터) 500 / 250, 250, 250 / 125, 125, 125, 125, 125, 125, 125, 125

$$1000=500+500$$
$$=250+250+250+250$$
$$=125+125+125+125+125+125+125+125$$

$\Longleftarrow 10=5+5$

$\Longleftarrow 50=25+25$

$\Longleftarrow 200=100+100$
$\quad\ \ 50=25+25$

1-2 (위에서부터) 450, 450, 450 / 225, 225, 225, 225, 225, 225, 225, 225

$$1800 = 900 + 900$$
$$= 450 + 450 + 450 + 450$$
$$= 225 + 225 + 225 + 225 + 225 + 225 + 225 + 225$$

$\leftarrow 18 = 9 + 9$
$\leftarrow 90 = 45 + 45$
$\leftarrow \boxed{400 = \boxed{200} + \boxed{200}}$
$\boxed{50 = \boxed{25} + \boxed{25}}$

1-3 (1) ⓔ 395, 405
　　　(2) ⓔ 295, 355

(1) $800 = 400 + 400$과 같이 간단한 두 수의 덧셈으로 분해한 다음 400에 가까운 두 수로 받아올림이 있는 덧셈을 만들어 봅니다.

1-4 ⓔ 120, 95, 85

$300 = 100 + 100 + 100$이므로 100에 가까운 세 수 중 하나를 먼저 정한 다음 나머지 두 수를 정해 봅니다. 세 수를 정한 뒤에는 큰 수부터 차례로 ㉠, ㉡, ㉢에 써넣습니다.

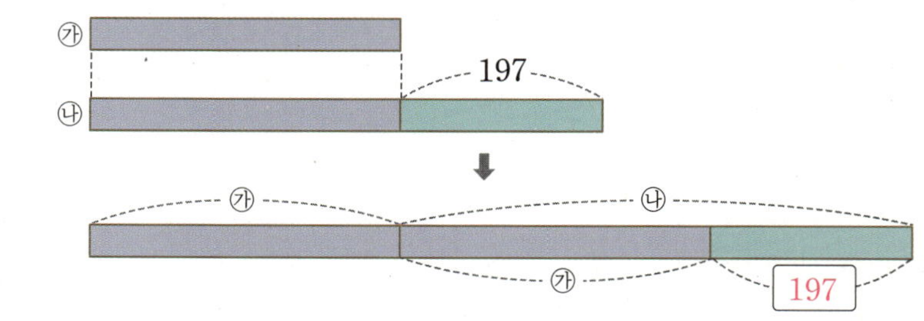

㉯＝㉮＋197, ㉮＋㉯＝801 ➡ ㉮＋㉮＋197＝801, ㉮＋㉮＝801－197,
㉮＋㉮＝604 ➡ ㉮＝302
따라서 ㉮＝302, ㉯＝302＋197＝499입니다.

2-1 300, 200

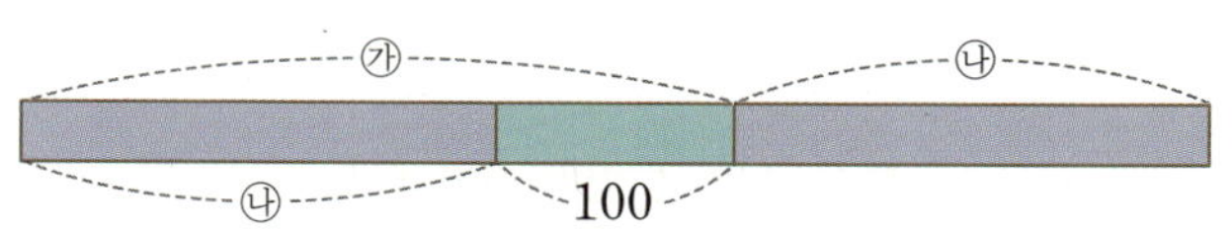

㉮＝㉯＋100, ㉮＋㉯＝500이므로 ㉯＋100＋㉯＝500, ㉯＋㉯＝500－100,
㉯＋㉯＝400입니다.
200＋200＝400이므로 ㉯＝200, ㉮＝200＋100＝300입니다.

2-2 155, 401

㉮＝㉯－246, ㉮＋㉯＝556이므로 ㉯－246＋㉯＝556, ㉯＋㉯＝556＋246,
㉯＋㉯＝802입니다.
401＋401＝802이므로 ㉯＝401, ㉮＝401－246＝155입니다.

 2-3 382명, 199명

ⓔ 여자를 □명이라 하면 남자는 (□＋183)명입니다. 인구가 581명이므로
□＋183＋□＝581, □＋□＝581－183, □＋□＝398, □＝199입니다.
따라서 여자는 199명이고, 남자는 199＋183＝382(명)입니다.

채점 기준	배점
남자 수와 여자 수를 구하는 식을 세울 수 있나요?	3점
남자 수와 여자 수를 각각 구할 수 있나요?	2점

2-4 530장

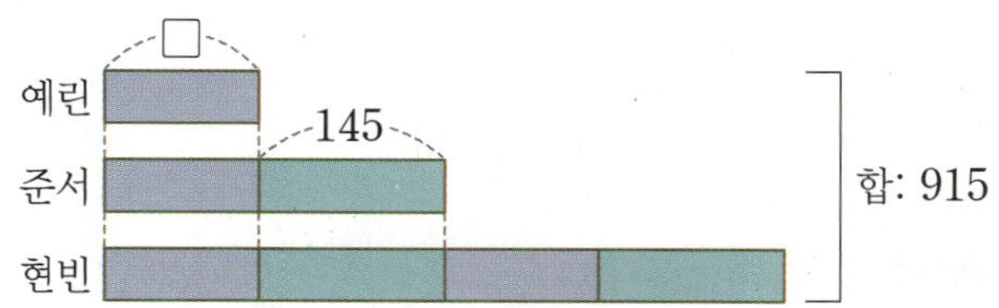

예린이가 모은 우표를 □장이라 하면 준서가 모은 우표는 (□+145)장입니다.
세 사람이 모은 우표가 모두 915장이므로 □+□+145+□+145+□+145=915,
□+□+□+□+145+145+145=915, □+□+□+□+435=915,
□+□+□+□=915-435=480, □=120입니다.
따라서 예린이가 모은 우표는 120장이고,
현빈이가 모은 우표는 120+145+120+145=530(장)입니다.

대표문제 3

$$100이\ \ 6개 \Rightarrow 600$$
$$10이\ 13개 \Rightarrow 130$$
$$1이\ 24개 \Rightarrow 24$$
$$754$$

이 수보다 264만큼 더 작은 수는 754-264=490이므로 10이 49개인 수입니다.

3-1 60개

$$100이\ \ 5개 \Rightarrow 500$$
$$10이\ 20개 \Rightarrow 200$$
$$1이\ 10개 \Rightarrow 10$$
$$710$$

100이 5개, 10이 20개, 1이 10개인 세 자리 수는 710이고, 이 수보다 110만큼 더 작은 수는 710-110=600이므로 10이 60개인 수입니다.

3-2 117개

$$100이\ \ 7개 \Rightarrow 700$$
$$10이\ 17개 \Rightarrow 170$$
$$1이\ 23개 \Rightarrow 23$$
$$893$$

893보다 277만큼 더 큰 수는 893+277=1170입니다.
1170 ➡ 1000이 1개, 100이 1개, 10이 7개인 수
➡ 100이 11개, 10이 7개인 수
➡ 10이 110개, 10이 7개인 수
➡ 10이 117개인 수

3-3 30개

㉠	㉡
2 7 6 − 1 5 0 1 2 6	1 2 7 6 + 1 5 0 4 2 6

㉠은 126이고, ㉡은 426이므로
두 수의 차는 426-126=300입니다.
➡ 300은 10이 30개인 수입니다.

3-4 17

$$100이\ \ 5개 \Rightarrow 500$$
$$10이\ 13개 \Rightarrow 130$$
$$1이\ 39개 \Rightarrow 39$$
$$669$$

669보다 199만큼 더 작은 수는 669-199=470입니다.
➡ 470=300+170이므로 470은 100이 3개, 10이 17개인 수입니다.

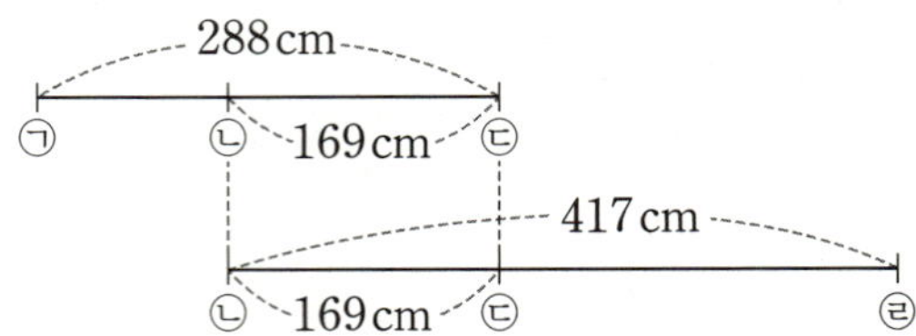

$(㉠\sim㉣의\ 길이)=(㉠\sim㉢의\ 길이)+(㉡\sim㉣의\ 길이)-(㉡\sim㉢의\ 길이)$
$=288+417-169$
$=705-169$
$=536\,(cm)$

4-1 500 cm

$(㉠\sim㉣의\ 길이)=(㉠\sim㉢의\ 길이)+(㉡\sim㉣의\ 길이)-(㉡\sim㉢의\ 길이)$
$=300+400-200=700-200=500\,(cm)$

4-2 699 cm

1 m 75 cm＝175 cm입니다.
(이어 붙인 색 테이프 전체의 길이)＝437＋437－175＝874－175＝699 (cm)

4-3 275 m

$(㉠\sim㉣의\ 거리)=(㉠\sim㉢의\ 거리)+(㉡\sim㉣의\ 거리)-(㉡\sim㉢의\ 거리)$이므로
$589=436+428-(㉡\sim㉢의\ 거리)$입니다.
➡ $(㉡\sim㉢의\ 거리)=436+428-589=864-589=275\,(m)$

4-4 166 m

$(㉠\sim㉢의\ 거리)+(㉢\sim㉣의\ 거리)=(㉠\sim㉡의\ 거리)+(㉡\sim㉣의\ 거리)$
➡ $(㉠\sim㉡의\ 거리)=(㉠\sim㉢의\ 거리)+(㉢\sim㉣의\ 거리)-(㉡\sim㉣의\ 거리)$
$=439+235-508=674-508=166\,(m)$

다른 풀이
$(㉡\sim㉢의\ 거리)=(㉡\sim㉣의\ 거리)-(㉢\sim㉣의\ 거리)$
$=508-235=273\,(m)$
$(㉠\sim㉡의\ 거리)=(㉠\sim㉢의\ 거리)-(㉡\sim㉢의\ 거리)$
$=439-273=166\,(m)$

두 수의 차가 가장 크게 되려면 가장 큰 수에서 가장 작은 수를 **빼야** 합니다.

민주가 만들 수 있는 ⎡ 가장 큰 세 자리 수: 541
⎣ 가장 작은 세 자리 수: 145

진서가 만들 수 있는 ⎡ 가장 큰 세 자리 수: 830
⎣ 가장 작은 세 자리 수: 308

➡ 두 수의 차가 가장 클 때: 830－145＝685

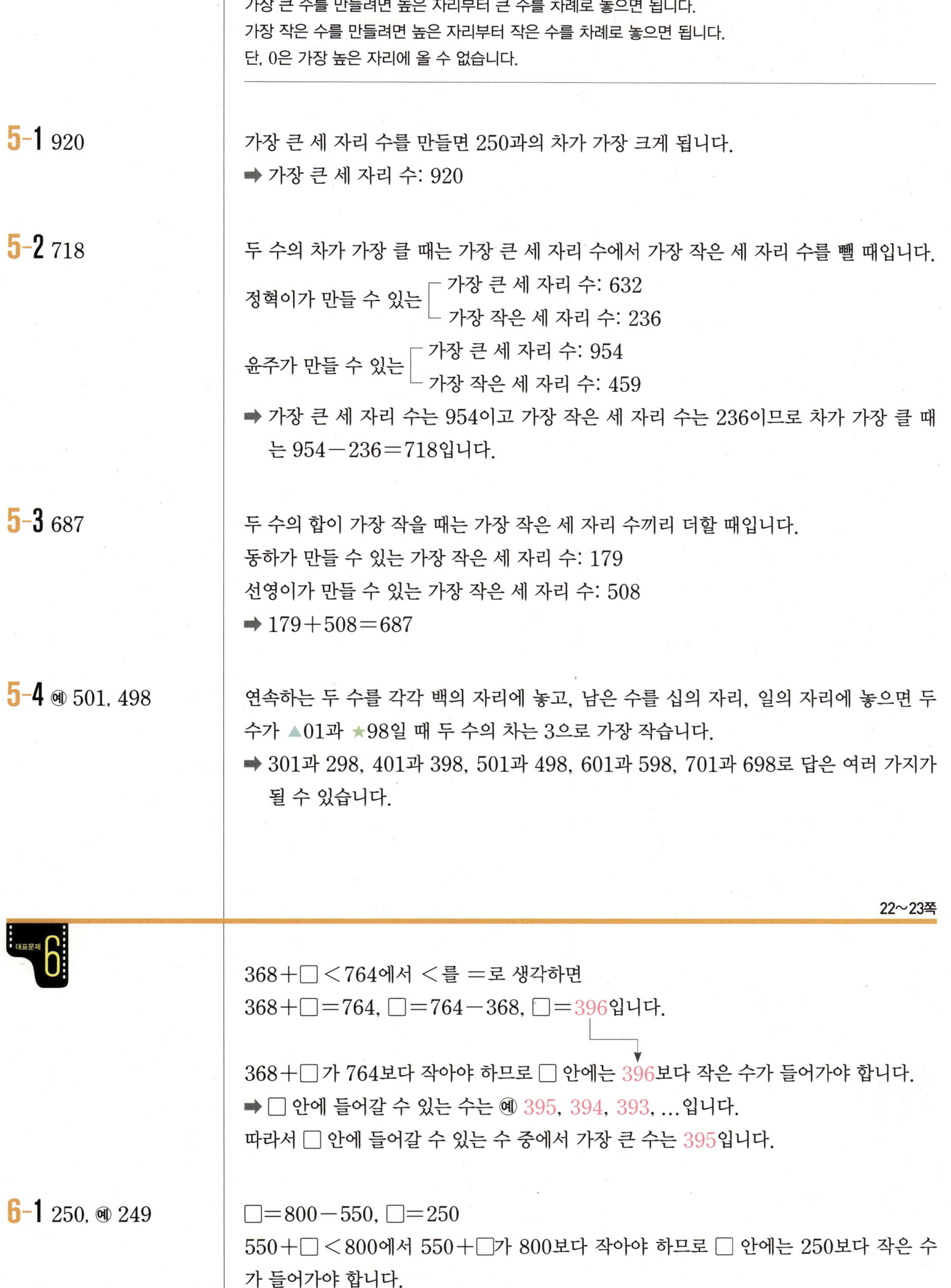

5-1 920

가장 큰 세 자리 수를 만들면 250과의 차가 가장 크게 됩니다.
➡ 가장 큰 세 자리 수: 920

5-2 718

두 수의 차가 가장 클 때는 가장 큰 세 자리 수에서 가장 작은 세 자리 수를 뺄 때입니다.

정혁이가 만들 수 있는 ┌ 가장 큰 세 자리 수: 632
　　　　　　　　　　 └ 가장 작은 세 자리 수: 236

윤주가 만들 수 있는 ┌ 가장 큰 세 자리 수: 954
　　　　　　　　　　 └ 가장 작은 세 자리 수: 459

➡ 가장 큰 세 자리 수는 954이고 가장 작은 세 자리 수는 236이므로 차가 가장 클 때는 954－236＝718입니다.

5-3 687

두 수의 합이 가장 작을 때는 가장 작은 세 자리 수끼리 더할 때입니다.
동하가 만들 수 있는 가장 작은 세 자리 수: 179
선영이가 만들 수 있는 가장 작은 세 자리 수: 508
➡ 179＋508＝687

5-4 ㉺ 501, 498

연속하는 두 수를 각각 백의 자리에 놓고, 남은 수를 십의 자리, 일의 자리에 놓으면 두 수가 ▲01과 ★98일 때 두 수의 차는 3으로 가장 작습니다.
➡ 301과 298, 401과 398, 501과 498, 601과 598, 701과 698로 답은 여러 가지가 될 수 있습니다.

22～23쪽

6

368＋□＜764에서 ＜를 ＝로 생각하면
368＋□＝764, □＝764－368, □＝396입니다.

368＋□가 764보다 작아야 하므로 □ 안에는 396보다 작은 수가 들어가야 합니다.
➡ □ 안에 들어갈 수 있는 수는 ㉺ 395, 394, 393, … 입니다.
따라서 □ 안에 들어갈 수 있는 수 중에서 가장 큰 수는 395입니다.

6-1 250, ㉺ 249

□＝800－550, □＝250
550＋□＜800에서 550＋□가 800보다 작아야 하므로 □ 안에는 250보다 작은 수가 들어가야 합니다.

6-2 380

$292+\square>671$에서 $>$를 $=$로 생각하면 $292+\square=671$, $\square=671-292$, $\square=379$입니다.

$292+\square$가 671보다 커야 하므로 $\square$ 안에는 379보다 큰 수가 들어가야 합니다.

따라서 $\square$ 안에 들어갈 수 있는 수는 380, 381, 382, …이고 이 중에서 가장 작은 수는 380입니다.

6-3 387

⑩ 에 들어갈 수 있는 수를 $\square$라 하면 $188+\square<932-356$이고 $<$를 $=$로 생각하면 $188+\square=932-356$, $188+\square=576$, $\square=576-188$, $\square=388$입니다.

$188+\square$가 576보다 작아야 하므로 $\square$ 안에는 388보다 작은 수가 들어가야 합니다.

따라서 $\square$ 안에 들어갈 수 있는 수 중에서 가장 큰 수는 387입니다.

채점 기준	배점
㉧에 들어갈 수 있는 수를 $\square$라 하여 식을 만들 수 있나요?	1점
㉧에 들어갈 수 있는 수의 범위를 구할 수 있나요?	2점
㉧에 들어갈 수 있는 수 중에서 가장 큰 수를 구할 수 있나요?	2점

6-4 249

$376<128+\square<821$에서 $\square$ 안에 들어갈 수 있는 수는 $376<128+\square$와 $128+\square<821$을 모두 만족시키는 수입니다.

① $376<128+\square$에서 $<$를 $=$로 생각하면 $376=128+\square$, $\square=376-128$, $\square=248$입니다.

➡ $\square$ 안에는 248보다 큰 수가 들어가야 합니다.

② $128+\square<821$에서 $<$를 $=$로 생각하면 $128+\square=821$, $\square=821-128$, $\square=693$입니다.

➡ $\square$ 안에는 693보다 작은 수가 들어가야 합니다.

$\square$ 안에 들어갈 수 있는 수는 ①, ②를 모두 만족시켜야 하므로 248보다 크고 693보다 작은 수입니다.

따라서 $\square$ 안에 들어갈 수 있는 수 중에서 가장 작은 수는 249입니다.

다른 풀이

$376<128+\square<821$에서 128씩 모두 빼면 $376-128<\square<821-128$입니다.

$248<\square<693$이므로 $\square$ 안에 들어갈 수 있는 수는 248보다 크고 693보다 작은 수인 249, 250, …, 691, 692입니다. 따라서 $\square$ 안에 들어갈 수 있는 수 중에서 가장 작은 수는 249입니다.

대표문제 7

연속하는 수가 적힌 종이의 한가운데를 접었을 때, 만나는 수들의 합은 모두 같습니다.

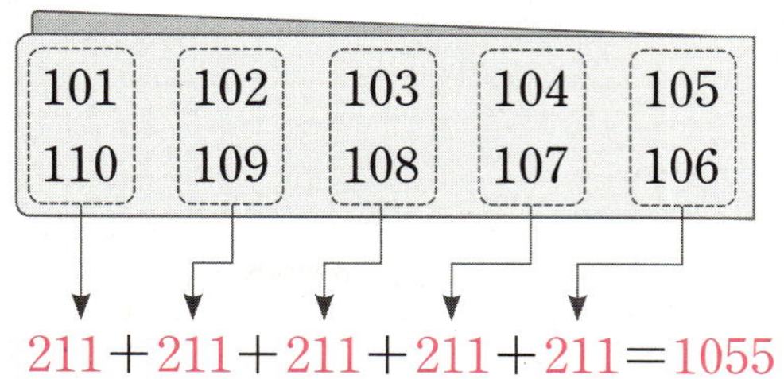

7-1 1215

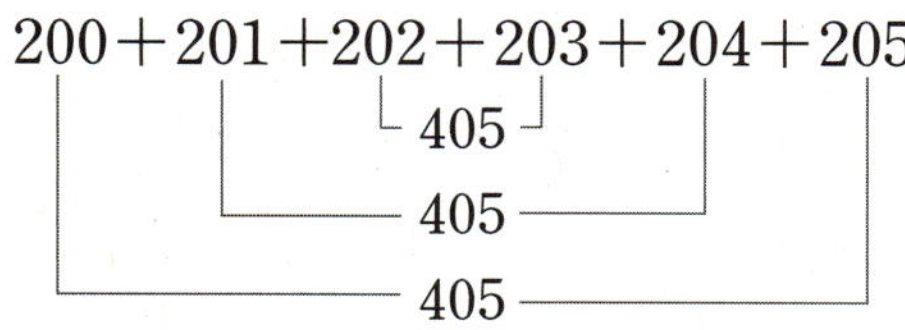

$200+201+202+203+204+205$

$$405$$
$$405$$
$$405$$

200부터 205까지의 수의 합은 405를 3번 더한 것과 같습니다.

➡ $405+405+405=810+405=1215$

7-2 1430

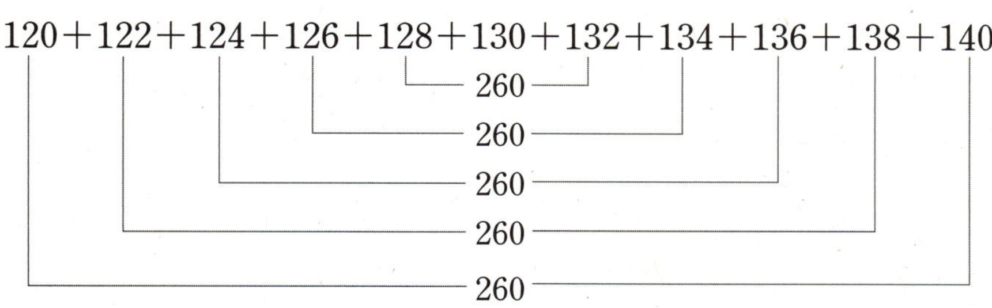

$120+122+124+126+128+130+132+134+136+138+140$

$$260$$
$$260$$
$$260$$
$$260$$
$$260$$

120부터 140까지의 짝수의 합은 260을 5번 더한 수에 130을 더한 것과 같습니다.

➡ $260+260+260+260+260+130=1300+130=1430$

7-3 302

⟪예⟫ 연속하는 세 수 중 가운데 수를 □라 하면 연속하는 세 수는 각각 □−1, □, □+1 입니다. □−1+□+□+1=903에서 □+□+□=903이고, 같은 수를 3번 더해서 903이 되는 수는 301이므로 □=301입니다.

따라서 연속하는 세 수 중에서 가장 큰 수는 301+1=302입니다.

채점 기준	배점
연속하는 세 수를 구하는 식을 만들 수 있나요?	2점
연속하는 세 수 중에서 가장 큰 수를 구할 수 있나요?	3점

다른 풀이

연속하는 세 수를 □, □+1, □+2라 하면 □+□+1+□+2=903, □+□+□=900입니다.
같은 수를 3번 더해서 900이 되는 수는 300이므로 □=300입니다.
따라서 연속하는 세 수 중에서 가장 큰 수는 300+2=302입니다.

7-4 338

연속하는 세 짝수 중 가운데 수를 □라 하면 연속하는 세 짝수는 각각 □−2, □, □+2 입니다.

□−2+□+□+2=1020에서 □+□+□=1020, □=340입니다.

따라서 연속하는 세 짝수 중에서 가장 작은 수는 340−2=338입니다.

342+□=800에서 □=800-342, □=458입니다.

백의 자리 수와 일의 자리 수가 같은 세 자리 수 중에서 458에 가장 가까운 수는 454입니다.

따라서 □ 안에 알맞은 수는 454입니다.

8-1 499

202+□=700에서 □=700-202, □=498이므로 □ 안에 498에 가장 가까운 수를 넣으면 두 수의 합이 700에 가장 가까운 수가 됩니다.

십의 자리 수와 일의 자리 수가 같은 세 자리 수 중에서 498에 가까운 수는 488, 499이고 498-488=10, 499-498=1이므로 498에 더 가까운 수는 499입니다.

따라서 □ 안에 알맞은 수는 499입니다.

8-2 434

563+□=999에서 □=999-563, □=436이므로 □ 안에 436에 가장 가까운 수를 넣으면 두 수의 합이 999에 가장 가까운 수가 됩니다.

백의 자리 수와 일의 자리 수가 같은 세 자리 수 중에서 436에 가까운 수는 434, 444이고 436-434=2, 444-436=8이므로 436에 더 가까운 수는 434입니다.

따라서 □ 안에 알맞은 수는 434입니다.

8-3 181

354+□+268=622+□이고 622+□=800에서 □=800-622, □=178이므로 □ 안에 178에 가장 가까운 수를 넣으면 세 수의 합이 800에 가장 가까운 수가 됩니다. 백의 자리 수와 일의 자리 수가 같은 세 자리 수 중에서 178에 가까운 수는 171, 181이고 178-171=7, 181-178=3이므로 178에 더 가까운 수는 181입니다.

따라서 □ 안에 알맞은 수는 181입니다.

8-4 364

구하려는 세 자리 수를 □라 하면 수 카드가 모두 7보다 작은 수이므로 □는 700보다 작습니다. 700-□=325에서 □=700-325, □=375이므로 세 자리 수는 375에 가장 가까운 수가 되어야 합니다.
- 백의 자리: 375의 백의 자리 수와 같은 3을 놓습니다.
- 십의 자리: 남은 수 1, 4, 6 중에서 십의 자리 수 7과의 차가 가장 작은 6을 놓습니다.
- 일의 자리: 남은 수 1 또는 4를 놓습니다.

만든 세 자리 수 361, 364와 375의 차를 각각 구하면 375-361=14, 375-364=11이므로 364일 때 차가 더 작습니다.

따라서 700과의 차가 325에 가장 가까운 세 자리 수는 364입니다.

① 일의 자리 계산: $5-ⓛ=6$이 되는 ⓛ은 없으므로 십의 자리에서 받아내림이 있습니다.
$$10+5-ⓛ=6, ⓛ=9입니다.$$

② 십의 자리 계산: $ⓖ-4=8$이 되는 한 자리 수 ⓖ은 없으므로 백의 자리에서 받아내림이 있습니다. 또한 일의 자리로 받아내림했으므로
$$10+ⓖ-1-4=8, 5+ⓖ=8, ⓖ=3입니다.$$

③ 백의 자리 계산: 십의 자리로 받아내림했으므로
$$7-1-2=ⓒ, ⓒ=4입니다.$$

④ ⓖ, ⓛ, ⓒ에 수를 넣어 계산이 맞는지 확인합니다.

9-1 5, 6, 8

- 일의 자리 계산: $8-ⓛ=2, ⓛ=6$
- 십의 자리 계산: 7에서 9를 뺄 수 없으므로 백의 자리에서 받아내림을 하면
$$10+7-9=ⓒ, ⓒ=8입니다.$$
- 백의 자리 계산: 십의 자리로 받아내림했으므로
$$ⓖ-1-3=1, ⓖ-4=1, ⓖ=5입니다.$$

9-2 6, 2, 8

- 일의 자리 계산: $5+ⓒ=3$이 되는 ⓒ은 없으므로 받아올림이 있습니다.
$$5+ⓒ=13, ⓒ=8$$
- 십의 자리 계산: 덧셈의 결과인 4는 더하는 수 7보다 작으므로 받아올림이 있습니다.
$$1+ⓖ+7=14, ⓖ+8=14, ⓖ=6$$
- 백의 자리 계산: $1+8+ⓛ=11, 9+ⓛ=11, ⓛ=2$

9-3 4, 5

- 일의 자리 계산: $ⓛ+ⓛ=10$에서 같은 두 수를 더해서 10이 되는 수는 5이므로 $ⓛ=5$입니다.
- 십의 자리 계산: $1+ⓖ+ⓛ=10, 1+ⓖ+5=10, ⓖ=4$

9-4 23

$$\begin{array}{cccc} & 5 & 3 & ⓖ \\ + & 3 & ⓛ & 7 \\ \hline & ⓒ & 2 & 3 \end{array}$$

- 일의 자리 계산: $ⓖ+7=3$이 되는 ⓖ은 없으므로 받아올림이 있습니다.
$$ⓖ+7=13, ⓖ=6$$
- 십의 자리 계산: $1+3+ⓛ=2$가 되는 ⓛ은 없으므로 받아올림이 있습니다.
$$1+3+ⓛ=12, ⓛ=8$$
- 백의 자리 계산: $1+5+3=ⓒ, ⓒ=9$
➡ $ⓖ+ⓛ+ⓒ=6+8+9=23$

1 722명

(준수네 학교의 여학생 수)=(준수네 학교의 학생 수)−(준수네 학교의 남학생 수)
$$=724-385=339(명)$$
(소윤이네 학교의 여학생 수)=(소윤이네 학교의 학생 수)−(소윤이네 학교의 남학생 수)
$$=841-458=383(명)$$
➡ (두 학교의 여학생 수)=339+383=722(명)

다른 풀이
(두 학교의 여학생 수)
=(준수네 학교의 학생 수)+(소윤이네 학교의 학생 수)
  −(준수네 학교의 남학생 수)−(소윤이네 학교의 남학생 수)
$$=724+841-385-458=1565-385-458=1180-458=722(명)$$

2 3가지

각 수를 몇백쯤으로 어림하면 202 → 200쯤, 399 → 400쯤, 496 → 500쯤,
301 → 300쯤, 103 → 100쯤입니다. 어림한 두 수의 합이 약 500 또는 약 600인 경우를 찾고 실제로 값을 알아봅니다.
202와 399 ➡ 202+399=601, 202와 301 ➡ 202+301=503,
399와 103 ➡ 399+103=502, 496과 103 ➡ 496+103=599
따라서 모두 3가지입니다.

주의
어림한 수끼리의 합이 약 500 또는 약 600인 경우 실제로 합이 500보다 작거나 600보다 큰 경우가 있으므로 꼭 확인해 보도록 합니다.

3 324

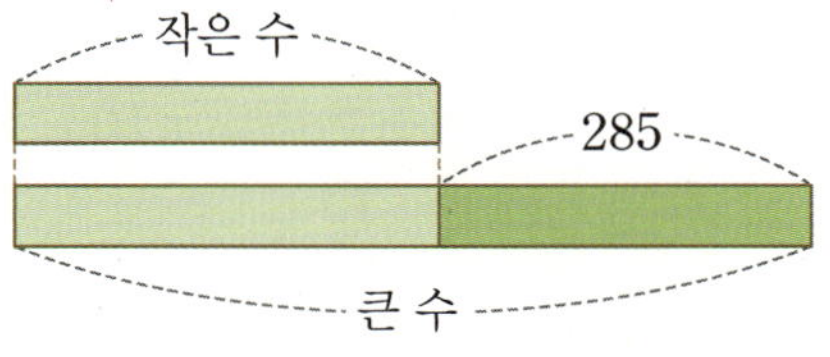

작은 수를 ㉠이라 하면 두 수의 차가 285이므로 큰 수는 ㉠+285입니다.
두 수의 합이 933이므로 ㉠+㉠+285=933, ㉠+㉠=933−285, ㉠+㉠=648,
㉠=324입니다.
따라서 두 수 중에서 작은 수는 324입니다.

서술형 4 1168

㉾ 어떤 수를 □라 하면 □−436+188=672, □−436=672−188,
□−436=484, □=484+436, □=920입니다.
따라서 바르게 계산한 값은 920+436−188=1356−188=1168입니다.

채점 기준	배점
어떤 수를 □라 하여 잘못 계산한 식을 만들 수 있나요?	2점
어떤 수를 구할 수 있나요?	2점
바르게 계산한 값을 구할 수 있나요?	1점

5 187 cm, 371 cm

(㉠의 길이)$=367+558-738=925-738=187$ (cm)

(㉡의 길이)$=558-187=371$ (cm)

다른 풀이

전체의 길이가 738 cm이므로 (㉡의 길이)$=738-367=371$ (cm)이고,

(㉠의 길이)$=558-$(㉡의 길이)$=558-371=187$ (cm)입니다.

---

6 39장

찬우가 성호에게 주는 딱지 수를 □라 하면 찬우가 가지게 되는 딱지 수는 $627-$□가 되고 성호가 가지게 되는 딱지 수는 $549+$□가 되어 두 수가 같아집니다.

$627-$□$=549+$□, $627-549=$□$+$□, $78=$□$+$□, □$=39$

따라서 찬우가 성호에게 딱지를 39장 주어야 합니다.

다른 풀이

그림을 그려 알아봅니다.

찬우는 성호보다 딱지를 $627-549=78$(장) 더 많이 가지고 있습니다.

따라서 찬우가 성호에게 78장의 반인 39장을 주면 두 사람이 가진 딱지 수가 같아집니다.

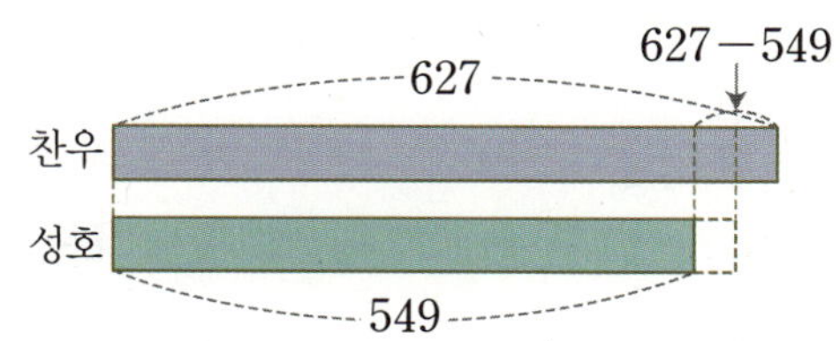

---

7 254, 307, 593

㉠: 가장 왼쪽 원에서 $646+$㉠$=900$, ㉠$=900-646$, ㉠$=254$입니다.

㉡: 가운데 원에서 ㉠$+339+$㉡$=900$, $254+339+$㉡$=900$, $593+$㉡$=900$, ㉡$=900-593$, ㉡$=307$입니다.

㉢: 가장 오른쪽 원에서 ㉡$+$㉢$=900$, $307+$㉢$=900$, ㉢$=900-307$, ㉢$=593$입니다.

8 325

㉘ 연속하는 세 홀수 중 가운데 수를 □라 하면 연속하는 세 홀수는 각각 □-2, □, □$+2$입니다.

□$-2+$□$+$□$+2=981$에서 □$+$□$+$□$=981$이고, 같은 수를 3번 더해서 981이 되는 수는 327이므로 □$=327$입니다.

따라서 연속하는 세 홀수 중에서 가장 작은 수는 $327-2=325$입니다.

채점 기준	배점
연속하는 세 홀수를 □를 사용하여 나타낼 수 있나요?	2점
연속하는 세 홀수의 합을 □를 사용하여 식으로 만들 수 있나요?	2점
연속하는 세 홀수 중에서 가장 작은 수를 구할 수 있나요?	1점

9 9, 4

백의 자리 계산 ㉠$-$㉡에서 ㉠$>$㉡이므로 십의 자리 계산 ㉡$-$㉠은 백의 자리에서 받아내림이 있습니다.

• 백의 자리 계산: 십의 자리로 받아내림이 있으므로 ㉠$-1-$㉡$=$㉡이고, 일의 자리 계산에서 ㉠$-$㉡$=5$이므로 ㉠$-1-$㉡$=$㉠$-$㉡$-1=5-1=4$, ㉡$=4$입니다.

• 일의 자리 계산: ㉠$-$㉡$=5$, ㉠$-4=5$, ㉠$=5+4$, ㉠$=9$입니다.

10 1082

예 781◆293=781−293=488이고, □◆594=□−594이므로 488=□−594, □=488+594, □=1082입니다.

채점 기준	배점
기호가 정한 약속에 따라 식을 만들 수 있나요?	3점
□ 안에 알맞은 수를 구할 수 있나요?	2점

11 377

$375+□+249=624+□$이고 $624+□=1000$에서 □$=1000-624$, □$=376$이므로 □ 안에 376에 가장 가까운 수를 넣으면 세 수의 합이 1000에 가장 가까운 수가 됩니다.

십의 자리 수와 일의 자리 수가 같은 세 자리 수 중에서 376에 가까운 수는 366, 377이고 $376-366=10$, $377-376=1$이므로 376에 더 가까운 수는 377입니다.

따라서 □ 안에 알맞은 수는 377입니다.

12 250 g

<table>
<tr><td>공책</td><td>공책</td><td>공책</td><td>공책</td><td>필통</td><td>필통</td><td>1280 g</td></tr>
<tr><td>−</td><td></td><td>공책</td><td>공책</td><td>필통</td><td>필통</td><td>780 g</td></tr>
<tr><td>공책</td><td>공책</td><td></td><td></td><td></td><td></td><td>1280−780=500 (g)</td></tr>
</table>

공책 2권의 무게가 500 g이므로 공책 한 권의 무게는 500 g의 절반인 250 g입니다.

Brain 👍

다른 풀이

오른쪽과 같이 도형의 변을 옮겨 직사각형을 만들면 도형의 둘레는
가로가 $6+6=12(cm)$, 세로가 $3+3=6(cm)$인 직사각형의 둘레와
같습니다.

➡ (도형의 둘레)$=12+6+12+6=36(cm)$

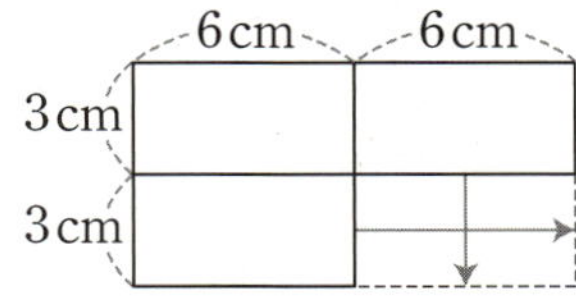

4-2 84 cm

예 도형은 길이가 6 cm인 변 14개로 둘러싸여 있습니다.

따라서 (도형의 둘레)$=\underbrace{6+6+\cdots+6+6}_{14번}=84(cm)$입니다.

채점 기준	배점
도형은 길이가 6 cm인 변 몇 개로 둘러싸여 있는지 구할 수 있나요?	3점
도형의 둘레를 구할 수 있나요?	2점

보충 개념

$\underbrace{6+6+\cdots+6+6}_{14번}$은

$\underbrace{6+\cdots+6}_{10번}+\underbrace{6+6+6+6}_{4번}=60+24=84$ 또는

$\underbrace{6+\cdots+6}_{7번}+\underbrace{6+6+\cdots+6}_{7번}=42+42=84$ 등으로 계산할 수 있습니다.

4-3 36 cm

직각삼각형의 나머지 한 변은 $12-3-5=4(cm)$입니다.
굵은 선은 3 cm인 변 3개, 5 cm인 변 3개, 4 cm인 변 3개로 이루어
져 있습니다.

3 cm인 변의 길이의 합: $3\times3=9(cm)$

5 cm인 변의 길이의 합: $5\times3=15(cm)$

4 cm인 변의 길이의 합: $4\times3=12(cm)$

➡ (굵은 선의 길이)$=9+15+12=36(cm)$

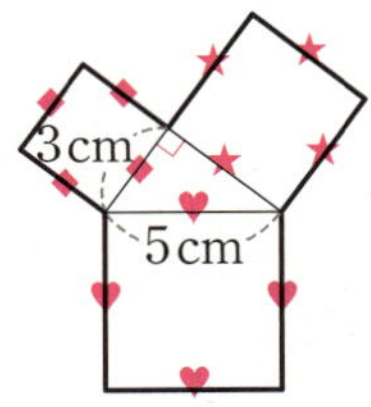

48~49쪽

직사각형 ㉮의 세로를 □ cm라 하면

$8+□+8+□=26$, $□+□=10$, $□=5$입니다.

(직사각형 ㉮의 세로)$=3+$(겹쳐진 직사각형의 세로)$=5$ cm이므로

(겹쳐진 직사각형의 세로)$=2$ cm입니다.

➡ (정사각형 ㉯의 한 변)$=$(겹쳐진 직사각형의 세로)$+4=2+4=6(cm)$

보충 개념

직사각형과 정사각형에서 마주 보는 두 변의 길이가 같다는
것을 이용합니다.

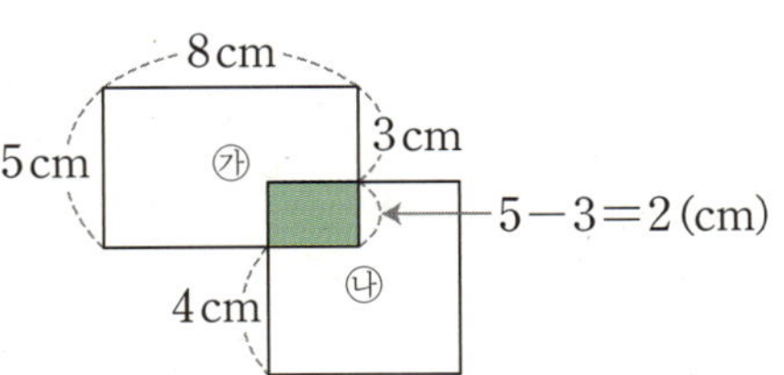

5-1 7 cm

직사각형 ㉮의 세로를 □ cm라 하면 $10+□+10+□=32$, $□+□+20=32$,
$□+□=12$, $□=6$입니다.
(직사각형 ㉮의 세로)$=2+$(겹쳐진 직사각형의 세로)$=6$ cm이므로
(겹쳐진 직사각형의 세로)$=4$ cm입니다.
➡ (정사각형 ㉯의 한 변)$=$(겹쳐진 직사각형의 세로)$+3=4+3=7$ (cm)

5-2 36 cm

삼각형의 나머지 한 변은 $12-4-5=3$ (cm)이므로
(정사각형 ㉯의 한 변)$=3+3=6$ (cm)입니다.
직사각형 ㉮의 세로는 정사각형 ㉯의 한 변과 길이가 같으므로 6 cm이고,
직사각형 ㉮의 가로는 세로의 2배이므로 $6×2=12$ (cm)입니다.
➡ (직사각형 ㉮의 둘레)$=12+6+12+6=36$ (cm)

5-3 5 cm

정사각형 ㉯의 한 변을 □ cm라 하면 $□+□+□+□=16$, $□=4$입니다.
(정사각형 ㉯의 한 변)$=$(겹쳐진 직사각형의 가로)$+1=4$ cm이므로
(겹쳐진 직사각형의 가로)$=3$ cm입니다.
직사각형 ㉮의 둘레가 28 cm이므로 직사각형 ㉮의 가로와 세로의 합은 28 cm의 반인
14 cm입니다.
(직사각형 ㉮의 가로)$=6+$(겹쳐진 직사각형의 가로)$=6+3=9$ (cm)이므로
(직사각형 ㉮의 세로)$=14-9=5$ (cm)입니다.

6

첫째 도형은 한 변이 1 cm인 정사각형,
둘째 도형은 한 변이 2 cm인 정사각형,
셋째 도형은 한 변이 3 cm인 정사각형입니다.
넷째 도형은 한 변이 4 cm인 정사각형이므로
넷째 도형의 둘레는 $4+4+4+4=16$ (cm)입니다.

6-1 16 cm

첫째 도형은 가로가 1 cm, 세로가 1 cm인 정사각형,
둘째 도형은 가로가 3 cm, 세로가 1 cm인 직사각형,
셋째 도형은 가로가 5 cm, 세로가 1 cm인 직사각형입니다.
따라서 넷째 도형은 가로가 7 cm, 세로가 1 cm인 직사각형이므로
넷째 도형의 둘레는 $7+1+7+1=16$ (cm)입니다.

6-2 56 cm

다섯째 도형은 오른쪽 그림과 같고,
㉠은 $2×5=10$ (cm),
㉡은 $2×9=18$ (cm)입니다.
➡ (다섯째 도형의 둘레)$=18+10+18+10=56$ (cm)

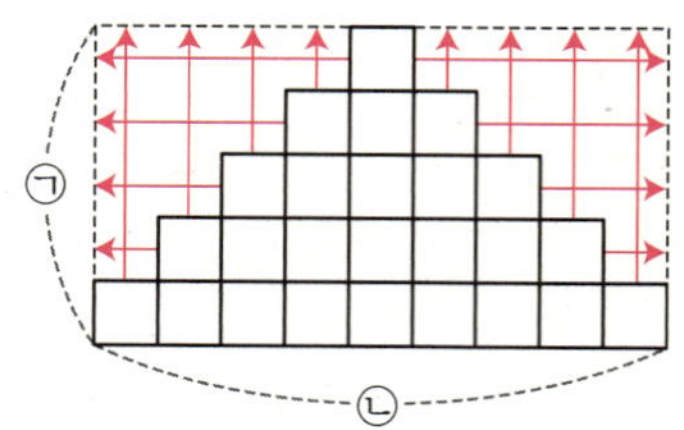

6-3 54 cm

정사각형 6개를 이어 붙이면 정사각형의 한 변은 각각 1 cm, 2 cm, 3 cm, 4 cm, 5 cm, 6 cm입니다.

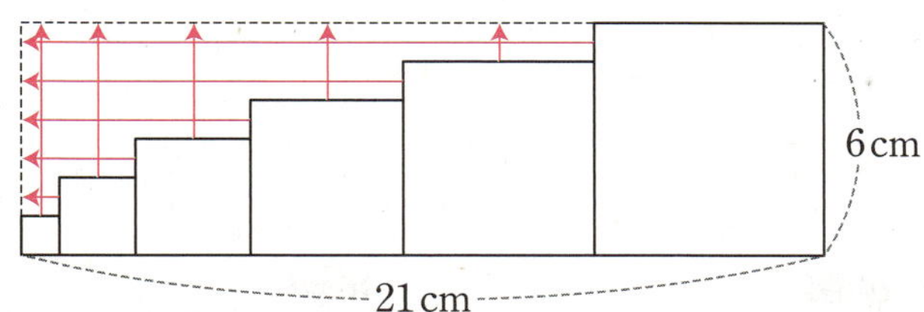

전체 도형의 둘레는 가로가 $1+2+3+\cdots+6=21$ (cm), 세로가 6 cm인 직사각형의 둘레와 같습니다.

따라서 전체 도형의 둘레는 $21+6+21+6=54$ (cm)입니다.

바닥에 닿는 부분은 오른쪽 그림과 같으므로
둘레는 길이가 1 cm인 변 14개로 둘러싸여 있습니다.
➡ (바닥에 닿는 부분의 둘레)=14 cm

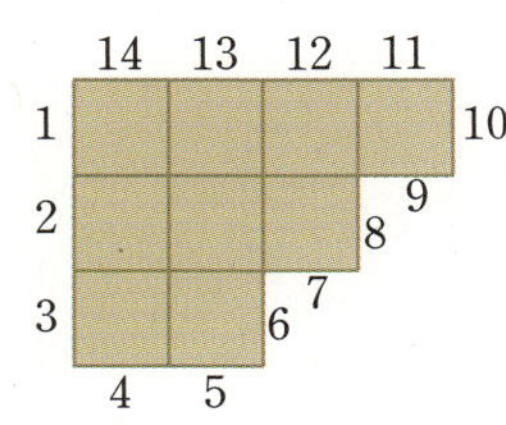

다른 풀이

바닥에 닿는 부분은 오른쪽 도형과 같습니다.
도형의 변을 옮겨 직사각형을 만들면 도형의 둘레는 가로가 4 cm, 세로가 3 cm인 직사각형의 둘레와 같습니다.
➡ (바닥에 닿는 부분의 둘레)=$4+3+4+3=14$ (cm)

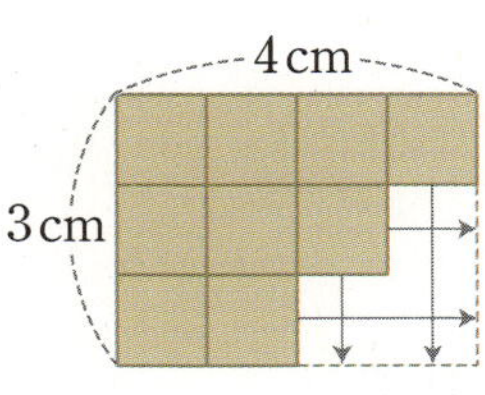

7-1 12 cm

바닥에 닿는 부분은 오른쪽 그림과 같으므로 둘레는 길이가 1 cm인 변 12개로 둘러싸여 있습니다.
➡ (바닥에 닿는 부분의 둘레)=12 cm

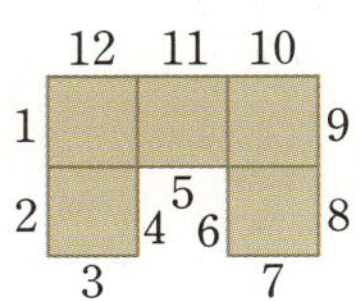

7-2 16 cm

바닥에 닿는 부분은 오른쪽 그림과 같으므로 둘레는 길이가 2 cm인 변 8개로 둘러싸여 있습니다.
➡ (바닥에 닿는 부분의 둘레)=$2\times8=16$ (cm)

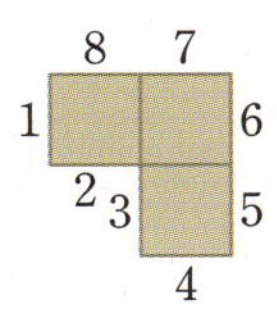

다른 풀이

바닥에 닿는 부분은 오른쪽 도형과 같습니다. 도형의 변을 옮겨 정사각형을 만들면 도형의 둘레는 한 변이 4 cm인 정사각형의 둘레와 같습니다.
➡ (바닥에 닿는 부분의 둘레)=$4+4+4+4=16$ (cm)

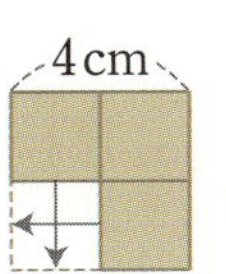

7-3 32 cm

앞에서 본 모양은 오른쪽 도형과 같습니다.
도형의 변을 옮겨 정사각형을 만들면 도형의 둘레는 한 변이 $2+2+2+2=8$ (cm)인 정사각형의 둘레와 같습니다.
➡ (앞에서 본 모양의 둘레)=$8+8+8+8=32$ (cm)

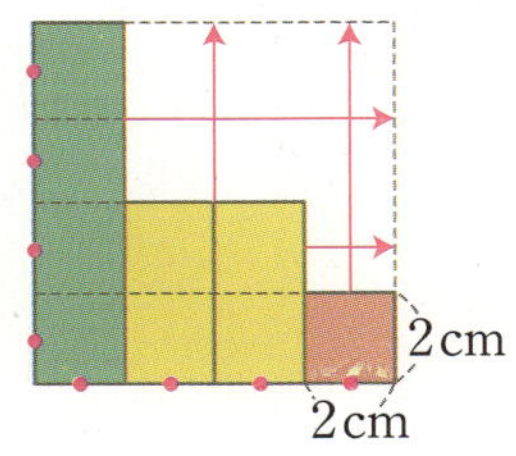

① 직각삼각형 4개로 만든 직사각형의 둘레: 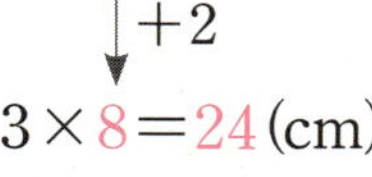
$$\downarrow +2$$
$$3 \times 6 = 18 \, (\text{cm})$$

② 직각삼각형 6개로 만든 직사각형의 둘레: 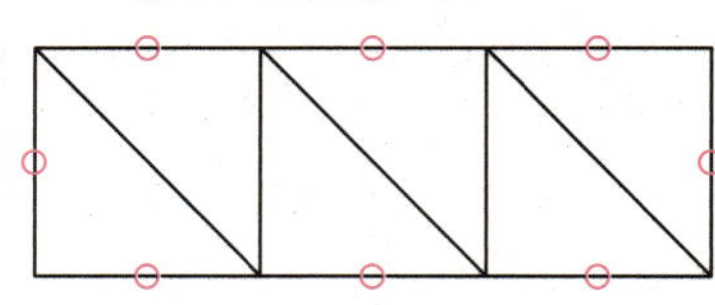
$$\downarrow +2$$
$$3 \times 8 = 24 \, (\text{cm})$$

➡ (직사각형의 둘레)$=3 \times$((직각삼각형의 수)$+2$)

직사각형의 둘레가 30 cm일 때, $3 \times$((직각삼각형의 수)$+2)=30$에서 (직각삼각형의 수)$+2=10$이므로 직각삼각형은 8개 필요합니다.

보충 개념

$3 \times \square = 30$에서 3을 10번 더하면 30이므로 $\square = 10$입니다.

8-1 8개

직각삼각형 4개로 만든 직사각형의 둘레: $5 \times 6 = 30 \, (\text{cm})$ 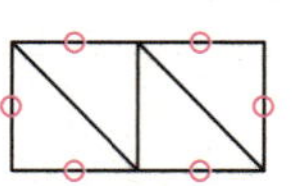

직각삼각형 6개로 만든 직사각형의 둘레: $5 \times 8 = 40 \, (\text{cm})$ 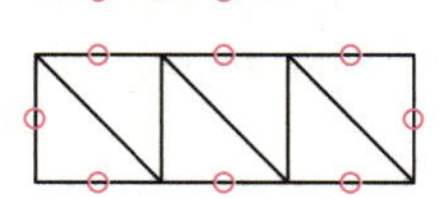

➡ (직사각형의 둘레)$=5 \times$((직각삼각형의 수)$+2$)

직사각형의 둘레가 50 cm일 때, $5 \times$((직각삼각형의 수)$+2)=50$에서 (직각삼각형의 수)$+2=10$이므로 직각삼각형은 8개 필요합니다.

 **8-2** 8개

㈜ $\square$째 직사각형의 가로는 ($\square \times 4$) cm이므로

($\square$째 직사각형의 둘레)$=\square \times 4 + 3 + \square \times 4 + 3 = 38$에서

$\square \times 4 + \square \times 4 = 32$, $\square \times 8 = 32$, $\square = 4$입니다.

직사각형을 만들 때 필요한 직각삼각형은 2개, 4개, 6개, …로 늘어나므로 넷째 직사각형을 만들 때 직각삼각형은 8개 필요합니다.

채점 기준	배점
둘레가 38 cm인 직사각형이 몇째 도형인지 구할 수 있나요?	3점
직각삼각형은 몇 개 필요한지 구할 수 있나요?	2점

보충 개념

$$\square \times 4 + \square \times 4 = \underline{\square + \square + \square + \square} + \underline{\square + \square + \square + \square} = \square \times 8$$

8-3 36장

오른쪽과 같이 도형의 변을 옮겨 정사각형을 만들면 도형의 둘레는 정사각형의 둘레와 같습니다. 둘레가 32 cm인 도형의 변을 옮겨 정사각형을 만들 때, 정사각형의 한 변을 $\square$ cm라 하면 $\square \times 4 = 32$에서 $\square = 8$입니다. 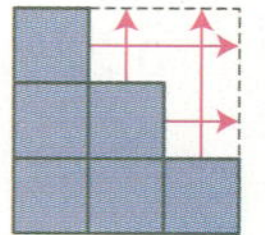

정사각형의 한 변이 8 cm이므로 색종이를 위에서부터 1장, 2장, 3장, …, 8장이 되도록 붙여야 합니다. 따라서 색종이는 $1+2+3+\cdots+8=36$(장) 필요합니다.

1 12개

한 점을 시작점으로 하여 그을 수 있는 반직선은 3개이고, 각 점에서 그을 수 있는 반직선이 각각 3개씩이므로 그을 수 있는 반직선은 모두 $3+3+3+3=12$(개)입니다.

주의

●—● 과 ●—● 을 같은 것으로 생각하거나 선분이나 직선으로 생각하여 6개라고 답하지 않도록 주의합니다.

2 20개

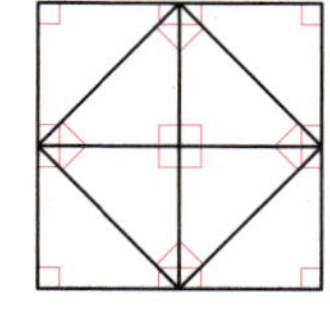 ➡ 직각은 모두 20개입니다.

서술형

3 68 cm

예 삼각형의 나머지 한 변은 $43-13-13=17$(cm)입니다.
삼각형의 나머지 한 변은 정사각형의 한 변과 길이가 같으므로 정사각형의 네 변의 길이의 합은 $17+17+17+17=68$(cm)입니다.

채점 기준	배점
삼각형의 나머지 한 변의 길이를 구할 수 있나요?	2점
정사각형의 네 변의 길이의 합을 구할 수 있나요?	3점

4 64개

$7\times8=56$이므로 한 변은 7 cm씩 8개로 나눌 수 있습니다.
따라서 정사각형을 $8\times8=64$(개)까지 만들 수 있습니다.

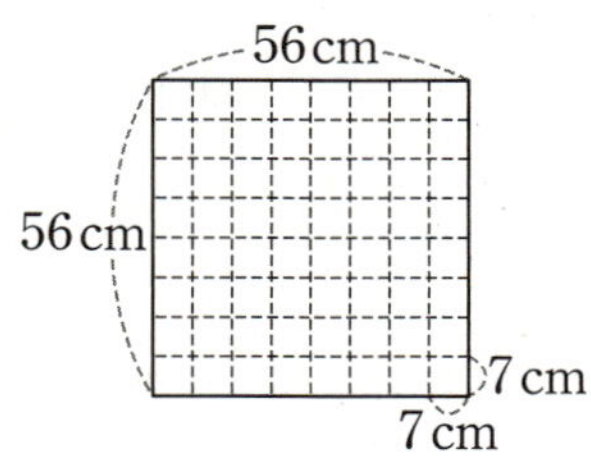

5 42 cm

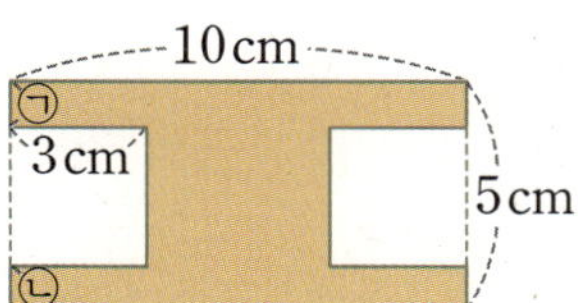

㉠+㉡은 $5-3=2$(cm)입니다.
(남은 색 도화지의 둘레)
$=10+10+3+3+3+3+3+3+2+2=42$(cm)

다른 풀이

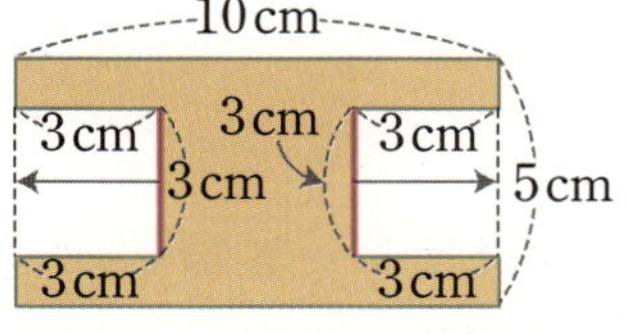

굵은 선으로 표시된 부분과 점선의 길이가 같습니다.
(남은 색 도화지의 둘레)
=(직사각형 모양 색 도화지의 둘레)+(3 cm인 변 4개의 길이)
$=10+5+10+5+3+3+3+3=42$(cm)

6 12 cm

정사각형 ㉯의 한 변을 □ cm라 하면 직사각형 ㉮의 가로는 (6+□) cm, 세로는 (2+□) cm입니다.

직사각형 ㉮의 둘레가 32 cm이므로

$6+□+2+□+6+□+2+□=32$, $□+□+□+□+16=32$,

$□+□+□+□=16$, $□=4$입니다.

(직사각형 ㉯의 세로)=(정사각형 ㉯의 한 변)+3=4+3=7(cm)이고,

직사각형 ㉯의 둘레가 38 cm이므로 직사각형 ㉯의 가로를 △ cm라 하면

$△+7+△+7=38$, $△+△+14=38$, $△+△=24$, $△=12$입니다.

따라서 직사각형 ㉯의 가로는 12 cm입니다.

7 18 cm

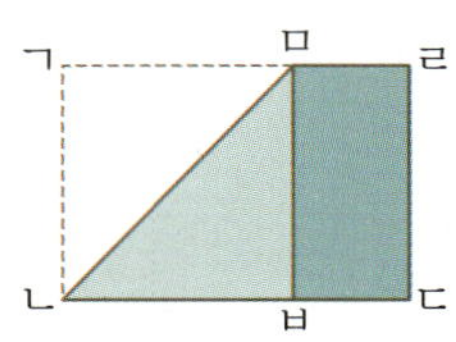

직사각형 모양의 종이를 접어서 만들어진 사각형 ㄱㄴㅂㅁ은

(변 ㄱㅁ)=(변 ㅁㅂ), (변 ㄱㄴ)=(변 ㄴㅂ)이므로 네 각이 모두 직각이고 네 변이

6 cm로 모두 같은 정사각형입니다.

(변 ㅁㄹ)=(변 ㅂㄷ)=9−6=3(cm)

(변 ㅁㅂ)=6 cm

➡ (사각형 ㅁㅂㄷㄹ의 네 변의 길이의 합)=3+6+3+6=18(cm)

8 24 cm

㉠ 직사각형의 가로를 □ cm라 하면 세로는 (□×2) cm이므로

$□+□×2+□+□×2=18$, $□×6=18$, $□=3$입니다. 직사각형의 가로는 3 cm,

세로는 6 cm이고 정사각형의 한 변의 길이는 직사각형의 세로와 같습니다.

따라서 정사각형의 둘레는 $6×4=24$(cm)입니다.

채점 기준	배점
잘라진 직사각형 한 개의 가로와 세로를 구할 수 있나요?	3점
자르기 전 정사각형의 둘레를 구할 수 있나요?	2점

9 360 cm

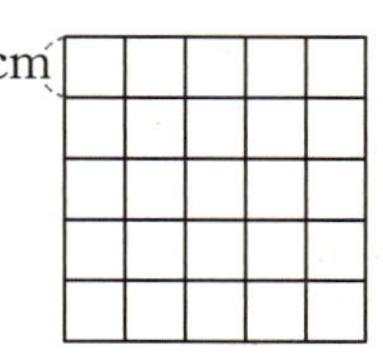

가로와 세로에 같은 수만큼의 정사각형을 붙이면 가장 큰 정사각형 모양이 됩니다. $5×5=25$이므로 정사각형을 한 줄에 5개씩 5줄로 놓아야 합니다. 만든 정사각형의 한 변은

$18+18+18+18+18=90$(cm)이므로 가장 큰 정사각형의 둘레는 $90+90+90+90=360$(cm)입니다.

10 20 cm

정사각형의 한 변을 (□×2) cm라 하면 도형의 둘레는

$□×2+□×2+□×2+□×2+\underbrace{□+□+\cdots+□+□}=200$,

□가 8개 (앞), □가 12개 (뒤)

$□×20=200$이고 □를 20번 더한 값이 200이므로 $□=10$입니다.

따라서 정사각형의 한 변은 $10+10=20$(cm)입니다.

11 52 cm

가장 작은 정사각형 ㉣의 한 변은 정사각형 ㉢의 한 변의 반인 2 cm입니다.

(정사각형 ㉡의 한 변)＝4＋2＝6(cm)

(정사각형 ㉠의 한 변)＝4＋6＝10(cm)

가장 큰 직사각형의 가로는 10＋6＝16(cm)이고, 세로는 10 cm입니다.

따라서 가장 큰 직사각형의 네 변의 길이의 합은 16＋10＋16＋10＝52(cm)입니다.

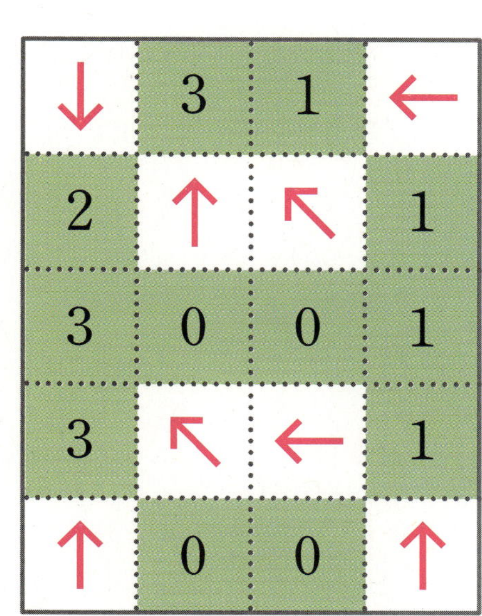

12 7 cm, 11 cm

처음에 만든 직사각형의 가로를 □ cm라 하면 세로는 (□＋4)cm입니다.

직사각형의 둘레는 정사각형의 둘레와 같으므로 9×4＝36(cm)입니다.

□＋□＋4＋□＋□＋4＝36에서 □＋□＋□＋□＋8＝36,

□＋□＋□＋□＝28, □＝7입니다.

따라서 처음에 만든 직사각형의 가로는 7 cm, 세로는 7＋4＝11(cm)입니다.

Brain

3 나눗셈

1 (1) 4　(2) 4

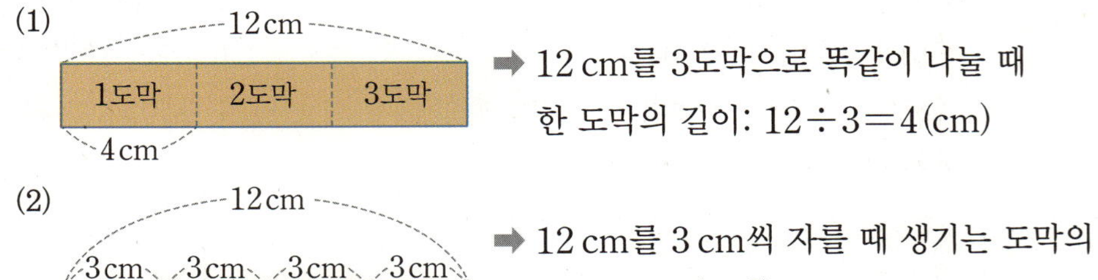

(1) 12 cm를 3도막으로 똑같이 나눌 때
한 도막의 길이: $12 \div 3 = 4$(cm)

(2) 12 cm를 3 cm씩 자를 때 생기는 도막의 수:
$12 \div 3 = 4$(도막)

2 ㉢

$21 \div 3 = 7$ ➡ $\underset{7번}{21 - 3 - 3 - 3 - 3 - 3 - 3 - 3} = 0$

➡ 21에서 3씩 7번 빼면 0이 됩니다.

3 $54 \div 9 = 6$, 6바구니
(또는 $54 \div 9$)

$\underset{6번}{54 - 9 - 9 - 9 - 9 - 9 - 9} = 0$ ➡ 54에서 9씩 6번 빼면 0이 됩니다. ➡ $54 \div 9 = 6$

따라서 꽃 54송이를 한 바구니에 9송이씩 나누어 담으면 6바구니를 만들 수 있습니다.

4 ⑤

① $24 \div 4 = 6$　② $24 \div 8 = 3$　③ $24 \div 3 = 8$　④ $24 \div 6 = 4$　⑤ $24 \div 1 = 24$
따라서 나눗셈의 몫이 가장 큰 것은 ⑤ $24 \div 1 = 24$입니다.

다른 풀이
나누어지는 수가 같을 때에는 나누는 수가 작을수록 몫이 커집니다.
나누어지는 수가 24로 모두 같으므로 나누는 수 4, 8, 3, 6, 1을 비교합니다.
따라서 나누는 수가 1인 ⑤의 몫이 가장 큽니다.

5 귤

한 개의 접시에 배는 $15 \div 3 = 5$(개), 귤은 $24 \div 3 = 8$(개), 사과는 $21 \div 3 = 7$(개)씩
담으므로 가장 많이 담긴 것은 귤입니다.

다른 풀이
나누는 수가 같을 때에는 나누어지는 수가 커질수록 몫이 커집니다.
나누는 수가 3으로 모두 같으므로 나누어지는 수 15, 24, 21을 비교하면 24가 가장 큽니다.
따라서 한 개의 접시에 담긴 과일 중 귤이 가장 많습니다.

1 4, 5, 20 /
20, 4, 5 또는 20, 5, 4

4씩 5번 뛰어 세었으므로 곱셈식으로 나타내면 $4 \times 5 = 20$입니다.

$4 \times 5 = 20$ ⟨ $\begin{matrix} 20 \div 4 = 5 \\ 20 \div 5 = 4 \end{matrix}$

2 $48 \div 6 = 8$ 또는
$48 \div 8 = 6$

$6 \times 8 = 48$ < $\begin{matrix} 48 \div 6 = 8 \\ 48 \div 8 = 6 \end{matrix}$

3 

- $24 \div 6$의 몫은 6단 곱셈구구 $6 \times 4 = 24$를 이용하여 구합니다.
- $40 \div 5$의 몫은 5단 곱셈구구 $5 \times 8 = 40$을 이용하여 구합니다.
- $45 \div 9$의 몫은 9단 곱셈구구 $9 \times 5 = 45$를 이용하여 구합니다.

4 ⑤

① $4 \times 7 = 28 \Rightarrow 28 \div 4 = 7$　② $8 \times 7 = 56 \Rightarrow 56 \div 8 = 7$
③ $3 \times 7 = 21 \Rightarrow 21 \div 3 = 7$　④ $5 \times 7 = 35 \Rightarrow 35 \div 5 = 7$
⑤ $9 \times 8 = 72 \Rightarrow 72 \div 9 = 8$

5 32

9단 곱셈구구를 이용하면 $9 \times 4 = 36$이므로 $36 \div 9$의 몫은 4입니다.
따라서 $\square \div 8 = 4$이고, $8 \times 4 = \square$이므로 $\square = 32$입니다.

6 ㉢, ㉡, ㉠, ㉣

㉠ $30 \div \square = 6 \Rightarrow 6 \times \square = 30$에서 6단 곱셈구구를 이용하면
　$6 \times 5 = 30$, $\square = 5$입니다.
㉡ $\square \div 4 = 2 \Rightarrow 4 \times 2 = \square$, $\square = 8$입니다.
㉢ $81 \div \square = 9 \Rightarrow 9 \times \square = 81$에서 9단 곱셈구구를 이용하면
　$9 \times 9 = 81$, $\square = 9$입니다.
㉣ $0 \div 6 = \square \Rightarrow 6 \times \square = 0$에서 $\square = 0$입니다.
따라서 큰 수부터 차례로 기호를 쓰면 ㉢, ㉡, ㉠, ㉣입니다.

7 (1) 2 / 7 / 9
　(2) 3 / 5 / 8

(1) $45 \div 5 = 10 \div 5 + 35 \div 5 = 2 + 7 = 9$
　　　　10　　35
(2) $64 \div 8 = 24 \div 8 + 40 \div 8 = 3 + 5 = 8$
　　　　24　　40

<h2>3 나눗셈의 활용 66~67쪽</h2>

1 $24 \div 4 = 6$, 6마리
　(또는 $24 \div 4$)

소 한 마리의 다리 수: 4개
(소의 수)=(전체 다리 수)÷(소 한 마리의 다리 수)
　　　　$= 24 \div 4 = 6$(마리)

2 $15 \div 3 = 5$, 5대
　(또는 $15 \div 3$)

세발자전거 한 대의 바퀴 수: 3개
(세발자전거의 수)=(전체 바퀴 수)÷(세발자전거 한 대의 바퀴 수)
　　　　$= 15 \div 3 = 5$(대)

3 $42 \div 7 = 6$, 6쪽
(또는 $42 \div 7$)

일주일의 날수: 7일
(하루에 읽어야 하는 쪽수)=(책의 전체 쪽수)÷(일주일의 날수)
$$=42 \div 7 = 6(쪽)$$

4 5 cm

(정사각형의 한 변)=(네 변의 길이의 합)÷4
$$=20 \div 4 = 5(cm)$$

(정사각형의 한 변)=(정사각형의 네 변의 길이의 합)÷4
(세 변의 길이가 같은 삼각형의 한 변)=(삼각형의 세 변의 길이의 합)÷3

5 2 cm

(직사각형의 네 변의 길이의 합)÷2=(가로)+(세로)이므로
세로를 □ cm라 하면 $14 \div 2 = 5 + □$, $7 = 5 + □$, □=2입니다.
따라서 직사각형의 세로는 2 cm입니다.

6 9 cm

(도막의 수)=(자른 횟수)+1이므로
(도막의 수)=7+1=8(도막)입니다.
➡ (자른 색 테이프 한 도막의 길이)=(색 테이프 전체의 길이)÷(도막의 수)
$$=72 \div 8 = 9(cm)$$

7 5번

(도막의 수)=(자르는 횟수)+1이므로 (자르는 횟수)=(도막의 수)−1입니다.
(자르는 도막의 수)=$36 \div 6 = 6$(도막)이므로 (자르는 횟수)=6−1=5(번)입니다.

자르는 횟수를 도막의 수로 생각하면 안 됩니다.

4명에게 똑같이 나누어 주므로 나누는 수는 4입니다.
한 사람이 가지게 되는 쿠키는 $20 \div 4 = 5$(개)입니다.
한 사람이 가지게 되는 사탕은 $28 \div 4 = 7$(개)입니다.
따라서 한 사람이 가지게 되는 사탕은 쿠키보다 $7 - 5 = 2$(개) 더 많습니다.

1-1 8개, 6개

한 접시에 담는 자두는 $24 \div 3 = 8$(개)이고,
한 접시에 담는 토마토는 $18 \div 3 = 6$(개)입니다.

1-2 3장

한 사람이 가지게 되는 노란색 종이는 $35 \div 7 = 5$(장)이고,

한 사람이 가지게 되는 파란색 종이는 $56 \div 7 = 8$(장)입니다.

따라서 한 사람이 가지게 되는 파란색 종이는 노란색 종이보다 $8 - 5 = 3$(장) 더 많습니다.

1-3 19송이

꽃다발 한 개에 들어가는 장미는 $25 \div 5 = 5$(송이),

꽃다발 한 개에 들어가는 튤립은 $40 \div 5 = 8$(송이),

꽃다발 한 개에 들어가는 백합은 $30 \div 5 = 6$(송이)입니다.

따라서 꽃다발 한 개를 만드는 데 필요한 꽃은 $5 + 8 + 6 = 19$(송이)입니다.

1-4 30

나누는 수가 5로 같고, 어떤 수를 5로 나눈 몫이 15를 5로 나눈 몫의 2배이므로 어떤 수는 15의 2배인 $15 + 15 = 30$입니다.

다른 풀이

어떤 수를 □라 하면 어떤 수를 5로 나눈 몫은 □÷5입니다.

□÷5는 15÷5의 2배이고 $15 \div 5 = 3$, $3 \times 2 = 6$이므로

$□ \div 5 = 6$, $6 \times 5 = □$, $□ = 30$입니다.

70~71쪽

대표문제 2

귤을 한 봉지에 12개씩 3봉지에 담았으므로

귤은 모두 $12 + 12 + 12 = 36$(개)입니다.

귤을 6봉지에 똑같이 나누어 담으려면

한 봉지에 귤을 $36 \div 6 = 6$(개)씩 담아야 합니다.

2-1 6개

(딸기 맛 사탕 수)＋(포도 맛 사탕 수)$= 20 + 4 = 24$(개)

24개를 4명에게 똑같이 나누어 주려면 사탕을 한 사람에게 $24 \div 4 = 6$(개)씩 주어야 합니다.

2-2 8개

과자를 한 접시에 10개씩 4접시에 담았으므로

과자는 모두 $10 + 10 + 10 + 10 = 40$(개)입니다.

과자 40개를 5접시에 똑같이 나누어 담으려면 한 접시에 $40 \div 5 = 8$(개)씩 담아야 합니다.

서술형 2-3 4개

⑩ 한 상자에 5개씩 7상자에 들어 있는 탁구공은 $5 \times 7 = 35$(개)이고 낱개로 1개가 더 있으므로 탁구공은 모두 $35 + 1 = 36$(개)입니다.

36개의 탁구공을 9개의 반에 똑같이 나누어 주려면 한 반에 $36 \div 9 = 4$(개)씩 주어야 합니다.

채점 기준	배점
탁구공은 모두 몇 개인지 구할 수 있나요?	3점
한 반에 탁구공을 몇 개씩 주어야 하는지 구할 수 있나요?	2점

2-4 9개

한 판에 10개씩 6판에 있는 달걀은 $10+10+10+10+10+10=60$(개)이고
이 중에서 깨진 달걀 6개를 빼면 $60-6=54$(개)입니다. 달걀 54개를 바구니 6개에 똑같이 나누어 담으려면 바구니 한 개에 $54\div6=9$(개)씩 담아야 합니다.

72~73쪽

대표문제 3

3으로 나눌 수 있는 수는 3단 곱셈구구의 수이므로 18, 24, 21이고,
4로 나눌 수 있는 수는 4단 곱셈구구의 수이므로 16, 24입니다.
따라서 3으로도 나눌 수 있고 4로도 나눌 수 있는 수는 24입니다.

지도 가이드
3으로도 나눌 수 있고 4로도 나눌 수 있는 수는 3과 4의 공배수입니다. 주어진 수 중에서 3과 4의 공배수는 24이고, 3과 4는 24의 약수입니다. 공배수, 약수의 개념은 5학년에서 배우게 되지만 나눗셈 개념이 그 바탕이 됩니다. 따라서 3학년에서 나눗셈을 학습할 때 몫을 구하기만 하는 것보다 나눗셈을 통해 수의 성질을 알 수 있도록 지도해 주세요.

3-1 3개

8단 곱셈구구의 수인 8, 16, 24, 32, 40, 48, 56, 64, 72는 8로 나눌 수 있습니다. 주어진 수들 중에서 8로 나눌 수 있는 수는 32, 16, 40으로 모두 3개입니다.

3-2 15

3으로 나눌 수 있는 수: 3, 6, 9, 12, 15, 18, 21, 24, 27, …
5로 나눌 수 있는 수: 5, 10, 15, 20, 25, 30, 35, 40, 45, …
따라서 3으로도 나눌 수 있고 5로도 나눌 수 있는 수는 15입니다.

3-3 36, 54

6으로 나눌 수 있는 수: 6, 12, 18, 24, 30, 36, 42, 48, 54, …
9로 나눌 수 있는 수: 9, 18, 27, 36, 45, 54, 63, 72, 81, …
주어진 수 중에서 6으로도 나눌 수 있고 9로도 나눌 수 있는 수는 36, 54입니다.

3-4 8

4로 나눌 수 있는 수: 4, 8, 12, 16, 20, 24, 28, 32, 36, 40, 44, 48, 52, 56, …
7로 나눌 수 있는 수: 7, 14, 21, 28, 35, 42, 49, 56, 63, …
28, 56, …은 4로도 나눌 수 있고 7로도 나눌 수 있으므로 ㉠에 알맞은 수는 8입니다.

다른 풀이
두 자리 수 20, 21, 22, 23, 24, 25, 26, 27, 28, 29 중에서 4로 나눌 수 있는 수는 20, 24, 28이고, 7로 나눌 수 있는 수는 21, 28이므로 공통인 수는 28입니다. 따라서 ㉠에 알맞은 수는 8입니다.

74~75쪽

대표문제 4

㉠은 8을 나눌 수 있는 수이므로 ㉠은 곱이 8이 되는 두 수 중에서 찾습니다.
$1\times8=8$, $2\times4=8$, $4\times2=8$, $8\times1=8$
➡ ㉠이 될 수 있는 수는 1, 2, 4, 8입니다.

㉠이 1일 때: $8\div1=$ **8** ➡ ㉡$\div3=$ **8** 이므로 ㉡= **8** $\times3=24$입니다.
㉠이 2일 때: $8\div2=$ **4** ➡ ㉡$\div3=$ **4** 이므로 ㉡= **4** $\times3=12$입니다.
㉠이 4일 때: $8\div4=$ **2** ➡ ㉡$\div3=2$이므로 ㉡= **2** $\times3=6$입니다.
㉠이 8일 때: $8\div8=$ **1** ➡ ㉡$\div3=1$이므로 ㉡= **1** $\times3=3$입니다.
따라서 ㉠$+$㉡$=10$이 되는 경우는 ㉠$=4$, ㉡$=6$입니다.

4-1 5

$8\div4=2$이므로 $10\div\square=2$입니다.
10을 $\square$로 나눈 몫이 2이므로 $2\times\square=10$입니다.
2단 곱셈구구에서 $2\times5=10$이므로 $\square=5$입니다.

4-2 (1, 18), (3, 6), (9, 2)

㉠은 9를 나눌 수 있는 수이므로 ㉠에 알맞은 수는 곱이 9가 되는 수입니다.
$1\times9=9$, $3\times3=9$, $9\times1=9$이므로
㉠이 될 수 있는 수는 1, 3, 9입니다.
㉠이 1일 때: $9\div1=9$ ➡ ㉡$\div2=9$이므로 ㉡$=9\times2=18$
㉠이 3일 때: $9\div3=3$ ➡ ㉡$\div2=3$이므로 ㉡$=3\times2=6$
㉠이 9일 때: $9\div9=1$ ➡ ㉡$\div2=1$이므로 ㉡$=1\times2=2$
따라서 (㉠, ㉡)이 될 수 있는 경우는 (1, 18), (3, 6), (9, 2)입니다.

4-3 5, 6

㉠은 10을 나눌 수 있는 수이므로 ㉠에 알맞은 수는 곱이 10이 되는 수입니다.
$1\times10=10$, $2\times5=10$, $5\times2=10$, $10\times1=10$이므로
㉠이 될 수 있는 수는 1, 2, 5, 10입니다.
㉠이 1일 때: $10\div1=10$ ➡ ㉡$\div3=10$이므로 ㉡$=10\times3=10+10+10=30$
㉠이 2일 때: $10\div2=5$ ➡ ㉡$\div3=5$이므로 ㉡$=5\times3=15$
㉠이 5일 때: $10\div5=2$ ➡ ㉡$\div3=2$이므로 ㉡$=2\times3=6$
㉠이 10일 때: $10\div10=1$ ➡ ㉡$\div3=1$이므로 ㉡$=1\times3=3$
따라서 ㉡$=$㉠$+1$인 경우는 ㉠$=5$, ㉡$=6$입니다.

4-4 4, 9

㉠은 12를 나눌 수 있는 수이므로 ㉠에 알맞은 수는 곱이 12가 되는 수입니다.
$1\times12=12$, $2\times6=12$, $3\times4=12$, $4\times3=12$, $6\times2=12$, $12\times1=12$이므로
㉠이 될 수 있는 수는 1, 2, 3, 4, 6, 12인데 ㉠은 한 자리 수이므로 12는 빼고 생각합니다.
㉠이 1일 때: $12\div1=12$ ➡ ㉡$\div3=12$이므로
　　　　　　　㉡$=12\times3=12+12+12=36$ ⎤
㉠이 2일 때: $12\div2=6$ ➡ ㉡$\div3=6$이므로 ㉡$=6\times3=18$ ⎦ ㉡이 두 자리 수
㉠이 3일 때: $12\div3=4$ ➡ ㉡$\div3=4$이므로 ㉡$=4\times3=12$
㉠이 4일 때: $12\div4=3$ ➡ ㉡$\div3=3$이므로 ㉡$=3\times3=9$ ⎤
㉠이 6일 때: $12\div6=2$ ➡ ㉡$\div3=2$이므로 ㉡$=2\times3=6$ ⎦ ㉡이 한 자리 수
따라서 ㉠과 ㉡이 서로 다른 한 자리 수인 경우는 ㉠$=4$, ㉡$=9$입니다.

대표문제 5

┌ 4로 나누어지는 수: 4, 8, **12**, 16, 20, **24**, 28, 32, **36**, 40, 44, **48**, 52, 56, **60**, 64, …
└ 6으로 나누어지는 수: 6, **12**, 18, **24**, 30, **36**, 42, **48**, 54, **60**, 66, …

4와 6으로 모두 나누어지는 수: 12, 24, 36, …

이 중에서 30보다 작은 수는 12와 24이고

두 수 중 십의 자리 수와 일의 자리 수의 합이 6인 수는 24입니다.

따라서 조건을 모두 만족시키는 수는 24입니다.

5-1 14

7로 나누어지는 수: 7, 14, 21, 28, 35, 42, 49, 56, …

이 중에서 20보다 작은 두 자리 수는 14입니다.

5-2 24

┌ 25보다 작은 수 중에서 3으로 나누어지는 수: 3, 6, 9, **12**, 15, 18, 21, **24**
└ 25보다 작은 수 중에서 4로 나누어지는 수: 4, 8, **12**, 16, 20, **24**

3과 4로 모두 나누어지는 수는 12, 24이고

이 중에서 십의 자리 수와 일의 자리 수의 합이 6인 수는

2+4=6이므로 24입니다.

다른 풀이

25보다 작은 수 중에서 십의 자리 수와 일의 자리 수의 합이 6인 수는 15, 24입니다.

이 중에서 3과 4로 모두 나누어지는 수는 24입니다.

5-3 56

┌ 60보다 작은 수 중에서 4로 나누어지는 수: 4, 8, 12, 16, 20, 24, **28**, 32, 36, 40, 44, 48, 52, **56**
└ 60보다 작은 수 중에서 7로 나누어지는 수: 7, 14, 21, **28**, 35, 42, 49, **56**

4와 7로 모두 나누어지는 수는 28, 56이고

이 중에서 십의 자리 수가 일의 자리 수보다 1만큼 더 작은 수는 56입니다.

다른 풀이

60보다 작은 수 중에서 십의 자리 수가 일의 자리 수보다 1만큼 더 작은 수는 12, 23, 34, 45, 56입니다.

이 중에서 4와 7로 모두 나누어지는 수는 56입니다.

5-4 36

┌ 55보다 작은 수 중에서 3으로 나누어지는 수: 3, 6, 9, 12, 15, **18**, 21, 24, 27, 30, 33, **36**, 39, 42, 45, 48, 51, **54**
├ 55보다 작은 수 중에서 6으로 나누어지는 수: 6, 12, **18**, 24, 30, **36**, 42, 48, **54**
└ 55보다 작은 수 중에서 9로 나누어지는 수: 9, **18**, 27, **36**, 45, **54**

3, 6, 9로 모두 나누어지는 수는 18, 36, 54이고

이 중에서 십의 자리 수를 2배 하면 일의 자리 수가 되는 수는 36입니다.

55보다 작은 수 중에서 십의 자리 수를 2배 하면 일의 자리 수가 되는 수는 12, 24, 36, 48입니다.
이 중에서 3, 6, 9로 모두 나누어지는 수는 36입니다.

① $12 \div 3 = 4$
$27 \div 3 = 9$

$$\begin{array}{r} 12 \div 3 = 4 \\ \blacksquare \div 3 = \blacktriangle \\ \hline 27 \div 3 = 9 \end{array}$$

② $4 + \blacktriangle = 9$이므로
$\blacktriangle = 5$

$$\begin{array}{r} 12 \div 3 = 4 \\ \blacksquare \div 3 = 5 \\ \hline 27 \div 3 = 9 \end{array}$$

③ $12 + \blacksquare = 27$이므로
$\blacksquare = 15$

$$\begin{array}{r} 12 \div 3 = 4 \\ 15 \div 3 = 5 \\ \hline 27 \div 3 = 9 \end{array}$$

지도 가이드
나눗셈에서는 분배법칙이 성립합니다.
이와 같은 나눗셈의 성질은 중등 과정에서 배우게 되지만 중등에서는 '유리수의 나눗셈', '문자로 나타낸 식의 나눗셈' 등 많은 개념을 한꺼번에 학습하게 되므로 간단한 법칙도 어렵게 느낄 수 있습니다.
따라서 초등 과정에서부터 '분배법칙'이라는 용어를 사용하지 않고 나눗셈의 성질을 경험하고 느낄 수 있도록 지도해 주세요.

6-1 7 / 3 / 10

나눗셈식에서 나누는 수는 모두 2로 같습니다.
$20 \div 2 = \square$에서 나누어지는 수 20을 14와 6으로 가르기합니다.
$14 \div 2 = 7$, $6 \div 2 = 3$이므로 몫 7과 3을 더한 10이 $20 \div 2$의 몫입니다.

$14 \div 2 = 7$, $6 \div 2 = 3$ ➡ $20 \div 2 = 10$

6-2 5 / 16, 4 / 9

① $20 \div 4 = 5$
$36 \div 4 = 9$

$$\begin{array}{r} 20 \div 4 = \boxed{5} \\ \blacksquare \div 4 = \blacktriangle \\ \hline 36 \div 4 = \boxed{9} \end{array}$$

② $5 + \blacktriangle = 9$이므로
$\blacktriangle = 4$

$$\begin{array}{r} 20 \div 4 = 5 \\ \blacksquare \div 4 = \boxed{4} \\ \hline 36 \div 4 = 9 \end{array}$$

③ $20 + \blacksquare = 36$이므로
$\blacksquare = 16$

$$\begin{array}{r} 20 \div 4 = 5 \\ \boxed{16} \div 4 = 4 \\ \hline 36 \div 4 = 9 \end{array}$$

6-3 24, 3 / 5 / 8

① $40 \div 8 = 5$
$64 \div 8 = 8$

$$\begin{array}{r} \blacksquare \div 8 = \blacktriangle \\ 40 \div 8 = \boxed{5} \\ \hline 64 \div 8 = \boxed{8} \end{array}$$

② $\blacktriangle + 5 = 8$이므로
$\blacktriangle = 3$

$$\begin{array}{r} \blacksquare \div 8 = \boxed{3} \\ 40 \div 8 = 5 \\ \hline 64 \div 8 = 8 \end{array}$$

③ $\blacksquare + 40 = 64$이므로
$\blacksquare = 24$

$$\begin{array}{r} \boxed{24} \div 8 = 3 \\ 40 \div 8 = 5 \\ \hline 64 \div 8 = 8 \end{array}$$

6-4 예 18, 3 / 12, 2 / 5

30을 두 수의 덧셈으로 분해하여 나누어지는 수를 찾습니다.
이때 분해한 두 수는 모두 6으로 나누어지는 수여야 합니다.

가로에 만들어지는 정사각형은 $15 \div 3 = 5$(개)입니다.

만들어진 정사각형이 모두 10개이므로

세로에 만들어지는 정사각형은 $10 \div 5 = 2$(개)입니다.

한 변이 3 cm인 정사각형이 세로에 2개 만들어지므로

직사각형의 세로는 $3 \times 2 = 6$(cm)입니다.

따라서 종이를 자르기 전 직사각형의 둘레는 $15 + 6 + 15 + 6 = 42$(cm)입니다.

7-1 2 cm

가로에 만들어지는 정사각형은 $18 \div 2 = 9$(개)입니다.

만들어진 정사각형이 모두 9개이므로

세로에 만들어지는 정사각형은 $9 \div 9 = 1$(개)입니다.

한 변이 2 cm인 정사각형이 세로에 1개 만들어지므로

직사각형의 세로는 $2 \times 1 = 2$(cm)입니다.

서술형 **7-2** 108 cm

㈎ 세로에 만들어지는 정사각형은 $24 \div 6 = 4$(개)입니다. 만들어진 정사각형이 모두 20개이므로 가로에 만들어지는 정사각형은 $20 \div 4 = 5$(개)입니다.

한 변이 6 cm인 정사각형이 가로에 5개 만들어지므로 직사각형의 가로는

$6 \times 5 = 30$(cm)입니다.

따라서 종이를 자르기 전 직사각형의 둘레는

$30 + 24 + 30 + 24 = 108$(cm)입니다.

채점 기준	배점
직사각형의 가로를 구할 수 있나요?	3점
직사각형의 둘레를 구할 수 있나요?	2점

7-3 74 cm

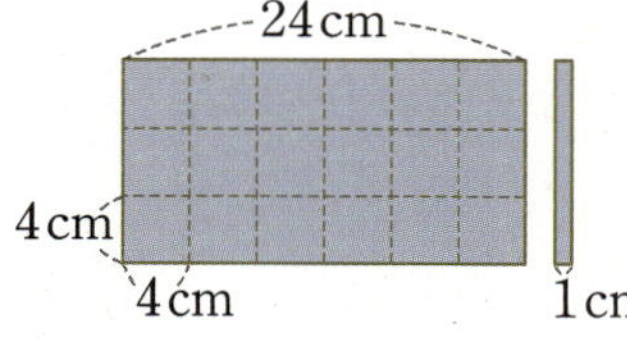

가로가 1 cm 남았으므로 가로가 24 cm인 직사각형을 한 변이 4 cm인 정사각형으로 똑같이 자른 것입니다.

가로에 만들어지는 정사각형은 $24 \div 4 = 6$(개)이고 만들어진 정사각형이 모두 18개이므로 세로에 만들어지는 정사각형은 $18 \div 6 = 3$(개)입니다. 한 변이 4 cm인 정사각형이 세로에 3개 만들어지므로 직사각형의 세로는 $4 \times 3 = 12$(cm)입니다.

따라서 종이를 자르기 전 직사각형의 둘레는

$25 + 12 + 25 + 12 = 74$(cm)입니다.

주의

종이를 자르기 전 직사각형의 둘레를 $24 + 12 + 24 + 12$로 계산하지 않도록 주의합니다.

7-4 126 cm

나누어진 작은 직사각형의 세로는 $28 \div 4 = 7$(cm)이고,

작은 직사각형의 가로를 □ cm라 하면

□$+ 7 +$□$+ 7 = 24$, □$+$□$+ 14 = 24$, □$+$□$= 10$, □$= 5$입니다.

처음 직사각형의 가로는 나누어진 작은 직사각형의 가로의 7배이므로
$5 \times 7 = 35$ (cm)입니다.
따라서 처음 직사각형 모양 종이의 둘레는 $35 + 28 + 35 + 28 = 126$ (cm)입니다.

8

나무와 나무 사이의 간격의 수: $40 \div 5 = 8$ (군데)
(도로 한쪽에 필요한 나무의 수)=(간격의 수)$+1$
　　　　　　　　　　　　　　$= 8 + 1 = 9$ (그루)
➡ (도로 양쪽에 필요한 나무의 수)$= 9 \times 2 = 18$ (그루)

8-1 4그루

나무와 나무 사이의 간격은 $6 \div 2 = 3$ (군데)이고,
(나무의 수)=(간격의 수)$+1$이므로 나무는 모두 $3 + 1 = 4$ (그루) 필요합니다.

서술형 8-2 16개

㉠ 가로등과 가로등 사이의 간격은 $42 \div 6 = 7$ (군데)이고,
(가로등의 수)=(간격의 수)$+1$이므로 도로의 한쪽에 가로등은 $7 + 1 = 8$ (개) 필요합니다.
따라서 도로의 양쪽에 가로등은 모두 $8 \times 2 = 16$ (개) 필요합니다.

채점 기준	배점
가로등과 가로등 사이의 간격은 몇 군데인지 구할 수 있나요?	1점
도로의 한쪽에 필요한 가로등은 몇 개인지 구할 수 있나요?	2점
도로의 양쪽에 필요한 가로등은 모두 몇 개인지 구할 수 있나요?	2점

8-3 3 m

도로의 양쪽에 심은 나무가 14그루이므로
도로의 한쪽에 심은 나무는 $14 \div 2 = 7$ (그루)입니다.
(도로 한쪽에 심은 나무의 수)=(간격의 수)$+1 = 7$이므로
(간격의 수)$= 7 - 1 = 6$ (군데)입니다.
나무 사이의 간격을 $\square$ m라 하면 $18 \div \square = 6$이고,
$18 \div \square = 6$
$18 \div 6 = \square$ ➡ 6단 곱셈구구에서 $6 \times 3 = 18$이므로 $\square = 3$입니다.
따라서 나무를 3 m 간격으로 심은 것입니다.

8-4 12그루

(땅의 한 변에 심는 나무와 나무 사이의 간격의 수)$= 16 \div 4 = 4$ (군데)
(땅의 한 변에 심는 나무의 수)$= 4 + 1 = 5$ (그루)
나무를 한 변에 5그루씩 심으려면 나무는 $5 \times 3 = 15$ (그루) 필요합니다.
이때 세 꼭짓점에 심는 나무는 두 번씩 겹치므로 3그루를 빼 줍니다.
따라서 나무는 모두 $15 - 3 = 12$ (그루) 필요합니다.

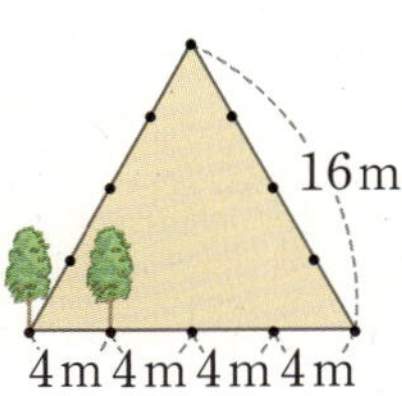

1 2 m

한 사람이 나누어 가진 색 테이프의 길이는 $12 \div 3 = 4$(m)이므로

민지가 가진 색 테이프를 반으로 나눈 한 도막의 길이는 $4 \div 2 = 2$(m)입니다.

두 도막 중 한 도막을 종이꽃을 만드는 데 사용했으므로 남은 색 테이프는 2 m입니다.

서술형

2 7개

㉒ 한 접시에 10개씩 5접시에 담은 만두는 $10 + 10 + 10 + 10 + 10 = 50$(개)이고

만두 1개를 먹었으므로 포장하려는 만두는 $50 - 1 = 49$(개)입니다.

만두 49개를 상자 한 개에 7개씩 나누어 포장하려면 상자는 $49 \div 7 = 7$(개) 필요합니다.

채점 기준	배점
포장하려는 만두는 몇 개인지 구할 수 있나요?	3점
상자는 몇 개 필요한지 구할 수 있나요?	2점

3 3

나누어지는 수가 작을수록, 나누는 수가 클수록 몫이 작아지므로 몫이 가장 작은 나눗셈

이 되려면 (가장 작은 두 자리 수)÷(가장 큰 한 자리 수)가 되어야 합니다.

만들 수 있는 가장 작은 두 자리 수는 24이고, 가장 큰 한 자리 수는 8이므로

$24 \div 8 = 3$일 때 몫이 가장 작습니다. ➡ 몫: 3

4 48

┌ 60보다 작은 수 중에서 3으로 나누어지는 수: 3, 6, 9, 12, 15, 18, 21, 24, 27, 30, 33, 36, 39, 42, 45, 48, 51, 54, 57

├ 60보다 작은 수 중에서 4로 나누어지는 수: 4, 8, 12, 16, 20, 24, 28, 32, 36, 40, 44, 48, 52, 56

└ 60보다 작은 수 중에서 6으로 나누어지는 수: 6, 12, 18, 24, 30, 36, 42, 48, 54

3, 4, 6으로 모두 나누어지는 수는 12, 24, 36, 48이고

이 중에서 일의 자리 수에서 십의 자리 수를 빼면 4가 되는 수는 48입니다.

5 3, 10

㉠은 6을 나눌 수 있는 수이므로 ㉠에 알맞은 수는 곱이 6이 되는 수입니다.

$1 \times 6 = 6$, $2 \times 3 = 6$, $3 \times 2 = 6$, $6 \times 1 = 6$이므로 ㉠이 될 수 있는 수는 1, 2, 3, 6입니다.

㉠이 1일 때: $6 \div 1 = 6$ ➡ ㉡$\div 5 = 6$이므로 ㉡$= 6 \times 5 = 30$

➡ ㉠$+$㉡$= 1 + 30 = 31$

㉠이 2일 때: $6 \div 2 = 3$ ➡ ㉡$\div 5 = 3$이므로 ㉡$= 3 \times 5 = 15$

➡ ㉠$+$㉡$= 2 + 15 = 17$

㉠이 3일 때: $6 \div 3 = 2$ ➡ ㉡$\div 5 = 2$이므로 ㉡$= 2 \times 5 = 10$

➡ ㉠$+$㉡$= 3 + 10 = 13$

㉠이 6일 때: $6 \div 6 = 1$ ➡ ㉡$\div 5 = 1$이므로 ㉡$= 1 \times 5 = 5$ ➡ ㉡이 한 자리 수이므로 조건에 맞지 않습니다.

따라서 ㉠$+$㉡$= 13$이 되는 경우는 ㉠$= 3$, ㉡$= 10$입니다.

㈎ 어떤 수를 □라 하여 잘못 계산한 식을 만들면 □÷6−4＝2입니다.
□÷6의 몫은 4를 빼기 전의 수이므로 2＋4＝6입니다.
□÷6＝6, □＝6×6, □＝36
따라서 바르게 계산한 값은 36÷4＝9, 9−6＝3입니다.

채점 기준	배점
잘못 계산한 식에서 어떤 수를 구할 수 있나요?	3점
바르게 계산한 값을 구할 수 있나요?	2점

7 7

연속하는 세 수를 □, □＋1, □＋2라 하면
세 수의 합은 □＋□＋1＋□＋2＝□＋□＋□＋3입니다.
(□＋□＋□＋3)÷3＝8에서 곱셈과 나눗셈의 관계를 이용하면
□＋□＋□＋3＝8×3 ➡ □＋□＋□＋3＝24, □＋□＋□＝21이므로
□＝7입니다.
따라서 연속하는 세 수 중 가장 작은 수는 7입니다.

다른 풀이
연속하는 세 수를 □−1, □, □＋1이라 하면
세 수의 합은 □−1＋□＋□＋1＝□＋□＋□입니다.
연속하는 세 수의 합을 3으로 나눈 몫이 8이므로 세 수의 합은 3으로 나누기 전의 수인 8×3＝24입니다.
따라서 □＋□＋□＝□×3＝24이므로 □＝8이고 가장 작은 수는 8−1＝7입니다.

8 11개

민호와 선아가 가지는 구슬을 각각 □개라 하면 연우가 가지는 구슬은 □개보다 더 많아
야 하므로 (□＋1)개, (□＋2)개, (□＋3)개, (□＋4)개, …가 될 수 있습니다.
세 사람이 가지는 구슬의 합은 27개이므로
□＋□＋□＋1＝27 ➡ □＋□＋□＝26이 되는 □는 없습니다.
□＋□＋□＋2＝27 ➡ □＋□＋□＝25가 되는 □는 없습니다.
□＋□＋□＋3＝27 ➡ □＋□＋□＝24이므로 □＝8입니다.
➡ 민호와 선아는 8개씩, 연우는 8＋3＝11(개)를 가지면 됩니다.
⋮
□＋□＋□＋6＝27 ➡ □＋□＋□＝21이므로 □＝7입니다.
➡ 민호와 선아는 7개씩, 연우는 7＋6＝13(개)를 가지면 됩니다.
⋮
따라서 민호와 선아가 구슬을 8개씩 가지고, 연우가 11개를 가질 때 연우가 가지는
구슬이 가장 적습니다.

9 7 cm

종이테이프에서 접힌 부분의 길이가 ㉠이므로 57 cm에 ㉠을 2번 더한 길이가 종이테이
프 전체의 길이와 같습니다.
57＋㉠＋㉠＝71이므로 ㉠＋㉠＝71−57, ㉠＋㉠＝14입니다.
㉠×2＝14이므로 ㉠＝14÷2＝7 (cm)입니다.
따라서 ㉠의 길이는 7 cm입니다.

10 8명

한 학생에게 6자루씩 주면 남는 연필이 없을 때와 한 학생에게 8자루씩 주면 16자루가 모자랄 때의 연필의 수는 같습니다.

어떤 수에서 16만큼 모자란 것은 16을 빼 주면 되므로 ㉮ 모둠 학생 수를 □명이라 하면 □×6＝□×8－16입니다.

□×6은 □를 6번 더한 것이고, □×8은 □를 8번 더한 것이므로 두 수의 차는 □를 2번 더한 것과 같습니다.

16＝□×8－□×6, 16＝□×2에서 곱셈과 나눗셈의 관계를 이용하면 □＝16÷2＝8입니다.

따라서 ㉮ 모둠 학생은 8명입니다.

4 곱셈

1 30, 300

$$6 \times 5 = 30$$

10배 ↓   ↓ 10배

$$60 \times 5 = 300$$

2 (1) 80, 2, 82

  (2) 90, 6, 96

(1) $41 = 40 + 1$이므로 40과 1에 각각 2를 곱하여 더합니다.

$$41 \times 2 = (40 + 1) \times 2 = 40 \times 2 + 1 \times 2$$
$$= 80 + 2 = 82$$

(2) $32 = 30 + 2$이므로 30과 2에 각각 3을 곱하여 더합니다.

$$32 \times 3 = (30 + 2) \times 3 = 30 \times 3 + 2 \times 3$$
$$= 90 + 6 = 96$$

3 8, 4, 80

- $3 \times 8 = 24$이고 30은 3의 10배이므로 $30 \times 8 = 240$입니다.

  따라서 ☐ 안에 알맞은 수는 8입니다.

- $6 \times 4 = 24$이고 60은 6의 10배이므로 $60 \times 4 = 240$입니다.

  따라서 ☐ 안에 알맞은 수는 4입니다.

- $8 \times 3 = 24$이고 240은 24의 10배이므로

  ☐ 안에 알맞은 수는 8의 10배인 80입니다.

4 22

어떤 수를 ☐라 하면 $☐ + ☐ + ☐ = ☐ \times 3 = 66$입니다.

$22 \times 3 = 66$이므로 어떤 수는 22입니다.

5 (1) 7, 70   (2) 6, 60

(1) ☐를 4번 더한 것과 ☐를 3번 더한 것을 더하면 ☐를 7번 더한 것과 같습니다.

$$10 \times 4 + 10 \times 3 = 10 \times (4 + 3) = 10 \times 7 = 70$$

(2) ☐를 8번 더한 것에서 ☐를 2번 더한 것을 빼면 ☐를 6번 더한 것과 같습니다.

$$10 \times 8 - 10 \times 2 = 10 \times (8 - 2) = 10 \times 6 = 60$$

6 140장

오전에 판 도화지의 수: 20×2

오후에 판 도화지의 수: 20×5

➡ $20 \times 2 + 20 \times 5 = 20 \times (2 + 5) = 20 \times 7 = 140$

따라서 문구점에서 오전과 오후에 판 도화지는 모두 140장입니다.

7 (1) 10, 5

  (2) 42, 21, 7

(1) $130 = 13 \times 10$
$$= 13 \times 2 \times 5$$

(2) $84 = 2 \times 42$
$$= 2 \times 2 \times 21$$
$$= 2 \times 2 \times 3 \times 7$$

1 (1) 60, 12, 72
　(2) 300, 48, 348

(1) $36=30+6$이므로 30과 6에 각각 2를 곱하여 더합니다.
$$36\times2=(30+6)\times2=30\times2+6\times2$$
$$=60+12=72$$
(2) $58=50+8$이므로 50과 8에 각각 6을 곱하여 더합니다.
$$58\times6=(50+8)\times6=50\times6+8\times6$$
$$=300+48=348$$

2 풀이 참조

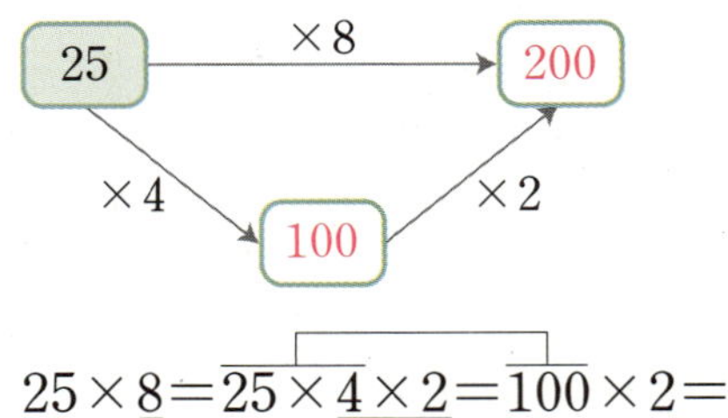

$$25\times8=\overline{25\times4\times2}=100\times2=200$$

3 (1) >　(2) =

(1) $34\times6=204$, $23\times8=184$
　➡ $34\times6>23\times8$
(2) $14\times9=126$, $42\times3=126$
　➡ $14\times9=42\times3$

4 ㉡, ㉣

㉠ $68\times7=476$　㉡ $84\times6=504$　㉢ $93\times5=465$　㉣ $77\times7=539$
따라서 곱이 500보다 큰 것은 ㉡, ㉣입니다.

5 $55\times7=385$, 385쪽
　(또는 55×7)

일주일은 7일이므로 동화책을 읽은 쪽수는 $55\times7=385$(쪽)입니다.

6 3개

$16\times6=96$, $51\times2=102$이므로 $96<\square<102$입니다.
$\square$ 안에 들어갈 수 있는 수는 97, 98, 99, 100, 101입니다.
따라서 $\square$ 안에 들어갈 수 있는 두 자리 수는 97, 98, 99로 모두 3개입니다.

7 ㉣

일의 자리의 곱과 십의 자리의 곱이 둘 다 커질 수 있도록 곱하는 한 자리 수를 가장 큰
수로 하고 곱해지는 두 자리 수의 십의 자리 수를 둘째로 큰 수로 하면 곱이 가장 큽니다.
➡ ㉣
$$\begin{array}{r}5\ 3\\ \times\quad7\\ \hline 3\ 7\ 1\end{array}$$

다른 풀이

㉠
$$\begin{array}{r}7\ 5\\ \times\ \ 3\\ \hline 2\ 2\ 5\end{array}$$
㉡
$$\begin{array}{r}7\ 3\\ \times\ \ 5\\ \hline 3\ 6\ 5\end{array}$$
㉢
$$\begin{array}{r}3\ 5\\ \times\ \ 7\\ \hline 2\ 4\ 5\end{array}$$
㉣
$$\begin{array}{r}5\ 3\\ \times\ \ 7\\ \hline 3\ 7\ 1\end{array}$$
따라서 곱이 가장 큰 곱셈식은 ㉣입니다.

왼쪽 식의 곱은 ㉠0×㉢＋㉡×㉢으로 ㉢을 2번 곱하므로 곱이 가장 크려면 ㉢이 가장 큰 수이어야 하고 나머지 수로 ㉠㉡을 크게 만들면 됩니다.

예)
$$\begin{array}{r} 7\ 3 \\ \times\ \ \ 5 \\ \hline 1\ 5 \leftarrow 3\times5 \\ 3\ 5\ 0 \leftarrow 70\times5 \\ \hline 3\ 6\ 5 \end{array} \quad < \quad \begin{array}{r} 5\ 3 \\ \times\ \ \ 7 \\ \hline 2\ 1 \leftarrow 3\times7 \\ 3\ 5\ 0 \leftarrow 50\times7 \\ \hline 3\ 7\ 1 \end{array}$$

곱이 가장 작으려면 위와 같은 방법으로 ㉢이 가장 작은 수이어야 하고 나머지 수로 ㉠㉡을 작게 만들면 됩니다.

따라서 세 수가 ★＞■＞▲일 때 곱이 가장 큰 곱셈식은 ■▲×★이고 곱이 가장 작은 곱셈식은 ■★×▲입니다.

3 곱셈의 활용

1 2 m 61 cm

(색 테이프의 전체 길이)＝(색 테이프 한 장의 길이)×(색 테이프의 수)
$$=29\times9=261(\text{cm})$$
➡ $261\,\text{cm}=200\,\text{cm}+61\,\text{cm}=2\,\text{m}\ 61\,\text{cm}$

2 2시간 20분

일주일은 7일입니다.
(일주일 동안 운동을 한 시간)＝(하루에 운동을 한 시간)×(날수)
$$=20\times7=140(\text{분})$$
➡ $140\text{분}=120\text{분}+20\text{분}=2\text{시간}\ 20\text{분}$

3 161 m

원 모양의 공원 둘레에 가로등을 세웠을 때 (간격의 수)＝(가로등의 수)이므로 가로등 사이의 간격은 23군데입니다.
(공원의 둘레)＝(가로등 사이의 간격)×(간격의 수)
$$=7\times23=23\times7=161(\text{m})$$

4 114 m

도로의 양쪽에 심은 나무가 14그루이므로
도로의 한쪽에 심은 나무는 $14\div2=7$(그루)입니다.
(나무 사이의 간격의 수)＝$7-1=6$(군데)
(도로의 길이)＝(나무 사이의 간격)×(간격의 수)
$$=19\times6=114(\text{m})$$

5 192 m

원 모양의 둘레에 나무를 심었을 때와 같은 경우입니다.
(간격의 수)＝(깃발의 수)이므로 깃발 사이의 간격은 24군데입니다.
(땅의 둘레)＝(깃발 사이의 간격)×(간격의 수)
$$=8\times24=24\times8=192(\text{m})$$

6 (1) 3 (2) 10
(3) 20 (4) 12

(1) $23 \times 3 = 69$, $3 \times 23 = 69$ ➡ $23 \times 3 = 3 \times 23$
(2) $4 \times (10 \times 2) = 4 \times 20 = 80$, $(4 \times 10) \times 2 = 40 \times 2 = 80$
　　➡ $4 \times (10 \times 2) = (4 \times 10) \times 2$
(3) $(20 + 10) \times 3 = 30 \times 3 = 90$, $20 \times 3 + 10 \times 3 = 60 + 30 = 90$
　　➡ $(20 + 10) \times 3 = 20 \times 3 + 10 \times 3$
(4) $12 \times (3 + 6) = 12 \times 9 = 108$, $12 \times 3 + 12 \times 6 = 36 + 72 = 108$
　　➡ $12 \times (3 + 6) = 12 \times 3 + 12 \times 6$

1 19를 어림하면 20쯤입니다.
$20 \times 6 = 120$이므로 □ 안에 6을 넣어 보면
$19 \times 6 = 114 > 110$이므로 □ 안에 6보다 작은 수인 5를 넣어 봅니다.
$19 \times 5 = 95 < 110$이므로 □ 안에 들어갈 수 있는 수는 1, 2, 3, 4, 5입니다.
따라서 □ 안에 들어갈 수 있는 수는 모두 5개입니다.

지도 가이드
□ 안에 1부터 수를 차례로 넣어 구할 수도 있지만 19를 20쯤으로 어림하면 좀 더 쉽게 구할 수 있습니다. 따라서 어림하여 구할 수 있도록 지도해 주세요.

1-1 1, 2, 3, 4

$10 \times 5 = 50$이므로 □ 안에는 5보다 작은 수인 1, 2, 3, 4가 들어갈 수 있습니다.

서술형 **1-2** 3개

예 37을 어림하면 40쯤입니다. $40 \times 3 = 120$이므로 □ 안에 3을 넣어 보면
$37 \times 3 = 111$, $111 < 145$입니다. □ 안에 3보다 큰 수인 4를 넣어 보면
$37 \times 4 = 148$, $148 > 145$이므로 □ 안에 들어갈 수 있는 수는 1, 2, 3입니다.
따라서 □ 안에 들어갈 수 있는 수는 모두 3개입니다.

채점 기준	배점
□ 안에 들어갈 수 있는 수를 구할 수 있나요?	3점
□ 안에 들어갈 수 있는 수는 모두 몇 개인지 구할 수 있나요?	2점

1-3 8

24를 어림하면 20쯤입니다.
$20 \times 8 = 160$이므로 □ 안에 8을 넣어 보면 $24 \times 8 = 192$, $192 > 170$입니다.
□ 안에 8보다 작은 수인 7을 넣어 보면 $24 \times 7 = 168$, $168 < 170$이므로 □ 안에 들어갈 수 있는 가장 작은 수는 8입니다.

1-4 3개

$62 \times 6 = 372$이므로 $55 \times □ > 372$입니다. 55를 어림하면 60쯤이고 $60 \times 6 = 360$이므로 □ 안에 6을 넣어 보면 $55 \times 6 = 330$, $330 < 372$입니다.
□ 안에 6보다 큰 수인 7을 넣어 보면 $55 \times 7 = 385$, $385 > 372$이므로 □ 안에 들어갈 수 있는 수는 7, 8, 9로 모두 3개입니다.

ⓛ×6=■8에서 6단 곱셈구구의 곱 중 일의 자리 수가 8인 경우는 $6×3=18$ 또는 $6×8=48$이므로 ⓛ=3 또는 8이/가 될 수 있습니다.

① ⓛ=3일 때

$$\begin{array}{r} 1 \\ ⓐ\,3 \\ \times\quad 6 \\ \hline 2\;8\;8 \end{array}$$ 에서

ⓐ×6+1=28이어야 하는데
ⓐ×6=27인 ⓐ은 없습니다.

② ⓛ=8일 때

$$\begin{array}{r} 4 \\ ⓐ\,8 \\ \times\quad 6 \\ \hline 2\;8\;8 \end{array}$$ 에서

ⓐ×6+4=28이어야 하므로
ⓐ×6=24에서 ⓐ=4입니다.

따라서 ⓐ=4, ⓛ=8입니다.

2-1 5

$2×$ⓐ의 곱의 일의 자리 수가 0이므로 $2×5=10$에서 ⓐ=5입니다.

2-2 5, 4

ⓛ×7의 곱의 일의 자리 수가 8이므로 $4×7=28$에서 ⓛ=4입니다.
ⓐ×7+2=37, ⓐ×7=35이므로 ⓐ=5입니다.

2-3 8, 4

ⓐ×ⓐ의 곱의 일의 자리 수가 4가 되는 경우는 $2×2=4$, $8×8=64$이므로
ⓐ=2 또는 8입니다.
ⓐ=2일 때 $52×2=104(×)$, ⓐ=8일 때 $58×8=464(○)$
➡ ⓐ=8, ⓛ=4

2-4 7, 6, 4

일의 자리의 계산에서 $4×$ⓛ의 곱의 일의 자리 수가 4가 되는 경우는
$4×1=4$, $4×6=24$이므로 ⓛ=1 또는 6입니다.
ⓛ=1일 때 곱은 두 자리 수인 ⓐ4가 되므로 알맞지 않습니다.
ⓛ=6일 때 6단 곱셈구구에서 곱이 4□가 되는 경우는 $6×7=42$, $6×8=48$입니다.
ⓐ=7일 때 $74×6=444$이므로 ⓒ=4입니다.
ⓐ=8일 때 $84×6=504$이므로 알맞지 않습니다.
➡ ⓐ=7, ⓛ=6, ⓒ=4

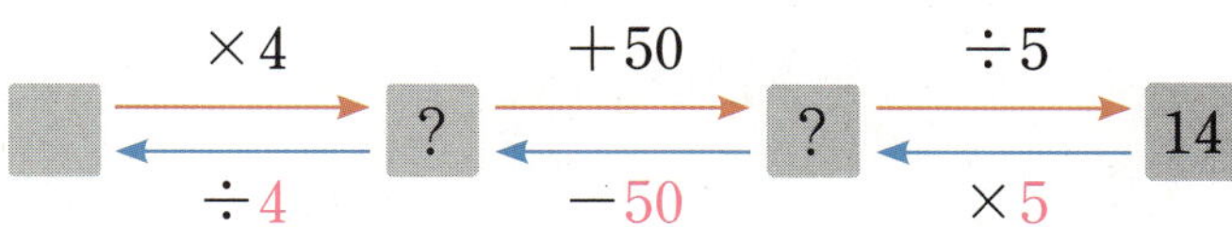

거꾸로 생각하여 계산하면
① 5로 나누기 전: $14×5=70$
② 50을 더하기 전: $70−50=20$
③ 4배 하기 전: $20÷4=5$
따라서 승주가 처음에 생각한 수는 5입니다.

3-1 9

$$\square \underset{\div 2}{\overset{\times 2}{\longleftrightarrow}} ? \underset{+4}{\overset{-4}{\longleftrightarrow}} 14$$

- 거꾸로 생각하여 계산하면
  ① 4를 빼기 전: $14+4=18$
  ② 2를 곱하기 전: $18\div 2=9$
  ➡ 처음에 생각한 수는 9입니다.
- 맞는지 확인하기: $9\times 2=18$ ➡ $18-4=14$

3-2 2

$$\square \underset{\div 3}{\overset{\times 3}{\longleftrightarrow}} ? \underset{-2}{\overset{+2}{\longleftrightarrow}} ? \underset{\div 9}{\overset{\times 9}{\longleftrightarrow}} 72$$

- 거꾸로 생각하여 계산하면
  ① 9를 곱하기 전: $72\div 9=8$
  ② 2를 더하기 전: $8-2=6$
  ③ 3을 곱하기 전: $6\div 3=2$
  ➡ 처음에 생각한 수는 2입니다.
- 맞는지 확인하기: $2\times 3=6$ ➡ $6+2=8$ ➡ $8\times 9=72$

3-3 5

$$\square \underset{\div 5}{\overset{\times 5}{\longleftrightarrow}} ? \underset{+4}{\overset{-4}{\longleftrightarrow}} ? \underset{\times 7}{\overset{\div 7}{\longleftrightarrow}} 3$$

- 거꾸로 생각하여 계산하면
  ① 7로 나누기 전: $3\times 7=21$
  ② 4를 빼기 전: $21+4=25$
  ③ 5배 하기 전: $25\div 5=5$
  ➡ 처음에 생각한 수는 5입니다.
- 맞는지 확인하기: $5\times 5=25$ ➡ $25-4=21$ ➡ $21\div 7=3$

3-4 6

$$\square \underset{\div \square}{\overset{\times \square}{\longleftrightarrow}} ? \underset{\times 9}{\overset{\div 9}{\longleftrightarrow}} ? \underset{-16}{\overset{+16}{\longleftrightarrow}} ? \underset{\times 2}{\overset{\div 2}{\longleftrightarrow}} 10$$

- 거꾸로 생각하여 계산하면
  ① 2로 나누기 전: $10\times 2=20$
  ② 16을 더하기 전: $20-16=4$
  ③ 9로 나누기 전: $4\times 9=36$
  ④ 같은 수를 곱해서 36이 되는 수는 $6\times 6=36$입니다.
  ➡ 처음에 생각한 수는 6입니다.
- 맞는지 확인하기:
  $6\times 6=36$ ➡ $36\div 9=4$ ➡ $4+16=20$ ➡ $20\div 2=10$

보충 개념

$20\div 2$는 20을 10과 10으로 가르기하여 2로 나눈 후 두 몫을 더하면 $20\div 2=10$입니다.

$$20\div 2=10 \quad \begin{array}{l} 10\div 2=5 \\ 10\div 2=5 \\ \hline 20\div 2=10 \end{array}$$

(이어 붙인 테이프의 전체 길이)=1 m 10 cm=110 cm

(테이프 5장의 길이의 합)=26×5=130(cm)

(겹치는 부분의 수)=(테이프의 수)-1=5-1=4(군데)

(테이프 5장의 길이의 합)-(겹치는 부분의 길이의 합)=(이어 붙인 테이프의 전체 길이)

130-(겹치는 부분의 길이의 합)=110

➡ (겹치는 부분의 길이의 합)=130-110=20(cm)

겹치는 부분은 4군데이므로 ㉠×4=20, ㉠=5입니다.

따라서 테이프를 5 cm씩 겹치게 붙였습니다.

4-1 105 cm

(테이프 4장의 길이의 합)=30×4=120(cm)

테이프 4장을 이어 붙이면 겹치는 부분은 4-1=3(군데)입니다.

(겹치는 부분의 길이의 합)=5×3=15(cm)

(이어 붙인 테이프의 전체 길이)=(테이프 4장의 길이의 합)-(겹치는 부분의 길이의 합)

$$=120-15=105(cm)$$

4-2 9 cm

(테이프 7장의 길이의 합)=58×7=406(cm)

테이프 7장을 이어 붙이면 겹치는 부분은 7-1=6(군데)입니다.

이어 붙인 테이프의 전체 길이가 352 cm이므로

(겹치는 부분의 길이의 합)=406-352=54(cm)입니다.

겹치는 한 부분의 길이를 □ cm라 하면

□×6=54, □=9입니다.

따라서 테이프를 9 cm씩 겹치게 붙였습니다.

4-3 50 cm

(겹치는 부분의 수)=(테이프의 수)-1

$$=8-1=7(군데)이므로$$

(겹치는 부분의 길이의 합)=10×7=70(cm)입니다.

이어 붙인 테이프의 전체 길이가 3 m 30 cm=330 cm이므로

(테이프 8장의 길이의 합)=330+70=400(cm)입니다.

테이프 한 장의 길이를 □ cm라 하면 □×8=400, □=50입니다.

따라서 테이프 한 장의 길이는 50 cm입니다.

4-4 6 cm

테이프 6장을 이어 붙인 직사각형 모양의 가로를 ▲ cm라 하면

네 변의 길이의 합이 2 m 48 cm=248 cm이므로

▲+10+▲+10=248, ▲+▲+20=248, ▲+▲=248-20, ▲+▲=228,

▲=114입니다.

(테이프 6장의 길이의 합)$=24\times6=144\,$(cm)이므로
(겹치는 부분의 길이의 합)$=144-114=30\,$(cm)입니다.
겹치는 부분은 $6-1=5$(군데)이므로 겹치는 한 부분의 길이를 □ cm라 하면
$□\times5=30,\ □=6$입니다.
따라서 테이프를 $6\,$cm씩 겹치게 붙였습니다.

대표문제 5

$$□\ ♥\ 8=135\ \Rightarrow\ □\times7+□\times8=135$$

$$
\begin{aligned}
&□\times7\ \leftarrow\ □를\ 7번\ 더한\ 수\\
&□\times8\ \leftarrow\ □를\ 8번\ 더한\ 수\\
&\overline{□\times15}\ \leftarrow\ □를\ 15번\ 더한\ 수
\end{aligned}
$$

$$□\times15=135$$
$$□=9$$

보충 개념

$□\times15=135$에서 곱하는 수 15를 어림하면 20쯤이므로 곱이 135에 가까운 수를 찾아보면
$7\times20=20\times7=140$이므로 □를 7로 예상할 수 있습니다.
곱의 일의 자리 수가 5이므로 7에 가까운 홀수를 넣어 곱을 확인합니다.
➡ $15\times7=105(\times),\ 15\times9=135(\bigcirc)$

5-1 2

$14◆7=14\times7=98$이고, $49◆□=49\times□$이므로 $49\times□=98$입니다.
$49\times2=98$이므로 □$=2$입니다.

5-2 6

㉆ $□●16=□\times4+□\times16=120$이고, $□\times4+□\times16$은 □를 4번 더한 수와
□를 16번 더한 수의 합이므로 □를 20번 더한 수인 $□\times20$입니다.
따라서 $□\times20=120$에서 $6\times20=120$이므로 □$=6$입니다.

채점 기준	배점
기호 ●가 나타내는 약속에 따라 계산할 수 있나요?	2점
□ 안에 알맞은 수를 구할 수 있나요?	3점

5-3 4

$□▲8=(□+8)\times9=108$이고,
$12\times9=108$이므로 $□+8=12,\ □=4$입니다.

5-4 5

$□★7=(□+7)\times3-7=29$이고,
$(□+7)\times3=36,\ 12\times3=36$이므로 $□+7=12,\ □=5$입니다.

선호의 나이를 □살이라 하면
$$□+8+□+8+□+□=64$$
$$□×4+8×2=64$$
$$□×4+16=64$$
$$□×4=48$$
$$□=12입니다.$$
따라서 선호의 나이가 선호 동생의 나이의 3배이므로 선호 동생은 4살입니다.

6-1 10개

배를 □개라 하면
$□×2+10=90$, $□×2=80$,
$□=40$입니다.

배의 수는 감의 수의 4배이고 $10×4=40$이므로 감은 10개입니다.

6-2 62장

은주가 가진 우표를 □장이라 하면
$□×5+30×4=280$,
$□×5+120=280$, $□×5=160$,
$□=32$입니다.

따라서 대성이가 가진 우표는 $32+30=62$(장)입니다.

6-3 3 kg

세아의 몸무게를 □kg이라 하면
$□×4+4×2=80$,
$□×4+8=80$, $□×4=72$,
$□=18$입니다.

세아의 몸무게는 18 kg이고 강아지 무게의 6배이므로
강아지는 $18÷6=3$(kg)입니다.

6-4 60개

민기가 가진 구슬을 □개라 하면
$□×4+25×3=43×5$,
$□×4+75=215$,
$□×4=140$, $□=35$입니다.

따라서 윤주가 가진 구슬은 $35+25=60$(개)입니다.

도화지가 1장일 때 필요한 누름 못의 수: 4개

도화지가 2장일 때 필요한 누름 못의 수: $4+2\times1=6$(개)

도화지가 3장일 때 필요한 누름 못의 수: $4+2\times2=8$(개)

도화지가 4장일 때 필요한 누름 못의 수: $4+2\times3=10$(개)

$\vdots$

➡ 도화지가 25장일 때 필요한 누름 못의 수: $4+2\times24=52$(개)

보충 개념

도화지가 한 장일 때 누름 못 4개가 필요하고

도화지가 더 늘어나면 필요한 누름 못의 수는 $4+2\times(($도화지의 수$)-1)$이 됩니다.

7-1 22개

도화지 한 장을 붙일 때 필요한 누름 못은 4개이고

도화지가 한 장씩 더 늘어날 때마다 누름 못은 2개씩 더 필요합니다.

➡ (도화지 10장을 붙일 때 필요한 누름 못의 수)

$\quad=4+2\times(10-1)=4+2\times9=4+18=22$(개)

7-2 114개

도화지가 1장일 때 필요한 누름 못의 수: 6개

도화지가 2장일 때 필요한 누름 못의 수: $6+4\times1=10$(개)

도화지가 3장일 때 필요한 누름 못의 수: $6+4\times2=14$(개)

도화지가 4장일 때 필요한 누름 못의 수: $6+4\times3=18$(개)

$\vdots$

➡ (도화지가 28장일 때 필요한 누름 못의 수)

$\quad=6+4\times(28-1)=6+4\times27=6+108=114$(개)

7-3 51개

삼각형 모양이 1개일 때 필요한 면봉의 수: 3개

삼각형 모양이 2개일 때 필요한 면봉의 수: $3+2\times1=5$(개)

삼각형 모양이 3개일 때 필요한 면봉의 수: $3+2\times2=7$(개)

삼각형 모양이 4개일 때 필요한 면봉의 수: $3+2\times3=9$(개)

$\vdots$

➡ (삼각형 모양이 25개일 때 필요한 면봉의 수)

$\quad=3+2\times(25-1)=3+2\times24=3+48=51$(개)

7-4 97개

정사각형 모양이 1개일 때 필요한 면봉의 수: 4개

정사각형 모양이 2개일 때 필요한 면봉의 수: $4+3\times1=7$(개)

정사각형 모양이 3개일 때 필요한 면봉의 수: $4+3\times2=10$(개)

정사각형 모양이 4개일 때 필요한 면봉의 수: $4+3\times3=13$(개)

$\vdots$

➡ (정사각형 모양이 32개일 때 필요한 면봉의 수)

$\quad=4+3\times(32-1)=4+3\times31=4+93=97$(개)

50문제를 모두 맞혔을 때 점수: $50 \times 4 = 200$(점)

49문제를 맞히고 1문제를 틀렸을 때 점수: $49 \times 4 - 1 \times 1 = 195$(점)

48문제를 맞히고 2문제를 틀렸을 때 점수: $48 \times 4 - 2 \times 1 = 190$(점)

$\vdots$

➡ 한 문제를 틀릴 때마다 낮아지는 점수: 5점

얻은 점수가 155점이므로 모두 맞혔을 때와의 점수 차이는 $200 - 155 = 45$(점)입니다.

따라서 아영이가 틀린 문제는 $45 \div 5 = 9$(개)입니다.

8-1 6개

30문제를 모두 맞혔을 때 점수: $30 \times 5 = 150$(점)

29문제를 맞히고 1문제를 틀렸을 때 점수: $29 \times 5 - 1 \times 4 = 141$(점)

28문제를 맞히고 2문제를 틀렸을 때 점수: $28 \times 5 - 2 \times 4 = 132$(점)

$\vdots$

➡ 한 문제를 틀릴 때마다 점수가 9점씩 낮아집니다. 모두 맞혔을 때와의 점수 차이가 $150 - 96 = 54$(점)이므로 준서가 틀린 문제는 $54 \div 9 = 6$(개)입니다.

서술형 8-2 8개

⑩ 25문제를 모두 맞혔을 때 점수는 $25 \times 4 = 100$(점)이고, 24문제를 맞히고 1문제를 틀렸을 때 점수는 $24 \times 4 - 1 \times 2 = 94$(점), 23문제를 맞히고 2문제를 틀렸을 때 점수는 $23 \times 4 - 2 \times 2 = 88$(점)입니다. 한 문제를 틀릴 때마다 점수가 6점씩 낮아집니다. 모두 맞혔을 때와의 점수 차이가 $100 - 52 = 48$(점)이므로 서진이가 틀린 문제는 $48 \div 6 = 8$(개)입니다.

채점 기준	배점
한 문제를 틀릴 때마다 몇 점씩 낮아지는지 구할 수 있나요?	3점
틀린 문제는 몇 개인지 구할 수 있나요?	2점

8-3 7번

20번을 모두 이겼을 때 점수: $20 \times 5 = 100$(점)

19번 이기고 1번 졌을 때 점수: $19 \times 5 - 1 \times 2 = 93$(점)

18번 이기고 2번 졌을 때 점수: $18 \times 5 - 2 \times 2 = 86$(점)

$\vdots$

➡ 한 번 질 때마다 점수가 7점씩 낮아집니다. 모두 이겼을 때와의 점수 차이가 $100 - 51 = 49$(점)이므로 하율이가 진 횟수는 $49 \div 7 = 7$(번)입니다.

8-4 5개

화살 10개를 모두 통에 넣을 때 점수: $10 \times 5 = 50$(점)

화살 9개를 통에 넣고 1개를 넣지 못했을 때 점수: $9 \times 5 - 1 \times 1 = 44$(점)

화살 8개를 통에 넣고 2개를 넣지 못했을 때 점수: $8 \times 5 - 2 \times 1 = 38$(점)

$\vdots$

➡ 화살 한 개를 통에 넣지 못할 때마다 점수가 6점씩 낮아집니다. 모두 넣었을 때와의 점수 차이가 $50 - 26 = 24$(점)이므로 슬기가 통에 넣지 못한 화살은 $24 \div 6 = 4$(개)입니다. 따라서 슬기가 통에 넣은 화살은 $10 - 4 = 6$(개)이고, 민우가 통에 넣은 화살은 $6 - 1 = 5$(개)입니다.

1 228권

(책을 넣어 포장한 상자의 수)$=40-2=38$(개)
➡ (포장한 책의 수)$=6\times38=38\times6$
$=228$(권)

서술형

2 4

⑩ $24\times4=96$, $24\times5=120$이므로 24와의 곱과 100의 차를 구하면
$100-96=4$, $120-100=20$입니다.
따라서 100에 가장 가까운 수는 96이므로 $\square=4$입니다.

채점 기준	배점
24와 어떤 수의 곱셈을 할 수 있나요?	3점
계산 결과가 100에 가장 가까운 수가 되는 $\square$ 안에 알맞은 수를 구할 수 있나요?	2점

3 423

어떤 수를 $\square$라 하면 $\square+9=56$이므로 $\square=56-9=47$입니다.
따라서 바르게 계산한 값은 $47\times9=423$입니다.

4 666, 94

• 곱이 가장 큰 곱셈식: 곱하는 한 자리 수를 가장 큰 수인 9로 하고 곱해지는 두 자리
수의 십의 자리 수를 둘째로 큰 수인 7로, 일의 자리 수를 셋째로 큰 수인 4로 만듭
니다. ➡ $74\times9=666$
• 곱이 가장 작은 곱셈식: 곱하는 한 자리 수를 가장 작은 수인 2로 하고 곱해지는 두
자리 수의 십의 자리 수를 둘째로 작은 수인 4로, 일의 자리 수를 셋째로 작은 수인 7
로 만듭니다. ➡ $47\times2=94$

5 9

$\bigcirc\times6+\bigcirc\times7=(\bigcirc$을 6번 더한 수$)+(\bigcirc$을 7번 더한 수$)$
$=(\bigcirc$을 13번 더한 수$)$
$=\bigcirc\times13$이므로
$39\times3=\bigcirc\times13$, $117=\bigcirc\times13$, $\bigcirc=9$입니다.

다른 풀이

$39\times3=13\times3\times3=13\times9$, $\bigcirc\times6+\bigcirc\times7=\bigcirc\times(6+7)=\bigcirc\times13$
따라서 $13\times9=\bigcirc\times13$이므로 $\bigcirc=9$입니다.

서술형

6 256개

⑩ 종이비행기를 전날의 2배씩 접으므로 둘째 날에는 (8×2)개, 셋째 날에는
$(8\times2\times2)$개, 넷째 날에는 $(8\times2\times2\times2)$개, 다섯째 날에는 $(8\times2\times2\times2\times2)$개입
니다. 따라서 여섯째 날에는 종이비행기를 $8\times2\times2\times2\times2\times2=256$(개) 접어야 합
니다.

채점 기준	배점
규칙에 맞게 둘째 날부터 다섯째 날까지 접은 종이비행기의 수를 곱셈으로 구할 수 있나요?	3점
여섯째 날에 종이비행기를 몇 개 접어야 하는지 구할 수 있나요?	2점

7 5일

(7명이 6시간 동안 심을 수 있는 나무의 수)$=8\times6=48$(그루)

나무를 심는 데 걸리는 날수를 □일이라 하면 $48\times□=240$, $48\times5=240$이므로

□$=5$입니다. 따라서 240그루를 심는 데 5일이 걸립니다.

8 9, 4

㉠$>$㉡이고, ㉠$\times$㉡의 곱의 일의 자리 수가 6이 되는 경우는

6×1, 3×2, 8×2, 9×4, 8×7입니다.

곱이 세 자리 수이므로 ㉠$\times$㉡의 곱은 두 자리 수이고 윗자리로 올림이 있는 계산입니다. ➡ 6×1, 3×2는 윗자리로 올림이 없으므로 ㉠, ㉡이 될 수 없습니다.

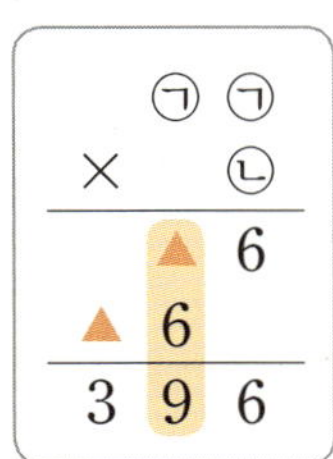

㉠$\times$㉡$=$▲6이라 할 때 왼쪽과 같이 곱의 십의 자리의 합은

▲$+6=9$이므로 ▲$=3$입니다.

따라서 ㉠$\times$㉡$=36$이므로 ㉠$=9$, ㉡$=4$입니다.

9 21개

정사각형 모양이 1개일 때 사용한 면봉의 수: 4개

정사각형 모양이 2개일 때 사용한 면봉의 수: $4+3\times1=7$(개)

정사각형 모양이 3개일 때 사용한 면봉의 수: $4+3\times2=10$(개)

정사각형 모양이 4개일 때 사용한 면봉의 수: $4+3\times3=13$(개)

$\vdots$

➡ 정사각형 모양을 한 개씩 더 만들 때마다 면봉이 3개씩 늘어납니다.

정사각형 모양을 □개 만들었다면

$4+3\times(□-1)=64$, $3\times(□-1)=60$, □$-1=20$, □$=21$입니다.

따라서 정사각형 모양을 21개 만들었습니다.

10 35개

• 구슬 2개 → 5개: $2\times3-1=5$(개)

• 구슬 4개 → 11개: $4\times3-1=11$(개)

• 구슬 6개 → 17개: $6\times3-1=17$(개)

$\vdots$

➡ 마술 상자의 규칙은 (넣은 구슬의 수)$\times3-1$입니다.

따라서 마술 상자에 구슬 12개를 넣으면 구슬이 $12\times3-1=36-1=35$(개) 나옵니다.

11 180원

노란색 종이 한 장과 파란색 종이 한 장의 가격의 차이는 $36-30=6$(원)입니다.

종이의 수를 □장이라 하면

(노란색 종이 □장의 가격)$-$(파란색 종이 □장의 가격)$=6\times□=30$이므로 □$=5$입니다. 따라서 지현이가 가지고 있는 돈은 $36\times5=180$(원)입니다.

다른 풀이

한 장에 36원인 노란색 종이를 사면 남는 돈이 없을 때와 한 장에 30원인 파란색 종이를 사면 30원이 남을 때의 금액은 같으므로 종이의 수를 □장이라 하면

□$\times36=$□$\times30+30$, □$\times36-$□$\times30=30$, □$\times6=30$, □$=5$입니다.

따라서 지현이가 가지고 있는 돈은 $36\times5=180$(원)입니다.

1 길이의 단위, 길이의 덧셈과 뺄셈 114~116쪽

1 74 mm

1 cm가 7칸이고 1 mm가 4칸이므로 7 cm 4 mm입니다.

7 cm 4 mm＝70 mm＋4 mm＝74 mm

다른 풀이
색 테이프의 오른쪽 끝의 눈금에서 왼쪽 끝의 눈금을 뺍니다.
9 cm 2 mm－1 cm 8 mm＝8 cm 12 mm－1 cm 8 mm＝7 cm 4 mm＝74 mm

2 ㉣, ㉢, ㉠, ㉡

㉡ 5090 m＝5000 m＋90 m＝5 km 90 m

㉢ 5850 m＝5000 m＋850 m＝5 km 850 m

따라서 길이가 긴 것부터 차례로 쓰면

㉣ 5 km 900 m, ㉢ 5850 m, ㉠ 5 km 800 m, ㉡ 5090 m입니다.

3 (1) 1 (2) 850
　(3) 5 (4) 30

(1) 500 m＋500 m＝1000 m ➡ 1000 m＝1 km

(2) 1 km＝1000 m이므로 150＋□＝1000, □＝1000－150＝850

(3) 2 cm＝20 mm이므로 15＋□＝20, □＝20－15＝5

(4) 6 cm＝60 mm이므로 □＋30＝60, □＝60－30＝30

4 ㉡, ㉢

길이를 나타낼 때는 여러 가지 단위 중에서 간단한 수로 나타내기에 적합한 단위를 선택하여 사용합니다.

㉠ 칠판의 긴 쪽과 짧은 쪽의 길이는 cm 단위나 m 단위로 나타낼 수 있지만 cm 단위로 나타낼 경우 수가 커야 합니다.

㉡ 클립의 길이는 cm 단위나 mm 단위로 나타낼 수 있습니다.

㉢ 공원 산책로와 같이 m로 나타내기에 먼 거리는 km 단위를 사용합니다.

5 (1) mm (2) km

(1) 연필심의 길이는 1 cm보다 더 짧으므로 약 6 mm입니다.

(2) 교실 문의 높이가 약 2 m이고 우리 집에서 도서관까지의 거리가 더 멀므로 약 2 km입니다.

6 23 cm 3 mm,
　5 cm 5 mm

89 mm＝80 mm＋9 mm＝8 cm＋9 mm＝8 cm 9 mm

합: 14 cm 4 mm＋8 cm 9 mm＝22 cm 13 mm＝23 cm 3 mm

차: 14 cm 4 mm－8 cm 9 mm＝13 cm 14 mm－8 cm 9 mm＝5 cm 5 mm

다른 풀이
14 cm 4 mm＝140 mm＋4 mm＝144 mm
합: 144 mm＋89 mm＝233 mm＝23 cm 3 mm
차: 144 mm－89 mm＝55 mm＝5 cm 5 mm

7 20 km 880 m

(충렬사에서 광안리 해수욕장을 거쳐 용두산 공원까지의 거리)
＝(충렬사에서 광안리 해수욕장까지의 거리)
　＋(광안리 해수욕장에서 용두산 공원까지의 거리)
＝6 km 930 m＋13 km 950 m＝20 km 880 m

$$
\begin{array}{r}
1\ \\
6\ km\ \ 930\ m\\
+\ 13\ km\ \ 950\ m\\
\hline
20\ km\ \ 880\ m
\end{array}
$$

8 3 km 670 m

(지하철을 타고 간 거리)－(버스를 타고 간 거리)
＝5 km 450 m－1 km 780 m＝3 km 670 m

$$
\begin{array}{r}
4\ \ \ \ 1000\\
5\ km\ \ 450\ m\\
-\ 1\ km\ \ 780\ m\\
\hline
3\ km\ \ 670\ m
\end{array}
$$

9 (위에서부터) 100, 10,
　　100, 10 / 1000, 1000

- 50 cm＝500 mm ➡ 500 mm는 5 mm의 100배입니다.
- 5 m＝500 cm ➡ 500 cm는 50 cm의 10배입니다.
- 500 m는 5 m의 100배입니다.
- 5 km＝5000 m ➡ 5000 m는 500 m의 10배입니다.
- 5 m＝500 cm＝5000 mm ➡ 5000 mm는 5 mm의 1000배입니다.
- 5 km＝5000 m ➡ 5000 m는 5 m의 1000배입니다.

② 시간의 단위, 시간의 덧셈과 뺄셈

1 (1) 10시 28분 12초
　 (2) 3시 52분 8초

(1) 시침이 숫자 10과 11 사이에 있으므로 10시, 분침이 숫자 5에서 작은 눈금 3칸 더 간 곳을 가리키므로 28분, 초침이 숫자 2에서 작은 눈금 2칸 더 간 곳을 가리키므로 12초입니다.
　➡ 10시 28분 12초
(2) 시침이 숫자 3과 4 사이에 있으므로 3시, 분침이 숫자 10에서 작은 눈금 2칸 더 간 곳을 가리키므로 52분, 초침이 숫자 1에서 작은 눈금 3칸 더 간 곳을 가리키므로 8초입니다.
　➡ 3시 52분 8초

2 (1) 342 (2) 4, 3

1분＝60초입니다.
(1) 5분 42초＝5분＋42초＝300초＋42초＝342초
(2) 243초＝240초＋3초＝4분＋3초＝4분 3초

3 (1) 10시간 4분 45초
　 (2) 4시간 35분 23초

(1)
$$
\begin{array}{r}
5\text{시간}\ \ \ 37\text{분}\ \ \ 58\text{초}\\
+\ 4\text{시간}\ \ \ 26\text{분}\ \ \ 47\text{초}\\
\hline
9\text{시간}\ \ \ 63\text{분}\ \ 105\text{초}\\
1\text{분}\ \leftarrow\ 60\text{초}\\
1\text{시간}\ \leftarrow\ 60\text{분}\\
\hline
10\text{시간}\ \ \ \ 4\text{분}\ \ \ 45\text{초}
\end{array}
$$

(2)
$$
\begin{array}{r}
10\phantom{\text{시}}\ \ \ \ \ 60\phantom{\text{분}}\ \ \ \ 60\phantom{\text{초}}\\
\ \ \ \ \ \ 24\phantom{\text{분}}\ \ \ \ \ \ \ \ \\
11\text{시}\ \ \ \ 25\text{분}\ \ \ \ \ 3\text{초}\\
-\ 6\text{시}\ \ \ \ 49\text{분}\ \ \ 40\text{초}\\
\hline
4\text{시간}\ \ 35\text{분}\ \ 23\text{초}
\end{array}
$$

4 연우, 1, 7

257초＝240초＋17초＝4분 17초
201초＝180초＋21초＝3분 21초

혜수:	3 분	59 초		연우:	3 분	21 초			8 분	16 초
	＋4 분	17 초			＋3 분	48 초	➡		−7 분	9 초
	7 분	76 초			6 분	69 초			1 분	7 초
	1 분 ← 60 초				1 분 ← 60 초					
	8 분	16 초			7 분	9 초				

따라서 연우의 기록의 합이 1분 7초 더 **빠릅니다.**

5 1시간 21분 42초

수학 공부를 시작한 시각은 2시 46분 30초이고 끝낸 시각은 4시 8분 12초입니다.
4시 8분 12초−2시 46분 30초＝1시간 21분 42초
따라서 정우가 수학 공부를 한 시간은 1시간 21분 42초입니다.

6 60, 60, 24

• 1분＝60초이고 60초는 1초의 60배입니다.
• 1시간＝60분이고 60분은 1분의 60배입니다.
• 1일은 24시간이고 24시간은 1시간의 24배입니다.

7 ㉢, ㉠, ㉡

㉠ 630초＝600초＋30초＝10분＋30초＝10분 30초
㉢ 3600초＝60분
➡ 60분＞10분 30초＞6분 30초
따라서 긴 시간부터 차례로 기호를 쓰면 ㉢, ㉠, ㉡입니다.

다른 풀이

㉡ 6분 30초＝360초＋30초＝390초
➡ 3600초＞630초＞390초
따라서 긴 시간부터 차례로 기호를 쓰면 ㉢, ㉠, ㉡입니다.

8 12시간 44분

(낮의 길이)＝(해가 진 시각)−(해가 뜬 시각)이고,
오후 7시 31분＝19시 31분이므로
(낮의 길이)＝19시 31분−6시 47분＝12시간 44분입니다.

	18	60
	19시	31분
−	6시	47분
	12시간	44분

120~121쪽

① (도서관~소방서)＝(규리네 집~소방서)−(규리네 집~도서관)
　　　　　　　＝3 km 200 m−1 km 480 m
　　　　　　　＝2 km 1200 m−1 km 480 m
　　　　　　　＝1 km 720 m

② (은행~소방서)＝(은행~도서관)＋(도서관~소방서)
 ＝670 m＋1 km 720 m
 ＝2 km 390 m

1-1 1 km 100 m

(집~은행)＝(집~공원)＋(공원~우체국)＋(우체국~은행)이므로
3 km 700 m＝700 m＋(공원~우체국)＋1 km 900 m
 ＝(공원~우체국)＋2 km 600 m
➡ (공원~우체국)＝3 km 700 m－2 km 600 m＝1 km 100 m

1-2 1 km 610 m

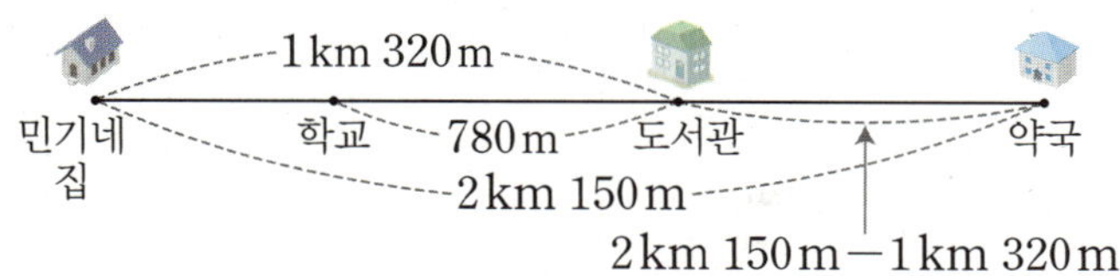

(도서관~약국)＝(민기네 집~약국)－(민기네 집~도서관)
 ＝2 km 150 m－1 km 320 m
 ＝1 km 1150 m－1 km 320 m＝830 m
➡ (학교~약국)＝(학교~도서관)＋(도서관~약국)
 ＝780 m＋830 m＝1610 m＝1 km 610 m

1-3 9 cm 8 mm

(겹친 부분의 길이)
＝(파란색 테이프의 길이)＋(빨간색 테이프의 길이)－(이어 붙인 테이프의 전체 길이)
＝28 cm 5 mm＋17 cm 9 mm－36 cm 6 mm
＝45 cm 14 mm－36 cm 6 mm＝9 cm 8 mm

1-4 2 km 300 m

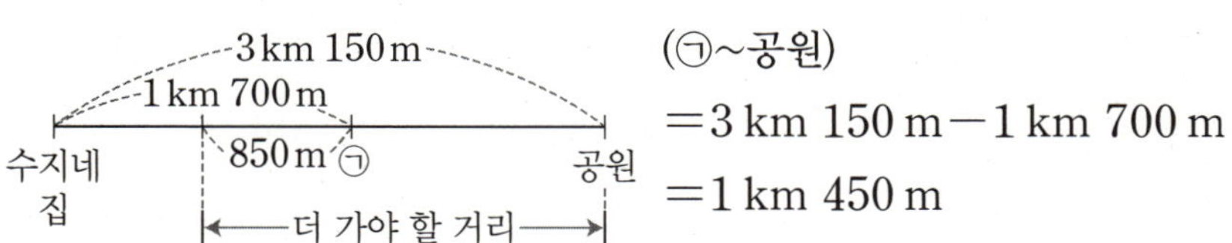

(㉠~공원)
＝3 km 150 m－1 km 700 m
＝1 km 450 m

➡ (더 가야 할 거리)＝850 m＋(㉠~공원)
 ＝850 m＋1 km 450 m＝2 km 300 m

(2교시 수업이 시작되는 시각)＝8시 50분＋40분＋10분＝8시 100분
 ➡ 9시 40분
(3교시 수업이 시작되는 시각)＝9시 40분＋40분＋10분＝9시 90분
 ➡ 10시 30분
(4교시 수업이 시작되는 시각)＝10시 30분＋40분＋10분＝10시 80분
 ➡ 11시 20분

2-1 오후 5시 50분

(2교시가 시작되는 시각)=4시 40분+50분+20분
　　　　　　　　　　　　=4시 110분=5시 50분

2-2 오전 11시 55분

	시작되는 시각	수업 시간	쉬는 시간
1교시	9시 10분	45분	10분
2교시	10시 5분	45분	10분
3교시	11시	45분	10분

➡ 9시 10분+45분+10분=9시 65분=10시 5분

➡ 10시 5분+45분+10분=10시 60분=11시

➡ 11시+45분+10분=11시 55분

2-3 수빈, 18분 40초

오후 2시 10분 10초=14시 10분 10초이고,
오후 1시 2분 30초=13시 2분 30초입니다.

수빈:
```
        60
  13     9    60
  14시   10분  10초
− 11시   30분  50초
───────────────────
  2시간  39분  20초
```

동준:
```
        60
  12     1    60
  13시   2분   30초
− 10시  41분  50초
───────────────────
  2시간  20분  40초
```

```
       38    60
  2시간 39분  20초
➡ − 2시간 20분 40초
  ──────────────────
        18분  40초
```


2-4 10시간 28분 30초

㉞ 오후 7시 25분 10초=19시 25분 10초이므로 8월 15일 하루 중 해가 뜬 시간은
19시 25분 10초−5시 53분 40초=13시간 31분 30초입니다.
하루는 24시간이므로 8월 15일 하루 중 해가 뜨지 않은 시간은
24시간−13시간 31분 30초=10시간 28분 30초입니다.

채점 기준	배점
8월 15일 하루 중 해가 뜬 시간을 구할 수 있나요?	3점
8월 15일 하루 중 해가 뜨지 않은 시간을 구할 수 있나요?	2점

124~125쪽

① 이동한 거리: 5 km+40 km+10500 m
　　　　　　　=5 km+40 km+10 km 500 m
　　　　　　　=55 km 500 m

② 걸린 시간: 26분 16초+2시간 8분 20초+1시간 3분 24초
　　　　　　　=2시간 34분 36초+1시간 3분 24초
　　　　　　　=3시간 37분 60초
　　　　　　　=3시간 38분

따라서 55 km 500 m를 이동하는 데 3시간 38분이 걸렸습니다.

3-1 12, 350, 29, 33

이동한 거리: 1500 m＝1 km 500 m이므로
$\qquad$ 1 km 500 m＋10 km 850 m＝12 km 350 m

걸린 시간: 3분 38초＋25분 55초＝29분 33초

3-2 117, 200, 4, 52

이동한 거리: 5000 m＋91 km 100 m＋21 km 100 m
$\qquad$ ＝5 km＋91 km 100 m＋21 km 100 m＝117 km 200 m

걸린 시간: 20분 41초＋2시간 53분 49초＋1시간 37분 30초
$\qquad$ ＝3시간 14분 30초＋1시간 37분 30초＝4시간 52분

3-3 51, 500, 2, 37

이동한 거리: 1500 m＋40 km＋10 km
$\qquad$ ＝1 km 500 m＋40 km＋10 km＝51 km 500 m

걸린 시간: 31분 38초＋1시간 5분 39초＋59분 43초＝2시간 37분

3-4 180 km 200 m /
5시간 46분 57초

(자전거로 이동한 거리)＝(전체 거리)－((수영으로 이동한 거리)＋(마라톤으로 이동한 거리))
$\qquad$ ＝226 km 295 m－(3 km 900 m＋42 km 195 m)
$\qquad$ ＝226 km 295 m－46 km 95 m＝180 km 200 m

(자전거로 걸린 시간)＝(전체 시간)－((수영으로 걸린 시간)＋(마라톤으로 걸린 시간))
$\qquad$ ＝11시간 28분 47초－(1시간 15분 52초＋4시간 25분 58초)
$\qquad$ ＝11시간 28분 47초－5시간 41분 50초＝5시간 46분 57초

대표문제 4

① (집~서점)＋(서점~도서관)＝1300 m＋1 km 100 m＝2 km 400 m
② (집~우체국)＋(우체국~은행)＋(은행~도서관)
$\qquad$ ＝850 m＋540 m＋1840 m＝3 km 230 m
③ (집~학교)＋(학교~은행)＋(은행~도서관)
$\qquad$ ＝1 km 250 m＋1 km＋1840 m＝4 km 90 m
➡ (가장 멀리 돌아가는 거리)－(가장 짧은 거리)
$\qquad$ ＝4 km 90 m－2 km 400 m＝1 km 690 m

4-1 600 m

(집에서 서점을 거쳐 할머니 댁까지 가는 거리)＝1 km 400 m＋1 km 600 m＝3 km
➡ (두 거리의 차)＝3 km－2 km 400 m＝600 m

4-2 6 km 190 m

소방서에서 우체국까지 가는 가장 짧은 거리는 가장 작은 직사각형의 세로를 2번, 가로를 3번 더한 길이와 같습니다.

(세로를 2번 더한 거리)＝860 m＋860 m＝1 km 720 m
(가로를 3번 더한 거리)＝1 km 490 m＋1 km 490 m＋1 km 490 m＝4 km 470 m
➡ (가장 짧은 거리)＝1 km 720 m＋4 km 470 m＝6 km 190 m

4-3 1 km 550 m

공원에서 슈퍼마켓까지 가는 방법은 다음과 같이 3가지입니다.

① (공원~우체국)＋(우체국~슈퍼마켓)
  ＝1 km 500 m＋940 m＝2 km 440 m

② (공원~학교)＋(학교~은행)＋(은행~슈퍼마켓)
  ＝1 km 350 m＋790 m＋850 m＝2 km 990 m

③ (공원~학교)＋(학교~서점)＋(서점~슈퍼마켓)
  ＝1 km 350 m＋1760 m＋880 m＝3 km 990 m

➡ (가장 멀리 돌아가는 거리)－(가장 짧은 거리)
  ＝3 km 990 m－2 km 440 m＝1 km 550 m

대표문제 5

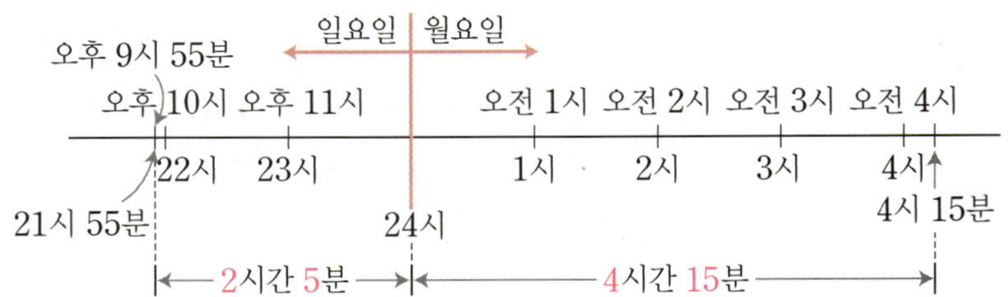

따라서 선우네 가족이 비행기를 탄 시간은 6시간 20분입니다.

5-1 토요일,
  오전 7시 30분

금요일 오후 10시: 금요일 22시
금요일 밤 12시: 금요일 24시 ➡ 24시－22시＝2시간
비행기로 9시간 30분이 걸리므로 금요일 밤 12시부터 7시간 30분이 지난 토요일 오전 7시 30분에 도착합니다.

5-2 8월 2일 오후 10시
  10분 55초

㉮ 서울이 런던보다 8시간 빠르므로 런던의 시각은 서울보다 8시간 늦은 시각입니다.

8월 3일 오전 6시 10분 55초－8시간＝8월 2일 22시 10분 55초
따라서 런던은 8월 2일 오후 10시 10분 55초입니다.

채점 기준	배점
런던의 날짜와 시각을 구하는 식을 세울 수 있나요?	3점
런던의 날짜와 시각을 구할 수 있나요?	2점

5-3 6시간 55분

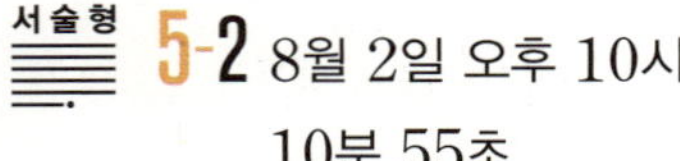

① 토요일 오후 8시 55분: 20시 55분
  토요일 밤 12시: 24시 ➡ 24시－20시 55분＝3시간 5분

② 토요일 밤 12시부터 다음 날 오전 3시 50분: 3시간 50분

따라서 연지 아버지가 비행기를 탄 시간은 3시간 5분＋3시간 50분＝6시간 55분입니다.

5-4 7월 18일 오전 2시 25분 40초

오후 6시 19분: 18시 19분

오후 1시 25분 40초: 13시 25분 40초

$$
\begin{array}{rll}
& 4 \quad 24 \\
4월\ 5일 & 7시 & 19분 \\
-\ 4월\ 4일 & 18시 & 19분 \\
\hline
& 13시간 &
\end{array}
$$

➡ 서울이 몬트리올보다 13시간 더 빠릅니다.

지금 서울의 시각:
$$
\begin{array}{rll}
17일 & 13시 & 25분 40초 \\
+ & 13시간 & \\
\hline
17일 & 26시 & 25분 40초 \\
1일 \leftarrow 24시간 & & \\
\hline
18일 & 2시 & 25분 40초
\end{array}
$$

15분 동안에 달릴 수 있는 거리: 18 km   900 m
    ÷3   ÷3   ÷3

① 5분 동안에 달릴 수 있는 거리: 6 km   300 m
    ×5   ×5   ×5

② 25분 동안에 달릴 수 있는 거리: 30 km 1500 m＝31 km 500 m

보충 개념

100배

$9 \div 3 = 3$에서 $900 \div 3 = 300$입니다.

100배

6-1 36 km

10분 동안에 달릴 수 있는 거리: 12 km
    ×3   ×3

30분 동안에 달릴 수 있는 거리: 36 km

6-2 55 km 800 m

20분 동안에 달릴 수 있는 거리: 24 km 800 m
    ÷4   ÷4   ÷4

5분 동안에 달릴 수 있는 거리: 6 km 200 m
    ×9   ×9   ×9

45분 동안에 달릴 수 있는 거리: 54 km 1800 m＝55 km 800 m

6-3 3 km

1분에 20 m를 걸으므로 3분 동안에는 $20 \times 3 = 60\,(m)$를 걸을 수 있고,

30분 동안에는 60 m의 10배인 600 m를 걸을 수 있습니다.

1시간 동안 걸을 수 있는 거리는 $600 + 600 = 1200\,(m)$,

2시간 동안 걸을 수 있는 거리는 $1200 + 1200 = 2400\,(m)$입니다.

따라서 2시간 30분 동안 걸을 수 있는 거리는 $2400\,m + 600\,m = 3000\,m = 3\,km$입니다.

6-4 오후 1시 23분

줄어든 양초의 길이는 $12 - 9 = 3\,(cm)$입니다.

30초에 5 mm씩 줄어들므로 60초(1분)에는 $5 \times 2 = 10\,(mm)$ ➡ 1 cm만큼 줄어듭니다. 1분에 1 cm 줄어들므로 3 cm 줄어드는 데 걸리는 시간은 3분입니다.

따라서 양초의 길이가 9 cm가 되는 시각은

오후 1시 20분 $+$ 3분 $=$ 오후 1시 23분입니다.

___

다른 풀이

줄어든 양초의 길이는 $12 - 9 = 3\,(cm)$입니다. $3\,cm = 30\,mm$는 5 mm의 6배이므로

(30 mm 줄어드는 데 걸리는 시간) $=$ (5 mm 줄어드는 데 걸리는 시간) $\times 6 = 30$초 $\times 6 = 180$초입니다.

따라서 180초 $=$ 60초 $\times 3$ ➡ 3분이므로 양초의 길이가 9 cm가 되는 시각은

오후 1시 20분 $+$ 3분 $=$ 오후 1시 23분입니다.

___

오늘 오전 9시부터 3일 뒤 오전 9시까지의 시간: $24 + 24 + 24 = 72$(시간)

1시간에 2초씩 늦어지므로

3일 뒤 오전 9시에는 $72 \times 2 = 144$(초) 늦어집니다.

3일 뒤 오전 9시에 이 시계가 가리키는 시각은

오전 9시 $-$ 144초 $=$ 오전 9시 $-$ 2분 24초

　　　　　　 $=$ 오전 8시 57분 36초입니다.

7-1 7시 52분 17초

정확한 시계보다 10분 늦으므로 현재 시각에서 10분을 뺍니다.

(유리의 시계가 가리키는 시각) $=$ 8시 2분 17초 $-$ 10분

　　　　　　　　　　　　　 $=$ 7시 52분 17초

$$
\begin{array}{r}
\overset{7}{}\quad\overset{60}{} \\
8\text{시}\quad 2\text{분}\ 17\text{초} \\
-\qquad\quad 10\text{분} \\
\hline
7\text{시}\quad 52\text{분}\ 17\text{초}
\end{array}
$$

서술형 **7-2** 오전 10시 1분 54초

㉄ 3일 전 오전 10시에 보라의 시계를 정확히 10시에 맞추었으므로 3일이 지난 오늘 오전 10시에는 $38 \times 3 = 114$(초) ➡ 1분 54초 빨라집니다.

따라서 보라의 시계가 가리키는 시각은 오전 10시 $+$ 1분 54초 $=$ 오전 10시 1분 54초입니다.

채점 기준	배점
3일 동안 보라의 시계가 몇 분 몇 초 빨라지는지 구할 수 있나요?	3점
보라의 시계가 가리키는 시각을 구할 수 있나요?	2점

7-3 오후 6시 56분 48초

2일 전 오후 7시부터 오늘 오후 7시까지의 시간: 48시간

한 시간에 4초씩 늦어지므로 48시간 동안에는

$4 \times 48 = 48 \times 4 = 192$(초) ➡ 3분 12초 늦어집니다.

따라서 오늘 오후 7시에 이 시계가 가리키는 시각은

오후 7시$-$3분 12초$=$오후 6시 56분 48초입니다.

	6	59	60
	7시		
$-$		3분	12초
	6시	56분	48초

7-4 오후 7시 58분 45초

7일 전 오전 8시부터 오늘 오전 8시까지의 날수: 7일

오늘 오전 8시부터 오늘 오후 8시까지의 시간: 12시간

7일 동안에는 $10 \times 7 = 70$(초) 늦어지고, 12시간 동안에는

10초의 절반인 5초 늦어지므로 모두 75초$=$1분 15초 늦어

집니다. 따라서 오늘 오후 8시에 이 시계가 가리키는 시각은

오후 8시$-$1분 15초$=$오후 7시 58분 45초입니다.

	7	59	60
	8시		
$-$		1분	15초
	7시	58분	45초

① 할머니 댁에 갈 때 걸린 시간

1시간에 60 km의 **빠르기**로 갔으므로

$\downarrow \times 2$

120 km를 가는 데에는 2시간이 걸립니다.

② 집에 올 때 걸린 시간

30분에 60 km의 **빠르기**로 왔으므로

$\downarrow \times 2$

120 km를 가는 데에는 60분이 걸립니다.

➡ 3시간 동안 240 km를 다녀온 것이므로

$\downarrow \div 3 \qquad \downarrow \div 3$

1시간에　　80 km를 달린 셈입니다.

8-1 오후 4시

60 km는 20 km의 3배이므로 1시간에 20 km를 가는 **빠르기**로 60 km를 가려면 1시

간의 3배인 3시간이 걸립니다.

따라서 큰아버지 댁에 도착한 시각은 오후 1시$+$3시간$=$오후 4시입니다.

8-2 오전 8시 30분

1시간은 60분이므로

60분에 30 km의 **빠르기**로 간 것입니다.

$\downarrow \div 3$

10 km를 가려면 60분$=$20분$+$20분$+$20분이므로 20분이 걸립니다.

$\downarrow \times 4$

40 km를 가려면 $20 \times 4 = 80$(분) ➡ 1시간 20분이 걸립니다.

따라서 집에서 출발한 시각은 오전 9시 50분$-$1시간 20분$=$오전 8시 30분입니다.

8-3 60 km

① 수족관에 갈 때 걸린 시간: 1시간에 45 km의 빠르기로 갔으므로 90 km를 가는 데에는 1시간의 2배인 2시간이 걸립니다.

② 집에 올 때 걸린 시간: 30분에 45 km의 빠르기로 갔으므로 90 km를 가는 데에는 30분의 2배인 60분＝1시간이 걸립니다.

③ (집에서 수족관까지 다녀오는 데 걸린 시간)＝2시간＋1시간＝3시간

3시간 동안 90＋90＝180(km)를 다녀왔고 180 km＝60 km＋60 km＋60 km이므로 1시간에 60 km를 달린 셈입니다.

8-4 10 km 900 m

두 사람이 1시간 동안 걸은 거리의 합: 3 km 600 m＋2 km 940 m＝6 km 540 m

60분＝20분＋20분＋20분이고

6 km 540 m＝2 km 180 m＋2 km 180 m＋2 km 180 m이므로 20분 동안 두 사람이 걸은 거리의 합은 2 km 180 m입니다.

(1시간 40분 동안 걸었을 때 두 사람 사이의 거리)

＝(두 사람이 1시간 동안 걸은 거리의 합)

　＋(두 사람이 20분 동안 걸은 거리의 합)＋(두 사람이 20분 동안 걸은 거리의 합)

＝6 km 540 m＋2 km 180 m＋2 km 180 m＝10 km 900 m

MATH MASTER

1 6시 45분

(축구 경기 시간과 쉬는 시간)＝45분＋20분＋45분＝110분＝1시간 50분

(축구 경기를 시작한 시각)＝8시 35분－1시간 50분＝6시 45분

2 59분

(서울역에서 동대구역까지 가는 데 걸리는 시간)

＝(동대구역에 도착하는 시각)－(서울역에서 출발하는 시각)

＝오전 11시 19분－오전 8시 50분＝2시간 29분

(대전역에서 부산역까지 가는 데 걸리는 시간)

＝(부산역에 도착하는 시각)－(대전역에서 출발하는 시각)

＝오후 12시 4분－오전 10시 34분＝1시간 30분

➡ (시간의 차)＝2시간 29분－1시간 30분＝59분

서술형 3 4시간 54분 26초

예 해가 뜬 시각은 오전 7시 37분 14초이고 해가 진 시각은 오후 5시 10분 1초＝17시 10분 1초입니다.

(낮의 길이)＝17시 10분 1초－7시 37분 14초＝9시간 32분 47초이므로

(밤의 길이)＝24시간－9시간 32분 47초＝14시간 27분 13초입니다.

따라서 밤의 길이는 낮의 길이보다

14시간 27분 13초－9시간 32분 47초＝4시간 54분 26초 더 깁니다.

채점 기준	배점
낮의 길이와 밤의 길이를 각각 구할 수 있나요?	3점
밤의 길이가 낮의 길이보다 몇 시간 몇 분 몇 초 더 긴지 구할 수 있나요?	2점

4 오후 6시

두 사람의 시계는 1시간에 $4+2=6$(초)씩 차이가 납니다.

1분은 60초이고 $6 \times 10=60$이므로 두 사람의 시계가 처음으로 1분 차이가 나는 때는 10시간 후입니다.

따라서 오전 8시$+10$시간$=18$시이므로 오후 6시입니다.

5 810 m, 3 km 610 m

㉮에서 ㉯까지의 거리가 5 km 30 m이므로

$5 \text{ km } 30 \text{ m}=1420 \text{ m}+$ⓒ, ⓒ$=5 \text{ km } 30 \text{ m}-1 \text{ km } 420 \text{ m}=3 \text{ km } 610 \text{ m}$입니다.

㉠$=4 \text{ km } 420 \text{ m}-$ⓒ$=4 \text{ km } 420 \text{ m}-3 \text{ km } 610 \text{ m}=810 \text{ m}$

다른 풀이

$5 \text{ km } 30 \text{ m}=1420 \text{ m}+4 \text{ km } 420 \text{ m}-$㉠이므로

㉠$=1420 \text{ m}+4 \text{ km } 420 \text{ m}-5 \text{ km } 30 \text{ m}$

$\quad =1 \text{ km } 420 \text{ m}+4 \text{ km } 420 \text{ m}-5 \text{ km } 30 \text{ m}=810 \text{ m}$

ⓒ$=4 \text{ km } 420 \text{ m}-$㉠$=4 \text{ km } 420 \text{ m}-810 \text{ m}=3 \text{ km } 610 \text{ m}$

서술형

6 1 km 765 m

㉔ (공원의 둘레)$=$(지희가 걸은 거리)$+$(혁이가 걸은 거리)$+$(더 걸어야 하는 거리)이므로 $10 \text{ km}=4270 \text{ m}+3 \text{ km } 965 \text{ m}+$(더 걸어야 하는 거리)입니다.

따라서 더 걸어야 하는 거리는 $10 \text{ km}-4270 \text{ m}-3 \text{ km } 965 \text{ m}=1 \text{ km } 765 \text{ m}$입니다.

채점 기준	배점
공원의 둘레와 더 걸어야 하는 거리의 관계를 식으로 나타낼 수 있나요?	3점
더 걸어야 하는 거리를 구할 수 있나요?	2점

7 17 cm 9 mm

5분에 6 mm씩 줄어들므로 45분 동안에는 6 mm의 9배인

$\times 9$

$6 \times 9=54$(mm)만큼 줄어듭니다.

(처음 양초의 길이)$=$(남은 양초의 길이)$+$(45분 동안 줄어든 길이)

$\qquad\qquad =12 \text{ cm } 5 \text{ mm}+54 \text{ mm}$

$\qquad\qquad =12 \text{ cm } 5 \text{ mm}+5 \text{ cm } 4 \text{ mm}$

$\qquad\qquad =17 \text{ cm } 9 \text{ mm}$

8 53 km

15분 동안에 달릴 수 있는 거리: 15 km　　900 m

$\downarrow \div 3$　　　　　　　$\downarrow \div 3$　　$\downarrow \div 3$

5분 동안에 달릴 수 있는 거리:　5 km　　300 m

$\downarrow \times 10$　　　　　　　$\downarrow \times 10$　　$\downarrow \times 10$

50분 동안에 달릴 수 있는 거리: 50 km$+3000 \text{ m} \Rightarrow 53 \text{ km}$

9 14 km

2 km 800 m는 정사각형 모양의 한 변을 4번 더한 길이이고,
빨간색 선의 길이는 정사각형 모양의 한 변을 20번 더한 길이와 같습니다.
(정사각형의 한 변)×20=(정사각형의 한 변)×4×5=2 km 800 m×5

$$= 2\,km\ 800\,m + 2\,km\ 800\,m + 2\,km\ 800\,m$$
$$+ 2\,km\ 800\,m + 2\,km\ 800\,m$$
$$= 10\,km + 4000\,m = 10\,km + 4\,km = 14\,km$$

10 6월 10일 오전 8시 50분

비행기가 뉴욕에 도착한 시각(인천 시각):
6월 10일 7시 20분+14시간 30분=6월 10일 21시 50분
인천이 뉴욕보다 13시간 빠르므로 뉴욕은 인천보다 13시간 늦습니다.
6월 10일 21시 50분−13시간=6월 10일 8시 50분
따라서 비행기가 뉴욕에 도착한 시각은 뉴욕 시각으로 6월 10일 오전 8시 50분입니다.

11 22 cm 2 mm

㉮=㉯+6 cm 8 mm이고,
㉰=㉯+6 cm 8 mm+7 cm 4 mm=㉯+14 cm 2 mm입니다.
㉮+㉯+㉰=㉯+6 cm 8 mm+㉯+㉯+14 cm 2 mm=45 cm,
㉯+㉯+㉯+21 cm=45 cm, ㉯+㉯+㉯=24 cm이고
㉯×3=24 cm에서 8×3=24이므로 ㉯=8 cm입니다.
따라서 ㉰의 길이는 8 cm+14 cm 2 mm=22 cm 2 mm입니다.

12 4 m 16 cm

처음 막대에 물이 1 m 69 cm만큼 묻었다면 반대쪽으로 넣었을 때에도 물이 묻은 부분의 길이는 1 m 69 cm입니다.

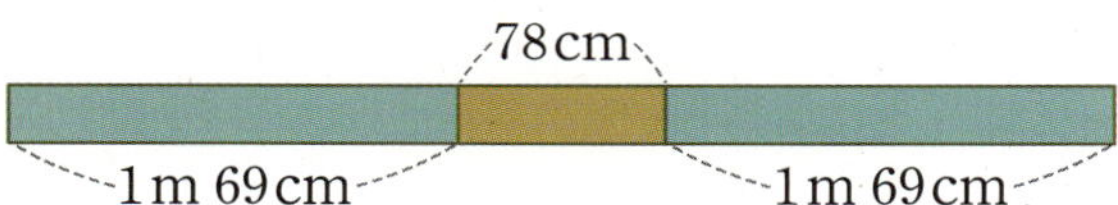

(막대의 길이)=1 m 69 cm+78 cm+1 m 69 cm=4 m 16 cm

Brain

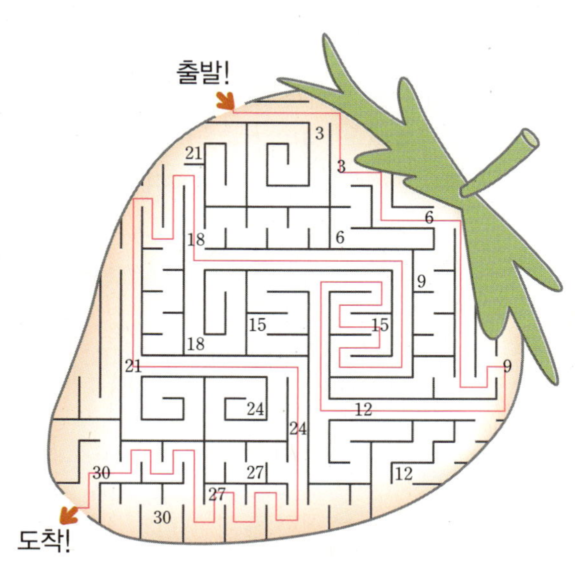

6 분수와 소수

1 분수 알아보기

1 (예) (1) 전체가 똑같이 5로 나누어져 있으므로 3만큼 색칠합니다.
답은 여러 가지가 될 수 있습니다.

(2)

2 $\frac{4}{9}$, $\frac{5}{9}$

색칠한 부분은 전체를 똑같이 9로 나눈 것 중의 4이므로 $\frac{4}{9}$이고

색칠하지 않은 부분은 전체를 똑같이 9로 나눈 것 중의 5이므로 $\frac{5}{9}$입니다.

3 $\frac{5}{8}$

남은 피자는 전체를 똑같이 8조각으로 나눈 것 중의 $8-3=5$(조각)이므로 분수로 나타내면 $\frac{5}{8}$입니다.

4 (예)

(1)

(2)

$\frac{3}{4}$은 전체를 똑같이 4로 나눈 것 중의 3이므로 전체가 똑같은 모양과 크기의 4칸이 되도록 한 칸을 더 그립니다. 답은 여러 가지가 될 수 있습니다.

(2) (예)   ,   등

5 15 cm

색 테이프 전체 길이의 $\frac{1}{5}$이 3 cm일 때 전체 색 테이프의 길이는 3 cm의 5배입니다.

➡ $3 \times 5 = 15$ (cm)

6 $\frac{2}{3}$, $\frac{2}{5}$, $\frac{3}{5}$

분모에 2를 놓으면 분자가 3, 5가 되어야 하므로 분자가 분모보다 작은 분수를 만들 수 없습니다. 분모에 3을 놓으면 $\frac{2}{3}$를, 분모에 5를 놓으면 $\frac{2}{5}$, $\frac{3}{5}$을 만들 수 있습니다.

따라서 만들 수 있는 분자가 분모보다 작은 분수는 $\frac{2}{3}$, $\frac{2}{5}$, $\frac{3}{5}$입니다.

2 분수의 크기 비교하기

1 (1) $<$ (2) $>$

(1) 분모가 같은 분수는 분자가 클수록 더 큽니다. ➡ $5 < 7$이므로 $\frac{5}{8} < \frac{7}{8}$입니다.

(2) 단위분수는 분모가 클수록 더 작습니다. ➡ $9 < 11$이므로 $\frac{1}{9} > \frac{1}{11}$입니다.

2 4개

분모가 같은 분수는 분자가 클수록 더 크므로 $\dfrac{2}{9} < \dfrac{\square}{9} < \dfrac{7}{9}$ 에서 $2<\square<7$입니다.

따라서 $\square$ 안에 들어갈 수 있는 수는 3, 4, 5, 6입니다.

따라서 $\dfrac{2}{9}$보다 크고 $\dfrac{7}{9}$보다 작은 분수 중에서 분모가 9인 분수는 $\dfrac{3}{9}$, $\dfrac{4}{9}$, $\dfrac{5}{9}$, $\dfrac{6}{9}$으로 모두 4개입니다.

3 흰색

$\dfrac{7}{12}$과 $\dfrac{5}{12}$는 분모가 12로 같고 분자가 $7>5$이므로 $\dfrac{7}{12} > \dfrac{5}{12}$입니다.

따라서 더 넓은 부분을 칠한 색깔은 흰색입니다.

4 $\dfrac{1}{3}$, $\dfrac{1}{8}$

단위분수는 분모가 작을수록 더 큽니다. 수 카드의 수의 크기를 비교하면

$3<5<7<8$이므로 가장 큰 분수는 $\dfrac{1}{3}$이고 가장 작은 분수는 $\dfrac{1}{8}$입니다.

5 풀이 참조 / $\dfrac{2}{4}$, $\dfrac{2}{5}$, $\dfrac{2}{10}$

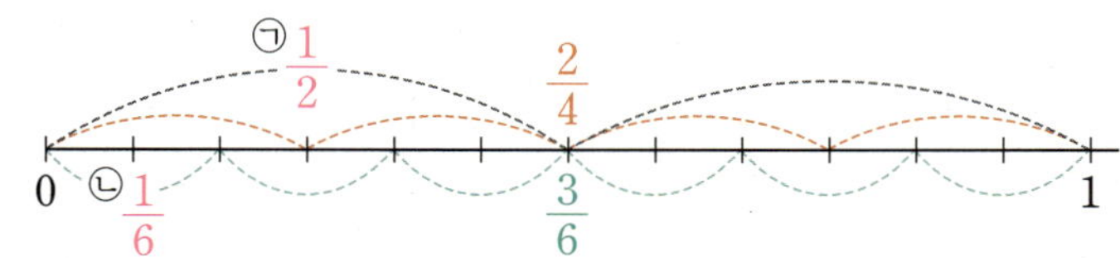

➡ 색칠한 부분을 비교하면

$\dfrac{2}{4} > \dfrac{2}{5} > \dfrac{2}{10}$ 입니다.

6 ④

③ 분수는 전체를 1로 보고 전체를 똑같이 나눈 것 중의 몇을 나타냅니다.

따라서 $\dfrac{1}{2}$은 1보다 더 작습니다.

④ 단위분수이고 분모가 $4>2$이므로 $\dfrac{1}{4} < \dfrac{1}{2}$입니다.

7 (위에서부터) $\dfrac{1}{2}$, $\dfrac{1}{6}$ / 2

⊙은 전체를 똑같이 2로 나눈 것 중의 1이므로 $\dfrac{1}{2}$이고,

⊙은 전체를 똑같이 6으로 나눈 것 중의 1이므로 $\dfrac{1}{6}$입니다.

따라서 $\dfrac{1}{2}=\dfrac{2}{4}=\dfrac{3}{6}$은 크기가 같은 분수입니다.

3 소수 알아보기, 소수의 크기 비교

1 (1) $\dfrac{7}{10}$, 0.7

(1) 색칠한 부분은 전체를 똑같이 10으로 나눈 것 중의 7이므로 $\dfrac{7}{10}=0.7$입니다.

(2) $\dfrac{6}{10}$, 0.6

(2) 색칠한 부분은 전체를 똑같이 10으로 나눈 것 중의 6이므로 $\dfrac{6}{10}=0.6$입니다.

2 (1) 4.6 (2) 7, 5

1 mm는 1 cm(10 mm)를 똑같이 10으로 나눈 것 중의 1이므로

$1\,\text{mm}=\dfrac{1}{10}\,\text{cm}=0.1\,\text{cm}$입니다.

(1) $4\,\text{cm}\,6\,\text{mm}=4\,\text{cm}+6\,\text{mm}=4\,\text{cm}+0.6\,\text{cm}=4.6\,\text{cm}$

(2) $7.5\,\text{cm}=7\,\text{cm}+0.5\,\text{cm}=7\,\text{cm}+5\,\text{mm}=7\,\text{cm}\,5\,\text{mm}$

3 (위에서부터) 7, 25 /
   0.4, 1.7

작은 눈금 한 칸의 크기는 1을 똑같이 10으로 나눈 것 중의 1이므로 0.1입니다.

0.1이 4개인 수는 0.4, 0.1이 7개인 수는 0.7입니다.

0.1이 10개이면 1이므로 0.1이 17개인 수는 1.7이고, 0.1이 25개인 수는 2.5입니다.

4 ㉣, ㉡, ㉠, ㉢

㉠ 0.1이 52개인 수는 5.2입니다.

㉡ 5보다 0.1만큼 더 큰 수는 5.1입니다.

㉢ $\dfrac{3}{10}=0.3$이므로 5와 $\dfrac{3}{10}$인 수는 5.3입니다.

㉣ $\dfrac{1}{10}=0.1$이므로 0.1이 50개인 수는 5입니다.

➡ $5<5.1<5.2<5.3$이므로 작은 수부터 차례로 기호를 쓰면 ㉣, ㉡, ㉠, ㉢입니다.

5 0.2

먹고 남은 초콜릿은 전체를 똑같이 10조각으로 나눈 것 중의 $10-8=2$(조각)입니다.

따라서 먹고 남은 초콜릿은 전체의 $\dfrac{2}{10}=0.2$입니다.

6 풀이 참조 / 12 cm

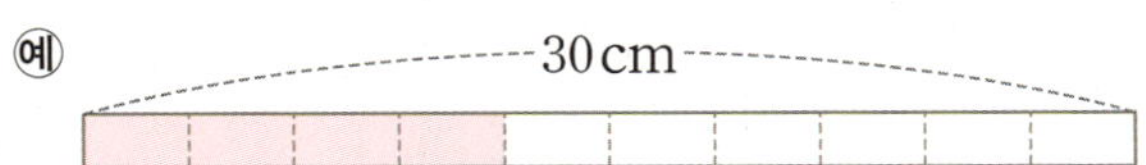

0.4는 전체를 똑같이 10으로 나눈 것 중의 4입니다.

30 cm를 똑같이 10으로 나눈 것 중의 1은 3 cm이므로

30 cm의 0.4만큼은 $3\times4=12$(cm)입니다.

그림에 주어진 선을 이용하여 전체를 똑같이 나누는 선을 그어 봅니다.

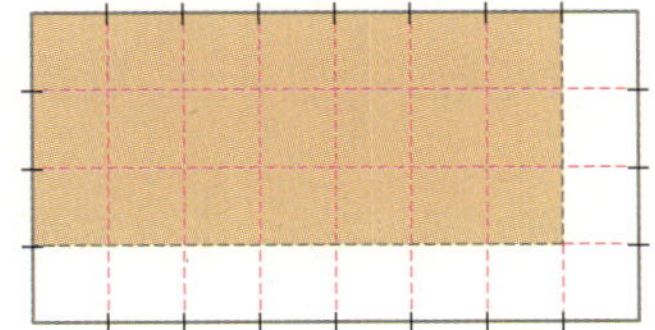

색칠한 부분은 전체 32칸 중에서 21칸입니다.

따라서 색칠한 부분은 전체를 똑같이 32로 나눈 것 중의 21이므로

분수로 나타내면 $\dfrac{21}{32}$입니다.

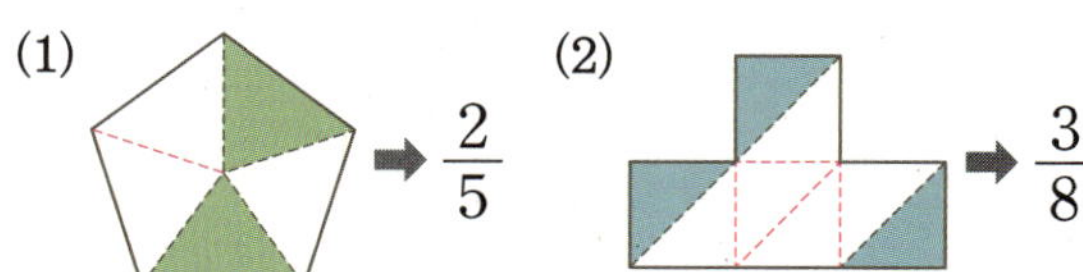

1-1 2칸

$\dfrac{5}{11}$는 전체를 똑같이 11로 나눈 것 중의 5입니다. 전체 11칸 중에서 5칸에 색칠해야 하는데 7칸이 색칠되어 있으므로 $7-5=2$(칸)을 더 색칠했습니다.

1-2 (1) $\dfrac{2}{5}$ (2) $\dfrac{3}{8}$

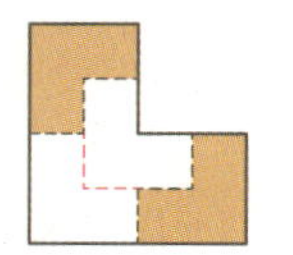

1-3 (예) $\dfrac{2}{4}$

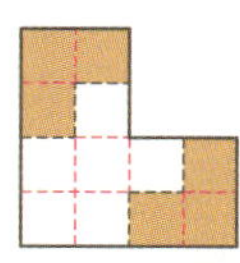

왼쪽 그림과 같이 나누면 전체를 똑같이 4로 나눈 것 중의 2이므로 $\dfrac{2}{4}$입니다.

다른 풀이

왼쪽 그림과 같이 나누면 전체를 똑같이 12로 나눈 것 중의 6이므로 $\dfrac{6}{12}$입니다.

1-4 $\dfrac{8}{10}$

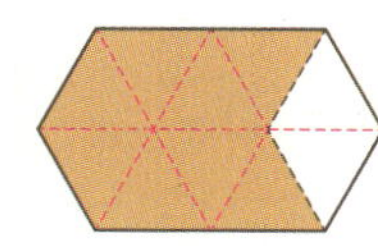

왼쪽 그림과 같이 전체를 똑같이 10으로 나누면 색칠한 부분은 8입니다. 따라서 전체에 대하여 색칠한 부분은 $\dfrac{8}{10}$입니다.

주어진 분수를 수직선에 각각 표시해 봅니다.

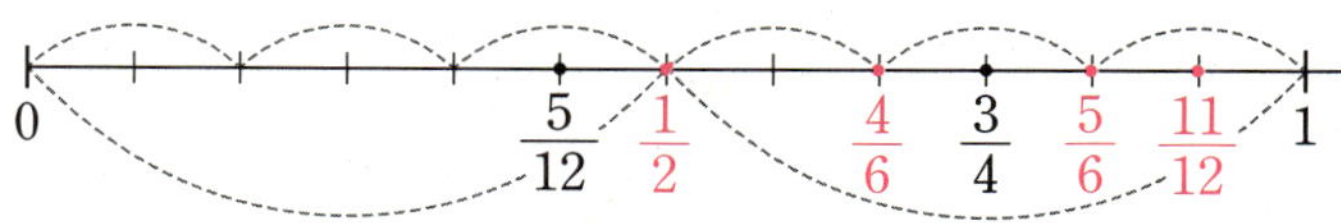

수직선에서 오른쪽으로 갈수록 큰 수가 놓이므로 $\dfrac{5}{12}$와 $\dfrac{3}{4}$ 사이에 있는 분수는 $\dfrac{1}{2}$, $\dfrac{4}{6}$입니다.

2-1 풀이 참조

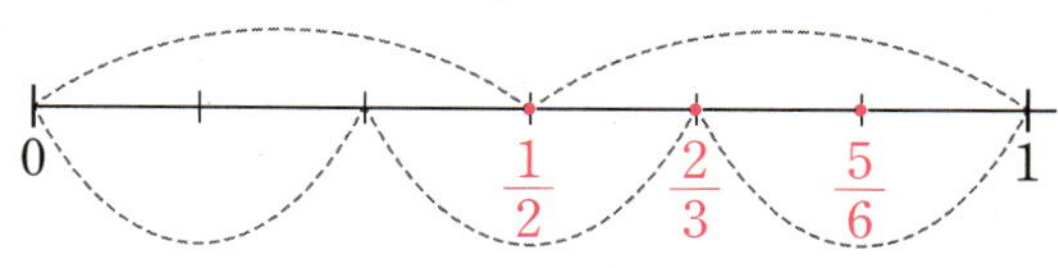

수직선에서 $\dfrac{1}{6}$만큼, $\dfrac{1}{3}$만큼, $\dfrac{1}{2}$만큼을 먼저 알아봅니다.

$\dfrac{2}{3}$는 $\dfrac{1}{3}$이 2개인 수, $\dfrac{5}{6}$는 $\dfrac{1}{6}$이 5개인 수이므로 주어진 분수를 찾아 각각 표시합니다.

2-2 풀이 참조 / $\dfrac{11}{18}$

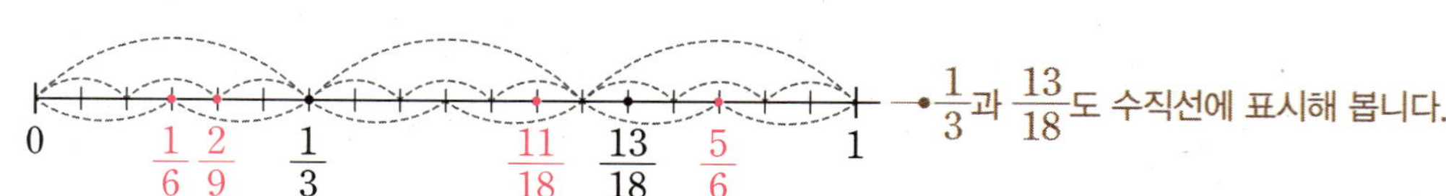

$\dfrac{1}{3}$과 $\dfrac{13}{18}$도 수직선에 표시해 봅니다.

수직선에서 $\dfrac{1}{18}$만큼, $\dfrac{1}{9}$만큼, $\dfrac{1}{6}$만큼, $\dfrac{1}{3}$만큼을 먼저 알아봅니다.

$\dfrac{2}{9}$는 $\dfrac{1}{9}$이 2개인 수, $\dfrac{11}{18}$은 $\dfrac{1}{18}$이 11개인 수, $\dfrac{5}{6}$는 $\dfrac{1}{6}$이 5개인 수이므로 주어진 분수를 찾아 각각 표시하면 구하는 분수는 $\dfrac{11}{18}$입니다.

2-3 풀이 참조 / $\dfrac{3}{5}$

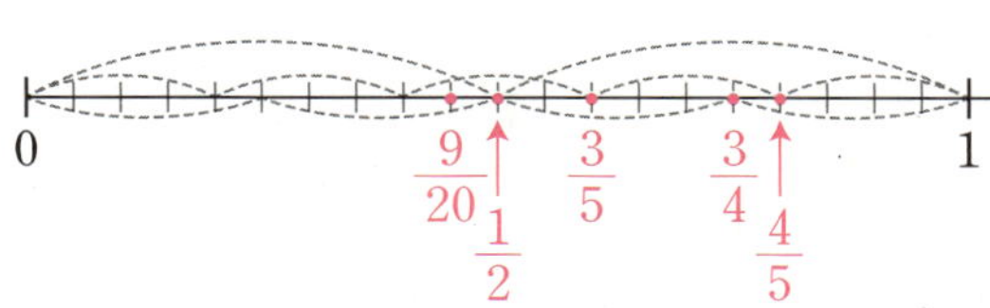

수직선에서 $\dfrac{1}{20}$만큼, $\dfrac{1}{5}$만큼, $\dfrac{1}{4}$만큼, $\dfrac{1}{2}$만큼을 먼저 알아봅니다.

$\dfrac{3}{5}$은 $\dfrac{1}{5}$이 3개인 수, $\dfrac{3}{4}$은 $\dfrac{1}{4}$이 3개인 수, $\dfrac{9}{20}$는 $\dfrac{1}{20}$이 9개인 수, $\dfrac{4}{5}$는 $\dfrac{1}{5}$이 4개인 수이므로 주어진 분수를 찾아 각각 표시하면 오른쪽에서 셋째에 놓이는 분수는 $\dfrac{3}{5}$입니다.

대표문제 3

$\dfrac{1}{7}$과 $\dfrac{1}{★}$은 분자가 1인 단위분수입니다.

단위분수는 분모가 작을수록 더 (큽니다 , 작습니다).

$\dfrac{1}{7} < \dfrac{1}{★}$이므로 분모의 크기를 비교하면 $7 > ★$입니다.

따라서 ★에 들어갈 수 있는 수는 1, 2, 3, 4, 5, 6으로 모두 6개입니다.

3-1 1, 2, 3, 4

분모가 같은 분수는 분자가 클수록 더 크므로 □ < 5입니다.
따라서 □ 안에 들어갈 수 있는 수는 1, 2, 3, 4입니다.

3-2 9개

단위분수는 분모가 작을수록 더 크므로 11 > □입니다.
따라서 □ 안에 들어갈 수 있는 수는 1부터 9까지의 수로 모두 9개입니다.

주의
□ 안에는 11보다 작은 수인 10도 들어갈 수 있지만 조건에 맞지 않으므로 □ 안에 들어갈 수 없습니다.

3-3 6, 7, 8, 9, 10

㈎ 분모가 12로 같으므로 분자의 크기만 비교합니다.

$5 < □ < 11$이므로 □ 안에는 5보다 크고 11보다 작은 수가 들어갑니다.

따라서 □ 안에 들어갈 수 있는 수는 6, 7, 8, 9, 10입니다.

채점 기준	배점
분모가 같은 분수의 크기를 비교할 수 있나요?	1점
□ 안에 들어갈 수 있는 수의 범위를 구할 수 있나요?	2점
□ 안에 들어갈 수 있는 수를 모두 구할 수 있나요?	2점

3-4 5개

분자가 같은 분수는 분모가 작을수록 더 크므로 $4<\square<10$입니다.

따라서 □ 안에 들어갈 수 있는 수는 5, 6, 7, 8, 9로 모두 5개입니다.

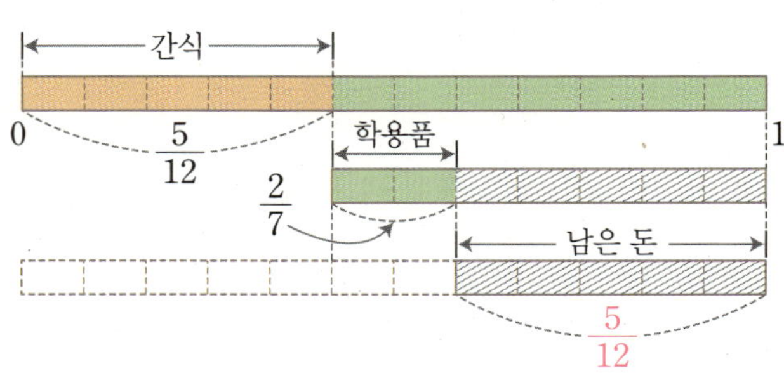

따라서 남은 돈은 처음에 가지고 있던 돈의 $\frac{5}{12}$입니다.

4-1 $\frac{2}{11}$

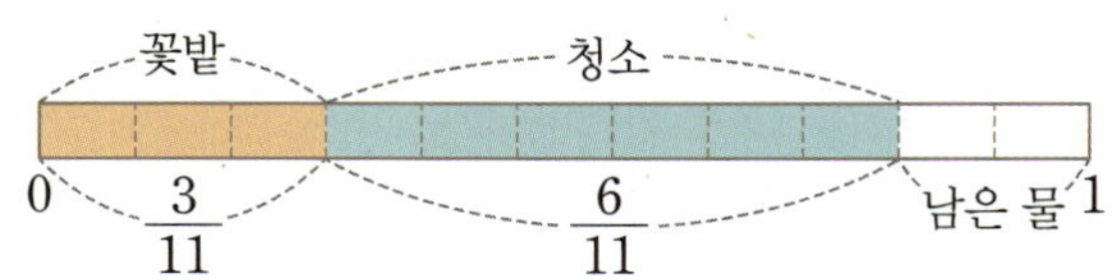

처음에 있던 물을 똑같이 11칸으로 나누면 남은 물은 $11-9=2$(칸)이므로

남은 물은 처음에 있던 물의 $\frac{2}{11}$입니다.

4-2 $\frac{1}{10}$

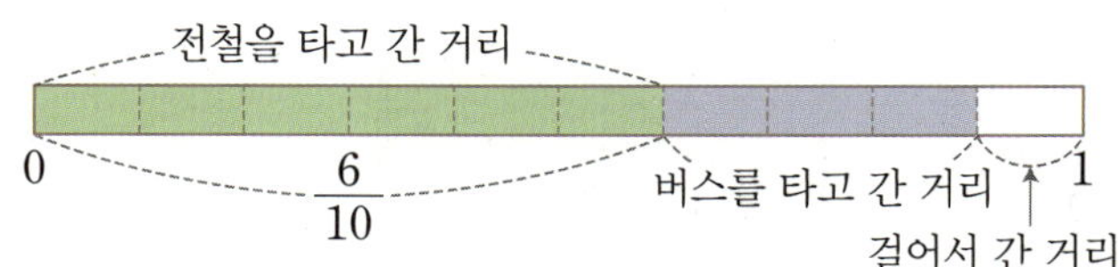

전체 거리를 똑같이 10칸으로 나누면

전철을 타고 간 후 남은 거리는 전체 거리 10칸 중에서 4칸이므로 $\frac{4}{10}$,

버스를 타고 간 후 남은 거리는 전체 거리 10칸 중에서 1칸이므로 $\frac{1}{10}$입니다.

4-3 $\frac{3}{8}$

봉선화, 나팔꽃을 심은 부분을 그림으로 나타내면 오른쪽과 같습니다.

따라서 아무것도 심지 않은 꽃밭은 전체 꽃밭의 $\frac{3}{8}$입니다.

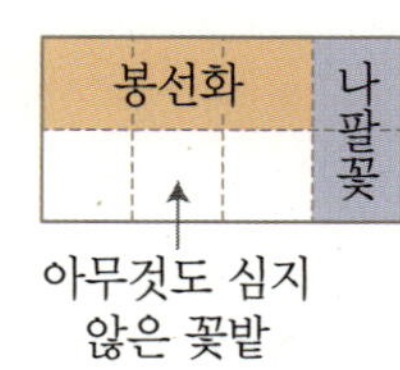

4-4 3조각

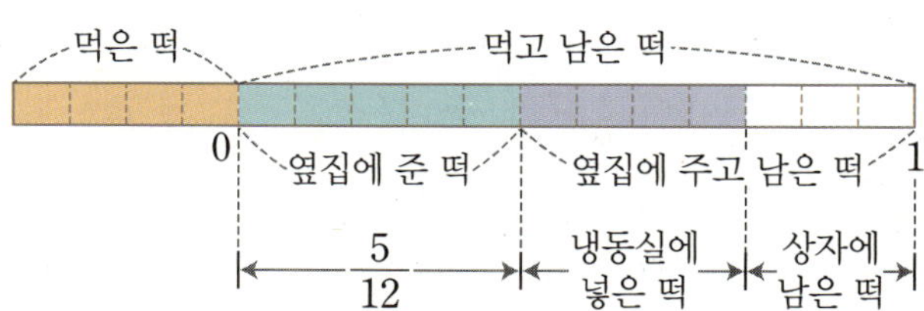

(먹고 남은 떡)$=16-4=12$(조각)

옆집에 준 떡: 먹고 남은 떡의 $\frac{5}{12}$

➡ 옆집에 준 떡은 먹고 남은 떡을 똑같이 12로 나눈 것 중의 5이므로 5조각입니다.

냉동실에 넣은 떡: 옆집에 주고 남은 떡의 $\dfrac{4}{7}$

➡ 냉동실에 넣은 떡은 옆집에 주고 남은 떡 $16-4-5=7$(조각)을 똑같이 7로 나눈 것 중의 4이므로 4조각입니다.

따라서 상자에 남아 있는 떡은 $16-4-5-4=3$(조각)입니다.

5

0.1이 20개인 수: 2	1의 10배: 10
0.1이 5개인 수: 0.5	
0.1이 25개인 수: 2.5	0.1의 10배: 1

$\dfrac{1}{10}$배 $\dfrac{1}{10}$배

따라서 0.1이 25개인 수보다 0.1의 10배만큼 더 큰 수는 2.5보다 1만큼 더 큰 수이므로 3.5입니다.

5-1 3.3

0.1이 30개인 수는 3이고, 0.1의 3배인 수는 0.3입니다.

따라서 구하는 수는 3보다 0.3만큼 더 큰 수이므로 3.3입니다.

5-2 4.7

0.1이 40개인 수는 4

0.1이 2개인 수는 0.2 $\dfrac{1}{10}$이 5개인 수는 0.1이 5개인 수와 같으므로 0.5입니다.

0.1이 42개인 수는 4.2

따라서 구하는 수는 4.2보다 0.5만큼 더 큰 수이므로 4.7입니다.

서술형 **5-3** 15

예 0.1이 100개인 수는 10이고, 0.5의 10배인 수는 5입니다.

따라서 구하는 수는 10보다 5만큼 더 큰 수이므로 15입니다.

채점 기준	배점
0.1이 100개인 수를 구할 수 있나요?	2점
0.5의 10배인 수를 구할 수 있나요?	2점
수가 얼마인지 구할 수 있나요?	1점

5-4 5개

0.1이 61개인 수는 6.1이고, $\dfrac{7}{10}=0.7$이므로 6과 $\dfrac{7}{10}$만큼인 수는 6.7입니다.

따라서 6.1보다 크고 6.7보다 작은 소수 ■.▲는 6.2, 6.3, 6.4, 6.5, 6.6으로 모두 5개입니다.

6

① $4.6<4.㉠$에서 자연수가 4로 같으므로 소수 부분을 비교하면 $6<㉠$입니다.

➡ ㉠에 들어갈 수 있는 수는 7, 8, 9이고 가장 작은 수는 7입니다.

② $4.6>㉡.6$에서 자연수를 비교하면 $4>㉡$입니다.

➡ ㉡에 들어갈 수 있는 수는 1, 2, 3이고 가장 큰 수는 3입니다.

6-1 1, 2, 3, 4

□.2<5.2에서 자연수를 비교하면 □<5입니다.

따라서 □ 안에 들어갈 수 있는 수는 1, 2, 3, 4입니다.

□ 안에 0이 들어가면 0.2<5.2로 올바른 식이지만 1부터 9까지의 수 중에서 답을 구해야 하므로 0을 쓰지 않도록 합니다.

6-2 3, 4

• 3.㉠<3.4에서 자연수가 3으로 같으므로 소수 부분을 비교하면 ㉠<4입니다.

➡ ㉠에 들어갈 수 있는 수는 1, 2, 3이고 이 중에서 가장 큰 수는 3입니다.

• 3.4<㉡.4에서 자연수를 비교하면 3<㉡입니다.

➡ ㉡에 들어갈 수 있는 수는 4, 5, 6, 7, 8, 9이고 이 중에서 가장 작은 수는 4입니다.

6-3 3개

• 8.3<8.□에서 자연수가 8로 같으므로 소수 부분을 비교하면 3<□입니다.

➡ □ 안에 들어갈 수 있는 수는 4, 5, 6, 7, 8, 9입니다.

• 7.5>□.7에서 자연수를 비교하면 7>□입니다.

➡ □ 안에 들어갈 수 있는 수는 1, 2, 3, 4, 5, 6입니다.

따라서 □ 안에 공통으로 들어갈 수 있는 수는 4, 5, 6이므로 3개입니다.

6-4 4, 5

1.□<1.8에서 □<8이므로 □ 안에 들어갈 수 있는 수는 1, 2, 3, 4, 5, 6, 7입니다.

2.3<2.□에서 3<□이므로 □ 안에 들어갈 수 있는 수는 4, 5, 6, 7, 8, 9입니다.

□.9<6.4에서 □<6이므로 □ 안에 들어갈 수 있는 수는 1, 2, 3, 4, 5입니다.

따라서 □ 안에 공통으로 들어갈 수 있는 수는 4, 5입니다.

160~161쪽

대표문제 7

만들 수 있는 소수 중에서 3보다 큰 수는 ■.▲에서 ■가 3 또는 7인 소수입니다.

• ■가 3인 소수: 3.2, 3.7

• ■가 7인 소수: 7.2, 7.3

따라서 만들 수 있는 소수 중 3보다 큰 수는 3.2, 3.7, 7.2, 7.3입니다.

7-1 7.1, 7.4

자연수가 7이므로 만들 수 있는 소수는 7.1과 7.4입니다.

7-2 6.3, 6.9, 9.3, 9.6

만들 수 있는 소수 중에서 6보다 큰 수는 ■.▲에서 ■가 6 또는 9인 소수입니다.

■가 6인 소수는 6.3, 6.9이고, ■가 9인 소수는 9.3, 9.6입니다.

따라서 만들 수 있는 소수 중에서 6보다 큰 수는 6.3, 6.9, 9.3, 9.6입니다.

7-3 8.2, 1.5

가장 큰 소수는 높은 자리부터 큰 수를 놓으면 8.5이므로 둘째로 큰 수는 8.2입니다.

가장 작은 소수는 높은 자리부터 작은 수를 놓으면 1.2이므로 둘째로 작은 수는 1.5입니다.

7-4 5개

$\frac{9}{10}=0.9$이므로 만들 수 있는 소수 중 0.9보다 크고 9.6보다 작은 소수는

2.6, 2.9, 6.2, 6.9, 9.2로 모두 5개입니다.

대표문제 8

도화지 전체의 $\frac{1}{5}$만큼 색칠하는 데 걸리는 시간: 3분

$\downarrow \times 3 \qquad\qquad\qquad\qquad \downarrow \times 3$

도화지 전체의 $\frac{3}{5}$만큼 색칠하는 데 걸리는 시간: ■분

따라서 도화지 전체의 $\frac{3}{5}$만큼 색칠하는 데 걸리는 시간은 $3 \times 3 = 9$(분)입니다.

8-1 2배

$\frac{2}{3}$는 $\frac{1}{3}$이 2개이므로 벽 전체의 $\frac{1}{3}$을 칠하는 데 걸리는 시간의 2배입니다.

서술형 8-2 1시간 15분

예 $\frac{5}{8}$는 $\frac{1}{8}$이 5개이므로 $\frac{5}{8}$만큼 물을 채우는 데 걸리는 시간은 $\frac{1}{8}$만큼을 채우는 데 걸리는 시간인 15분의 5배입니다.

따라서 물탱크의 $\frac{5}{8}$만큼 물을 채우는 데 걸리는 시간은 $15 \times 5 = 75$(분) → 1시간 15분입니다.

채점 기준	배점
$\frac{5}{8}$만큼 채우는 데 걸리는 시간은 $\frac{1}{8}$만큼 채우는 데 걸리는 시간의 몇 배인지 구할 수 있나요?	2점
$\frac{5}{8}$만큼 채우는 데 걸리는 시간을 구할 수 있나요?	2점
$\frac{5}{8}$만큼 채우는 데 걸리는 시간을 몇 시간 몇 분으로 나타낼 수 있나요?	1점

8-3 25분

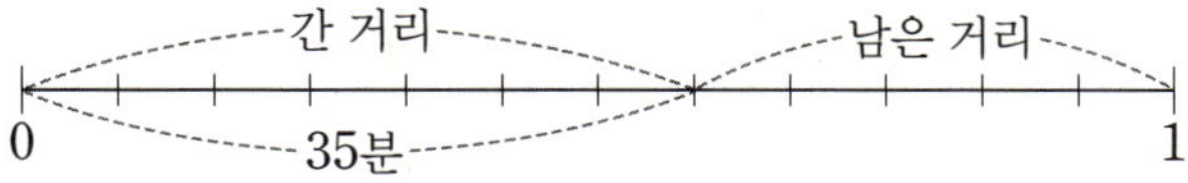

$\frac{7}{12}$은 $\frac{1}{12}$이 7개이므로 전체의 $\frac{1}{12}$만큼 걸어가는 데 걸리는 시간은 $35 \div 7 = 5$(분)입니다. 남은 거리인 $\frac{5}{12}$는 $\frac{1}{12}$이 5개이므로 $\frac{5}{12}$만큼 걸어가는 데 걸리는 시간은 $5 \times 5 = 25$(분)입니다.

8-4 30분

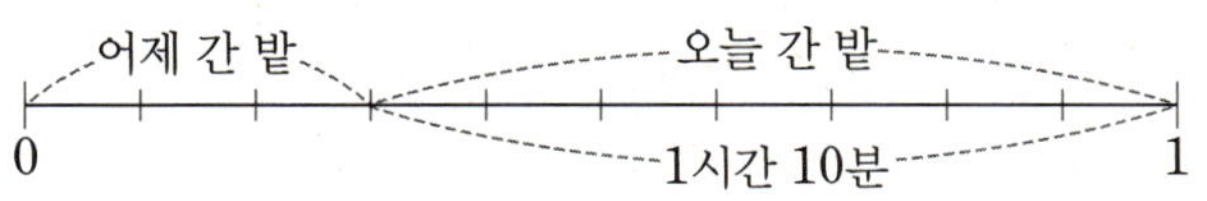

오늘 간 밭은 전체의 $\frac{7}{10}$이고, $\frac{7}{10}$만큼 밭을 가는 데 걸린 시간은 1시간 10분 $=70$분입니다.

$\dfrac{7}{10}$ 은 $\dfrac{1}{10}$ 이 7개이므로 전체의 $\dfrac{1}{10}$ 만큼 밭을 가는 데 걸린 시간은 $70 \div 7 = 10$(분)입니다. $\dfrac{3}{10}$ 은 $\dfrac{1}{10}$ 이 3개이므로 어제 밭을 간 시간은 $10 \times 3 = 30$(분)입니다.

MATH MASTER

1 다

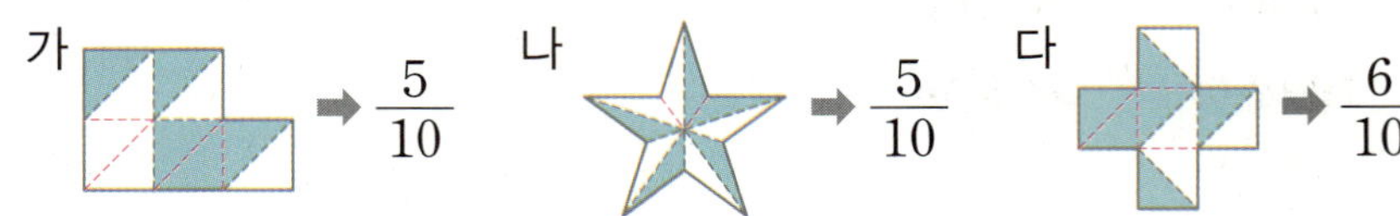

2 예 $\dfrac{9}{16}$

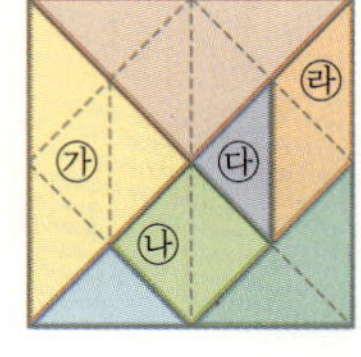

칠교판을 ㉣ 조각과 같은 크기로 똑같이 나누면 전체는 16조각이 되고 ㉠는 4조각, ㉡는 2조각, ㉤는 2조각이 됩니다.
㉠ ＋ ㉡ ＋ ㉣ ＋ ㉤ ＝ 4＋2＋1＋2 ＝ 9(조각)이므로 분수로 나타내면 $\dfrac{9}{16}$ 입니다.

3 7개

구하는 분수를 $\dfrac{1}{\blacktriangle}$ 이라 하면 $\dfrac{1}{9} < \dfrac{1}{\blacktriangle} < 1$ 에서 $1 < \blacktriangle < 9$ 이므로 $\blacktriangle$ 는 2, 3, 4, 5, 6, 7, 8입니다.
따라서 조건을 만족시키는 분수는 $\dfrac{1}{2}$, $\dfrac{1}{3}$, $\dfrac{1}{4}$, $\dfrac{1}{5}$, $\dfrac{1}{6}$, $\dfrac{1}{7}$, $\dfrac{1}{8}$ 로 모두 7개입니다.

4 풀이 참조 / 0.8

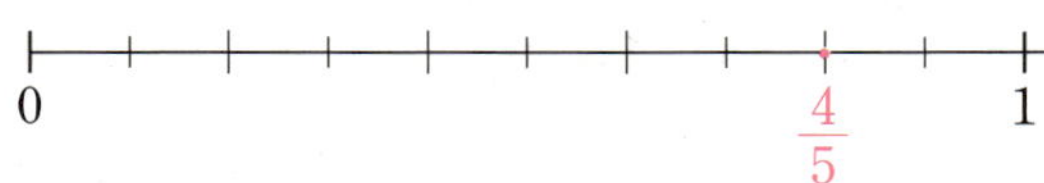

0에서 1까지 큰 눈금은 모두 5칸이므로 큰 눈금 한 칸의 크기는 $\dfrac{1}{5}$ 입니다.

0에서 1까지 작은 눈금은 모두 10칸이므로 작은 눈금 한 칸의 크기는 $\dfrac{1}{10}$ 입니다.

수직선에서 $\dfrac{4}{5}$ 는 $\dfrac{1}{10}$ 이 8개인 수 $\dfrac{8}{10} (= 0.8)$ 과 같으므로 $\dfrac{4}{5}$ 를 소수로 나타내면 0.8입니다.

5 ㉢

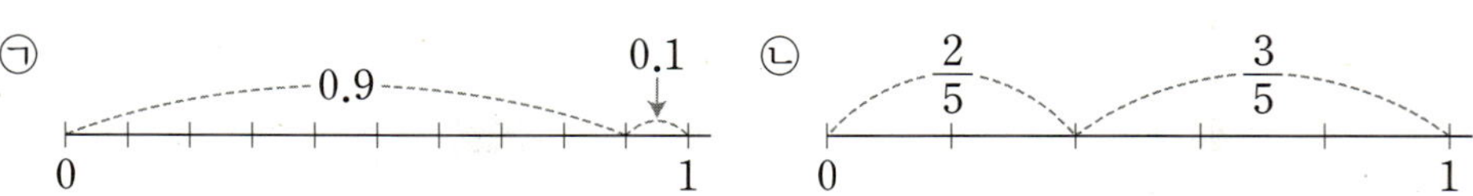

㉢ 0.1을 10배 한 수는 1이고, 0.1을 100배 한 수는 10입니다.
㉣ $\dfrac{1}{10}$ 의 10배인 수는 1입니다.
따라서 ㉠, ㉡, ㉣은 1을 나타내고, ㉢은 10을 나타냅니다.

6 $\dfrac{2}{7}$

$$\dfrac{1}{2},\ \dfrac{1}{3},\ \dfrac{2}{3},\ \dfrac{1}{4},\ \dfrac{2}{4},\ \dfrac{3}{4},\ \dfrac{1}{5},\ \dfrac{2}{5},\ \dfrac{3}{5},\ \dfrac{4}{5},\ \cdots$$

1개 2개 3개 4개

분모가 2, 3, 4, 5, …인 분수가 각각 1개, 2개, 3개, 4개, … 놓이는 규칙입니다.

$1+2+3+4+5=15$이므로 15째 분수는 $\dfrac{5}{6}$입니다.

따라서 16째 분수는 $\dfrac{1}{7}$, 17째 분수는 $\dfrac{2}{7}$입니다.

7 4개

(예) $\dfrac{3}{11}<\dfrac{3}{\square}<\dfrac{3}{4}$에서 분자가 모두 같으므로 $4<\square<11$에서 $\square$ 안에 들어갈 수 있는 수는 5, 6, 7, 8, 9입니다. 0.1이 58개인 수는 5.8이므로 $5.8<\square.6$에서 $\square$ 안에 들어갈 수 있는 수는 6, 7, 8, 9입니다.

따라서 $\square$ 안에 공통으로 들어갈 수 있는 수는 6, 7, 8, 9로 모두 4개입니다.

채점 기준	배점
$\dfrac{3}{11}<\dfrac{3}{\square}<\dfrac{3}{4}$에서 $\square$ 안에 들어갈 수 있는 수를 구할 수 있나요?	2점
0.1이 58개인 수$<\square.6$에서 $\square$ 안에 들어갈 수 있는 수를 구할 수 있나요?	2점
$\square$ 안에 공통으로 들어갈 수 있는 수는 모두 몇 개인지 구할 수 있나요?	1점

8 5개

2장의 수 카드로 조건에 맞게 만들 수 있는 분수는 $\dfrac{1}{3}$, $\dfrac{1}{4}$, $\dfrac{3}{4}$, $\dfrac{1}{5}$, $\dfrac{3}{5}$, $\dfrac{4}{5}$입니다.

$\dfrac{1}{3}>\dfrac{1}{5}$, $\dfrac{1}{4}>\dfrac{1}{5}$이고 $\dfrac{1}{5}<\dfrac{3}{5}<\dfrac{4}{5}$입니다. $\dfrac{3}{4}>\dfrac{1}{4}$이고 $\dfrac{1}{4}>\dfrac{1}{5}$이므로 $\dfrac{3}{4}>\dfrac{1}{5}$입니다.

따라서 만들 수 있는 분수 중 $\dfrac{1}{5}$보다 큰 분수는 $\dfrac{1}{3}$, $\dfrac{1}{4}$, $\dfrac{3}{4}$, $\dfrac{3}{5}$, $\dfrac{4}{5}$로 모두 5개입니다.

9 128 km

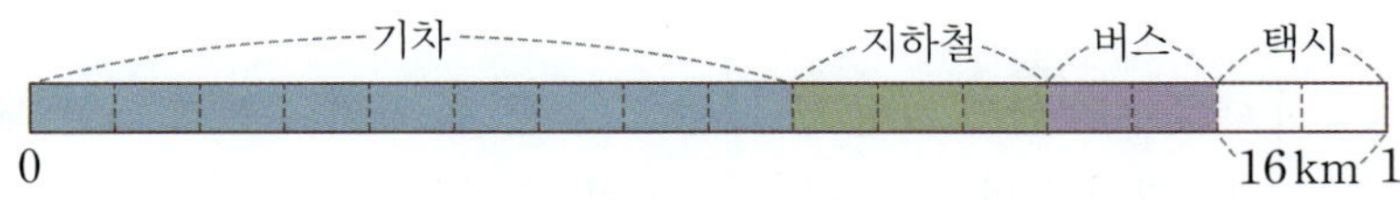

택시를 타고 간 거리인 16 km는 전체의 $\dfrac{2}{16}$이므로 전체의 $\dfrac{1}{16}$은 $16\div2=8$(km)입니다. 따라서 집에서 할머니 댁까지의 거리는 $8\times16=128$(km)입니다.

10 $\dfrac{1}{32}$

A3 용지는 A2 용지를 똑같이 2로 나눈 것 중의 1,

A4 용지는 A2 용지를 똑같이 2×2로 나눈 것 중의 1,

A5 용지는 A2 용지를 똑같이 $2\times2\times2$로 나눈 것 중의 1,

A6 용지는 A2 용지를 똑같이 $2\times2\times2\times2$로 나눈 것 중의 1,

A7 용지는 A2 용지를 똑같이 $2\times2\times2\times2\times2$로 나눈 것 중의 1입니다.

따라서 A7 용지는 A2 용지를 똑같이 32로 나눈 것 중의 1이므로 A7 용지의 크기는 A2 용지 크기의 $\dfrac{1}{32}$입니다.

Brain

21

1 덧셈과 뺄셈

1 (위에서부터) 210, 210, 210 / 105, 105, 105, 105, 105, 105, 105, 105

$840 = 420 + 420$
$\quad = 210 + 210 + 210 + 210$
$\quad = 105 + 105 + 105 + 105 + 105 + 105 + 105 + 105$

2 95, 310

㉮＝㉯－215, ㉮＋㉯＝405이므로
㉯－215＋㉯＝405, ㉯＋㉯＝405＋215, ㉯＋㉯＝620입니다.
310＋310＝620이므로 ㉯＝310, ㉮＝310－215＝95입니다.

3 84개

100이 2개, 10이 50개, 1이 13개인 수는 200＋500＋13＝713입니다.
713보다 127만큼 더 큰 수는 713＋127＝840이므로 10이 84개인 수입니다.

4 115 m

(㉠~㉣의 거리)＝(㉠~㉢의 거리)＋(㉡~㉣의 거리)－(㉡~㉢의 거리)이므로
459＝326＋248－(㉡~㉢의 거리)입니다.
➡ (㉡~㉢의 거리)＝326＋248－459＝574－459＝115 (m)

5 1473

두 수의 합이 가장 클 때는 가장 큰 세 자리 수끼리 더할 때입니다.
유진이가 만들 수 있는 가장 큰 세 자리 수: 832
경진이가 만들 수 있는 가장 큰 세 자리 수: 641
➡ 832＋641＝1473

6 932

356＜□－296＜637에서 □ 안에 들어갈 수 있는 수는
356＜□－296과 □－296＜637을 모두 만족시키는 수입니다.
① 356＜□－296에서 ＜를 ＝로 생각하면 356＝□－296, □＝356＋296, □＝652입니다.
　➡ □ 안에는 652보다 큰 수가 들어가야 합니다.
② □－296＜637에서 ＜를 ＝로 생각하면 □－296＝637, □＝637＋296, □＝933입니다.
　➡ □ 안에는 933보다 작은 수가 들어가야 합니다.
□ 안에 들어갈 수 있는 수는 ①, ②를 모두 만족시켜야 하므로 652보다 크고 933보다 작은 수입니다. 따라서 □ 안에 들어갈 수 있는 수 중에서 가장 큰 수는 932입니다.

㉠ 연속하는 세 홀수 중 가운데 수를 □라 하면 연속하는 세 홀수는 각각 □−2, □, □+2입니다.

□−2+□+□+2=993에서 □+□+□=993, □=331입니다.

따라서 연속하는 세 홀수는 329, 331, 333이고 가장 큰 수는 333입니다.

채점 기준	배점
연속하는 세 홀수를 구하는 식을 만들 수 있나요?	2점
연속하는 세 홀수 중에서 가장 큰 수를 구할 수 있나요?	3점

8 277

618+□=900에서 □=900−618, □=282이므로 □ 안에 282에 가장 가까운 수를 넣으면 두 수의 합이 900에 가장 가까운 수가 됩니다.

십의 자리 수와 일의 자리 수가 같은 세 자리 수 중에서 282에 가까운 수는 277, 288이고 282−277=5, 288−282=6이므로 282에 더 가까운 수는 277입니다.

따라서 □ 안에 알맞은 수는 277입니다.

9 7, 3

- 일의 자리 계산: ㉡+㉠의 일의 자리가 0이므로 ㉡+㉠=10입니다.
- 십의 자리 계산: 일의 자리에서 받아올림이 있고 백의 자리에서 ㉠+㉡의 일의 자리가 1이므로 십의 자리에서 받아올림이 있습니다.

  ㉠+㉠+1=15, ㉠+㉠=14, ㉠=7
- 백의 자리 계산: 1+㉠+㉡=11이고, 1+7+㉡=11, ㉡=3

5~7쪽

1 754명

(준영이네 학교의 여학생 수)=(준영이네 학교의 학생 수)−(준영이네 학교의 남학생 수)
$$=687-341=346(명)$$
(윤주네 학교의 여학생 수)=(윤주네 학교의 학생 수)−(윤주네 학교의 남학생 수)
$$=815-407=408(명)$$
➡ (두 학교의 여학생 수)=346+408=754(명)

2 3가지

각 수를 몇백쯤으로 어림하면 196 → 200쯤, 203 → 200쯤, 103 → 100쯤, 298 → 300쯤, 396 → 400쯤입니다.

어림한 두 수의 합이 약 400 또는 약 500인 경우를 찾습니다.

196과 203 ➡ 196+203=399

196과 298 ➡ 196+298=494

203과 298 ➡ 203+298=501

103과 298 ➡ 103+298=401

103과 396 ➡ 103+396=499

따라서 모두 3가지입니다.

3 571

⑩ 작은 수를 ㉠이라 하면 두 수의 차가 337이므로 큰 수는 ㉠＋337입니다.
두 수의 합이 805이므로 ㉠＋㉠＋337＝805, ㉠＋㉠＝805－337, ㉠＋㉠＝468,
㉠＝234입니다.
따라서 두 수 중에서 작은 수가 234이므로 큰 수는 234＋337＝571입니다.

채점 기준	배점
두 수를 구하는 식을 만들 수 있나요?	2점
두 수 중에서 큰 수를 구할 수 있나요?	3점

4 422

어떤 수를 □라 하면 □－216＋235＝460, □－216＝460－235,
□－216＝225, □＝225＋216, □＝441입니다.
따라서 바르게 계산한 값은 441＋216－235＝657－235＝422입니다.

5 170 cm, 237 cm

(㉠의 길이)＝405＋407－642＝812－642＝170(cm)
(㉡의 길이)＝407－170＝237(cm)

다른 풀이
전체의 길이가 642 cm이므로 (㉡의 길이)＝642－405＝237(cm)이고,
(㉠의 길이)＝407－237＝170(cm)입니다.

---

6 40개

윤수가 예린이에게 주는 사탕 수를 □라 하면 예린이가 가지게 되는 사탕 수는
732＋□가 되고 윤수가 가지게 되는 사탕의 수는 812－□가 되어 두 수가 같아집니다.
732＋□＝812－□, □＋□＝812－732, □＋□＝80, □＝40
따라서 윤수가 예린이에게 사탕을 40개 주어야 합니다.

다른 풀이
두 사람이 가진 사탕 수가 같아지려면 두 수의 차인 812－732＝80(개)의 반인 40개를 윤수가 예린이
에게 주면 됩니다.

---

7 483, 238, 355

㉠: 가장 왼쪽 원에서 ㉠＋117＝600, ㉠＝600－117, ㉠＝483입니다.
㉡: 가운데 원에서 117＋㉡＋245＝600, ㉡＋362＝600, ㉡＝600－362,
㉡＝238입니다.
㉢: 가장 오른쪽 원에서 245＋㉢＝600, ㉢＝600－245, ㉢＝355입니다.

8 134

연속하는 세 짝수 중 가운데 수를 □라 하면 연속하는 세 짝수는 각각
□－2, □, □＋2입니다.
□－2＋□＋□＋2＝396에서 □＋□＋□＝396이고, 같은 수를 3번 더해서 396
이 되는 수는 132이므로 □＝132입니다.
따라서 연속하는 세 짝수 중 가장 큰 수는 132＋2＝134입니다.

9 5, 2

백의 자리 계산 ㉠－㉡에서 ㉠＞㉡이므로 십의 자리 계산 ㉡－㉠은 백의 자리에서 받
아내림이 있습니다.

• 백의 자리 계산: 십의 자리로 받아내림이 있으므로 ㉠－1－㉡＝㉡이고,

　　　　　　　　일의 자리 계산에서 ㉠－㉡＝3이므로

　　　　　　　　㉠－1－㉡＝㉠－㉡－1＝3－1＝2, ㉡＝2입니다.

• 일의 자리 계산: ㉠－㉡＝3, ㉠－2＝3, ㉠＝3＋2, ㉠＝5입니다.

10 361

831★154＝831＋154＝985이고, 624★□＝624＋□이므로

985＝624＋□, □＝985－624, □＝361입니다.

11 202

576＋□＋221＝□＋797이고 □＋797＝1000에서 □＝1000－797, □＝203

이므로 □ 안에 203에 가장 가까운 수를 넣으면 세 수의 합이 1000에 가장 가까운 수

가 됩니다. 백의 자리 수와 일의 자리 수가 같은 세 자리 수 중에서 203에 가장 가까운

수는 202입니다.

따라서 □ 안에 알맞은 수는 202입니다.

12 80 g

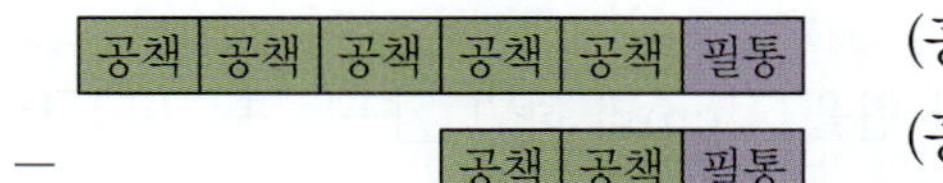

(공책 5권)＋(필통 1개)＝850 g

(공책 2권)＋(필통 1개)＝610 g

➡ (공책 3권)＝850－610＝240 (g)

80＋80＋80＝240이므로 공책 한 권의 무게는 80 g입니다.

2 평면도형

1 15개

점 ㄱ에서 각각 점 ㄴ, 점 ㄷ, 점 ㄹ, 점 ㅁ, 점 ㅂ을 이어 선분을 5개 그을 수 있습니다.

점 ㄴ에서는 점 ㄱ과 점 ㄴ을 이어 그은 선분을 뺀 4개를 그을 수 있습니다.

이와 같이 겹치는 선분을 빼고 각 점에서 그을 수 있는 선분은 점 ㄷ에서 3개, 점 ㄹ에서

2개, 점 ㅁ에서 1개입니다.

따라서 그을 수 있는 선분은 모두 5＋4＋3＋2＋1＝15(개)입니다.

2 12개

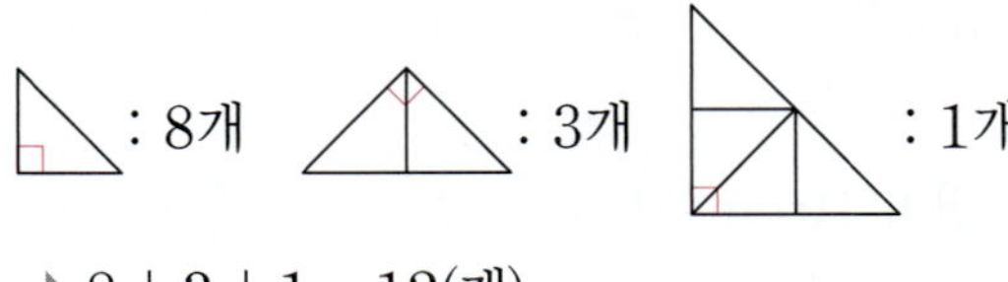

➡ 8＋3＋1＝12(개)

3 20개

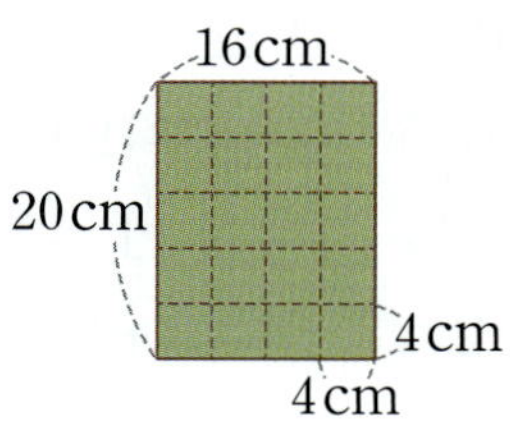

$4\times4=16$, $4\times5=20$이므로 가로는 $4\,\mathrm{cm}$씩 4개, 세로는 $4\,\mathrm{cm}$씩 5개로 나눌 수 있습니다.
따라서 만든 정사각형은 모두 $4\times5=20$(개)입니다.

---

4 48cm

㉠ 직사각형의 네 변의 길이의 합이 $16\,\mathrm{cm}$이고 가로가 $3\,\mathrm{cm}$이므로 세로를 $\square\,\mathrm{cm}$라 하면 $3+\square+3+\square=16$, $6+\square+\square=16$, $\square+\square=10$, $\square=5$입니다.
굵은 선은 $3\,\mathrm{cm}$인 변 6개, $5\,\mathrm{cm}$인 변 6개로 이루어져 있습니다.
($3\,\mathrm{cm}$인 변의 길이의 합)$=3\times6=18(\mathrm{cm})$
($5\,\mathrm{cm}$인 변의 길이의 합)$=5\times6=30(\mathrm{cm})$
따라서 굵은 선의 길이는 $18+30=48(\mathrm{cm})$입니다.

채점 기준	배점
직사각형의 세로를 구할 수 있나요?	2점
굵은 선의 길이를 구할 수 있나요?	3점

5 13cm

정사각형 ㉯의 한 변을 $\square\,\mathrm{cm}$라 하면 $\square+\square+\square+\square=32$, $\square=8$입니다.
(정사각형 ㉯의 한 변)$=$(겹쳐진 직사각형의 세로)$+3=8\,\mathrm{cm}$이므로
(겹쳐진 직사각형의 세로)$=5\,\mathrm{cm}$입니다.
(직사각형 ㉮의 세로)$=$(겹쳐진 직사각형의 세로)$+2=5+2=7(\mathrm{cm})$
(직사각형 ㉮의 둘레)$=$(가로)$+7+$(가로)$+7=40$, (가로)$+$(가로)$+14=40$,
(가로)$+$(가로)$=26$, (가로)$=13\,\mathrm{cm}$

6 72cm

여섯째 도형은 오른쪽 그림과 같고 ㉠은 $3\times6=18(\mathrm{cm})$, ㉡은 $3\times6=18(\mathrm{cm})$입니다.
정사각형의 각 변을 점선 위치로 옮겨 보면 전체 도형의 둘레는 한 변이 $18\,\mathrm{cm}$인 정사각형의 둘레와 같으므로 $18+18+18+18=72(\mathrm{cm})$입니다.

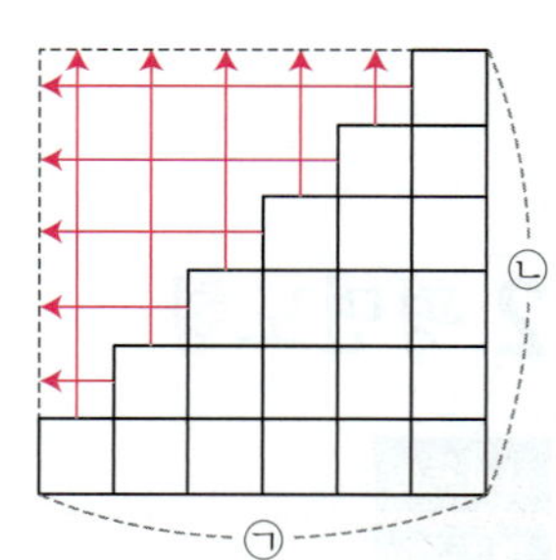

7 14cm

앞에서 본 모양은 오른쪽 도형과 같습니다. 도형의 변을 옮겨 직사각형을 만들면 도형의 둘레는 가로가 $3\,\mathrm{cm}$, 세로가 $4\,\mathrm{cm}$인 직사각형의 둘레와 같습니다.
따라서 앞에서 본 모양의 둘레는 $3+4+3+4=14(\mathrm{cm})$입니다.

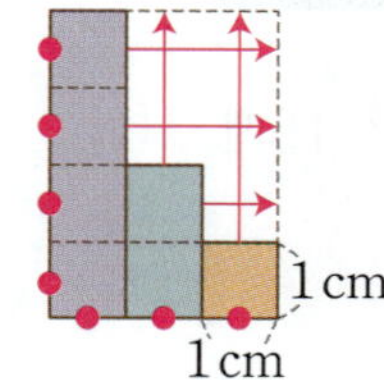

8 15장

오른쪽과 같이 도형의 변을 옮겨 정사각형을 만들면 도형의 둘레는 정사각형의 둘레와 같습니다. 둘레가 $40\,\mathrm{cm}$인 도형의 변을 옮겨 정사각형을 만들 때, 정사각형의 한 변을 $\square\,\mathrm{cm}$라 하면 $\square\times4=40$, $\square=10$입니다.
정사각형의 한 변이 $10\,\mathrm{cm}$이므로 색종이를 위에서부터 1장, 2장, 3장, 4장, 5장이 되도록 붙여야 합니다. 따라서 색종이는 $1+2+3+4+5=15$(장) 필요합니다.

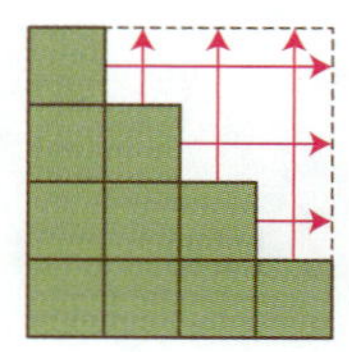

1 20개

한 점을 시작점으로 하여 그을 수 있는 반직선은 4개입니다.
각 점에서 그을 수 있는 반직선이 각각 4개씩이므로 그을 수 있는 반직
선은 모두 $4+4+4+4+4=20$(개)입니다.

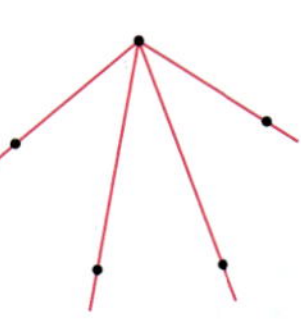

2 18개

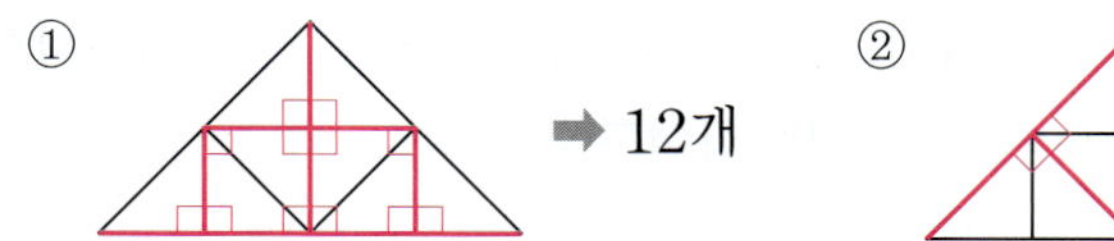

따라서 직각은 모두 $12+6=18$(개)입니다.

3 15 cm

⑩ 직사각형의 가로를 □ cm라 하면 $□+8+□+8=26$, $□+□+16=26$,
$□+□=10$, $□=5$입니다.
삼각형의 한 변은 직사각형의 가로와 같으므로 5 cm입니다.
따라서 삼각형의 세 변의 길이의 합은 $5+5+5=15$(cm)입니다.

채점 기준	배점
직사각형의 가로를 구할 수 있나요?	3점
삼각형의 세 변의 길이의 합을 구할 수 있나요?	2점

4 36개

$8×6=48$이므로 한 변은 8 cm씩 6개로 나눌 수 있습니다.
따라서 정사각형을 $6×6=36$(개)까지 만들 수 있습니다.

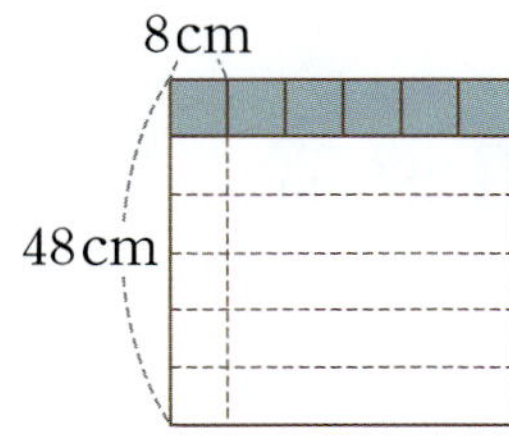

5 46 cm

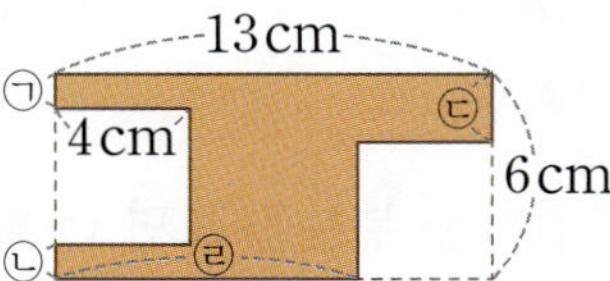

㉠+㉡은 $6-4=2$(cm)이고
㉢도 $6-4=2$(cm)입니다.
㉣은 $13-4=9$(cm)입니다.

➡ (남은 색 도화지의 둘레)$=13+9+4+4+4+4+4+2+2=46$(cm)

다른 풀이

굵은 선으로 표시된 부분과 점선의 길이가 같습니다.
(남은 색 도화지의 둘레)$=$(직사각형 모양 색 도화지의 둘레)
$\qquad\qquad\qquad\qquad +$(4 cm인 변 2개의 길이)
$\qquad\qquad\qquad =13+6+13+6+4+4=46$(cm)

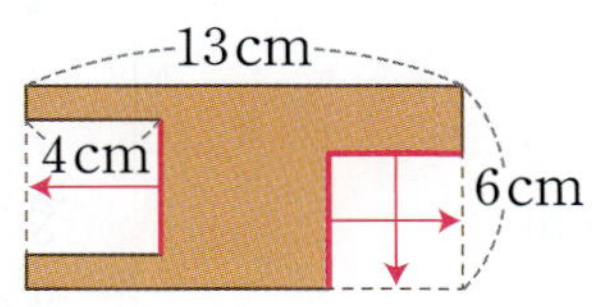

6 16 cm

정사각형 ㉯의 한 변을 ■ cm라 하면 직사각형 ㉰의 가로는 $(11+■)$cm, 세로는
$(4+■)$cm입니다. 직사각형 ㉰의 둘레가 58 cm이므로
$11+■+4+■+11+■+4+■=58$, $■+■+■+■+30=58$,
$■+■+■+■=28$, $■=7$입니다.

(직사각형 ㉮의 세로)=(정사각형 ㉯의 한 변)+3=7+3=10 (cm)이고,
직사각형 ㉮의 둘레가 52 cm이므로 직사각형 ㉮의 가로를 ▲ cm라 하면
▲+10+▲+10=52, ▲+▲+20=52, ▲+▲=32, ▲=16입니다.
따라서 직사각형 ㉮의 가로는 16 cm입니다.

7 12 cm

직사각형 모양의 종이를 접어서 만들어진 사각형 ㄱㄴㅂㅁ은
(변 ㄱㅁ)=(변 ㅁㅂ), (변 ㄱㄴ)=(변 ㄴㅂ)이므로
네 각이 모두 직각이고 네 변이 6 cm로 모두 같은 정사각형입니다.
사각형 ㅁㅂㄷㄹ은 직사각형이고,
(변 ㅂㄷ)=8−(변 ㄴㅂ)=8−6=2 (cm)이며 종이를 접었으므로
(변 ㅁㄹ)=(변 ㅁㅅ), (변 ㄹㅇ)=(변 ㅅㅇ)입니다.
사각형 ㅁㅅㅇㄹ은 네 각이 모두 직각이고 네 변이 2 cm로 모두 같은 정사각형입니다.
따라서 사각형 ㅅㅂㄷㅇ은 직사각형이고
(변 ㅇㄷ)=6−(변 ㄹㅇ)=6−2=4 (cm)이므로
네 변의 길이의 합은 2+4+2+4=12 (cm)입니다.

8 16 cm

작은 정사각형의 한 변은 처음 정사각형의 한 변의 절반입니다.
작은 정사각형 한 개의 둘레는 처음 정사각형의 두 변의 길이의 합과 같으므로 처음 정사각형의 한 변을 ☐ cm라 하면 ☐×2=8, ☐=4입니다.
따라서 처음 정사각형의 둘레는 4×4=16 (cm)입니다.

9 288 cm

가로와 세로에 같은 수만큼의 정사각형을 붙이면 가장 큰 정사각형 모양이 됩니다. 6×6=36이므로 정사각형을 한 줄에 6개씩 6줄로 놓아야 합니다. 만든 정사각형의 한 변은
12+12+12+12+12+12=72 (cm)이므로
가장 큰 정사각형의 둘레는 72+72+72+72=288 (cm)입니다.

10 20 cm

겹쳐 놓은 2개의 정사각형에서 겹치는 부분을 보면 ㉠을 2번 더하면 한 변이 됩니다. 전체 도형에서 굵은 선의 길이인 240 cm는 ㉠을 24번 더한 길이와 같으므로 ㉠=10 cm입니다.
따라서 정사각형의 한 변은 10+10=20 (cm)입니다.

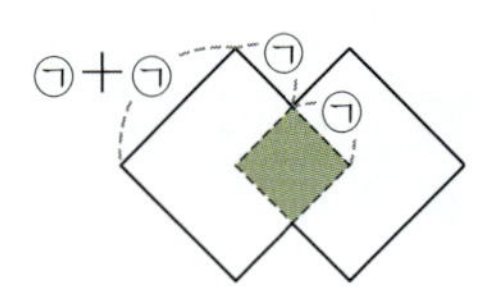

11 78 cm

정사각형 ㉢의 한 변은 정사각형 ㉣의 한 변을 2번 더한 길이와 같으므로 정사각형 ㉣의 한 변을 ☐ cm라 하면
☐+☐+☐=9, ☐=3입니다.
(정사각형 ㉢의 한 변)=3+3=6 (cm)
(정사각형 ㉠의 한 변)=6+9=15 (cm)
가장 큰 직사각형의 가로는 15+9=24 (cm)이고, 세로는 15 cm입니다.
따라서 가장 큰 직사각형의 네 변의 길이의 합은 24+15+24+15=78 (cm)입니다.

12 12 cm, 6 cm

처음에 만든 직사각형의 세로를 □ cm라 하면 가로는 (□+6) cm입니다.
직사각형의 둘레는 정사각형의 둘레와 같으므로 $9 \times 4 = 36$ (cm)입니다.
□+□+6+□+□+6=36에서 □+□+□+□+12=36,
□+□+□+□=24, □=6입니다.
따라서 처음에 만든 직사각형의 세로는 6 cm, 가로는 $6+6=12$ (cm)입니다.

3 나눗셈

1 18개

(바구니 한 개에 들어가는 사과의 수)$=24 \div 6 = 4$(개),
(바구니 한 개에 들어가는 감의 수)$=30 \div 6 = 5$(개),
(바구니 한 개에 들어가는 배의 수)$=54 \div 6 = 9$(개)
따라서 바구니 한 개에 들어가는 과일은 $4+5+9=18$(개)입니다.

2 8개

한 상자에 6개씩 9상자에 들어 있는 과자는 $6 \times 9 = 54$(개)이고 낱개로 10개가 더 있으므로 과자는 모두 $54+10=64$(개)입니다.
64개의 과자를 8개의 모둠에 똑같이 나누어 주려면 한 모둠에 $64 \div 8 = 8$(개)씩 주어야 합니다.

3 36

4로 나눌 수 있는 수: 4, 8, 12, 16, 20, 24, 28, 32, 36, …
9로 나눌 수 있는 수: 9, 18, 27, 36, 45, …
따라서 4로도 나눌 수 있고 9로도 나눌 수 있는 수는 36입니다.

4 1, 12

㉠은 6을 나눌 수 있는 수이므로 ㉠에 알맞은 수는 곱이 6이 되는 수입니다.
$1 \times 6 = 6$, $2 \times 3 = 6$, $3 \times 2 = 6$, $6 \times 1 = 6$이므로
㉠이 될 수 있는 한 자리 수는 1, 2, 3, 6입니다.
㉠=1일 때: $6 \div 1 = 6$ ➡ ㉡$\div 2 = 6$이므로 ㉡=12
㉠=2일 때: $6 \div 2 = 3$ ➡ ㉡$\div 2 = 3$이므로 ㉡=6
㉠=3일 때: $6 \div 3 = 2$ ➡ ㉡$\div 2 = 2$이므로 ㉡=4
㉠=6일 때: $6 \div 6 = 1$ ➡ ㉡$\div 2 = 1$이므로 ㉡=2
따라서 ㉠이 한 자리 수, ㉡이 두 자리 수인 경우는 ㉠=1, ㉡=12입니다.

5 24

50보다 작은 수 중에서 6으로 나누어지는 수: 6, 12, 18, 24, 30, 36, 42, 48
50보다 작은 수 중에서 8로 나누어지는 수: 8, 16, 24, 32, 40, 48
50보다 작은 수 중에서 6과 8로 모두 나누어지는 수는 24, 48이고 이 중에서 십의 자리 수에 2를 더하여 일의 자리 수가 되는 수는 24입니다.

50보다 작은 수 중에서 십의 자리 수에 2를 더하면 일의 자리 수가 되는 수는 13, 24, 35, 46입니다.
이 중에서 6과 8로 모두 나누어지는 수는 24입니다.

---

6 14. 2 / 6 / 8

56을 두 수의 덧셈으로 분해하여 나누어지는 수를 찾습니다.
이때 분해한 두 수는 모두 7로 나누어지는 수여야 합니다.

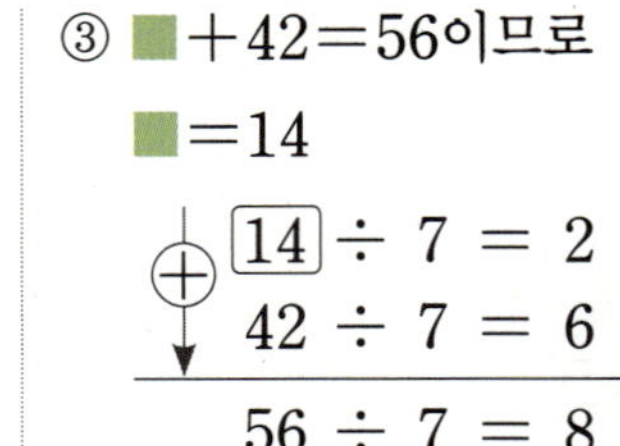

7 100 cm

나누어진 작은 직사각형의 세로는 $30 \div 6 = 5$(cm)이고, 나누어진 작은 직사각형의 가로를 $\square$ cm라 하면 나누어진 작은 직사각형의 둘레가 18 cm이므로
$\square + 5 + \square + 5 = 18$, $\square + \square + 10 = 18$, $\square + \square = 8$, $\square = 4$입니다.
처음 직사각형의 가로는 나누어진 작은 직사각형의 가로의 5배이므로 $4 \times 5 = 20$(cm)입니다.
따라서 처음 직사각형 모양 종이의 둘레는 $30 + 20 + 30 + 20 = 100$(cm)입니다.

서술형 8 4 m

⑩ 도로의 양쪽에 심은 나무가 20그루이므로
도로의 한쪽에 심은 나무는 $20 \div 2 = 10$(그루)입니다.
(도로 한쪽에 심은 나무의 수) = (간격의 수) + 1이므로
(간격의 수) = $10 - 1 = 9$(군데)입니다.
나무 사이의 간격을 $\square$ m라 하면 $36 \div \square = 9$이고 $9 \times 4 = 36$이므로 $\square = 4$입니다.
따라서 나무를 4 m 간격으로 심은 것입니다.

채점 기준	배점
도로의 한쪽에 심은 나무는 몇 그루인지 구할 수 있나요?	1점
나무와 나무 사이의 간격은 몇 군데인지 구할 수 있나요?	2점
나무를 몇 m 간격으로 심은 것인지 구할 수 있나요?	2점

다시 푸는

MATH MASTER

18~20쪽

1 4 m

(한 사람이 나누어 가진 색 테이프의 길이) = $24 \div 4 = 6$(m)
효진이가 가진 색 테이프를 3도막으로 나눈 한 도막의 길이는 $6 \div 3 = 2$(m)이므로
리본을 만들고 남은 색 테이프는 $6 - 2 = 4$(m)입니다.

2 9개

한 접시에 7개씩 8접시에 담은 만두는 $7 \times 8 = 56$(개)이고 만두 2개를 먹었으므로
포장해야 하는 만두는 $56 - 2 = 54$(개)입니다.
만두 54개를 상자 한 개에 6개씩 포장해야 하므로 상자는 $54 \div 6 = 9$(개) 필요합니다.

3 4

⑩ 나누어지는 수가 작을수록, 나누는 수가 클수록 몫이 작아지므로 몫이 가장 작은 나
눗셈이 되려면 (가장 작은 두 자리 수)$\div$(가장 큰 한 자리 수)가 되어야 합니다.
만들 수 있는 가장 작은 두 자리 수는 36이고, 가장 큰 한 자리 수는 9이므로 몫이 가장
작게 되는 나눗셈식은 $36 \div 9 = 4$입니다. 따라서 몫은 4입니다.

채점 기준	배점
몫이 가장 작게 되는 나눗셈식을 만드는 방법을 알고 있나요?	2점
몫이 가장 작게 되는 나눗셈식을 만들어 몫을 구할 수 있나요?	3점

4 36

50보다 작은 수 중에서 6으로 나누어지는 수: 6, 12, 18, 24, 30, 36, 42, 48
50보다 작은 수 중에서 9로 나누어지는 수: 9, 18, 27, 36, 45
50보다 작은 수 중에서 6과 9로 모두 나누어지는 수는 18, 36이고 각각 십의 자리 수
와 일의 자리 수의 차를 구하면 $8 - 1 = 7$, $6 - 3 = 3$이므로 차가 3인 수는 36입니다.

5 4, 16

㉠은 8을 나눌 수 있는 수이므로 ㉠에 알맞은 수는 곱이 8이 되는 수입니다.
$1 \times 8 = 8$, $2 \times 4 = 8$, $4 \times 2 = 8$, $8 \times 1 = 8$이므로 ㉠이 될 수 있는 수는 1, 2, 4, 8입
니다.
㉠$=1$일 때: $8 \div 1 = 8$ ➡ ㉡$\div 8 = 8$이므로 ㉡$= 64$
  ➡ ㉠$+$㉡$= 1 + 64 = 65$
㉠$=2$일 때: $8 \div 2 = 4$ ➡ ㉡$\div 8 = 4$이므로 ㉡$= 32$
  ➡ ㉠$+$㉡$= 2 + 32 = 34$
㉠$=4$일 때: $8 \div 4 = 2$ ➡ ㉡$\div 8 = 2$이므로 ㉡$= 16$
  ➡ ㉠$+$㉡$= 4 + 16 = 20$
㉠$=8$일 때: $8 \div 8 = 1$ ➡ ㉡$\div 8 = 1$이므로 ㉡$= 8$ ➡ ㉡이 한 자리 수이므로 조건에
  맞지 않습니다.
따라서 ㉠과 ㉡의 합이 20이 되는 경우는 ㉠$=4$, ㉡$=16$입니다.

6 2

어떤 수를 □라 하면 잘못 계산한 식은 □$\div 4 + 2 = 5$입니다.
□$\div 4$의 몫은 2를 더하기 전의 수이므로 $5 - 2 = 3$입니다.
□$\div 4 = 3$, □$= 3 \times 4$, □$= 12$
따라서 바르게 계산한 값은 $12 \div 2 = 6$, $6 - 4 = 2$입니다.

7 11

연속하는 세 수를 □-1, □, □$+1$이라 하면
세 수의 합은 □$-1+$□$+$□$+1=$□$+$□$+$□입니다.
(□$+$□$+$□)$\div 5 = 6$, □$+$□$+$□$= 30$, □$= 10$
따라서 연속하는 세 수 중 가장 큰 수는 □$+1 = 10 + 1 = 11$입니다.

8 8개

주아와 정아가 가지는 사탕을 각각 □개라 하면 철민이가 가지는 사탕은 □개보다 더 많아야 하므로 (□+1)개, (□+2)개, (□+3)개, …가 될 수 있습니다.

세 사람이 가지는 사탕의 합은 22개이므로

□+□+□+1=22, □+□+□=21이므로 □=7

➡ 주아와 정아는 7개씩, 철민이는 7+1=8(개)를 가지면 됩니다.

□+□+□+2=22, □+□+□=20이 되는 □는 없습니다.

□+□+□+3=22, □+□+□=19가 되는 □는 없습니다.

□+□+□+4=22, □+□+□=18이므로 □=6

➡ 주아와 정아는 6개씩, 철민이는 6+4=10(개)를 가지면 됩니다.

$$\vdots$$

따라서 철민이가 가질 수 있는 가장 적은 사탕은 8개입니다.

9 6 cm

종이테이프에서 접힌 부분의 길이가 ㉠이므로 41 cm에 ㉠을 두 번 더한 길이가 종이테이프 전체의 길이와 같습니다.

41+㉠+㉠=53이므로 ㉠+㉠=53−41, ㉠+㉠=12입니다.

㉠×2=12, ㉠=12÷2=6(cm)입니다. 따라서 ㉠의 길이는 6 cm입니다.

10 7명

한 학생에게 5자루씩 주면 남는 연필이 없을 때와 한 학생에게 7자루씩 주면 14자루가 모자랄 때의 연필의 수는 같습니다.

㉮ 모둠 학생 수를 □명이라 하면 □×5=□×7−14에서 □×7−□×5=14입니다. □×7은 □를 7번 더한 것이고, □×5는 □를 5번 더한 것이므로 □×2=14, □=14÷2=7입니다.

따라서 ㉮ 모둠 학생은 7명입니다.

4 곱셈

21~23쪽

1 5

41을 어림하면 40쯤입니다.

40×5=200이므로 □ 안에 5를 넣어 보면 41×5=205, 205>203이고

□ 안에 4를 넣으면 41×4=164, 164<203입니다.

따라서 □ 안에 들어갈 수 있는 가장 작은 수는 5입니다.

2 3, 0

4×㉠의 곱의 일의 자리 수가 2가 되는 경우는 4×3=12, 4×8=32이므로 ㉠=3 또는 8입니다.

㉠=3일 때 34×3=102이므로 ㉡=0입니다.

㉠=8일 때 84×8=672(×)

➡ ㉠=3, ㉡=0

3 19

$$\square \xrightarrow[]{\times 4} ? \xrightleftharpoons[-14]{+14} ? \xrightleftharpoons[\times 6]{\div 6} 15$$

거꾸로 생각하여 계산하면

① 6으로 나누기 전: $15 \times 6 = 90$

② 14를 더하기 전: $90 - 14 = 76$

③ 4배 하기 전: 4배 하는 것은 4번 더하는 것과 같습니다. 4번 더해서 76이 되는 수는 19입니다.

➡ 준호가 처음에 생각한 수는 19입니다.

4 20 cm

◉ (겹치는 부분의 수)=(테이프의 수)$-1=9-1=8$(군데)이므로
(겹치는 부분의 길이의 합)$=5 \times 8 = 40$(cm)입니다. 이어 붙인 테이프의 전체 길이가
$1\,m\,40\,cm = 140\,cm$이므로 (테이프 9장의 길이의 합)$=140+40=180$(cm)입니다.
테이프 한 장의 길이를 $\square$ cm라 하면 $\square \times 9 = 180$, $\square = 20$입니다.
따라서 테이프 한 장의 길이는 20 cm입니다.

채점 기준	배점
겹치는 부분의 길이의 합을 구할 수 있나요?	1점
테이프 9장의 길이의 합을 구할 수 있나요?	2점
테이프 한 장의 길이를 구할 수 있나요?	2점

5 7

$\square \triangle 7 = (\square + 3) \times (7 + 5) = 120$이고,
$(\square + 3) \times 12 = 120$이므로 $\square + 3 = 10$, $\square = 7$입니다.

6 22개

수영		14개		14개		14개	
윤미		14개					
진기							

(24×4)개

진기가 가진 구슬 수를 $\square$개라 하면 $\square + \square + 14 + \square \times 3 + 42 = 24 \times 4$입니다.
$\square \times 5 + 56 = 96$, $\square \times 5 = 40$, $\square = 8$입니다.
따라서 윤미가 가진 구슬은 $8 + 14 = 22$(개)입니다.

보충 개념
진기가 가진 구슬 수를 $\square$개라 하면 윤미가 가진 구슬 수는 $(\square + 14)$개이고 수영이가 가진 구슬 수는
$\square + 14 + \square + 14 + \square + 14 = (\square \times 3 + 42)$개입니다.

---

7 63개

삼각형 모양이 1개일 때 필요한 면봉의 수: 3개
삼각형 모양이 2개일 때 필요한 면봉의 수: $3 + 2 \times 1 = 5$(개)
삼각형 모양이 3개일 때 필요한 면봉의 수: $3 + 2 \times 2 = 7$(개)
삼각형 모양이 4개일 때 필요한 면봉의 수: $3 + 2 \times 3 = 9$(개)
⋮

➡ (삼각형 모양이 31개일 때 필요한 면봉의 수)$=3 + 2 \times (31 - 1) = 3 + 2 \times 30 = 63$(개)

8 17번

30번 모두 이겼을 때 점수: $30 \times 7 = 210$(점)

29번 이기고 1번 졌을 때 점수: $29 \times 7 - 1 \times 3 = 200$(점)

28번 이기고 2번 졌을 때 점수: $28 \times 7 - 2 \times 3 = 190$(점)

$\vdots$

➡ 한 번 질 때마다 점수가 10점씩 낮아집니다.

모두 이겼을 때와의 점수 차이가 $210 - 80 = 130$(점)이므로 진 횟수는

$13 \times 10 = 130$에서 13번이고, 찬영이가 이긴 횟수는 $30 - 13 = 17$(번)입니다.

1 360권

(책을 넣어 포장한 상자의 수)$=50-5=45$(개)

(포장한 책의 수)$=8 \times 45 = 45 \times 8 = 360$(권)

2 6

$18 \times 5 = 90$, $18 \times 6 = 108$이므로 18과의 곱과 100의 차를 구하면 $100-90=10$, $108-100=8$입니다.

따라서 100에 가장 가까운 수는 108이므로 $\square = 6$입니다.

서술형 **3** 252

(예) 어떤 수를 $\square$라 하면 $\square + 6 = 48$이므로 $\square = 48 - 6 = 42$입니다.

따라서 바르게 계산한 값은 $42 \times 6 = 252$입니다.

채점 기준	배점
어떤 수를 구할 수 있나요?	2점
바르게 계산한 값을 구할 수 있나요?	3점

4 477

• 곱이 가장 큰 곱셈식: 곱하는 한 자리 수를 가장 큰 수인 7로 하고 곱해지는 두 자리 수의 십의 자리 수를 둘째로 큰 수인 6으로, 일의 자리 수를 셋째로 큰 수인 3으로 만듭니다. ➡ $63 \times 7 = 441$

• 곱이 가장 작은 곱셈식: 곱하는 한 자리 수를 가장 작은 수인 1로 하고 곱해지는 두 자리 수의 십의 자리 수를 둘째로 작은 수인 3으로, 일의 자리 수를 셋째로 작은 수인 6으로 만듭니다. ➡ $36 \times 1 = 36$

따라서 가장 큰 곱과 가장 작은 곱의 합은 $441 + 36 = 477$입니다.

5 8

$㉠ \times 5 + ㉠ \times 4 = (㉠을\ 5번\ 더한\ 수) + (㉠을\ 4번\ 더한\ 수)$

$\qquad\qquad = (㉠을\ 9번\ 더한\ 수) = ㉠ \times 9$

따라서 $24 \times 3 = ㉠ \times 9$, $72 = ㉠ \times 9$, $㉠ = 8$입니다.

다른 풀이

$24 \times 3 = 8 \times 3 \times 3 = 8 \times 9$, $㉠ \times 5 + ㉠ \times 4 = ㉠ \times (5+4) = ㉠ \times 9$

따라서 $8 \times 9 = ㉠ \times 9$이므로 $㉠ = 8$입니다.

6 243개

(첫째 날에 접은 종이학 수)=3개
(둘째 날에 접은 종이학 수)=3×3=9(개)
(셋째 날에 접은 종이학 수)=9×3=27(개)
(넷째 날에 접은 종이학 수)=27×3=81(개)
➡ (다섯째 날에 접어야 하는 종이학 수)=81×3=243(개)

7 5일

(7시간 동안 심을 수 있는 나무의 수)=4×7=28(그루)
나무를 심는 데 걸리는 날수를 □일이라 하면
28×□=140, 28×5=140이므로 □=5입니다.
따라서 나무 140그루를 심는 데 5일이 걸립니다.

8 6, 7

㉠<㉡이고, ㉠×㉡의 곱의 일의 자리 수가 2가 되는 경우는 1×2, 2×6, 3×4,
4×8, 6×7, 8×9입니다.
곱이 세 자리 수이므로 ㉠×㉡의 곱은 두 자리 수이고 윗자리로 올림이 있는 계산입니다.
➡ ㉠×㉡은 46에 가까운 값이 나와야 하므로 가능한 수는 6×7입니다.
㉠<㉡이므로 ㉠=6, ㉡=7을 넣어 계산하면 66×7=462가 됩니다.

9 15개

정사각형 모양이 1개일 때 사용한 면봉의 수: 4개
정사각형 모양이 2개일 때 사용한 면봉의 수: 4+3×1=7(개)
정사각형 모양이 3개일 때 사용한 면봉의 수: 4+3×2=10(개)
정사각형 모양이 4개일 때 사용한 면봉의 수: 4+3×3=13(개)
⋮
➡ 정사각형 모양을 한 개씩 더 만들 때마다 면봉이 3개씩 늘어납니다.
정사각형 모양을 □개 만들었다면 4+3×(□-1)=46, 3×(□-1)=42에서
3×14=14×3=42이므로 □-1=14, □=15입니다.
따라서 정사각형 모양을 15개 만들었습니다.

10 84개

· 구슬 2개 → 9개: 2×5-1=9(개)
· 구슬 3개 → 14개: 3×5-1=14(개)
· 구슬 4개 → 19개: 4×5-1=19(개)
⋮
➡ 마술 상자의 규칙: (넣은 구슬의 수)×5-1
따라서 마술 상자에 구슬 17개를 넣으면 구슬이 17×5-1=85-1=84(개) 나옵
니다.

11 360원

(빨간색 종이 한 장과 초록색 종이 한 장의 가격의 차)=45-35=10(원)
종이의 수를 □장이라 하면
(빨간색 종이 □장의 가격)-(초록색 종이 □장의 가격)=(10×□)원
➡ 10×□=80, □=8
따라서 연우가 가지고 있는 돈은 45×8=360(원)입니다.

5 길이와 시간

1 6 cm 5 mm

(겹친 부분의 길이)
= (노란색 테이프의 길이) + (초록색 테이프의 길이) − (이어 붙인 전체의 길이)
= 19 cm 6 mm + 23 cm 8 mm − 36 cm 9 mm
= 42 cm 14 mm − 36 cm 9 mm = 6 cm 5 mm

2 10시간 7분 10초

(낮의 길이) = (해가 진 시각) − (해가 뜬 시각)이고
오후 7시 35분 10초는 19시 35분 10초이므로
(낮의 길이) = 19시 35분 10초 − 5시 42분 20초 = 13시간 52분 50초입니다.
(낮의 길이) + (밤의 길이) = 24시간이므로
(밤의 길이) = 24시간 − 13시간 52분 50초 = 10시간 7분 10초입니다.

3 51, 500, 2, 32

이동한 거리: 1500 m + 40 km + 10 km = 1 km 500 m + 40 km + 10 km
= 51 km 500 m

걸린 시간: 32분 58초 + 1시간 1분 16초 + 57분 46초
= 1시간 34분 14초 + 57분 46초 = 2시간 32분

4 7 km 40 m

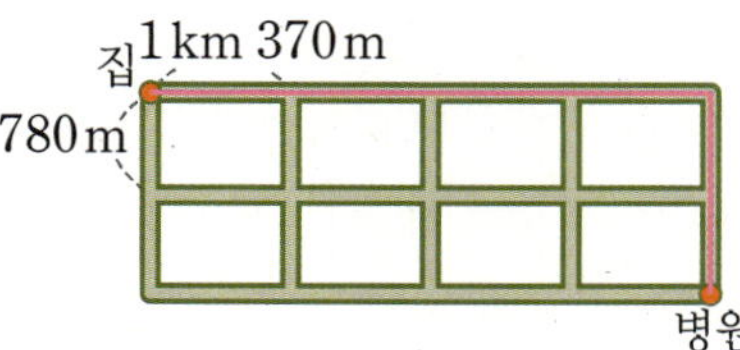

집에서 병원까지 가는 가장 짧은 거리는 가장 작은 직사각형의 가로를 4번, 세로를 2번 더한 길이와 같습니다.

(가로를 4번 더한 거리) = 1 km 370 m + 1 km 370 m + 1 km 370 m + 1 km 370 m
= 5 km 480 m
(세로를 2번 더한 거리) = 780 m + 780 m = 1 km 560 m
➡ (가장 짧은 거리) = 5 km 480 m + 1 km 560 m = 7 km 40 m

5 7월 30일
오전 6시 46분 30초

오후 8시 13분: 20시 13분, 오후 5시 46분 30초: 17시 46분 30초

```
             4        24
    6월  5일     9시      13분
 −  6월  4일    20시      13분
 ─────────────────────────────
            13시간       ➡ 부산이 토론토보다 13시간 더 빠릅니다.
```

지금 부산의 시각:
```
               29일     17시     46분 30초
         +               13시간
 ─────────────────────────────────────
               29일     30시     46분 30초
         1일 ← 24시간
 ─────────────────────────────────────
               30일      6시     46분 30초
```

6 8 km 100 m

1분에 30 m를 가므로 3분 동안에는 $30 \times 3 = 90$ (m)를 갈 수 있고,
30분 동안에는 90 m의 10배인 900 m를 갈 수 있습니다.
1시간 동안 갈 수 있는 거리는 $900 + 900 = 1800$ (m),
2시간 동안 갈 수 있는 거리는 $1800 + 1800 = 3600$ (m),
4시간 동안 갈 수 있는 거리는 $3600 + 3600 = 7200$ (m)입니다.
따라서 4시간 30분 동안 갈 수 있는 거리는
7 km 200 m $+$ 900 m $=$ 8 km 100 m입니다.

7 오전 9시 1분 56초

⑩ 4일 전 오전 9시에 수지의 시계를 정확히 9시에 맞추었으므로 4일이 지난 오늘 오전
9시에는 $29 \times 4 = 116$ (초) ➡ 1분 56초 빨라집니다.
따라서 수지의 시계가 가리키는 시각은
오전 9시 $+$ 1분 56초 $=$ 오전 9시 1분 56초입니다.

채점 기준	배점
4일 동안 수지의 시계가 몇 분 몇 초 빨라지는지 구할 수 있나요?	3점
수지의 시계가 가리키는 시각을 구할 수 있나요?	2점

8 23 km 100 m

두 사람이 1시간 동안 걸은 거리의 합: 3 km 600 m $+$ 4 km 800 m $=$ 8 km 400 m
60분($=$1시간)은 15분씩 4번이고
8 km 400 m $=$ 2 km 100 m $+$ 2 km 100 m $+$ 2 km 100 m $+$ 2 km 100 m이므로
15분 동안 두 사람이 걸은 거리의 합은 2 km 100 m입니다.
(2시간 45분 동안 걸었을 때 두 사람 사이의 거리)
$=$ (두 사람이 2시간 동안 걸은 거리의 합) $+$ (두 사람이 45분 동안 걸은 거리의 합)
$=$ 8 km 400 m $+$ 8 km 400 m $+$ 2 km 100 m $+$ 2 km 100 m $+$ 2 km 100 m
$=$ 23 km 100 m

1 8시 30분

(축구 경기 시간과 쉬는 시간) $=$ 45분 $+$ 15분 $+$ 45분 $=$ 105분 $=$ 1시간 45분
➡ (축구 경기를 시작한 시각) $=$ 10시 15분 $-$ 1시간 45분 $=$ 8시 30분

2 21분

(광명역에서 광주 송정역까지 가는 데 걸리는 시간)
$=$ (광주 송정역에 도착하는 시각) $-$ (광명역에서 출발하는 시각)
$=$ 오후 12시 24분 $-$ 오전 10시 51분 $=$ 1시간 33분
(익산역에서 목포역까지 가는 데 걸리는 시간)
$=$ (목포역에 도착하는 시각) $-$ (익산역에서 출발하는 시각)
$=$ 오후 1시 3분 $-$ 오전 11시 51분 $=$ 13시 3분 $-$ 오전 11시 51분 $=$ 1시간 12분
➡ (시간의 차) $=$ 1시간 33분 $-$ 1시간 12분 $=$ 21분

3 2시간 51분 14초

해가 뜬 시각은 오전 5시 49분 36초이고
해가 진 시각은 오후 7시 15분 13초＝19시 15분 13초입니다.
(낮의 길이)＝(해가 진 시각)－(해가 뜬 시각)
　　　　　＝19시 15분 13초－5시 49분 36초＝13시간 25분 37초
(밤의 길이)＝24시간－13시간 25분 37초＝10시간 34분 23초
➡ (낮의 길이)－(밤의 길이)＝13시간 25분 37초－10시간 34분 23초
　　　　　　　　　　　　＝2시간 51분 14초

4 오후 4시

두 사람의 시계는 1시간에 7＋5＝12(초)씩 차이가 납니다.
1분은 60초이고 12×5＝60이므로 두 사람의 시계가 처음으로 1분 차이가 나는 때는
5시간 후입니다.
따라서 오전 11시＋5시간＝오후 4시입니다.

5 890 m, 4 km 310 m

전체 거리가 6 km 40 m이므로
6 km 40 m＝1730 m＋ⓒ, ⓒ＝6 km 40 m－1 km 730 m＝4 km 310 m입니다.
㉠＝5 km 200 m－ⓒ＝5 km 200 m－4 km 310 m＝890 m

6 1 km 656 m

(공원의 둘레)
＝(지애가 걸은 거리)＋(정현이가 걸은 거리)＋(더 걸어야 하는 거리)이므로
6 km＝2479 m＋1 km 865 m＋(더 걸어야 하는 거리)입니다.
6 km＝4 km 344 m＋(더 걸어야 하는 거리)
➡ (더 걸어야 하는 거리)＝6 km－4 km 344 m＝1 km 656 m

7 20 cm 3 mm

⑩ 56÷7＝8이므로 56분은 7분의 8배입니다. 양초의 길이는 7분에 4 mm씩 줄어들
므로 56분 동안에는 4×8＝32(mm)만큼 줄어듭니다.
(처음 양초의 길이)＝(남은 양초의 길이)＋(56분 동안 줄어든 길이)
　　　　　　　　＝17 cm 1 mm＋32 mm
　　　　　　　　＝17 cm 1 mm＋3 cm 2 mm
　　　　　　　　＝20 cm 3 mm

채점 기준	배점
양초가 56분 동안 줄어든 길이를 구할 수 있나요?	2점
처음 양초의 길이를 구할 수 있나요?	3점

8 32 km

800＝200＋200＋200＋200이므로
20분 동안 달릴 수 있는 거리: 12 km　800 m
　↓÷4　　　　　　　　　　　↓÷4　　↓÷4
5분 동안 달릴 수 있는 거리: 3 km　200 m
　↓×10　　　　　　　　　　↓×10　↓×10
50분 동안 달릴 수 있는 거리: 30 km＋2000 m ➡ 32 km

9 14 km 400 m

2 km 400 m는 정사각형 모양의 한 변을 3번 더한 길이이고,
파란색 선의 길이는 정사각형 모양의 한 변을 18번 더한 길이와 같습니다.
(정사각형의 한 변)×18＝(정사각형의 한 변)×3×6
$$＝2 \text{ km } 400 \text{ m} ×6$$
$$＝2 \text{ km } 400 \text{ m}＋2 \text{ km } 400 \text{ m}＋2 \text{ km } 400 \text{ m}$$
$$＋2 \text{ km } 400 \text{ m}＋2 \text{ km } 400 \text{ m}＋2 \text{ km } 400 \text{ m}$$
$$＝12 \text{ km}＋2400 \text{ m}＝12 \text{ km}＋2 \text{ km } 400 \text{ m}$$
$$＝14 \text{ km } 400 \text{ m}$$

10 6월 5일 오후 4시 10분

비행기가 이스탄불에 도착한 시각(인천 시각):
6월 5일 10시 30분＋11시간 40분＝6월 5일 22시 10분
인천이 이스탄불보다 6시간 빠르므로 이스탄불은 인천보다 6시간 늦습니다.
6월 5일 22시 10분－6시간＝6월 5일 16시 10분
따라서 비행기가 이스탄불에 도착한 시각은 이스탄불 시각으로 6월 5일 오후 4시 10분
입니다.

11 14 cm 3 mm

㉮＝㉯＋5 cm 7 mm이고,
㉯＝㉮＋3 cm 6 mm＝㉯＋5 cm 7 mm＋3 cm 6 mm＝㉯＋9 cm 3 mm입니다.
㉮＋㉯＋㉰＝㉯＋5 cm 7 mm＋㉯＋㉯＋9 cm 3 mm＝30 cm,
㉯＋㉯＋㉯＋15 cm＝30 cm, ㉯＋㉯＋㉯＝15 cm이고
5＋5＋5＝15이므로 ㉯＝5 cm입니다.
따라서 ㉮의 길이는 5 cm＋5 cm 7 mm＋3 cm 6 mm＝14 cm 3 mm입니다.

12 4 m 15 cm

처음 막대에 물이 1 m 78 cm만큼 묻었다면 반대쪽으로 넣었을 때에도 물이 묻은 부분
의 길이는 1 m 78 cm입니다.

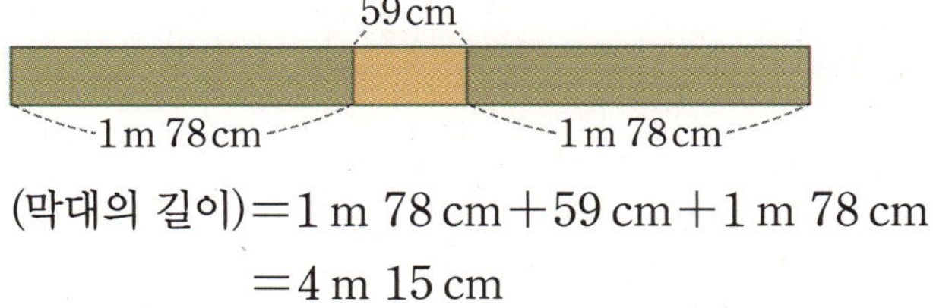

(막대의 길이)＝1 m 78 cm＋59 cm＋1 m 78 cm
$$＝4 \text{ m } 15 \text{ cm}$$

6 분수와 소수

1 $\dfrac{2}{6}$

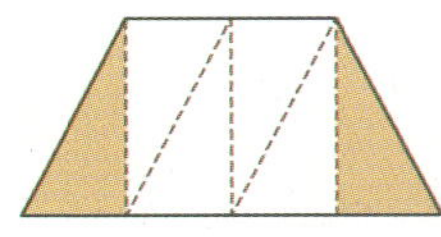

왼쪽 그림과 같이 전체를 똑같이 6으로 나누면 색칠한 부분은 2
입니다. 따라서 전체에 대하여 색칠한 부분은 $\dfrac{2}{6}$입니다.

2 풀이 참조, $\dfrac{5}{12}$

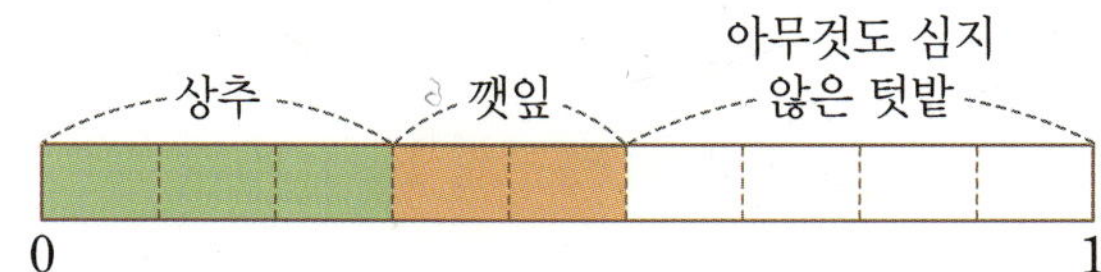

수직선에서 $\dfrac{1}{12}$만큼, $\dfrac{1}{6}$만큼, $\dfrac{1}{4}$만큼, $\dfrac{1}{2}$만큼을 먼저 알아봅니다. $\dfrac{5}{12}$는 $\dfrac{1}{12}$이 5개인

수, $\dfrac{3}{4}$은 $\dfrac{1}{4}$이 3개인 수이므로 주어진 분수를 찾아 각각 표시합니다.

3 5개

분모가 10으로 같으므로 분자의 크기만 비교합니다.

$3<\square<9$이므로 $\square$ 안에는 3보다 크고 9보다 작은 수가 들어갑니다.

따라서 $\square$ 안에 들어갈 수 있는 수는 4, 5, 6, 7, 8로 모두 5개입니다.

4 $\dfrac{4}{9}$

텃밭을 똑같이 9칸으로 나누면 상추를 심고 남은 텃밭은 전체 9칸 중에 6칸이고,

깻잎을 심은 텃밭이 나머지의 $\dfrac{2}{6}$이므로 남은 6칸 중 2칸에 깻잎을 심은 것입니다.

따라서 아무것도 심지 않은 텃밭은 전체의 $\dfrac{4}{9}$입니다.

5 10

0.1이 10개이면 1이므로 0.1이 50개인 수는 5입니다.

$\dfrac{1}{10}=0.1$이므로 $\dfrac{1}{10}$이 50개인 수는 0.1이 50개인 수와 같으므로 5입니다.

따라서 구하는 수는 5보다 5만큼 더 큰 수이므로 10입니다.

6 3개

예 6.$\square<6.5$에서 자연수가 6으로 같으므로 소수 부분을 비교하면 $\square<5$입니다.

➡ $\square$ 안에 들어갈 수 있는 수는 1, 2, 3, 4입니다.

$\square.7<4.1$에서 자연수를 비교하면 $\square<4$이어야 하고, $\square=4$이면 $4.7>4.1$이므로
$\square$는 4보다 작아야 합니다.

➡ $\square$ 안에 들어갈 수 있는 수는 1, 2, 3입니다.

따라서 $\square$ 안에 공통으로 들어갈 수 있는 수는 1, 2, 3이므로 모두 3개입니다.

채점 기준	배점
$\square$ 안에 들어갈 수 있는 수를 각각 구할 수 있나요?	3점
$\square$ 안에 공통으로 들어갈 수 있는 수는 모두 몇 개인지 구할 수 있나요?	2점

7 8개

만들 수 있는 소수 중에서 3.3보다 크고 8.5보다 작은 소수는 3.4, 3.8, 4.1, 4.3, 4.8,
8.1, 8.3, 8.4로 모두 8개입니다.

8 1시간 48분

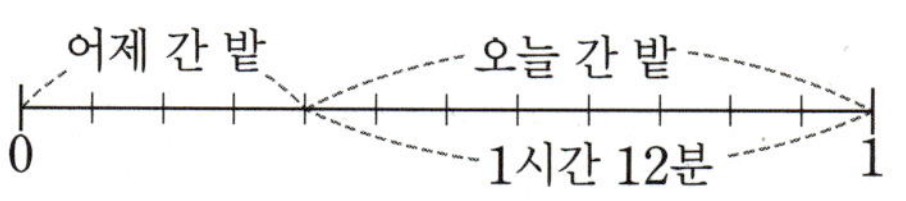

전체의 $\dfrac{4}{12}$를 갈고 남은 밭은 전체의 $\dfrac{8}{12}$입니다.

$\dfrac{8}{12}$을 가는 데 1시간 12분＝72분이 걸렸고 $\dfrac{8}{12}$은 $\dfrac{1}{12}$이 8개이므로 $\dfrac{1}{12}$을 가는 데 걸린 시간은 72÷8＝9(분)입니다.

$\dfrac{4}{12}$를 가는 데 걸리는 시간은 9×4＝36(분)입니다.

따라서 밭 전체를 가는 데 걸린 시간은 72＋36＝108(분) ➡ 1시간 48분입니다.

1 다

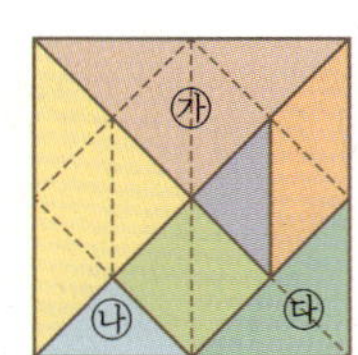

2 ⑩ $\dfrac{7}{16}$

칠교판을 ㉯ 조각과 같은 크기로 똑같이 나누면 전체는 16조각이 되고 ㉮는 4조각, ㉰는 2조각이 됩니다.

㉮＋㉯＋㉰＝4＋1＋2＝7(조각)이므로 분수로 나타내면 $\dfrac{7}{16}$입니다.

3 3개

구하는 분수를 $\dfrac{\blacksquare}{12}$라 하면 $\dfrac{5}{12}<\dfrac{\blacksquare}{12}<\dfrac{11}{12}$, 5<$\blacksquare$<11이고 분자가 짝수이므로 $\blacksquare$＝6, 8, 10입니다.

따라서 조건을 모두 만족시키는 분수는 $\dfrac{6}{12}$, $\dfrac{8}{12}$, $\dfrac{10}{12}$으로 모두 3개입니다.

4 풀이 참조, 0.4

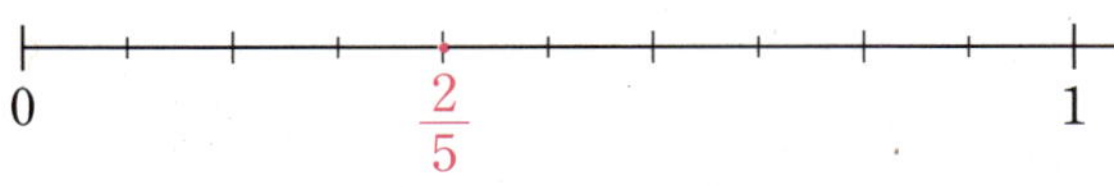

0에서 1까지 큰 눈금은 모두 5칸이고, $\dfrac{2}{5}$는 전체 5칸 중에 2칸이므로 둘째에 오는 큰 눈금이 $\dfrac{2}{5}$입니다.

0에서 1까지 작은 눈금은 모두 10칸이므로 작은 눈금 한 칸의 크기는 $\dfrac{1}{10}$입니다.

수직선에서 $\dfrac{2}{5}$는 $\dfrac{1}{10}$이 4개인 수 $\dfrac{4}{10}$(＝0.4)와 같으므로 $\dfrac{2}{5}$를 소수로 나타내면 0.4입니다.

5 ㉡

㉠ 0.1이 25개인 수는 2.5입니다.

㉡ 0.1이 20개인 수는 2이고 $\frac{1}{10}$=0.1이므로

　2보다 0.1만큼 더 큰 수는 2.1입니다.

㉢ $\frac{5}{10}$=0.5이므로 2와 0.5만큼인 수는 2.5입니다.

㉣ $\frac{1}{10}$=0.1이므로 0.1이 25개인 수는 2.5입니다.

따라서 나머지 셋과 다른 것은 ㉡입니다.

6 $\frac{2}{11}$

$$\frac{1}{3}, \frac{2}{3}, \frac{1}{5}, \frac{2}{5}, \frac{3}{5}, \frac{4}{5}, \frac{1}{7}, \frac{2}{7}, \frac{3}{7}, \frac{4}{7}, \frac{5}{7}, \frac{6}{7}, \cdots$$

분모 3 (2개)　분모 5 (4개)　분모 7 (6개)

분모는 3, 5, 7, …이므로 홀수로 2씩 커지고 분자는 1부터 차례로 시작하여 분모보다 1만큼 더 작은 수까지 놓이는 규칙입니다.

분모가 3인 분수는 2개, 분모가 5인 분수는 4개, 분모가 7인 분수는 6개, 분모가 9인 분수는 8개, 분모가 11인 분수는 10개, …입니다.

따라서 2+4+6+8=20이므로 21째 분수는 $\frac{1}{11}$, 22째 분수는 $\frac{2}{11}$입니다.

7 11

· $\frac{4}{12}<\frac{\square}{12}<\frac{8}{12}$에서 분모가 같으므로 분자만 비교하면 4<□<8입니다.

　➡ □ 안에 들어갈 수 있는 수는 5, 6, 7입니다.

· $\frac{2}{7}<\frac{2}{\square}<\frac{2}{3}$에서 분자가 같으므로 분모만 비교하면 3<□<7입니다.

　➡ □ 안에 들어갈 수 있는 수는 4, 5, 6입니다.

따라서 □ 안에 공통으로 들어갈 수 있는 수는 5, 6이고 합은

5+6=11입니다.

8 $\frac{1}{3}, \frac{3}{6}, \frac{3}{9}, \frac{6}{9}$

만들 수 있는 분수는 $\frac{1}{3}, \frac{1}{6}, \frac{3}{6}, \frac{1}{9}, \frac{3}{9}, \frac{6}{9}$입니다.

· 분모가 같으면 분자가 클수록 큰 분수이므로 $\frac{1}{6}<\frac{3}{6}$입니다.

· 분자가 같으면 분모가 작을수록 큰 분수이므로 $\frac{1}{9}<\frac{1}{6}<\frac{1}{3}$입니다.

· 수직선을 그려 보면 $\frac{1}{3}=\frac{3}{9}$, $\frac{1}{6}<\frac{6}{9}$입니다.

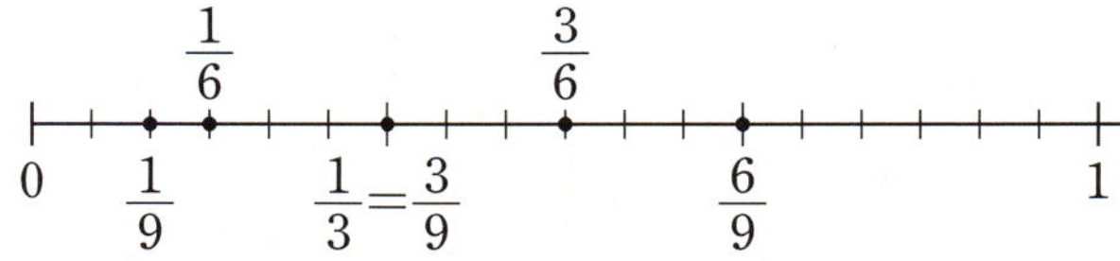

따라서 $\frac{1}{6}$보다 큰 분수는 $\frac{1}{3}, \frac{3}{6}, \frac{3}{9}, \frac{6}{9}$입니다.

㉠ 기차를 타고 간 거리는 전체 12칸 중에 5칸이고, 지하철을 타고 간 거리는 남은 7칸 중에 4칸이고, 버스를 타고 간 거리는 남은 3칸 중에 2칸입니다.

택시를 타고 간 거리는 전체 12칸 중에 1칸이므로 전체의 $\frac{1}{12}$이고 6 km입니다.

따라서 기차를 타고 간 거리는 $6 \times 5 = 30\,(\text{km})$입니다.

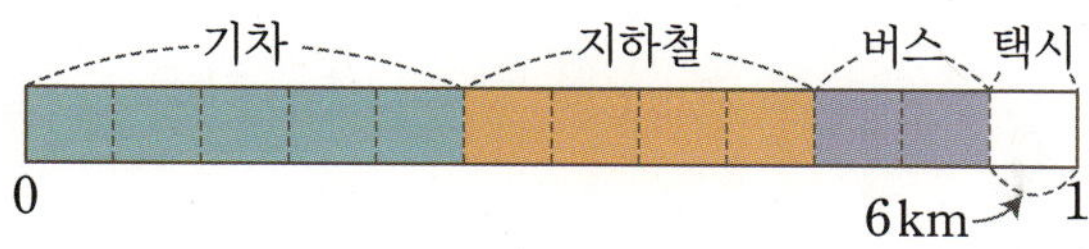

채점 기준	배점
택시를 타고 간 거리는 전체의 몇 분의 몇인지 구할 수 있나요?	2점
기차를 타고 간 거리를 구할 수 있나요?	3점

10 $\frac{1}{16}$

A1 용지는 A0 용지를 똑같이 2로 나눈 것 중의 1,

A2 용지는 A0 용지를 똑같이 2×2로 나눈 것 중의 1,

A3 용지는 A0 용지를 똑같이 $2 \times 2 \times 2$로 나눈 것 중의 1,

A4 용지는 A0 용지를 똑같이 $2 \times 2 \times 2 \times 2$로 나눈 것 중의 1입니다.

따라서 A4 용지는 A0 용지를 똑같이 16으로 나눈 것 중의 1이므로 A4 용지의 크기는 A0 용지 크기의 $\frac{1}{16}$입니다.

한 걸음 한 걸음 **디딤돌**을 걷다 보면 수학이 완성됩니다.

학습 능력과 목표에 따라
맞춤형이 가능한 디딤돌 초등 수학